江苏畜牧兽医职业技术学院

"国家示范性高等职业院校建设计划"骨干高职院校建设项目成果

高职高专教育"十二五"规划建设教材

动物病原体检测技术

（畜牧兽医类专业用）

张君胜　羊建平　主编

U0343251

中国农业大学出版社

·北京·

内 容 简 介

本教材按照高职教育理论和实训一体化的教学模式,紧扣畜牧兽医类专业人才培养标准和职业岗位需要,采用项目化的编写体例,突出教学内容的适用性和实用性,尤其在教材中增加了一些基层单位适用的新技术。

本教材共分 7 个项目,主要内容包括动物病原体检测基本技术、细菌检测技术、病毒检测技术、其他微生物检测技术、寄生虫检测技术、免疫学检测技术和分子生物学检测技术等。

本教材既可作为高等职业技术教育畜牧兽医类专业的教学用书,也可作为基层畜牧兽医技术人员和广大畜禽养殖户的参考用书。

图书在版编目(CIP)数据

动物病原体检测技术/张君胜,羊建平主编. —北京:中国农业大学出版社,2012.12
ISBN 978-7-5655-0384-9

Ⅰ.①动… Ⅱ.①张… ②羊… Ⅲ.①动物疾病-病原体-实验室诊断-高等职业教育
Ⅳ.①S854.4

中国版本图书馆 CIP 数据核字(2012)第 299988 号

书　名	动物病原体检测技术			
作　者	张君胜　羊建平　主编			
策划编辑	伍　斌　康昊婷		责任编辑	韩元凤
封面设计	郑　川		责任校对	王晓凤　陈　莹
出版发行	中国农业大学出版社			
社　址	北京市海淀区圆明园西路 2 号		邮政编码	100193
电　话	发行部 010-62818525,8625		读者服务部 010-62732336	
	编辑部 010-62732617,2618		出 版 部 010-62733440	
网　址	http://www.cau.edu.cn/caup		**e-mail** cbsszs @ cau.edu.cn	
经　销	新华书店			
印　刷	涿州市星河印刷有限公司			
版　次	2012 年 12 月第 1 版　2012 年 12 月第 1 次印刷			
规　格	787×1 092　16 开本　18.75 印张　466 千字			
定　价	32.00 元			

图书如有质量问题本社发行部负责调换

编审人员

主　编　张君胜　江苏畜牧兽医职业技术学院
　　　　羊建平　江苏畜牧兽医职业技术学院

副主编　徐永荣　江苏兴化畜牧兽医站
　　　　高　睿　杨凌职业技术学院
　　　　向双云　北京农业职业学院
　　　　魏冬霞　江苏畜牧兽医职业技术学院

参　编　杨晓志　江苏畜牧兽医职业技术学院
　　　　钱明珠　河南农业职业学院
　　　　于世平　江苏兴化畜牧兽医站
　　　　杨　松　辽宁医学院
　　　　加春生　黑龙江农业工程职业技术学院
　　　　张　尧　江苏畜牧兽医职业技术学院
　　　　徐思炜　江苏畜牧兽医职业技术学院
　　　　罗益民　江苏泰兴畜牧兽医技术中心
　　　　李河林　杨凌绿方生物工程有限公司

主　审　陈鹏峰　中国兽医协会
　　　　戴璐君　江苏泰兴畜牧兽医技术中心

序

农业类高等职业教育是高等教育的一种重要类型,在服务"三农"、服务新农村、促进农村经济持续发展、培养农村"赤脚科技员"中发挥了不可替代的引领作用。作为职业教育教学的核心——课程,是连接职业工作岗位的职业资格与职业教育机构的培养目标之间的桥梁,而高质量的教材是实现这些目标的基本保证。

江苏畜牧兽医职业技术学院是教育部、财政部确定的"国家示范性高等职业院校建设计划"骨干高职院校首批立项建设单位。学院以服务"三农"为宗旨,以学生就业为导向,紧扣江苏现代畜牧产业链和社会发展需求,动态灵活设置专业方向,深化"三业互融、行校联动"人才培养模式改革,创新"课堂一养殖场"、"四阶递进"等多种有效实现形式,构建了校企合作育人新机制,共同制订人才培养方案,推动专业建设,开展课程改革。学院教师联合行业、企业专家在实践基础上,共同开发了"动物营养与饲料加工技术"等40多门核心工学结合课程教材,合作培养社会需要的人才,全面提高了教育教学质量。

3年来,项目建设组多次组织学习高等职业教育教材开发理论,重构教材体系,形成了以下几点鲜明的特色:

第一,以就业为导向,明确教材建设指导思想。按照"以就业为导向、能力为本位"的高等职业教育理念,将畜牧产业生产规律与高等职业教育规律、学生职业成长规律有机结合,开发工学结合课程教材,培养学生的综合职业能力,以此作为教材建设的指导思想。

第二,以需要为标准,选择教材内容。教材开发团队以畜牧产业链各岗位典型工作任务为主线,引入行业、企业核心技术标准和职业资格标准,在分析学生生活经验、学习动机、实际需要和接受能力的基础上,针对实际职业工作需要选择教学内容,让学生习得工作需要的知识、技能和态度。

第三,以过程为导向,序化教材结构。按照学生从简单到复杂的循序渐进认知过程、从能完成简单工作任务到完成复杂工作任务的能力发展过程、从初学者到专家的职业成长过程,序化教材结构。

"千锤百炼出真知。"本套特色教材的出版是"国家示范性高等职业院校建设计划"骨干高职院校建设项目的重要成果之一,同时也是带动高等职业院校教材改革、发挥骨干带动作用的有效途径。

感谢江苏省农业委员会、江苏省教育厅等相关部门和江苏高邮鸭集团、泰州市动物卫生监督所、南京福润德动物药业有限公司、卡夫食品(苏州)有限公司、无锡派特宠物医院等单位在教材编写过程中的大力支持;感谢李进、姜大源、马树超、陈解放等职教专家的指导;感谢行业、企业专家和学院教师的辛勤劳动;感谢同学们的热情参与。教材中的不足之处恳请使用者不吝赐教。

是为序。

江苏畜牧兽医职业技术学院院长:

2012 年 4 月 18 日于江苏泰州

前　言

本教材是中国农业大学出版社根据《教育部加强高职高专教育人才培养工作的意见》组织编写的"十二五"规划教材之一。也是江苏畜牧兽医职业技术学院国家示范(骨干)院校建设的核心教材之一。主要为畜牧兽医专业而编写,也可作为动物生产类、动物医学及检验类行业企业技术人员的参考书。

本教材注重培养学生的实际应用能力和基本技能训练,将畜牧兽医专业的病原体诊断与相应国家标准要求相融合。在对畜禽生产过程中岗位任务进行调研的基础上,将病原体检测的典型工作任务进行教学分解,按照认知规律、同质化原则,以岗位需求为导向,以职业技能鉴定为依据,以实际工作任务构建教学内容,按工作过程设计学习情景,将教学内容任务化,并强调学习过程的连贯性。教材划分为7大项目:①动物病原体检测基本技术;②细菌检测技术;③病毒检测技术;④其他微生物检测技术;⑤寄生虫检测技术;⑥免疫学检测技术;⑦分子生物学检测技术。每个项目下设若干个学习任务,学习任务来源于工作岗位调查,任务涵盖了畜禽生产中病原体检测的关键技能和知识点;每一个学习任务都有若干个理论与实践一体化的学习情景。

本教材按照"以能力为目标,以学生为主体,以教师为主导,以项目为载体"的要求,教材内容以"教、学、做"一体化的体例安排,贯穿于教材始终。每个学习任务有任务知识准备,教师根据教学活动提前布置任务,同学搜集资料,作出任务计划。任务实施过程中通过技能训练与操作对知识进行理解和加深。任务结束有任务知识拓展,可供同学对相关知识进一步学习。通过任务的计划、实施、完成,使相应的理论知识和技能逐渐递增,改变了以往的教学模式,可以有效提高学习效率。

近年来畜牧行业中不断发生重大疫情,国家加强动物疫病的防疫、检疫、诊断法规,为了使学生学习了解更多的行业知识,在项目二、三、四、五的知识拓展中加入了部分疾病的国家标准。

本教材是在多年教学实践和探索基础上,通过学习和领会"高等学校教学质量和教学改革工程"的精神,与多所院校及行业企业合作开发基于工作任务和工作过程的课程。在教材编写的过程中得到中国兽医协会、杨凌职业技术学院、北京农业职业学院、河南农业职业学院、黑龙江农业工程职业技术学院、辽宁医学院、江苏泰兴畜牧兽医技术中心、江苏兴化畜牧兽医站、杨凌绿方生物工程有限公司等单位工作在生产教学第一线的行业人员和教师的大力支持,在此一并表示感谢。

　　动物病原体检测技术教材内容广泛,包括微生物学、寄生虫学、免疫学、分子生物学等多方面的基础理论知识及实践技能。如何做到面向现代科技、面向畜牧业发展、面向畜牧兽医专业专科学生就业需求设置内容,安排好教材内容的深度和广度,一直是我们努力研究的问题。由于编者水平有限,教材不免有不当之处,恳请使用的师生和读者提出批评和建议。

张君胜　羊建平

2012 年 8 月

目 录

项目一　动物病原体检测基本技术

任务 1-1　认识动物病原体

【目标】

1. 熟悉搜集动物病原体检测相关技能和知识的途径,理解病原体的概念和分类,了解动物病原体的危害性和研究历史;
2. 熟知动物病原体检测实训室安全条例,掌握意外事件的预防和处理方法;
3. 清楚学习动物病原体检测技术的目的和方法。

【技能】

一、搜集动物病原体检测相关技能和知识的途径

1. Internet 搜索引擎

使用谷歌、百度、搜狗等常用引擎,搜索动物病原体的相关信息。

2. 数据库

通过维普资讯(http://www.cqvip.com/)、万方数据库知识服务平台(http://g.wan-fangdata.com.cn/)、中国知网(http://www.cnki.net/)等查阅动物病原体相关文献。

3. 电子图书

通过超星图书馆(http://book.chaoxing.com/)等下载、阅读相关动物病原体的知识和技术。

4. 网站

关于动物病原体检测技术的网站很多,列举部分如下(网址仅供参考):

(1)http://www.cav.net.cn　中国畜牧兽医信息网

(2)http://www.agri.gov.cn　中国农业信息网

(3)http://www.caaa.cn　中国畜牧业信息网

(4)http://www.caav.org.cn　中国畜牧兽医学会

(5)http://www.cadc.gov.cn　中国兽医网

(6)http：//www.chinabreed.com　中国养殖网

(7)http：//www.cnaho.com　畜牧兽医在线

(8)http：//www.ipd.org.cn　中国疾病预防控制中心

(9)http：//www.cahi.org.cn　中国动物卫生监督网

(10)http：//www.1350135.com/html/jibing　中国猪病网

(11)http：//www.epizoo.org/ch　中国动物卫生与流行病学网

(12)http：//www.parasitology.com.cn　寄生虫学信息网

5.期刊

包含动物病原体相关知识和技术的期刊非常多，如《畜牧兽医》、《中国畜禽传染病》、《中国兽医杂志》、《中国兽医科学》、《中国兽医学报》、《动物医学进展》、《江苏农业科学》、《国外兽医学——畜禽传染病》、《兽医大学学报》、《中国预防兽医学报》等中文核心期刊。

6.参考图书

洪秀华的《临床微生物检测》，科学技术出版社，2005；黄敏的《微生物学与微生物学检测》，人民军医出版社，2006；张西臣的《动物寄生虫病学》(第3版)，科学出版社，2010；李舫的《动物微生物》，中国农业出版社，2006；张宏伟的《动物寄生虫》，中国农业出版社，2006；崔治中的《兽医免疫学》，中国农业出版社，2004；石佑恩的《病原生物学》(第2版)，人民卫生出版社，2002等。

二、病原体检测实训室守则

在病原体检测过程中，操作稍有疏忽就有可能引起疫病流行，甚至发生感染。为此，在实训时必须遵守以下规定。

1.防止病原微生物的散布

(1)在实训时必须穿工作服，当接触或操作危险材料时，须穿戴胶靴、围裙、手套及眼镜，用后应立即消毒清洗，方可再用。操作时勿以手指或其他器物等接触口唇、眼、鼻和面部，手和面部有伤口时，应避免危险材料的接触。

(2)使用危险材料应进行无菌操作，盛装危险材料的器皿要牢固，以免操作过程中破裂，造成污染。用过的尸体、内脏、血液以及废弃的培养基、生物制品等，须严格消毒或深埋。用过的棉球、纱布等污物，放在固定容器中，统一处理，不得随意抛弃。

(3)接种环(针)用前用后必须于火焰中烧灼灭菌。

(4)含有微生物培养物的试管不可平放在桌面上，以防止液体流出。

(5)实验室内禁止饮食、吸烟及用嘴湿润铅笔及标签等物。

(6)操作危险材料时勿谈话或思考其他问题，以免分散注意力而发生意外。

(7)菌种或种毒不得带出实验室，若要索取，应严格按规章办理。

(8)实训完毕，将操作台面用消毒液消毒，自身的手也须消毒和洗刷干净后方可离开实验室。

2.防火

一切易燃品应远离火源。不可将酒精灯倾向另一酒精灯引火，以免发生爆炸。电炉、电热板、煤油炉、煤气等用完后应立即关灭。

3.节约

(1)使用药品、试剂、染色剂、镜油、拭镜纸等应节约。

(2)吸管插入试管中时,要轻放到底才松手,以免戳破试管。

(3)平皿一般应倒放,以免拿时皿底掉下摔破。

(4)金属器皿用完消毒后,应立即擦干,防止生锈。

4.标记

所用各种试剂、染色剂、培养物、动物等,均需标记明确。要经高压消毒或蒸汽消毒的标签,应用深黑色铅笔书写,不可用毛笔、钢笔、圆珠笔书写,以免消毒后模糊不清。

5.记录

实训前应对本次实训目的、有关内容和操作技术进行预习;实训时在老师指导下进行,并遵守实训程序,均不可潦草应付或不动手;实训时应做好记录,特别是实训内容、方法及结果应详细记录,认真做好作业。

三、病原体检测实训室意外事件的预防和处理

学生进行病原体检测实训时必须认真细致,如不小心就有遭遇意外危险的可能,如剖检感染动物和检验细菌标本时受感染,不慎吸入菌液或腐蚀性毒物,发生烫伤或割伤等。为避免临时慌张,熟悉预防与处理方法实为必要。

(一)意外事件的预防

1.重要设备及精密仪器的使用

如恒温箱培养箱、冰箱(柜)、干燥箱、离心机、高压蒸汽灭菌器、显微镜等应注意保护,使用前应熟悉使用方法及注意事项,并经常检查。如有损坏,立即修理,以免发生危险。

2.对有毒及传染性物质的操作

(1)强酸、强碱及活菌液应以移液管、滴定管、注射器、量筒计量,如用吸管吸取时,可将吸管的吸口塞以棉花,或用细软橡皮管(球)套于管端,以免吸取液直接接触吸球。

(2)研磨病料或接种细菌时,应于接种橱、无菌室或超净工作台中进行。

(3)使用或反应过程中产生氯、溴、氧化氮、卤化氢等有毒气体或液体的实训,都应该在通风橱内进行,有时也可以用气体吸收装置吸收产生的有毒气体。

(4)剧毒化学试剂在取用时决不允许直接与手接触,应戴防护目镜和橡皮手套,并注意不让剧毒物质掉到桌面。在操作过程中,经常冲洗双手,仪器用完后,立即洗净。

3.废品及污物的处理

(1)细菌污染的废物、检验标本、培养物以及污染的玻璃器皿等,应放入盛有消毒药的桶内过夜,再用高压蒸汽灭菌,或用水煮沸后,再清洗。污染用具(如吸管、玻片等)置盛有5%苯酚溶液的消毒缸中,消毒后再行洗涤;试管、平皿等需高压灭菌或煮沸灭菌后再行洗涤。

(2)实训工作服应经常消毒洗涤,实验台(桌)工作后以3%来苏儿或0.2%过氧乙酸湿布擦抹消毒,这对抵抗力较强的病毒作用效果较好。

4.易燃物品的管理

醚、醇、二甲苯等易燃物品必须远离可能发生燃烧的地方。实训室中应该有防火设备,如灭火器、沙土等。

5.水、电、门、窗的安全

实训结束后,及时清理实验台,各种器材放回原处或指定地点,摆放整齐,对实验室进行清扫,关好门、窗、水、电和煤气等。工作人员每天离开实验室前必须检查一次水、电、门、窗。闲人不能随便出入实验室,尤其是细菌室和病毒室,下班后需由负责人关锁。

(二)意外事件的处理

1.火险

如遇起火,先切断电源或关闭煤气开关,移走易燃药品,向火源撒沙子或用石棉布覆盖火源。衣服着火可就地靠墙滚转。

2.烧伤

烧伤时可涂5%鞣酸、2%苦味酸、龙胆紫溶液、风油精等。

3.创伤

不慎弄伤皮肤,先除尽血污,用蒸馏水洗净,涂以碘酒或红汞,再用纱布包扎。

4.灼伤

(1)强酸或其他酸性化学药品所致的灼伤,先以大量清水洗涤,再用5%碳酸氢钠或5%氢氧化铵液洗涤中和。若重伤者经初步处理后,立即送医院。

(2)强碱或其他碱性化学药品所致的灼伤,先以大量清水洗涤,再用1%硼酸溶液冲洗,最后用水洗。

(3)石炭酸灼伤以酒精洗涤。

(4)眼灼伤应以大量清水冲洗,然后,如为碱灼伤用5%硼酸溶液洗涤,如为酸灼伤用5%碳酸氢钠溶液洗涤,最后再滴入橄榄油或液体石蜡1~2滴。

5.误吸入菌液

误吸入葡萄球菌、链球菌、肺炎球菌等,立即以大量热水漱口,再以3%过氧化氢或0.1%高锰酸钾漱口;如吸入其他细菌,除用上法处理外,可适当选用抗菌药物防治。

6.触电

如遇触电事故,首先切断电源,然后在必要时进行人工呼吸,并及时送医院抢救。

【知识】

一、病原体的概念和分类

(一)概念

自然界中绝大多数生物对人类和动物是无害的和有益的,仅有少数生物是有害的,在有害的生物中,能够引起人和/或动物疾病的低等生物通常称为病原生物(或称病原体)。病原体主要包括病原微生物和寄生虫。能够引起动物和/或人畜共患病的病原体称动物病原体。

在病原微生物中,有一些是特定致病的,如炭疽杆菌和猪瘟病毒,动物初次感染一定数量时就会出现相关疾病的症状和体征。但是并不是每一种微生物都是特定致病的,有相当一部分属于动物的正常微生物群,一般情况下并不致病,当动物免疫功能降低(如肿瘤、过度劳役等)或正常微生物进入非正常寄居部位时(如手术后),或由于某种原因(如抗菌药物的应用)正常微生物群的组成发生改变时,它们就会引起动物疾病,这些微生物称机会致病微生物或条件致病微生物。与此相似,当机体的免疫力降低时,在通常情况下只能引起动物隐性感染的寄生虫可以引起明显的临床症状和体征,这些寄生虫称机会致病寄生虫。

(二)分类

病原体包括病原微生物和寄生虫两大类。病原微生物可分为非细胞型微生物、原核细胞型微生物和真核细胞型微生物;寄生虫可分为寄生蠕虫、寄生原虫和寄生节肢动物。

1.病原微生物

病原微生物种类繁多,根据其细胞结构和化学组成的不同,分为原核细胞型微生物、真核细胞型微生物和非细胞型微生物 3 种类型。

(1)原核细胞型微生物 细胞核分化程度低,仅有原始的核物质(DNA),无核仁、核膜等结构,具有两类核酸,缺乏完整的细胞器(除核糖体以外无其他细胞器),以非有丝分裂的方式进行二分裂增殖。此类微生物包括细菌、放线菌、螺旋体、支原体、衣原体和立克次氏体。

①细菌 具有细胞壁、细胞膜和核质等基本结构,细胞质中有与遗传有关的核质和质粒,有些细菌还有鞭毛、菌毛、芽孢和荚膜等特殊构造。根据细菌形态的不同,细菌可分为球菌、杆菌和螺旋菌(包括弧菌和螺菌)。大多数细菌对人和动物无害,只有少量的细菌能引起人和动物的疾病。

②螺旋体 是一类细长、柔软、富有弹性、弯曲成螺旋状的原核细胞型微生物,能利用细胞壁和细胞膜间的轴丝活泼运动。除了它的特殊形态和利用轴丝运动外,螺旋体与细菌的基本结构相当。

③支原体 是一种没有细胞壁的原核细胞型微生物,因无细胞壁故形状不规则,支原体与一般细菌的另一个不同点是细胞膜不是脂质双层蛋白质镶嵌结构,而是三层结构,内、外层由蛋白质和糖类组成,中层为磷脂(或糖脂)和胆固醇。

④立克次体 是一种只能在细胞内寄生的原核细胞型微生物,除细胞内寄生外,与革兰氏阴性细菌相似。

⑤衣原体 是一类介于细菌和病毒之间的细胞内寄生的原核细胞型微生物。它类似于革兰氏阴性细菌,但有独特的发育周期和形态(原体和始体)。其不同于细菌而类似于病毒的特点主要是:细胞内寄生,在所寄生的细胞内可出现包涵体,对干扰素敏感等。

以上各种原核细胞型微生物由于本质上十分相似,在细菌分类系统的专著《伯杰系统细菌学手册》中把它们统归于广义的"细菌"中。

(2)真核细胞型微生物 细胞核的分化程度较高,有核膜、核仁和染色体,胞质内有完整的细胞器。真菌属于此类型微生物。

(3)非细胞型微生物 体积微小,没有典型的细胞结构,亦无代谢必需的酶系,只能在活细胞内生长繁殖。病毒属于此类型微生物。

1970 年以来,还陆续发现了比病毒更小、结构更简单的亚病毒因子,包括卫星病毒、类病毒和朊蛋白 3 类。卫星病毒现在只有丁型肝炎或 Delta 因子一种,类病毒为植物病毒,朊蛋白可导致人和动物的海绵状脑病。亚病毒的发现使人们对病原微生物的认识进入了一个新阶段,使人们对病毒的特征和起源有了崭新的思考。

2.寄生虫

所有寄生虫均属动物界,与动物医学有关的寄生虫主要隶属于扁形动物门吸虫纲、绦虫纲;线形动物门线虫纲;棘头动物门棘头虫纲;节肢动物门蛛形纲、昆虫纲;环节动物门蛭纲;还有原生动物亚界原生动物门等。

(1)寄生蠕虫 蠕虫是一类寄生于人和动物的多细胞软体动物,可借身体肌肉的伸缩作蠕形运动。蠕虫包括线虫、吸虫、绦虫和棘头虫。

(2)寄生原虫 原虫是一类寄生于人和动物的单细胞真核原生生物,能独立完成运动、摄食、代谢和生殖等生命活动,进行有性和/或无性生殖,在整个生命周期或生命周期的某一阶段有鞭毛、伪足或孢子。常见的动物寄生原虫有弓形虫、疟原虫、阿米巴原虫和隐孢子虫等。

(3)寄生节肢动物 节肢动物是动物界中种类最多的一类,大多数营自由生活,只有少数危害动物而营寄生生活。主要是蛛形纲蜱螨目和昆虫纲的节肢动物。

二、病原体研究简史

在动物病原体的认识方面,远古时期就有所记载。古罗马的百科全书中提到沼泽地中会滋生许多人们肉眼看不见的微小生物体,这些微小生物体会漂浮于空气中,并通过鼻子嘴巴进入人体导致人生病。我国《左转》记载人们驱逐疯狗以防御狂犬病传染。6世纪贾思勰所著的《齐民要术》中,记载了治疗动物疥癣的方法,认识到其传染性。到16世纪我国用人的痘痂接种以预防天花。但是事实上,虽然我们的祖先对病原体有一些初步的认识,在19世纪后半叶之前,人类不明白患病的缘由,往往将传染病归咎于一些有机物质腐烂分解后产生的无生命媒质,即所谓的"瘴毒",医生们只有忠告人们不要接近腐烂的鸟兽尸体和粪便,实在无法避免时,就用樟脑或者其他香料来覆盖其恶臭。是谁揭示了传染病的元凶?人们对病原体的认识程度是与微生物学的发展密切相连的。

1795年,荷兰人列文虎克(Antonvan Leeuwenhoek)用自己制造的显微镜观察到微生物,绘图并叙述公之于世。此后200年间,人们对微生物的形态、排列、大小等有了初步的认识,但仅限于形态学方面,进展不大。其主要原因之一是自然发生论起着主要作用。自然发生学说认为"生物可以无中生有,破布中可以生出老鼠"。既然生命是无中生有,自然发生,那么人对微生物是无法控制的,研究也就没有意义。为了击败自然发生论,人类斗争了近200年,从自然发生说到确定生源论,是来之不易的,这是科学实训的一次重大胜利。

1862年,法国伟大的微生物学家巴斯德(Louis Pasteur)巧妙地设计制造出了形态独特的曲颈瓶进行肉汤煮沸实验,才真正击败自然发生说。巴斯德将肉汤放进曲颈瓶中,他将肉汤煮沸,把汤里和瓶内微生物全部杀死,然后置于原处观察,结果肉汤保持无菌状态,经久不坏。巴斯德实训成功之妙在于S形的瓶颈,瓶颈做成S形,但仍然开着口,空气可以进入瓶内,但是微生物不能通过瓶颈低弯处。这样,巴斯德实训证明空气不存在"生命力","生物来源于生物"。精神的枷锁解除了,人们充分地认识到微生物的价值,那时有了更好的显微镜,有机化学和无机化学也在迅速地发展,加上人们在疾病控制方面的需求,推动了动物病原体学的发展。

历史上首位确定病原体存在的,是19世纪50年代的匈牙利的产科医生塞麦尔维斯(Ignaz Semmelweis),他发现产妇患产褥热是由产褥热病原体引起的,并开创了产科消毒术,但不幸的是在当时,他的观点不被接受,他甚至被送往精神病院;在极端失望中,他为了证明自己的观点,于1865年在给一具死于产褥热的尸体做尸检时,故意切下自己的食指并因此身亡,同年巴斯德发现了蚕病细菌。

19世纪60年代,巴斯德在研究陈年的葡萄酒和啤酒变酸时,发现酒精发酵是一种由微生物引起的反应过程,并发明了巴氏消毒法,这使得酒商们可以通过加热等方法防止酒的变质。此后他在对家蚕软化病研究后,提出了传染病是由微生物引起的观点,认为其由身体的实际接触而不断传播,这一传染病的起源学说启迪后人研究并取得许多成果。另外,巴斯德研究了鸡霍乱,发现将病原菌减毒可诱发免疫性,以预防鸡霍乱病,研究了炭疽病和狂犬病,并首次制成狂犬疫苗,证实其免疫学说,为人类防病、治病做出了重大贡献。

被称为"细菌学之父"的德国科赫于19世纪70年代在研究炎症时观察到一个有趣的现象,他在玻璃片上滴了几滴从死于炭疽的牛身上采集的血液,用显微镜进行观察,看到在血液中有一些形如小杆的物质。那么,这些物质是否为引起炭疽的病菌呢?科赫将木片浸在死于炭疽的羊血中,再把木片插入健康的老鼠身体,结果这些老鼠都患上了炭疽。为了证明这些小杆的物质是活的,科赫将它们隔离在一个悬滴中,结果观察到了繁殖现象。就这样,科赫确定了引起炭疽的元凶就是这些小小的杆菌。在发现了炭疽菌后,科赫又对结核与霍乱作了细致的研究,找到了引起结核与霍乱的病原菌,并提出了证明某种微生物是否为某种疾病病原体的基本原则——科赫法则。另外,科赫在微生物基本操作技术方面的贡献更是为微生物学的发展奠定了技术基础,这些技术包括:①配制培养基;②利用固体培养基分离纯化微生物的技术;③创立了许多显微镜技术,如细菌鞭毛染色法、悬滴培养法、显微摄影技术等。这些技术仍是当今微生物学研究的重要基本技术。

疟疾俗称"打摆子",是世界上流行最广的传染病之一。在热带和亚热带,疟疾一年四季均可发生。据世界卫生组织(WHO)估计,目前全世界仍有成千上万的疟疾病例。在19世纪末,法国科学家拉弗朗(Charles Louis Alphonse Laveran)致力于对疟疾的研究。他通过对健康和患病士兵的新鲜血液的对比,做出了一个重要假说:疟疾是通过一种原生动物——疟原虫传播的。当时的许多医学家坚持认为,在水、空气和土壤中,一定存在一种引起疟疾的所谓疟疾细菌。然而,拉弗朗的研究表明,传染病的病原体并不只有细菌一种,这一发现给医学界带来了极大的震惊。

1892年,伊凡诺斯基公布了第一个证明病原体的过滤性的证据,烟草花叶病毒。他将含病原体的烟草花叶叶汁通过一个烛形过滤器,该烛形过滤器能阻隔细菌,结果发现,滤液仍具有感染性。1898年德国科学家F. Loeffler和P. Frosch发现了首个动物病毒口蹄疫病毒。1901年,美国科学家Walter Reed首先分离出黄热病毒。1935年斯坦来(W. Stanley)得到烟草花叶病毒的结晶。1937年鲍登(F. Bordon)等证实该结晶为核蛋白,具有感染能力。20世纪30年代电子显微镜的发明,突破了光学显微镜的限制,为微生物学等学科提供了重要的观察工具。1939年考雪(G. Kausche)等第一次用电子显微镜观察到了棒状的烟草花叶病毒。这些发现不仅为病毒病的诊治指明了途径,而且表明了具有一种比细菌更小的病原体的存在。

近年来,随着化学、物理学、生物化学、遗传学、细胞生物学、免疫学和分子生物学等学科的发展,使病原体学得到了突飞猛进的发展。新的病原体不断被发现。部分病原体的全基因组的研究已取得进展,使人们能发现病原体的致病基因和特异DNA序列,这对于诊断感染性疾病、研制新抗菌药物和疫苗等都有重要意义。病原体学诊断技术也有了快速发展。

经过多年的研究,科学家逐渐发现,不同的传染病有着各种不同的病原体,如细菌、疟原虫、病毒等,要防止与根除传染病对人类的危害,就必须了解病原体的性状,因此一门研究病原生物的科学就应运而生了。

三、病原体检测技术的发展

进入 21 世纪以来,感染性疾病仍然是危害动物养殖的重大隐患,尤其是第三世界国家。目前的现状是造成感染性疾病的病原体种类日益复杂,常见病原体的威胁不仅没有消除,而且出现了一些耐药性菌株,如葡萄球菌、肠球菌、铜绿假单胞菌、大肠杆菌等,加之一些新病原体的出现,给临床诊断和治疗带来了很大的困难。1996 年英国暴发的疯牛病引起了全球性灾难和恐慌,近年又接连发生禽流感暴发、口蹄疫暴发等。严峻的现实给病原体的检测提出了更高的要求,准确快速的检测和确认病原体是防止感染性疾病发生和流行的最重要因素。

1. 传统病原体检测技术

传统的病原体检测方法主要通过临床剖检、病料采集、病原学检测、显微镜直接观察法检测,从动物的组织、血液、排泄物、分泌物中检测病原体,是最普通的病原体检测方法。传统的病原体检测方法具有所需设备简单、成本相对较低的优点,但其操作繁琐,检测周期长,且灵敏度较低,并且对于有些病原体无法给出正确鉴定。

2. 生化方法

生化方法检测病原体实际上是测定病原体特异性酶。由于各种病原体所具有的酶系统不完全相同,对许多物质的分解能力亦不一致。因此,可利用不同底物产生的不同代谢产物来间接检测该微生物内酶的有无,从而达到检测特定微生物的目的。

3. 生物电化学方法

生物电化学方法是指通过电极测定生物量产生或消耗的电荷提供分析信号的方法。微生物在代谢过程中,培养基的电化学性质如电流、电位等会发生相应变化,所以可通过分析这些电化学参量的变化,实现对微生物的快速测定。

4. 免疫检测方法

免疫检测的基本原理是抗原抗体反应。不同的微生物有其特异的抗原,并能激发机体产生相应的特异性抗体。在免疫检测中,可利用单克隆抗体检测微生物的特异抗原,也可利用微生物抗原检测体内产生的特异抗体,两种方法均能判断机体的感染状况。

5. 分子生物学检测技术

随着分子生物学及分子遗传学的发展,使人们对病原体的认识逐渐从外部结构特征转向内部基因结构特征,病原体的检测也相应地从生化、免疫方法转向基因水平的检测。分子生物学检测技术是利用遗传学、病理学、免疫学、生物化学、基因组学、蛋白质组学和生物信息学的理论和方法,探讨疾病发生和发展的分子机制,通过检测病原体的特定基因或基因表达产物来检测病原体。我国分子诊断技术起步较晚,目前只是零星开展一些项目,未形成规模,也缺乏标准化,质量控制还不够成熟,在准确性、稳定性和复杂性方面还存在问题。

病原体的检测方法多种多样,各有优缺点,可以采用多种方法联合使用的策略来提高检测灵敏度和检测效率。随着计算机技术的不断发展,临床病原菌检测将向着高度自动化和开发简便的快速检测技术两个方向发展。随着各学科的交叉发展,会出现越来越多的新的检测技术。

四、动物病原体检测技术的性质和学习要求

1. 课程性质

动物病原体检测技术是高职畜牧兽医类各专业的核心技术课程,在各专业课程体系中具有重要地位。本课程以动物解剖生理、动物病理和动物药理等课程为基础,也是学习猪病防治技术、禽病防治技术、牛羊病防治技术、宠物疾病防治技术、动物防疫和检疫技术、人畜共患病防治技术等专业课程的重要前导课程。

2. 课程任务

动物病原体检测技术的任务是利用病原体学及免疫学的知识检测动物病原体,对疾病的诊断和治疗提供科学的依据,并采取有效的预防措施,保障动物与人的健康,畜牧生产、动物性食品的安全卫生,保护生态环境免受破坏。通过本课程的学习,掌握病原体检测技术所必需的理论知识和相应的应用能力;熟悉常见的病原微生物与寄生虫的特性及检测的方法;理解病原体与动物体和环境间的相互关系;建立无菌观念,并在消毒、灭菌、隔离、预防、治疗等临床实践中加以具体应用。

3. 课程内容

病原体检测技术是由病原体基本理论知识和病原体检测实训两部分组成。病原体基本理论知识包括动物病原微生物学、动物寄生虫学、动物免疫学 3 个部分。病原体检测实训包括病原微生物检测技术、动物寄生虫检测技术、免疫学检测技术及分子生物学检测技术等。病原体检测技术是理论与实践并重的学科,只掌握理论知识缺乏实践技能无法开展病原体检测相关的工作,实践技能又是建立在扎实的理论知识基础之上,所以学习的过程中要做到理论与实践并举。

4. 学习要求

动物病原体检测技术采用理实一体化教学,实训室是主要的教学场所。在实训室内,学生通过实训观察和技术操作,进一步理解、巩固和掌握理论课内容,掌握病原体的检测、鉴定等基本技术,为今后工作打下坚实的基础。

(1)实训前应做好预习,明确每次实训的目的、内容、理论依据,尽量避免或减少错误发生。

(2)认真听取指导老师的课前讲解、示教,观摩实训课中图片、多媒体等电化教材。

(3)在实训中认真操作,独立思考,仔细观察并做好记录。有关基本技能的训练,要按照操作程序反复练习,以达到一定的熟练程度。

(4)在病原体检测的实训中,尤其是在微生物学检测的实训过程中,学生应建立无菌概念,掌握无菌操作技术。

(5)实训报告要强调科学性,实事求是地记录、绘制。如实训结果与理论不符,应认真分析和探讨其原因,培养自己的分析能力和解决问题的能力,不断提高实训质量。

【案例】

1.2011 年 8 月 25 日,据中国之声《央广新闻》报道,中秋将至,许多朋友会向国外的亲朋好友带去一些月饼,捎上几句问候,但是,很多旅客在他国入境时遭遇了尴尬,所携带的月饼被禁止入境,并引起了不必要的麻烦。为什么小小的月饼不让入境呢? 这是由该国检验检疫部门规定的。比如澳大利亚的检验检疫局的规定,为了防止禽流感和口蹄疫的传入,旅客不得携

带蛋黄或者肉馅的月饼入境,否则将会面临6万多澳元的处罚,甚至是10年左右的监禁;英国对进口月饼进行严格的检验检疫,如果合格会发放进口证;而加拿大则要求馅料不得含有蛋黄和肉类成分;另外像印度尼西亚、德国、西班牙和法国是绝对禁止月饼进口的。请您分析这些国家为何严格禁止进口。

2.2010年12月17日东北某大学在组织学生动物实验教学过程中,因学校没有严格遵守相应的动物实验操作规程,致使27名同学、1名教师被感染布鲁氏菌病,此病潜伏期可长达1年之久,对部分感染者构成了死亡威胁,请你结合该病例对严格病原体检测实验室操作意义进行分析。

【测试】

一、选择题

1.属于非细胞型微生物的是(　　　)。
A. 噬菌体　　　　　　B. 细菌　　　　　　C. 支原体　　　　　　D. 真菌

2.关于微生物的特点错误的是(　　　)。
A. 结构简单　　　　　B. 繁殖迅速　　　　　C. 可对人体有利　　　D. 多数致病

3.微生物学的创始人是(　　　)。
A. 巴斯德　　　　　　B. 胡克　　　　　　C. 弗莱明　　　　　　D. 伊凡诺夫斯基

4.实验室安全守则中规定,严格任何(　　　)入口或接触伤口,不能用(　　　)代替餐具。
A. 食品,烧杯　　　　B. 药品,玻璃仪器　　C. 药品,烧杯　　　　D. 食品,玻璃仪器

5.下列做法错误的是(　　　)。
A. 沾染有病原生物的器皿及废弃物,置于指定的地点,消毒后再进行洗涤
B. 感染性的病原体消毒后处理
C. 动物尸体可直接饲喂肉食性动物
D. 动物排泄物严加消毒后处理

二、判断题

1.皮肤溅上浓碱时,在用大量水冲洗后用5%小苏打溶液处理。(　　　)

2.凡遇有人触电,必须用最快的方法使触电者脱离电源。(　　　)

3.若衣服着火,切勿奔跑,用厚的外衣包裹使之熄灭。(　　　)

4.对于烫伤,重伤涂以玉树油或鞣酸油膏,轻伤涂以烫伤油膏后送医疗单位。(　　　)

5.切勿将易燃溶剂倒入废物缸中,但是可以用开口容器盛放易燃溶剂。(　　　)

6.实验后应该先将连接电源的插头拔下,再切断电源。(　　　)

7.进入实训室前必须穿好白大衣,离开实训室脱下反折,白大衣应经常清洗消毒;若实训过程中不慎沾上具有传染性材料,应脱下洗涤后再消毒或灭菌。(　　　)

8.菌液误入口中,应立即将菌液吐入消毒容器内,并用1∶10 000高锰酸钾溶液或3%双氧水漱口,并根据菌种不同,服用抗菌药物预防感染。(　　　)

9.必须小心地避免有菌材料的溅出,若不慎污染了工作台、手、眼、衣物和地面等处,应立

即报告老师,以便及时做出适当处理。(　)

10.菌液污染桌面,将适量的 2%～3% 来苏儿或 0.1% 新吉尔灭倒于污染处,浸泡 30 min 抹去。若手上沾有活菌,亦应浸泡上述消毒液 3 min 后,然后用肥皂和清水洗净。(　)

三、问答题

1.动物病原体有哪些危害?

2.什么是动物病原体?动物病原体主要有哪些种类?

3.动物病原体检测的方法有哪些?发展趋势如何?

4.进入病原体检测实验室需要有哪些注意事项?

四、操作题

搜集 10 种以上的动物病原体信息,按下表内容整理为 Excel 文档,以学号、姓名、项目、任务为文件名,发送考核专用信箱。

序号	病原体名称	类属	危害	检测方法
1				
⋮				
10				

任务 1-2　病原体检测常用仪器的使用

【目标】

1.学会使用和保养显微镜;

2.会使用高压蒸汽灭菌器、干热灭菌器、恒温培养箱、离心机、电子振荡器、普通冰箱和低温冰箱;

3.了解几种特殊的光学显微镜、电子显微镜、无菌室和洁净工作台的用途。

【技能】

一、光学显微镜的使用和保养

光学显微镜是一种精密的光学仪器。当前使用的显微镜由一套透镜配合,因而可选择不同的放大倍数对物体的细微结构进行放大观察。

(一)光学显微镜的基本结构

1.光学部分

包括目镜、物镜、聚光器和光源等(图 1-1)。

(1)目镜　在目镜上方刻有放大倍数,如 10×、20× 等。

（2）物镜　通常每台显微镜配备一套不同倍数的物镜，包括：①低倍物镜，指 $1\times\sim6\times$；②中倍物镜，指 $6\times\sim25\times$；③高倍物镜，指 $25\times\sim63\times$；④油浸物镜，指 $90\times\sim100\times$。其中油浸物镜使用时需在物镜的下表面和盖玻片的上表面之间填充折射率为 1.5 左右的液体（如香柏油等），它能显著地提高显微观察的分辨率。其他物镜则直接使用。观察过程中物镜的选择一般遵循由低到高的顺序，因为低倍镜的视野大，便于查找待检的具体部位。

显微镜的放大倍数，可粗略视为目镜放大倍数与物镜放大倍数的乘积。

（3）聚光器　由聚光透镜和虹彩光圈组成，位于载物台下方。聚光透镜的功能是将光线聚焦于视场范围内；透镜组下方的虹彩光圈可开大缩小，以控制聚光器的通光范围，调节光的强度，影响成像的分辨力和反差。使用时应根据观察目的，配合光源强度加以调节，得到最佳成像效果。

（4）光源　显微镜的光源照明方法分为两种：透射型与反射（落射）型。前者是指光源由下而上通过透明的镜检对象；反射型显微镜则是以物镜上方打光到（落射照明）不透明的物体上。较早的普通光学

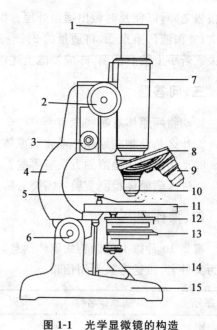

图 1-1　光学显微镜的构造

1.接目镜　2.粗调节轮　3.细调节轮
4.镜臂　5.压片夹　6.倾斜关节　7.镜筒
8.物镜转换器　9.高倍接物镜　10.低倍
接物镜　11.载物台　12.集光器
13.光圈　14.反光镜　15.镜座

显微镜借助镜座上的反光镜，将自然光或灯光反射到聚光器透镜的中央作为镜检光源。反光镜是由一平面和另一凹面的镜子组成。不用聚光器或光线较强时用凹面镜，凹面镜能起会聚光线的作用；用聚光器或光较弱时，一般都用平面镜。

新近出产的显微镜一般直接在镜座上安装光源，并有电流调节螺旋，用于调节光照强度。光源类型有卤素灯、钨丝灯、汞灯、荧光灯、金属卤化物灯等。

2.机械部分

包括镜座、镜柱、镜壁、镜筒、物镜转换器、载物台和准焦螺旋等（图 1-1）。

（1）镜座　基座部分，用于支持整台显微镜的平稳。

（2）镜柱　镜座与镜臂之间的直立短柱，起连接和支持的作用。

（3）镜臂　显微镜后方的弓形部分，是移动显微镜时握持的部位。有的显微镜在镜臂与镜柱之间有一活动的倾斜关节，可调节镜筒向后倾斜的角度，便于观察。

（4）镜筒　安装在镜臂先端的圆筒状结构，上连目镜，下连接物镜转换器。显微镜的国际标准筒长为 160 mm，此数字标在物镜的外壳上。

（5）物镜转换器　镜筒下端的可自由旋转的圆盘，用于安装物镜。观察时通过转动转换器来调换不同倍数的物镜。

（6）载物台　镜筒下方的平台，中央有一圆形的通光孔。用于放置载玻片。载物台上装有固定标本的弹簧夹，一侧有推进器，可移动标本的位置。有些推动器上还附有刻度，可直接计算标本移动的距离以及确定标本的位置。

(7)准焦螺旋 装在镜臂或镜柱上的大小两种螺旋,转动时可使镜筒或载物台上下移动,从而调节成像系统的焦距。大的称为粗准焦螺旋,每转动一圈,镜筒升降 10 mm;小的为细准焦螺旋,转动一圈可使镜筒仅升降 0.1 mm。一般在低倍镜下观察物体时,以粗准焦螺旋迅速调节物像,使之位于视野中。在此基础上,或在使用高倍镜时,用细准焦螺旋微调。必须注意,一般显微镜装有左右两套准焦螺旋,作用相同,但切勿两手同时转动两侧的螺旋,防止因双手力量不均产生扭力,导致螺旋滑丝。

(二)普通光学显微镜的基本成像原理

光线→(反光镜)→遮光器→通光孔→镜检样品(透明)→物镜的透镜(第一次放大成倒立实像)→镜筒→目镜(再次放大成虚像)→眼。

(三)普通光学显微镜的使用方法

1.镜检前的准备

室内应清洁而干燥,实验台台面水平,稳固无震动,显微镜附近不应放置腐蚀性的试剂。从显微镜柜或镜箱内取出显微镜时,要用右手紧握镜臂,左手托住镜座,平稳地取出,放置在实验台桌面上,置于操作者左前方,距实验台边缘约 10 cm,镜臂朝自己,镜筒朝前。实验台右侧放绘图用具。

2.调节光源

如需利用外置光源,宜采用散射的自然光或柔和的灯光。直射的太阳光会对观察者的眼睛造成伤害。转动转换器,使低倍镜正对通光孔,将聚光器上的虹彩光圈开到最大,观察目镜中视野亮度,同时调节反光镜角度,使光照达到最明亮最均匀。自带光源的显微镜,可通过调节电流旋钮来调节光照的强弱。

3.装置待检标本片

将待观察的样品制作成临时或永久标本片,放在载物台上,用弹簧夹固定,有盖玻片的一面朝上。移动推进器,调节待检样品至通光孔的中心。

4.低倍镜观察

将低倍镜对准通光孔,缓缓转动粗准焦螺旋,将物镜与装片的距离调至最近。注意不要压碎盖玻片。通过目镜观察,同时用粗准焦螺旋缓慢调节,直至物像出现,再用细准焦螺旋微调,同时调节光源亮度与虹彩光圈的大小,使物像达到最清晰的程度。并利用推进器把需要进一步放大观察的部分移至视野中央。

如果使用双筒目镜,应在观察前先调整双筒距离,使两眼视场合并。

5.高倍镜观察

转动转换器,选择较高倍数的物镜,用细准焦螺旋调节焦距,到物像清晰为止。

6.油镜观察

油浸物镜的工作距离(指物镜前透镜的表面到被检物体之间的距离)很短,一般在 0.2 mm 以内,且一般光学显微镜的油浸物镜没有"弹簧装置",因此使用油浸物镜时,调焦速度必须放慢,避免压碎玻片,并使物镜受损。

(1)在低倍镜下找到观察目标,中、高倍镜下逐步放大,将待观察部位置于视野中央,调节光源和虹彩光圈,使通过聚光器的光亮达到最大。

(2)转动粗准焦螺旋,将镜筒上旋(或将载物台下降)约 2 cm,加一小滴香柏油于玻片的镜检部位上。

(3)将粗准焦螺旋缓缓转回,同时注意从侧面观察,直至油镜浸入油滴,镜头几乎与标本接触。

(4)从目镜中观察,用细准焦螺旋微调,直至物像清晰。

(5)镜检结束后,将镜头旋离玻片,立即清洁镜头。一般先用擦镜纸擦去镜头上的香柏油滴,再用擦镜纸蘸少许乙醚-酒精混合液(2∶3)或二甲苯,擦去残留油迹,最后再用干净的擦镜纸擦净(注意向一个方向擦拭)。

7. 还原显微镜

关闭内置光源并拔下电源插头,或使反光镜与聚光器垂直。旋转物镜转换器,使物镜头呈"八"字形位置与通光孔相对。再将镜筒与载物台距离调至最近,降下聚光器。罩上防尘罩,将显微镜放回柜内或镜箱中。

二、高压蒸汽灭菌器的使用

1. 操作方法

(1)加适量水于灭菌器外筒内,使水面略低于支架,将灭菌物品包扎好放入内筒筛板上。

(2)器盖盖上时,必须将器盖腹侧的放气软管插入消毒内筒的管架中,然后对称拧紧螺栓,检查安全阀、放气阀关闭是否完好,并使安全阀呈关闭状态。通电后,待水蒸气从放气阀均匀冒出时,表示锅内冷空气已排尽,然后关闭放气阀继续加热,待灭菌器内压力升至约0.105 MPa(121.3℃),维持20～30 min即可达到灭菌的目的。

(3)灭菌完毕,停止加热,待压力自动降至零时才能开盖取物。

(4)手提式高压蒸汽灭菌器灭菌之后,放出器内水,并擦干净。

2. 注意事项

(1)螺栓必须对称均匀旋紧,以免漏气。

(2)内筒中的灭菌物品,不可堆压过紧,以免妨碍蒸汽流通,影响灭菌效果。

(3)凡能耐热和潮湿的物品,如培养基、生理盐水、敷料、病原微生物等都可应用此法灭菌。

(4)为了达到彻底灭菌的目的,灭菌时间和压力必须准确可靠,操作人员不能擅自离开。

(5)注意安全,在高压灭菌密封液体时,如果压力骤降,可能造成物品内外压力不平衡而炸裂或液体喷出。

三、干热灭菌箱的使用

1. 操作方法

(1)检查电源电压,接上电源。

(2)将待灭菌物品放入箱内,关好箱门。

(3)将温度调节器调至所需温度后,打开电源开关,当保温指示灯亮时,表明箱内温度达到了所需温度,维持一定时间后(160℃,1～2 h)关闭电源。

2. 注意事项

(1)箱内灭菌物品不宜堆放过挤,以利于热空气流动,各部分受热均匀。

(2)灭菌温度不能超过170℃,以免棉塞或包扎纸被烤焦。

(3)灭菌完毕后不能立即打开箱门,必须待箱内温度降至60℃以下时,才能开箱取出物品。

（4）灭菌过程中，如箱内物品着火冒烟，应立即切断电源，关闭排气孔，用湿毛巾堵塞箱门四周，防止空气进入箱内。待火熄灭、温度降至 60℃ 以下后方可开箱取出物品。

四、恒温培养箱的使用

1.操作方法

（1）先检查电源电压，与恒温培养箱所需电压一致时可直接插上电源，如不一致，应使用变压器变压。

（2）打开电源开关，将温度调节器调至所需的培养温度，初次使用时应检查温度调节器是否准确，方法是将温度调节器调至所需的温度后关好箱门，待指示灯显示恒温时观察箱上的温度计，看箱内温度是否与温度调节器所指示的温度一致，如不一致，应重新调整温度调节器。

（3）将培养物放入箱内，关好箱门。

（4）经常观察箱上的温度计，看箱内温度是否与培养温度相符，至设定培养时间后，取出培养物观察。

2.注意事项

（1）箱内培养物之间应留有一定距离，以免各部分温度不均，带有鼓风机的可打开鼓风机，以便箱内温度均匀一致。

（2）温度调节旋钮所指示的温度有时会与箱内温度不一致，应予校正。

（3）为了防止培养物内的水分蒸发，应将培养物用盖盖好。

五、普通冰箱和低温冰箱的使用

1.操作方法

（1）同恒温培养箱一样，先检查电源电压，再接上电源。

（2）将温度调节器调至所需的温度，普通冰箱一般冷藏室的温度应为 4℃，冷冻室的温度为 0℃ 以下。低温冰箱调节温度时应将两个白色指针分别调至所需温度的上限和下限，箱内温度达到下限时，冰箱自动停止工作，而当箱内温度达到上限时，冰箱自动开始工作。

（3）将需保存物品放入冰箱内适当位置，关好箱门即可。

（4）定期检查冰箱内的温度和保存物品的状态，发现异常应及时处理。

2.注意事项

（1）冰箱应置于阴凉通风的室内，与墙壁之间应留有一定距离，以利散热。

（2）温度过高的物品不宜立即放入冰箱，以免增加冰箱的工作时间，降低使用寿命。

（3）冰箱内冷冻物品不宜反复冻融，以免影响其活力或品质。

（4）短时间停电时不宜打开冰箱。

（5）有霜或微霜冰箱应定期除霜，经常保持冰箱内清洁干燥，有污染或霉变时应及时清洗，清理时应将电源关闭，待冰融化后进行。

六、离心机的使用

离心机又分为常速离心机和超速离心机两种，其使用方法相同。

1. 操作方法

(1)离心管装上待离心材料后,与离心管套一起在天平上称量平衡,然后对称地放入离心机内,将盖盖好。

(2)接上电源,缓慢旋转调速器至所需的转速(常速离心机通常为 1 500～3 000 r/min,超速离心机可达 8 000～40 000 r/min),维持一定时间(通常为 5～20 min),将调速器缓慢旋转至最低刻度,当离心机停下来后,打开盖子,取出离心管。

2. 注意事项

(1)离心管和套管必须严格称量平衡后才能放入离心机内,且必须对称放置。

(2)使用调速器调速时,必须逐档升降,待每档速度达到稳定时才能调档,不能连续调档或直接调至所需转速,以免损伤机器或降低其使用寿命。离心机没有完全停下时不能打开盖子,以免机内物品被甩出。

七、电子振荡器的使用

1. 操作方法

(1)将振幅调节旋钮调到最低(逆时针方向旋转),接上电源,打开电源开关,电源指示灯亮,顺时针方向旋转振幅调节旋钮,以检查其工作状态。确认正常后,关闭电源开关。

(2)将待振荡物固定于振荡器上,打开电源开关,顺时针方向旋转振幅调节旋钮至适宜的振幅,振荡 5 min 左右后,逆时针方向旋转振幅调节旋钮至最低,关闭电源开关,取下振荡物。

2. 注意事项

(1)开机前,应将振幅调节旋钮调至最低。

(2)调节振幅时应缓慢旋转振幅调节旋钮。

(3)关机前亦应将振幅调节旋钮调至最低。

【知识】

一、几种特殊的光学显微镜

(一)暗视野显微镜

暗视野显微镜不具备观察物体内部细微结构的功能,但可以分辨 0.004 μm 以上的微粒的存在和运动。因而常用于观察活细胞的结构和细胞内微粒的运动等。

暗视野显微镜的基本使用方法如下:

(1)安装暗视野聚光器(或用厚实的黑纸片制成遮光板,放在普通显微镜的聚光器下方,也能得到暗视野效果)。

(2)选用强光源,一般用显微镜灯照明,以防止直射光线进入物镜。

(3)在聚光器和玻片之间加一滴香柏油,避免照明光线于聚光镜上进行全反射,达不到被检物体,而得不到暗视野照明。

(4)进行中心调节,即水平移动聚光器,使聚光器的光轴与显微镜的光轴严格位于一直线上。升降聚光器,将聚光镜的焦点对准待检物。

(5)选用与聚光器相应的物镜,调节焦距,按普通显微镜的方法操作。

(二)体视显微镜

体视显微镜又称实体显微镜或解剖镜,其成像为正立三维的空间影像,并具有立体感强、成像清晰宽阔、长工作距离(通常为 110 mm)以及连续放大观看等特点。生物学上常用于解剖过程中的实时观察。

普通光学显微镜的光源为平行光,因而形成的是二维平面影像;而体视显微镜采用双通道光路,双目镜筒中的左右两光束具有一定的夹角(一般为 12°～15°),因而能形成三维空间的立体图像。

体视显微镜与普通光学显微镜的使用方法相近,但更为便捷。二者的主要区别在于:

(1)体视显微镜的镜检对象可不必制作成标本片。

(2)体视显微镜载物台直接固定在镜座上,并配有黑白双面板或玻璃板,操作者可根据镜检的对象和要求加以选择。

(3)体视显微镜的成像是正立的,便于解剖操作。

(4)体视显微镜的物镜仅一只,其放大倍数可通过旋转调节螺旋连续调节。

(三)荧光显微镜

荧光显微镜是利用细胞内物质发射的荧光强度对其进行定性和定量研究的一种光学工具。细胞内的荧光物质有两类:一类直接经紫外线照射后即可发荧光,如叶绿素等;另有一些物质本身不具这一性质,但如果以特定的荧光染料或荧光抗体染色,经紫外线照射后亦可发荧光。

荧光显微镜的原理为利用一个高发光效率的点光源(如超高压汞灯),经过滤色系统发出一定波长的光作为激发光,激发标本内的荧光物质发射出各色的荧光后,再通过物镜后面的阻断(或压制)滤光片的过滤,最后经由目镜的放大作用加以观察。阻断滤光片的作用有二:一是吸收和阻挡激发光进入目镜以免干扰荧光和损伤眼睛;二是选择并让特定的荧光透过,表现出专一的荧光色彩。

荧光显微镜按照光路原理可分为以下两种:

1.透射式荧光显微镜

较为旧式的荧光显微镜,其激发光源通过聚光镜穿过标本材料来激发荧光。其优点是低倍镜时荧光强,而缺点是随放大倍数增加其荧光减弱。所以它仅适用于观察较大的标本材料。

2.落射式荧光显微镜

激发光从物镜向下落射到标本表面,即用同一物镜作为照明聚光器和收集荧光的物镜。光路中需加上一个双色束分离器(分色镜),它与光轴成 45°角,激发光被反射到物镜中,并聚集在样品上,样品所产生的荧光以及由物镜透镜表面、盖玻片表面反射的激发光同时进入物镜,返回到双色束分离器,使激发光和荧光分开,残余激发光再被阻断滤片吸收。如换用不同的激发滤片/双色束分离器/阻滤片的组合插块,可满足不同荧光反应产物的需要。此种荧光显微镜的优点是视野照明均匀,成像清晰,放大倍数愈大荧光愈强。

(四)相差显微镜

相差显微镜是能将光通过物体时产生的相位差(或光程差)转变为振幅(光强度)变化的显微镜。主要用于观察活细胞、不染色的组织切片或缺少反差的染色标本。

人眼只能鉴别可见光的波长(颜色)和振幅的变化,不能鉴别相位的变化。而大多数生物标本高度透明,光波通过后振幅基本不变,仅存在相位的变化。相差显微镜基本把透过标本的可见光的光程差变成振幅差,从而提高了各种结构间的对比度,使各种结构变得清晰可见。光线透过标本后发生折射,偏离了原来的光路,同时被延迟了 $1/4\lambda$(波长),如果再增加或减少 $1/4\lambda$,则光程差变为 $1/2\lambda$,两束光合轴后干涉加强,振幅增大或减下,提高反差。

从结构上看,相差显微镜与普通光学显微镜不同之处在于:

1. 环形光阑

具有环形开孔的光阑,安装在光源与聚光器之间,作用是使透过聚光器的光线形成空心光锥,聚焦到标本上。

2. 相位板

相差显微镜在物镜内部增加了涂有氟化镁的相位板,作用是将直射光或衍射光的相位推迟 $1/4\lambda$。相板上有两个区域,直射光通过的部分叫"共轭面",衍射光通过的部分叫"补偿面"。相位板按工作效果分为两种类型:

(1)A+相板 将直射光推迟 $1/4\lambda$,两组光波合轴后光波叠加,振幅加大,标本结构比周围介质更加明亮,形成亮反差(或称负反差)。

(2)B+相板 将衍射光推迟 $1/4\lambda$,两组光线合轴后光波相减,振幅变小,标本结构比周围介质更加暗淡,形成暗反差(或称正反差)。

带有相板的物镜叫相差物镜,常在物镜外壳上标以"Ph"字样。

3. 合轴调节望远镜

相差显微镜配备有一个合轴调节望远镜(在外壳上标有"CT"符号),用于调节环状光阑的像与相板共轭面完全吻合,以便实现对直射光和衍射光的特殊处理。使用时拨去一侧目镜,插入合轴调节望远镜,调节合轴调节望远镜的焦点,视野中会呈现两个圆环,分别是明亮的环状光阑圆环与较暗的相板上共轭面圆环。再转动聚光器上的环状光阑的两个调节螺旋,使两环完全重叠。如明亮的光环过小或过大,可调节聚光器的升降旋钮,使两环完全吻合。如果聚光器已升到最高点或降到最低点而仍不能矫正,说明玻片太厚了,应更换。调好后即可取下合轴调节望远镜,换回目镜。

4. 绿色滤光片

用于调整光源的波长。照明光线的波长不同,会引起相位的变化,为了获得良好的相差效果,相差显微镜要求使用波长范围比较窄的单色光,通常是用绿色滤光片来调整。

相差显微镜的使用步骤如下:

(1)根据待检标本的性质及要求,挑选适合的相差物镜。

(2)将标本玻片放到载物台上,进行光轴中心的调整。

(3)使用合轴调节望远镜,调整环状光阑与相板上的共轭面圆环完全重叠吻合后,换回目镜。在观察过程中,每次更换物镜倍数时,必须重新进行环状光阑与相板共轭面圆环吻合的调整。

(4)加绿色滤光片,按普通光学显微镜的操作步骤进行观察。

(五)倒置显微镜

倒置显微镜的结构和普通显微镜基本相同,只不过物镜与照明系统位置交换,前者在载物台之下,后者在载物台之上。主要用于观察培养的活细胞,需配制相差物镜。

(六)偏光显微镜

偏光显微镜可用于检测具有双折射性的物质,如染色体、胶原、纤维丝等。和普通显微镜不同的是:

(1)偏光显微镜光源前配备偏振镜(起偏器),使进入显微镜的光线为偏振光。

(2)镜筒中有检偏振镜(检偏器,一个偏振方向与起偏器垂直的起偏器)。

(3)使用旋转载物台。当载物台上放入单折射的物质时,无论如何旋转载物台,由于两个偏振片是垂直的,显微镜里看不到光线,而放入双折射性物质时,由于光线通过这类物质时发生偏转,因此旋转载物台便能检测到这种物体。

(4)配备补偿器或相位片。

(5)使用专用无应力物镜。

二、电子显微镜

电子显微镜是利用高速运动的电子束来代替光波的一种显微镜。光学显微镜下只能清楚地观察大于 $0.2~\mu m$ 的结构。而小于 $0.2~\mu m$ 的结构称为亚显微结构或超微结构。要想看清这些更为细微的结构,就必须选择波长更短的光源,以提高显微镜的分辨率。电子束的波长要比可见光和紫外光短得多,并且电子束的波长与发射电子束的电压平方根成反比,也就是说电压越高波长越短。因此,电子显微镜的分辨率远高于光学显微镜,目前可达 $0.2~nm$,放大倍数可达 80 万倍。

电子显微镜的基本结构包括镜筒、真空系统和电源柜 3 部分。镜筒主要由电子枪、电子透镜、样品架、荧光屏和照相机构等部件自上而下地装配成一个柱体;真空系统包括机械真空泵、扩散泵和真空阀门三部分,并通过抽气管道与镜筒相连接;电源柜由高压发生器、励磁电流稳流器和各种调节控制单元组成。

电子透镜是电子显微镜镜筒中的关键部件。现代电子显微镜大多采用电磁透镜,由稳定的直流励磁电流通过带极靴的线圈产生的强磁场使电子聚焦。

电子枪的作用是发射并形成速度均匀的电子束,由灯丝(阴极)、栅极和阳极(加速极)构成。阴极管发射的电子通过栅极上的小孔形成射线束,经阳极电压加速后射向聚光镜,起到对电子束加速、加压的作用。使用中加速电压的稳定度要求不低于万分之一。

电子显微镜按结构和用途可分为透射式电子显微镜、扫描式电子显微镜、反射式电子显微镜和发射式电子显微镜等。其中生物学研究中使用最为广泛的是透射式和扫描式电子显微镜。前者常用于观察那些用普通显微镜所不能分辨的细微物质结构;后者主要用于观察固体表面的形貌。

(一)透射式电子显微镜

透射电子显微镜(TEM)的组件包括:

(1)电子枪 发射电子,由阴极、栅极、阳极组成。

(2)聚光透镜 即电子透镜,将电子束聚集,可用于控制照明强度和孔径角。

(3)样品室 放置待观察的样品,并装有旋转台,用以改变试样的角度,还有装配加热、冷却等设备。

(4)物镜 为放大率很高的短距透镜,作用是放大电子像。物镜是决定透射电子显微镜分辨能力和成像质量的关键。

(5)中间镜　为可变倍的弱透镜,作用是对电子像进行二次放大。通过调节中间镜的电流,可选择物体的像或电子衍射图来进行放大。

(6)透射镜　为高倍的强透镜,用将二次放大后的中间像进一步放大后在荧光屏上成像。

(7)二级真空泵　对样品室抽真空。

(8)照相装置　用以记录影像。

由于电子易散射或被物体吸收,故穿透力低,样品的密度、厚度等都会影响到最后的成像质量,必须制备更薄的超薄切片,通常为50～100 nm。所以用透射电子显微镜观察时的样品需要处理得很薄。通常用薄切片法或冷冻蚀刻法制备。

薄切片法:通常以锇酸和戊二醛固定样品,以环氧树脂包埋,以热膨胀或螺旋推进的方式推进样品切片,切片厚度20～50 nm,采用重金属盐染色,以增大反差。

冷冻蚀刻法:亦称冰冻断裂法。将标本置于-100℃的干冰或-196℃的液氮中冰冻后,以冷刀急速断开标本。断裂的标本升温后,冰在真空条件下迅即升华,暴露出断面结构,称为蚀刻。蚀刻完成后,向断面以45°角喷涂一层蒸气铂,再以90°角喷涂一层炭,加强反差和强度。然后用次氯酸钠溶液消化样品,剥下炭和铂的膜(复型膜),能显示标本蚀刻面的形态。在电镜下观察得到的影像即代表标本中细胞断裂面处的结构。

(二)扫描式电子显微镜

扫描电子显微镜(SEM)于20世纪60年代问世,目前分辨力可达6～10 nm。其工作原理是由电子枪发射的精细聚焦电子束经两级聚光镜、偏转线圈和物镜射到样品上,扫描样品表面并激发出次级电子,次级电子的产生量与电子束入射角有关,即与样品的表面结构有关。次级电子经探测体收集后,由闪烁器转换为光信号,再经光电倍增管和放大器转变为电信号来控制荧光屏上电子束的强度,显示出与电子束同步的扫描图像。图像为立体形象,反映了标本的表面结构。

扫描电镜的标本在检验前,需进行固定、脱水处理,再喷涂上一层重金属微粒,重金属在电子束的轰击下发出次级电子信号。

三、无菌室

所谓无菌室并非完全无菌,仅是避尘严密、细菌较少的操作室。在微生物实验中,一般小规模的分离接种操作,使用无菌接种箱或超净工作台;工作量大时使用无菌室接种,要求严格的在无菌室内再结合使用超净工作台。

1.无菌室的基本要求

无菌室的大小可根据需要而定,用净化空气的洁净技术将经过调温、调湿和过滤的无菌空气送入无菌室内,通过排气孔循环,使室内保持正压,外界的有菌空气不能直接进入,无菌室内的细菌数越来越少,同时室内可以保持恒温恒湿和空气新鲜。不但能防止因操作带来的污染,而且大大地改善了工作条件。

洁净无菌室空气过滤系统:其设备有空调机、循环风机、过滤机、送回风管道等。空气过滤系统由多层组成,最外层为初效空气过滤器,滤料一般采用易清洗和更换的粗、中孔泡沫塑料或合成纤维滤料,空气阻力较小;中间层为中效空气过滤器,一般采用可清洗的中、细孔泡沫塑料、玻璃纤维及可以扫尘,但不能用水洗的无纺布等滤料制成,其阻力中等;最里层为高效空气过滤器,采用商品化的聚氨酯制品等(有多种型号规格,一般不能再生),其阻力较高。为了提高过滤效率,在降低滤速的同时降低阻力,其内部造型呈蜂窝状,大大增加了过滤器的表面积,增加容尘量。

除菌空气进入无菌室内首先形成射入气流;流向回风口的是回流气流;在室内局部空间回旋的是涡流气流。为使室内获得低而均匀的含尘(细菌附着其上)浓度的空气,洁净无菌室内对气流的要求原则是:尽量减少涡流;使射入气流尽快覆盖工作区,气流方向要与尘埃沉降方向最好一致,并使回流气流有效地将尘埃排出室外。

2.无菌室类型

洁净无菌室的气流组织大体上可以分为乱流和层流两种类型,据此无菌室可分为正压乱流无菌室和正压层流无菌室两种类型。乱流气流系空气中质点以不均匀的速度呈不平行的流线进行流动;层流气流系空气中质点以均匀的断面速度沿平行流线进行流动。

正压乱流无菌室,其乱流气流的形成系从无菌室顶棚射入气流,从侧墙底部回风。一般不可能按房间的整个水平断面送入洁净空气射流,也不可能由混合后的射流区覆盖整个工作断面,因此工作面上的气流分布很不均匀。射入气流与室内原有空气混合后,使原有空气中附着细菌的尘埃得到稀释,其稀释度有一定限度。但这种正压乱流洁净无菌室的投资与运转费用都较低。

正压层流洁净无菌室,其层流气流的形成系空气从房间的整个一面(顶棚或侧壁送风,但多数从顶棚送风)被送入,强制空气流被均匀分配于该面上的高效过滤器(占满整个一面),经均流孔板送入工作区,在其阻力下形成了室内送风口均匀分布的气流,量大而均匀的气流被低速送入四面受限的空间而均匀向前流动,最后通过在送风口对面,并于该空间断面尺寸的穿孔面(地面或侧墙回风口,一般为地面)排出,于是室内形成了平行匀速流动的层流。由于气流的流线为单一方向并且在各个面上保持互相平行,成层进行流动,因而各层流线间的悬浮物质很少能从这一流线转移到另一流线上去,使得各层流线间的交叉污染(与气流方向垂直的横向污染扩散)达到了最低限度。大部分污染物随着气流以最短的路程沿着各自所在的气流流线位置从无菌室的回风口被排出,因而可以形成很高的洁净度。

目前,国内外都在向建立层流洁净无菌室方向发展。按照我国 GMP 要求,层流气流工作的房间以垂直层流为优,可以避免尘粒的水平横向流动而影响其下游的部位。

3.无菌室使用的注意事项

(1)无菌室使用前应先清扫干净,常用 0.1% 新洁尔灭溶液揩抹顶棚、四壁和台凳等。

(2)使用前进行熏蒸消毒,连续生产,一般每周应熏蒸一次。可采用丙二醇熏蒸,用量 1.1 mL/m³,加等量水进行;也可采用甲醛溶液消毒,用量 5.4 mL/m³,加等量水,熏蒸 18 h 后再用等量氨水(含氨 18%)中和。细胞培养室应用乳酸熏蒸,用量 3 mL/m³,加等量水进行。

(3)为了保证和提高无菌室的无菌程度,辅之以紫外线灯照射,操作人员进入无菌室前,开紫外光灯照射不少于 30 min,照射有效距离为 1 m 左右,紫外光的有效杀菌波长为 253.7 nm。

(4)正压层流洁净无菌室不必进行专门的消毒,只需运转通风一定时间即可达到无菌要求。

(5)无菌室外接缓冲间,缓冲间的门和无菌室的门不能对开,以避免外界有菌空气直接流入缓冲间的无菌室。门应设推拉门,以免开关时空气流动。无菌室的门旁应设传递窗口,用以传递器材。

（6）在无菌室操作应穿戴无菌室专用的消过毒的鞋、帽和衣服。

（7）为了便于无菌室的清扫消毒和工作，平时室内除放置工作台、凳以及必要的酒精灯、消毒液外，不应放置其他物品。

（8）在高温季节，无菌室要注意防霉菌生长，主要采取如下措施：一是要保持无菌室的干燥；二是用杀霉药品如硫柳汞、醋酸苯高汞溶液擦拭无菌室的顶棚、四壁、地板、操作台凳。

（9）对于无菌室的清洁程度应该定期进行测试，方法是用普通琼脂平板至少 2 块，露置于无菌室工作台面上 15 min 或 5 min，然后置 37℃温箱培养 48 h，每个平皿上不应超过 15 个或5 个杂菌菌落。如超过应立即检查原因，并采取消毒措施。

四、净化工作台

对于部分要求洁净的关键工序，不用无菌室而用净化工作台也能达到很好的净化效果。净化工作台可在一般无菌室内使用，也可在普通房间使用。

净化工作台型号很多，但工作原理基本相同，如 SW-CJ-2F 净化工作台（图 1-2）。该净化工作台采用垂直层流的气流形式，由上部送风体、下部支承柜组成。

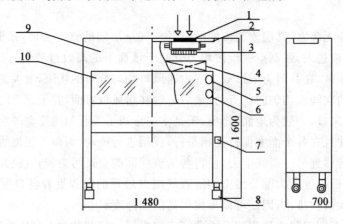

图 1-2　SW-CJ-2F 医用净化工作台结构示意图
1.初效空气过滤器　2.活络板　3.风机组　4.高效空气过滤器
5.日光灯　6.紫外灯　7.面板　8.调节脚轮　9.箱体　10.挡板

变速离心风机将负压箱内经滤器过滤后的空气压入静压箱，再经过高效过滤器进行二级过滤。从高效过滤器出风面吹出来的洁净气流，以一定的和均匀的断面风速通过工作区时，就会将尘埃颗粒和生物颗粒带走，从而形成无尘无菌的工作环境。该净化工作台的送风体内装有超细玻璃纤维滤料制造的高效过滤器和多翼前向式低噪声变速离心风机，侧面安装镀铬金属柜装饰的初滤器，见风面散流板上安装照明日光灯及紫外线杀菌灯，操作面有透明有机玻璃挡板。

净化工作台使用及注意事项：①净化工作台应放置在温度及湿度变化小、卫生条件较好的环境；②电源接通后，启动风机，使设备自净 20 min 以上方能进行操作；③操作区内不应存放与工作无关的物品，以免影响气流和效率；④在使用过程中，应定期进行检测，一般 3～6 个月进行一次，不符合技术参数要求时应及时采取相应措施。

【测试】

1.用显微镜观察细菌标本片。

2.用高压蒸汽灭菌器和干热灭菌箱消毒实验室常用器械。

3.训练使用恒温培养箱、离心机、冰箱、电子振荡器。

4.参观电子显微镜室、无菌室。

任务 1-3　病原体检测常用器械的准备

【目标】

1.学会病原体检测中常用玻璃器皿洗涤、包扎和灭菌的方法；

2.理解消毒与灭菌的含义和常用方法。

【技能】

一、常用玻璃器皿的种类及要求

1.试管

用于细菌及血清学试验的试管应较坚厚，以便加塞不致破裂。常用的规格有：

(1)(2～3) mm×65 mm，用于环状沉淀试验；

(2)(11～13) mm×100 mm，用于血清学反应及生化试验等；

(3)15 mm×150 mm，用于分装 5～10 mL 的培养基及菌种传代等；

(4)25 mm×200 mm，用于特殊试验或装灭菌滴管等。

2.三角烧瓶

底大口小，放置平稳，便于加塞，多用于盛培养基、配制溶液等。常用的规格有 50 mL、100 mL、150 mL、250 mL、500 mL、1 000 mL、2 000 mL、3 000 mL、5 000 mL 等。

3.培养皿

为硬质玻璃双碟，常用于细菌分离培养。盖与底的大小应合适。盖的高度较底稍低，底部平面应特别平整。常用的规格(以皿盖直径计)有 90 mm、75 mm、60 mm 等。

4.吸管

用于吸取少量液体。常用的吸管有两种：一种为无刻度的毛细吸管；另一种为有刻度吸管。管壁有精细的刻度。一般长为 25 cm。常用的容量为 0.2 mL、0.5 mL、1.0 mL、2.0 mL、5.0 mL 及 10 mL。

5.量筒、量杯

用于液体的测量。常用规格为 10 mL、20 mL、25 mL、50 mL、100 mL、200 mL、500 mL、1 000 mL 及 2 000 mL。

6.烧杯

常用的规格 50～3 000 mL 容量，供盛液体或煮沸用。

7. 载玻片及盖玻片

载玻片供作涂片用,常用的规格为 75 mm×25 mm,厚度为 1~2 mm。另有凹玻片可供作悬滴标本及作血清学试验用。盖玻片为极薄的玻片,用于标本封闭及悬滴标本等。有圆形的,直径 18 mm;方形的,18 mm×18 mm 或 22 mm×22 mm;长方形的,22 mm×36 mm 等数种。

8. 离心管

常用规格有 10 mL、15 mL、100 mL 及 250 mL 等数种,供分离沉淀用。

9. 试剂瓶

有磨纱口,有盖,分广口和小口两种,容量为 30~1 000 mL,视需要量选择使用。分棕色、无色两种,为贮藏药品和试剂用,凡避光等药品试剂均宜用棕色瓶。

10. 玻璃缸

缸内常置石炭酸或来苏儿等清毒剂,以备放置用过的玻片、吸管等。

11. 染色缸

有方形和圆形两种,可放载玻片 6~10 片,供细菌、血液及组织切片标本染色用。

12. 滴瓶

有橡皮帽式和玻塞式,分白色和棕色,容量有 30 mL 和 60 mL 等,供贮存试剂及染色液用。

13. 漏斗

分短颈和长颈式两种。漏斗直径大小不等,视需要而定。分装溶液或上垫滤纸或纱布、棉花作过滤杂质用。

14. 注射器

有 0.25 mL、0.5 mL、1 mL、2 mL、5 mL、10 mL、20 mL、50 mL 和 100 mL 等,供接种试验动物和采血用。

15. 下口瓶

有龙头和无龙头两种。容量为 2 500~20 000 mL。存放蒸馏水或常用消毒药液,也可作细菌涂片染色时冲洗染液用。

除上述外,还有发酵管、玻璃棒、酒精灯、玻璃珠以及蒸馏水瓶等玻璃器材。

二、一般玻璃器皿的准备

(一)处理与洗涤

1. 新购入玻璃器皿的处理与洗涤

新购玻璃器皿常附有游离碱质,不能直接使用,应先在 1%~2%盐酸溶液中浸泡数小时,以中和其碱质,然后再用肥皂水及清水刷洗干净,以除去残留的酸质。

2. 用后玻璃器皿的处理与洗涤

(1)一般使用过的器皿(如配制溶液、试剂及制造培养基等)可于用后立即用清水冲净。凡沾有油污者,可用肥皂水煮半小时后趁热刷洗,再用清水冲洗干净,最后用蒸馏水冲洗 2~3次,晾干。

(2)吸管、载玻片等用后浸泡于 5%碳酸钠、2%~3%来苏儿或 0.1%升汞中 2 d。浸泡吸管的玻璃缸底部应垫以棉花,以防投入吸管时管尖破裂。

(3)盛有固体培养基(如琼脂)或沾有油脂(如液体石蜡或凡士林等)的玻璃器皿,应于消毒后趁热将内容物倒净,用洗衣粉浸泡清洗干净,倒立使之干燥。

(4)细菌培养用过的试管、平皿等,须高压蒸汽灭菌后趁热倒去内容物,立即用热肥皂水刷去污物,然后用清水冲洗,最后用蒸馏水冲洗 2～3 次,晾干或烘干。

(5)对污染有病原微生物的玻璃器皿,洗涤前必须消毒或灭菌。

3.云雾状玻璃器皿的处理与洗涤

凡玻璃器皿上有云雾状而不能用普通方法清洗干净的,可选用清洁液处理。将有云雾状的玻璃器皿浸泡于清洁液中 24 h,然后取出用清水冲洗。若仍洗不干净者弃之。清洁液可重复应用多次,直至其颜色变为蓝绿色或黑色为止。

4.载玻片、盖玻片、注射器的处理与洗涤

用过的载玻片和盖玻片,分别浸泡于 2% 来苏儿或 5% 石炭酸溶液内消毒 2 d。置 5% 肥皂水或洗衣粉水中煮沸 30 min,用清水冲洗,干燥保存或浸于 95% 酒精中备用。注射器和针头放于清洁水中煮沸 30 min 即可,或用一次性注射器。

(二)干燥

(1)倒插入干燥架上,令其自然干燥;

(2)急用时入干燥箱中 60～80℃ 干燥。

(三)包装

1.培养皿

将合适的底盖配对,装入金属盒内或用报纸 5～6 个一摞包成一包。

2.试管、三角烧瓶

于开口处塞上大小适合的棉塞或纱布塞(也可用各种型号的软木塞、胶塞等),并在棉塞、瓶口之外,包以牛皮纸,用细绳扎紧即可。塞棉塞时注意慢慢旋转棉塞,塞入部分和露出部分的长度大约相等,松紧适宜,以手持棉塞略加摇摆而不从管口脱落为佳。棉塞的制作最好选择纤维较长的棉花,其制法视试管或瓶口大小取适量棉花,分成数层,互相重叠,使其纤维纵横交错,然后折叠卷紧,做成长 4～5 cm 的棉塞。棉塞应慢慢旋转塞入,塞入部分和露出部分的长度大约相等。棉塞的大小、长短、深浅、松紧均须合适,不能过深过紧或过松过浅,以棉塞从试管内易于拔出,以手提棉塞略加摇动,却不致从管口脱落为佳。

3.吸管

在洗耳球接触端,加塞棉花少许,松紧要适宜,然后用 3～5 cm 宽的长纸条(旧报纸),由尖端缠卷包裹,直至包没吸管将纸条合拢;再 10 支包成一束,置金属筒中消毒。

4.乳钵、漏斗、烧杯

可用纸张直接包扎或用厚纸包严开口处,再以牛皮纸包扎。

(四)灭菌

1.干热灭菌法

(1)装入待灭菌物品 将包好的待灭菌物品(培养皿、试管、吸管等)放入电烘箱内,物品不要摆得太挤,以免妨碍热空气流通。同时,灭菌物品也不要与电烘箱内壁的铁板接触,以防包装纸烤焦起火。

（2）升温　关好电烘箱门，插上电源插头，拨动开关，设置灭菌温度、时间。灭菌开始加热直至所需的 160～170℃。

（3）恒温　当温度升到 160～170℃时，借恒温调节器的自动控制，保持此温度 2 h。

（4）降温　切断电源，自然降温。

（5）开箱取物　待电烘箱内温度降到 70℃以下后，打开箱门，取出灭菌物品。注意电烘箱内温度未降到 70℃以前，切勿自行打开箱门，以免玻璃器皿炸裂。

2.高压蒸汽灭菌法

（1）首先将内层灭菌桶取出，再向外层锅内加入适量的水，使水面与三角搁架相平为宜。

（2）放回灭菌桶，并装入待灭菌物品。注意不要装得太挤，以免妨碍蒸汽流通而影响灭菌效果。三角烧瓶与试管口端均不要与桶壁接触，以免冷凝水淋湿包口的纸而透入棉塞。

（3）加盖，并将盖上的排气软管插入内层灭菌桶的排气槽内。再以两两对称的方式同时旋紧相对的两个螺栓，使螺栓松紧一致，勿使漏气。

（4）接通电源开始加热，并同时打开排气阀，使水沸腾以排除锅内的冷空气。待冷空气完全排尽后，关上排气阀，让锅内的温度随蒸汽压力增加而逐渐上升。当锅内压力升到所需压力时，控制热源，维持压力至所需时间。本实训用 121.3℃，20 min 灭菌。

（5）灭菌所需时间到后，切断电源，让灭菌锅内温度自然下降，当压力表的压力降至 0 时，打开排气阀，旋松螺栓，打开盖子，取出灭菌物品。如果压力未降到 0 时，打开排气阀，就会因锅内压力突然下降，使容器内的培养基由于内外压力不平衡而冲出烧瓶口或试管口，造成棉塞沾染培养基而发生污染。

（6）将取出的灭菌培养基放入 37℃温箱培养 24 h，经检查若无杂菌生长，即可待用。

三、供组织培养用的玻璃器皿及其他器皿的清洗、包装与消毒

1.清洗

不论新购置的或用过的玻璃器皿，都必须首先浸泡于粗硫酸（有的实验室用清洁液）中过夜（清洁液的配方是：先将 102 g 重铬酸钾与常水 100 mL 相混合，加热使成饱和溶液，然后按每 35 mL 饱和溶液加粗制浓硫酸 1 000 mL 即成），次日取出用自来水浸泡 4～6 h 后，再用自来水冲洗 10 次（不得少于 10 次）或用流水冲洗 5 min（清洁液浸泡的应适当延长）；最后蒸馏水冲洗 6 次（双蒸馏水冲洗 3 次即可），放入温箱中干燥即可包装。

2.包装

吸管和移液管首先在管口塞入普通棉花少许（不得过紧或过松），用麻纸包扎后，装入金属筒灭菌；培养瓶在塞好软木塞后，外面用牛皮纸包扎；平皿分别用牛皮纸包裹；中试管以 4～6 支用方形牛皮纸包裹在一起，进行灭菌。代用的链霉素小瓶，可直接放入铝饭盒内灭菌。

3.灭菌

包装好的玻璃器皿，均以干热灭菌，100℃维持 2～3 h。灭菌过的器皿，必须在 1 周内用完，过期应重新灭菌。

4.翻口橡皮塞的准备

一般经肥皂水煮沸 20 min 后，流水冲洗 10 次，再以蒸馏水冲洗 2 次后，用双蒸馏水浸泡于玻璃缸中备用。使用前煮沸消毒 15 min，亦可取出晾干包装高压灭菌后使用。

四、毛细管的制备

取直径 5 mm 长约 10 cm 的中性硬质玻璃,两端各塞以棉花,包扎灭菌后两手持管之两端,将其中段置于喷灯上烧灼,待其赤热熔化时,即离开火焰,向两端抽长,即成毛细管。

五、橡胶制品的准备

橡胶制品(如橡皮塞、胶头滴管、洗洁球、橡胶管等)一般经肥皂水煮沸 20 min 后,流水冲洗 10 次,再以蒸馏水冲洗 2 次,最后用双蒸馏水浸泡于玻璃缸中备用。使用前煮沸消毒15 min,也可取出晾干包装高压灭菌后使用。

六、金属用具的准备

刀、剪、镊子等金属用具使用后,应用肥皂、清水洗净擦干,防止生锈。刀、剪、镊子等金属用具使用前浸泡在 95% 的酒精内,取出时火焰灭菌,待器械上酒精自行燃烧完毕即可使用(注意:防止烧伤手或燃烧盛有酒精的玻璃缸)。器械上如有动物组织碎屑,应先在 5% 石炭酸中洗去碎屑,然后蘸酒精燃烧灭菌。

【知识】

一、消毒与灭菌的概念

人们在长期与疾病斗争的过程中,创造了许多行之有效的杀灭病原微生物的方法,包括物理学、化学、生物学的方法。下面着重介绍实验室常用的消毒灭菌措施。在介绍上述内容之前,先明确几个概念。

(1)消毒　用物理方法或化学消毒剂杀死病原微生物的方法。用于消毒的试剂称为消毒剂。一般消毒剂在常用浓度下,只对细菌的繁殖体有效,对其芽孢则需要提高消毒剂的浓度及延长作用的时间。

(2)灭菌　杀灭物体上所有微生物(包括病原菌和非病原菌的繁殖体和芽孢)的方法。灭菌比消毒的要求高,但在日常生活中,消毒和灭菌这两个术语往往通用。

(3)防腐　防止或抑制体外微生物生长繁殖的方法,细菌一般不死亡。用于防腐的化学药物称为防腐剂。同一化学药品在低浓度时常为防腐剂,在高浓度时为消毒剂。

(4)无菌　不存在活的微生物。无菌法是防止微生物进入机体或局部环境的方法。

(5)抑菌作用　即某些物质或因素具有阻碍微生物生长与繁殖的作用。

(6)杀菌作用　是指某些物质或因素具有杀灭微生物的作用。

(7)抗菌作用　是指某些药物具有抑制或杀死微生物的作用。

二、物理因素对微生物的影响

物理因素对微生物的化学成分和新陈代谢影响极大,因此可用许多物理因素来达到灭菌的目的。对微生物影响最大的物理因素有温度、干燥、光线、射线、声波、渗透压等。

(一)温度

1.高温对微生物的影响

高温对微生物有明显的致死作用,热力能使菌体蛋白质变性或凝固,这是因为蛋白质和核酸中的氢键易受热力破坏。此外,湿热的穿透力比干热强,用湿热灭菌时,被灭菌的物体内外温度能达到一致水平,湿热的灭菌能力比干热强(表1-1)。因为:①湿热中细菌菌体蛋白更容易凝固;②湿热的穿透力比干热大;③湿热的蒸气有潜热存在,可释放出更多的热量。

表 1-1　干热与湿热空气对不同细菌的致死时间比较

细菌种类	干热 (90℃)	90℃相对湿度		细菌种类	干热 (90℃)	90℃相对湿度	
		20%	80%			20%	80%
白喉棒杆菌	24 h	2 h	2 min	伤寒杆菌	3 h	2 h	2 min
痢疾杆菌	3 h	2 h	2 min	葡萄球菌	8 h	3 h	2 min

(1)干热灭菌法　干热灭菌法包括火焰灭菌法和热空气灭菌法。

火焰灭菌法:直接用火焰烧灼,立即杀死全部微生物的方法,包括烧灼和焚烧。烧灼是直接用火焰杀死微生物,适用于微生物实训室的接种针等不怕热的金属器材、试管口等的灭菌。焚烧是彻底的灭菌方法,但只限于处理废弃的污染物品,如无用的衣物、病料、垃圾或动物尸体等。

热空气灭菌法:用干热灭菌箱灭菌,杀灭繁殖体要100℃ 1.5 h,芽孢要140℃ 3 h,进行干热灭菌时,箱温160℃维持2 h,可达到灭菌的目的。主要用于高温下不变质、不损坏、不蒸发的物品,如玻璃器皿、瓷器、玻璃注射器等的灭菌。

(2)湿热灭菌法　最常用的湿热灭菌有以下几种。

煮沸法:煮沸100℃ 5 min可杀死细菌的繁殖体,一般器械消毒以煮沸10 min为宜,杀死芽孢则需煮沸1~2 h。煮沸法主要用于一般外科器械、注射器、胶管和食具等的消毒。若水中加入1%~2%碳酸氢钠,可提高沸点至105℃,既可增强杀菌能力,又可防止金属器械生锈。

流动蒸汽法:又称常压蒸汽消毒法,利用100℃左右的水蒸气进行消毒,一般采用流通蒸汽灭菌器(其原理相当于我国的蒸笼),加热15~30 min,可杀死细菌繁殖体,但芽孢常不被全部杀灭。消毒时物品的包装不宜过大、过紧,以利于蒸汽穿透。

间歇灭菌法:是利用反复多次的流通蒸汽,杀死细菌所有繁殖体和芽孢的一种灭菌法。本法适用于耐热物品,也适用于不耐热(<100℃)的营养物质如某些培养基的灭菌。一般用流通蒸汽灭菌器,100℃加热15~30 min,可杀死其中的繁殖体;但芽孢尚有残存。取出后置37℃孵箱过夜,使芽孢发育成繁殖体,次日再蒸一次,如此连续3次以上,可达到灭菌的效果。有些物质不耐100℃,则可将温度降至75~80℃,每次加热的时间延长30~60 min,次数增加至3次以上,也可达到灭菌的目的。

巴氏消毒法:利用热力杀死液体中的无芽孢病原菌,又不严重影响其原有营养风味的方法。此法由巴斯德发明用以消毒酒类而得名,现在常用于牛奶、啤酒、果酒或酱油等不宜进行高温灭菌的液态风味食品或调料。具体做法可分为3类:第一类是经典的低温维持法(LTH),63℃维持30 min;第二类是较现代的高温瞬时法(HTST),72℃维持15 s;第三类是超高温瞬时灭菌技术(UHT),138~142℃,灭菌2~4 s。

高压蒸汽灭菌法:压力蒸汽灭菌是在专门的压力蒸汽灭菌器中进行的,是目前热力灭菌中使用最普遍、效果最可靠的一种方法。在常压下,水的沸点是100℃,在密闭的容器内,不断加热使得水蒸气产生压力升高,水的沸点也随着升高,获得高温的水蒸气,通常在 1.05 kg/cm² 的压力下,温度达 121.3℃,维持 15～30 min,可杀死包括细菌芽孢在内的所有微生物。此法适用于耐高温和不怕潮湿物品的灭菌,如普通培养基、溶液、手术器械、注射器、手术衣、玻璃器皿、敷料和橡皮手套等。所需的温度、压力与灭菌时间由灭菌的物品而定。灭菌时,必须将锅内冷空气排尽,并应注意放置的物品不宜过于紧密,否则会影响灭菌效果。

2.低温对微生物的影响

大多数微生物对低温具有很强的抵抗力,低温的作用主要是抑菌。微生物对低温的耐受性较强,大部分微生物在低温状况下,新陈代谢逐渐减慢,甚至处于静止状态,温度升高又能恢复繁殖。低温使微生物的代谢活力降低,生长繁殖停滞,但该微生物仍能在较长时间内维持生命;当上升到适宜的温度时,它们又可以恢复生长繁殖。但是也有些细菌如脑膜炎奈瑟菌、流感嗜血杆菌等对低温特别敏感,在冰箱内保存比在室温下保存死亡更快。低温法常用于保藏食品和菌种。

冷藏法:将新鲜食物放在 4℃ 冰箱保存,防止腐败。然而贮藏只能维持几天,因为低温下耐冷微生物仍能生长,造成食品腐败。利用低温下微生物生长缓慢的特点,可将微生物斜面菌种放置于 4℃ 冰箱中保存数周至数月。

冷冻法:家庭或食品工业中采用 −20～−10℃ 的冷冻温度,使食品冷冻成固态加以保存,在此条件下,微生物基本上不生长,保存时间比冷藏法长。但是微生物仍然存活,所以食品解冻后要迅速食用。冷冻法也适用于菌种保藏,所用温度更低,如 −20℃ 低温冰箱、或 −70℃ 超低温冰箱、或 −195℃ 液氮。为减少细菌冷冻时死亡,可于菌液内加入约 10% 的甘油、蔗糖或脱脂乳、5% 二甲基亚砜作保护剂。长期冷冻保存细菌和真菌仍是不适宜的,最终必将导致死亡。反复冷冻和融化对任何微生物都具有很大的破坏力,因此保存菌种时应尽力避免。

冷冻真空干燥法(简称冻干法):是采用迅速冷冻和抽真空除水的原理,将物品置于玻璃容器(安瓿或小瓶)内,迅速冷冻,然后真空抽气,不断抽出玻璃容器内的气体,使冰冻物品中的水分因升华作用而迅速脱水干燥,最后在抽真空状态下严封瓶口,保存。用冷冻真空干燥法处理的菌种,可以保存数月至数年而不丧失其活力。

(二)干燥

水分对于微生物来说,是一种不可缺少的成分。在正常情况下,微生物体内所进行的各种生物化学反应,均以水分为媒质,在缺水的环境中,微生物的新陈代谢发生障碍,最终死亡。不同种类的微生物对干燥的抵抗力差异很大。如淋球菌和鼻疽杆菌在干燥的环境中仅能存活几天,而结核杆菌能耐受干燥 90 d。细菌的芽孢对干燥有强大的抵抗力,如炭疽杆菌和破伤风梭菌的芽孢在干燥条件下可存活几年甚至更多的时间而不死,霉菌的孢子对干燥也有强大的抵抗力。

微生物对干燥的抵抗力虽然很强,但它们不能在干燥条件下生长繁殖。因此,食物、药物等常用干燥法保存。在干燥的物品上仍能保留着生长和代谢处于抑制状态的微生物,如遇潮湿环境,可重新生长繁殖起来。

(三)光线和射线

日光是有效的天然杀菌因素。但日光的杀菌力也受很多因素的影响,如烟尘严重污染的空气、玻璃的遮挡、有机物等的存在均能减弱日光的杀菌力。此外,空气中水分的多少,温度的高低以及微生物本身的特性等都直接影响着日光的杀菌效力。所以,日光只可作为辅助消毒之用。

在实践工作中,日光对被污染的土壤、牧场、草地表层、畜舍及用具等的消毒均具有一定效力。

紫外线灯照射 20~30 min 即可杀死空气中的微生物。紫外线的穿透力很弱,即便是很薄的玻片也能吸收大部分紫外线,阻碍其通过。因此,它仅限于物体的表面消毒。紫外线灯常用于实验室、无菌室、手术室等的空气和桌面消毒。

紫外线的杀菌原理是微生物经紫外线照射后,可导致蛋白质的凝固。另外,核酸最大吸收光谱恰好是紫外线杀菌最有效的光谱,即 260 nm 左右。紫外线被吸收以后,主要是作用于DNA,使 DNA 分子结构遭到破坏,造成菌体蛋白和酶的合成障碍,其生物活性发生改变,因而导致微生物的变异或死亡。

除上述外,紫外线还可使空气中的分子氧变为臭氧,臭氧放出氧化能力强的原子氧,也具有杀菌的能力。

(四)声波与超声波

人耳能听见的声波频率一般在 20 000 Hz 以下。频率在 20 000~200 000 Hz 的声波称为超声波,超过 200 000 Hz 的声波称为限外声波。

频率较高的可闻声波及超声波,均可裂解大多数的细菌。超声波对毒素、噬菌体、细菌的芽孢等破坏力较小。

超声波可用来裂解菌体,获取细胞内组成物质,研究其抗原、酶类、胞壁的化学性质等。也可应用超声波从组织中提取病毒。超声波还可以引起微生物发生变异。在微生物学中,超声波用于消毒灭菌工作已引起人们的重视。

声波的杀菌机制尚未完全明了。多数人认为,液体受到高频率声波作用后,液体及菌体中溶解的气体变为微小气泡,这些小气泡猛烈地冲击,导致细胞壁的破裂和菌体裂解。同时,声波所产生的小气泡在菌体内形成空洞,因而破坏了原生质的胶体状态,使细菌死亡。

(五)渗透压

各种微生物都有一个最适宜的渗透压。微生物对于渗透压有适应的能力,渗透压的逐渐改变对于微生物的活力没有多大影响,突然改变则可以引起死亡。

细胞在高渗透压的溶液内,由于脱水而发生质壁分离。脱水的细胞不能进行正常的陈代谢或停止生长。日常生活中,利用渗透压抑制或杀灭细菌的典型实例是应用盐或糖保存食品。高浓度的盐液(10%~15%)和糖液(50%~70%)均能抑制或杀死微生物。在高浓度的盐液或糖液中,微生物并非全部死亡,其中一部分处于被抑制状态。然而,某些细菌必须在高渗液中才能生长,称为高渗菌。按其处的环境,它们被叫做嗜盐菌或嗜糖菌。

细胞在低渗透压的溶液内,由于水分渗入使细胞膨胀、破裂、胞浆漏出,微生物因而死亡。

(六)过滤

过滤除菌法是机械地除去液体或空气中细菌的方法。滤菌器含有微细小孔,只允许液体通过,细菌不能通过,借以获得无菌的液体。主要用于一些不耐高温灭菌的血清、毒素、抗毒素、酶、维生素、抗生素及药液等物质的除菌。而将需要灭菌的物质溶液通过滤菌器,机械地阻止细菌通过滤器的微孔而达到除去液体中细菌的目的。滤菌器一般不能除去病毒、支原体以及 L 型菌。

三、化学因素对微生物的影响

许多化学物质能抑制微生物的生长或将之杀死,这些化学物质已广泛应用于消毒、防腐及治疗疾病。影响微生物的化学因素包括化学消毒剂与化学治疗剂。

(一)化学消毒剂

许多化学药品都有抑制或杀死微生物的作用。用于杀灭病原微生物的化学药品称为消毒剂;用于抑制微生物发育与繁殖的化学药品称防腐剂或抑菌剂。实际上,消毒剂与防腐剂之间并没有严格的界限。消毒剂在低浓度时呈现抑菌作用(如 0.5% 石炭酸),防腐剂在高浓度时也能杀菌(如 5% 石炭酸)。因此,一般统称为消毒剂。消毒剂与化学治疗剂(如磺胺、抗生素)不同,在杀灭或抑制病原体的浓度下,消毒剂不但能杀死病原体,同时对人体组织细胞也有损害作用,所以它只能外用。消毒剂主要用于体表(皮肤、黏膜、伤口等)、器械、排泄物和周围环境的消毒。最理想的消毒剂应是灭菌力强、价格低、无腐蚀性、能长期保存,对人、畜无毒性或毒性较小的化学药品。

(二)常用消毒剂的种类、性质与用途

化学消毒剂的种类很多,其作用一般无选择性,对微生物及机体细胞均有一定毒性。要达到消毒的目的,必须根据消毒的对象、病原微生物的种类、环境中有机物的影响、消毒剂的特点等因素,选择适当的化学消毒剂。消毒剂的种类按其主要作用机理,可分为以下几类(表 1-2)。

表 1-2　常用的化学防腐剂和消毒剂

类别	作用原理	消毒剂名称	方法与浓度
酸与碱	以 H^+、OH^- 的解离作用妨碍菌体代谢,杀菌力与浓度成正比	醋酸	5～10 mL/m³ 加等量水蒸发,空间消毒
		乳酸	蒸汽熏蒸或用 2% 溶液喷雾,用于空气消毒
		烧碱	用 2%～5% 的苛性钠溶液(60～70℃)消毒厩舍、饲槽、用具、车辆等
		生石灰	用 10% 乳剂消毒厩舍、运动场等
		草木灰	用 10% 草木灰水煮沸 2 h,过滤,再加 2～4 倍水,消毒厩舍、运动场等
卤族元素	以氯化作用、氧化作用破坏—SH 基,使酶活性受到抑制产生杀菌效果	漂白粉	用 5%～20% 的混悬液消毒畜禽舍、饲槽、车辆等;以 0.3～0.4 g/kg 的剂量消毒饮水
		碘酊	2%～5% 的碘酊用于手术部位、注射部位的消毒
酚类	使菌体蛋白变性或凝固	石炭酸	3%～5% 的石炭酸用于器械、排泄物消毒
醇类	使菌体蛋白变性沉淀	乙醇	用 70%～75% 的乙醇作皮肤消毒,也用于体温计、器械等消毒
醛类	能与菌体蛋白的氨基酸结合,起到还原作用	福尔马林	1%～5% 甲醛溶液或福尔马林气体熏蒸法消毒畜舍、禽舍、孵化器等用具和皮毛等

续表 1-2

类别	作用原理	消毒剂名称	方法与浓度
重金属盐类	能与菌体蛋白质（酶）的—SH 基结合，使其失去活性；重金属离子易使菌体蛋白变性	升汞	0.01％水溶液用于消毒手和皮肤；0.05％～0.1％用于非金属器皿消毒
		硫柳汞	0.1％溶液可作皮肤消毒；0.01％适于作生物制品的防腐剂
氧化剂	使菌体酶类发生氧化而失去活性	过氧乙酸	用 3％～10％溶液熏蒸或喷雾，一般按每平方米空间 0.25～0.5 mL 用量，适于畜禽舍空气消毒
烷化剂	能与菌体蛋白发生烷化	环氧乙烷	在密闭条件下，每平方米用 700～900 mg，消毒 24 h，适于皮毛、裘皮、电动和光学仪器及医用胶手套等消毒
表面活性剂	阳离子表面活性剂能改变细菌胞浆膜的通透性，甚至使其崩解，使菌体内的物质外渗而产生杀菌作用；或以薄层包围胞浆膜，干扰其吸收作用	新洁尔灭（溴苄烷铵）	0.5％的水溶液用于皮肤和手的消毒；0.1％用于玻璃器皿、手术器械、橡胶用品的消毒；0.15％～2％用于禽舍空间喷雾消毒；0.1％可用于种蛋消毒（40～43℃,3 min）
		度米芬（消毒宁）	对污染的表面用 0.1％～0.5％喷洒，作用 10～60 min；浸泡金属器械可在其中加入 0.5％亚硝酸钠防锈；0.05％溶液用于食品厂、奶牛场的设备、用具消毒
		洗必泰（双氯苯双胍乙烷）	0.02％水溶液可消毒手；0.05％溶液可冲洗创面，也可消毒禽舍、手术室、用具等；0.1％用于手术器械的消毒、食品厂器具、设备的消毒
		消毒净	0.05％～0.1％水溶液用于皮肤和手的消毒，也可用于玻璃器皿、手术器械、橡胶用品等的消毒，一般浸泡 10 min 即可

1. 使菌体蛋白质变性或沉淀

(1)重金属盐类　重金属盐类易与带阴电的细菌蛋白质结合，使之变性或发生沉淀。汞、银、砷等均能与菌体酶蛋白的—SH 基结合，使一些以此为必要基的酶丧失活性。重金属盐类遇到有机物，特别是蛋白质时，则杀菌作用降低。

(2)氧化剂　能使菌体酶蛋白—SH 基氧化变为—S—S—基，而失去酶活性。氯能与蛋白质中氨基结合，使菌体蛋白质氯化，代谢机能发生障碍，细菌因而死亡。

过氧乙酸为无色透明或淡黄色液体，易溶于水，为强氧化剂，对金属有腐蚀性。市售品为 20％水溶液，对细菌及其芽孢、真菌、病毒均有高效的杀灭作用。常用 0.05％水溶液消毒，稀释液只能存放 3 d。

(3)醇类　能使菌体蛋白变性，具有一定的杀菌力，常用的为乙醇。无水乙醇宜稀释至 70％左右时最有效。

(4)醛类　杀菌作用比醇类强，以甲醛和戊二醛作用最强。甲醛与细菌蛋白质结合，使之变性。

2. 改变细菌细胞壁或破坏细胞膜使通透性发生改变

(1)酚类　石炭酸、来苏儿等酚类化合物，低浓度能破坏细胞膜，使胞浆内容物如氨基酸等漏出,高浓度能使细菌蛋白质凝固,抑制细菌生长并杀灭之。另外,也有抑制细菌某些酶系统如脱氢酶和氧化酶等的作用。

(2)表面活性剂　又称去垢剂,为四联胺化合物。易溶于水,能降低液体的表面张力,使物品表面油脂乳化。易于去除,因而具有清洁作用。并能吸附于细菌表面,改变细菌细胞壁通透性,使菌体内的酶、辅酶和代谢中间产物逸出,呈现杀菌作用。这类消毒剂有阳离子型、阴离子型和非离子型 3 种。因细菌一般带阴电,故阳离子型有较强的杀菌作用。阳离子表面活性剂的作用机理,一般认为是损害细胞壁,使菌体内的氯、磷和其他物质逸出。同时,由于水解酶游离,细菌成分发生自溶,最后导致死亡。此外,亦能引起菌体蛋白质变性沉淀。阴阳离子表面活性剂相遇可抵消作用。常用的药物有新洁尔灭、杜米芬等。

3. 主要影响细菌的代谢作用

(1)染料　碱性染料,如龙胆紫、甲基紫与煌绿等,有显著的抑菌作用,同时也有弱的杀菌作用。碱性染料对革兰氏阳性细菌的作用比阴性菌强。

(2)环氧乙烷　又称氧化乙烯,是一种化学性质活泼的环氧类烷基化合物,它对细菌及其芽孢、病毒、真菌有较强的杀菌力。近年来已广泛应用于皮毛、食品、医药工业等方面,也用于各种手术器械的消毒。

4. 酸碱类

(1)酸类　由氢离子和阴离子部分或不电离的分子杀菌。无机酸的杀菌作用与电离的强度成正比。有些无机酸尚有氧化剂的作用。有机酸的杀菌作用在于整个分子或阴离子部分的作用。无机酸如硝酸、硫酸、盐酸,均有强烈的杀菌作用;但腐蚀性强,较少用。硼酸、醋酸、乳酸等杀菌作用较弱。

(2)碱类　杀菌作用与氢氧离子的浓度成正比。解离强者,杀菌力也强(如氢氧化钾)。

(三)影响消毒剂作用的因素

(1)消毒剂的性质　化学药品与微生物接触后,或是作用于胞浆膜,使其不能摄取营养,或是渗透至胞浆膜内,使原生质遭受破坏。因此,必须能在水中溶解的化学药品,其杀菌作用才显著。如无机酸类杀菌力的大小,要看它在水中的离解程度,离解后,氢离子浓度愈高,杀菌力愈大。

(2)环境中有机物的存在　消毒剂与环境中有机物的结合,使它不能与微生物发生作用,严重地减弱了消毒剂的效果。如将一种细菌培养于普通肉汤中和含有 10% 血清的肉汤中,在试验石炭酸杀菌力时,在血清肉汤中,杀菌力则减弱 12%,若在肉汤中含 3% 干酵母粉,则杀菌力减弱 30%。由此可知,同样的消毒剂对于一种细菌,在净水中和在患畜的排泄物中,杀菌力可有显著的差别。

(3)微生物的种类及其特性　不同种类的微生物如细菌、病毒、真菌等对不同的化学药品,有其不同的敏感度;甚至一些类似的细菌,对于一种化学药品有相同的敏感度,而对于另一种化学药品则显出不同的抵抗力。革兰氏阳性菌与革兰氏阴性菌对各类消毒剂的敏感性是不完全一样的;细菌的繁殖体及其芽孢对化学药品的抵抗力有所不同;细菌芽孢的抵抗力最大,幼龄菌又比老龄菌敏感,故生长期和静止期的细菌对消毒剂的敏感程度也有差异。另外,细菌的数目也会影响消毒剂的效果。因此,某一种化学消毒剂对一种微生物的消毒力,必须个别地加以衡量。

(4)温度　消毒剂的杀菌作用与温度的关系也很密切,一般说来,温度愈高,杀菌效果愈好。

如当温度每增高10℃,金属盐类的杀菌作用增加2～5倍,石炭酸的杀菌作用增加5～8倍。

(5)pH 酸碱度对细菌和消毒剂均有影响,pH改变时,细菌的电荷也发生改变。在碱性溶液中,细菌带阴电荷较多,所以,阳离子去污剂的抗菌作用较大;在酸性溶液中,则阴离子去污剂的杀菌作用较强。同时,pH值也影响消毒剂的电离度,一般来讲,未电离的分子,较易通过细菌细胞膜,杀菌效果较好。

(6)消毒剂的浓度和作用时间 在应用消毒剂的过程中,必须考虑3个影响因素,即消毒剂的浓度、处理时间的长短和细菌的敏感性。

【案例】

1.2007年8月2日,英国伦敦西南郊区一个农场里的牛羊,被发现感染了口蹄疫。8月7日和8日,附近的两个农场也出现了口蹄疫疫情。为了查清口蹄疫病毒的来源,英国卫生和安全专家调查发现,此次在农场发现的口蹄疫病毒,与疫情农场附近的口蹄疫病毒实验室内保存的病毒完全一致。其中的一种说法是:一个实验室错把带有病毒的污水排放出来,污水随着洪水流向农田。英国全国农场主协会随即公开表示,一个研究口蹄疫病毒的场所成为口蹄疫暴发的源头,令人感到"难以置信和震惊"。请您结合所学知识对病原体检测实验室消毒意义进行分析。

2.某位同学在用高压蒸汽灭菌器进行培养基的灭菌完毕后,打开灭菌器,发现培养基溢出在灭菌器内,分析错误的原因。

3.经过划线分离培养后的营养琼脂培养皿,某同学的洗涤方法是这样的:将营养琼脂倒在报纸上倒掉,用洗衣粉刷洗培养皿,烘干包扎灭菌,分析这位同学操作过程有没有错误。

【测试】

一、选择题

1.下述不可能杀灭细菌芽孢的方法是( )。

A.高压蒸汽灭菌法　　B.巴氏消毒法　　　　C.间歇灭菌法　　　D.干热灭菌法

2.湿热灭菌法中效果最好而又最常用的方法是( )。

A.巴氏消毒法　　　　B.煮沸法　　　　　　C.流通蒸汽灭菌法　　D.高压蒸汽灭菌法

3.巴氏消毒法加热的温度和时间是( )。

A.100℃,5 min 　　　　　　　　　　　　B.121.3℃,15～30 min

C.61.1～62.8℃,30 min　　　　　　　　D.80～100℃,15～30 min

4.高压蒸汽灭菌法所需的温度和时间是( )。

A.80～100℃,15～30 min 　　　　　　　B.100℃,5～15 min

C.121.3℃,15～30 min　　　　　　　　　D.61.1～62.8℃,30 min

5.下列对紫外线的叙述,错误的是( )。

A.干扰DNA的合成　　　　　　　　　　B.穿透力强

C.对眼、皮肤黏膜有刺激作用　　　　　　D.常用于空气、物品表面消毒

6.血清、抗生素、生物药品常用的除菌方法是( )。

A.高压蒸汽灭菌　　　B.紫外线照射　　　　C.巴氏消毒　　　　D.滤过除菌

7. 常用于饮水、游泳池水消毒的消毒剂是（   ）。

A. 高锰酸钾　　　　　B. 石炭酸　　　　　C. 氯化物　　　　　D. 过氧乙酸

8. 消毒剂的杀菌机制是（   ）。

A. 使菌体蛋白变性　　B. 使菌体蛋白凝固　C. 干扰细菌酶系统　D. 以上全是

9. 影响消毒剂的消毒灭菌效果的因素是（   ）。

A. 性质与浓度　　　　B. 温度和酸碱度　　C. 环境有机物的存在　D. 全对

10. 对消毒剂的下列叙述错误的是（   ）。

A. 用于皮肤黏膜消毒　　　　　　　　B. 用于塑料和玻璃器材消毒

C. 用于对地面、器具消毒　　　　　　D. 能用于体外、也能用于体内

11. 如要杀灭革兰氏阳性菌应选择（   ）类消毒剂。

A. 季铵盐　　　　　　B. 酸类　　　　　　C. 碱类　　　　　　D. 醇类

12. 如果杀灭细菌芽孢，应选择杀菌力强，能杀灭细菌芽孢的消毒剂，下面（   ）最好不用。

A. 漂白粉　　　　　　B. 甲醛　　　　　　C. 火碱　　　　　　D. 乙醇

13. 如果杀灭病毒，应选择对病毒消毒效果好的（   ）消毒剂。

A. 季铵盐　　　　　　B. 酸类　　　　　　C. 碱类　　　　　　D. 醇类

14. 如消毒用具、器械、手指时，应选择消毒效果好，又毒性低、无局部刺激性的（   ）等。

A. 漂白粉　　　　　　B. 甲醛　　　　　　C. 火碱　　　　　　D. 洗必泰

15. 听诊器、叩诊器等有传染性疾病如犬瘟热、传染性肝炎、猪瘟病毒等污染，则应用（   ）擦拭消毒。

A. 2%酸性强化戊二醛　B. 0.5%过氧乙酸　C. 0.1%新洁尔灭　D. 2%碳酸钠

16. 注射器、注射针头每次使用完毕后，应进行（   ）消毒。

A. 浸泡　　　　　　　B. 擦拭　　　　　　C. 蒸煮　　　　　　D. 巴氏

17. 下列不能用火焰消毒的是（   ）。

A. 手术剪　　　　　　B. 接种环　　　　　C. 镊子　　　　　　D. 平皿

18. 效果最好，最常用、可杀死一切微生物和芽孢，常用于培养基、溶液、器皿、器械、敷料、橡皮手套、工作服和小实验动物尸体等灭菌的方法是（   ）。

A. 巴氏消毒法　　　　B. 流通蒸汽灭菌法　C. 间歇灭菌法　　　D. 高压蒸汽灭菌法

19. 耐热橡胶制品最适的灭菌方法是（   ）。

A. 焚烧　　　　　　　B. γ射线照射　　　C. 紫外线照射　　　D. 热空气灭菌

E. 高压蒸汽灭菌

二、判断题

1. 体温计用后应清洗，然后用70%酒精擦拭消毒。（   ）

2. 一般患畜用过的诊疗用品在重复使用前先清洗后消毒；若是传染病畜禽用过的，应先消毒后清洗，使用前再消毒。（   ）

3. 消毒剂对动物机体细胞和微生物都有毒性。（   ）

4. 消毒药对病原微生物有抑制或杀灭作用，而且对机体也有影响。（   ）

5. 不同消毒药均可配合使用，能提高消毒剂的消毒效果。（   ）

6. 手术刀片可采用灼烧法进行灭菌。（　　　）

7. 干燥能够杀死病原微生物，所以常用来保存谷物。（　　　）

8. 一般来说，温度升高，消毒剂杀菌能力增强。（　　　）

9. 配置具有腐蚀性的消毒液时应使用金属容器配制和保存。（　　　）

10. 卫生洗手时，考虑有真菌污染，可选用 500 mg/L 的二氧化氯或含氯消毒剂。（　　　）

三、问答题

1. 消毒灭菌在病原体检测操作中有何重要意义？

2. 干热灭菌完毕后，在什么情况下才能开箱取物？为什么？

3. 为什么干热灭菌比湿热灭菌所需要的温度高，时间长？

4. 高压蒸汽灭菌开始之前，为什么要将锅内冷空气排尽？灭菌完毕后，为什么要待压力降到 0 时才能打开排气阀，开盖取物？

5. 在使用高压蒸汽灭菌锅灭菌时，怎样杜绝一切不安全的因素？

6. 在干热灭菌操作过程中应注意哪些问题？为什么？

7. 常用的物理消毒灭菌方法有哪些？说明主要消毒原理及用途。

8. 常用的化学消毒灭菌剂有哪些？说明主要消毒原理及用途，如何选择。

四、操作题

1. 对常用玻璃器皿进行洗涤、包扎，包扎好后由同学相互评分。

2. 对高压蒸汽灭菌器进行操作，并指出注意事项。

3. 对干热灭菌器进行操作，并指出注意事项。

4. 进行双手及试验台消毒。

5. 指出下列各物宜采用何种方法进行消毒灭菌：工作台台面、工作间空气、动物皮毛、操作者的手、玻璃器皿、接种针、普通培养基、使用过的病料。

任务 1-4　病料的采集、保存及运送

【目标】

1. 学会细菌性病料的采集、保存及运送方法；

2. 了解病料采集的要求、方法和对病原体检测的重要意义。

【技能】

一、器械与材料

样品容器（如西林瓶、平皿、离心管及易封口样品袋、塑料包装袋等）、解剖刀、剪刀、镊子、酒精灯、酒精棉、碘酒棉、注射器及针头、病畜（禽）、冰箱、试管架、无菌棉拭子、胶布、封口膜、封

条、冰袋、采样单、不干胶标签、签字笔、圆珠笔、记号笔、采样单、记录本、口罩、一次性手套、乳胶手套、PBS缓冲溶液、30%甘油缓冲溶液、链霉素、甲醛、消毒液等。

二、操作步骤

(一)病料采集

1.采样前的准备

(1)采样人员　采样人员应熟悉动物防疫的有关法律规定,具有一定的专业技术知识,熟练掌握采样工作程序和采样操作技术。

(2)器具和试剂　取样工具和盛样器具应当洁净、干燥,必要时作灭菌处理。根据所采样品的种类和要求,准备不同类型的存放试剂。

2.病料采集的一般程序

根据采样目的、内容和要求,选择样品采集的种类,具体采样方法参照 NY/T 541—2002《动物疫病实验室检测采样方法》及有关规定执行。

(1)血液样品的采集

细菌检测样品:采血应在动物发病初期体温升高或发病期,未经药物治疗期间采集。血液应脱纤或加肝素抗凝剂(或 EDTA 或枸橼酸钠),但不可加入抗生素。采集的血液经密封后贴上标签,以冷藏状态立即送实验室,否则须置 4℃冰箱内暂时保存,但时间不宜过久,以免溶血。

病毒检测样品:应在动物发病初体温升高期采集。血液样品必须是脱纤血或是抗凝血。抗凝剂可选用肝素或 EDTA,枸橼酸钠对病毒有轻微毒性,一般不宜采用。采血前,在真空采血管或其他容器内按每毫升血液加入 0.1%肝素 1 mL 或 EDTA 20 mg。采集的血液立即与抗凝剂充分混合,防止凝固。采脱纤血时,先在容器内加入适量小玻璃珠,加入血液后,反复振荡,以便脱去血液纤维。采集的血液经密封后贴上标签,以冷藏状态立即送实验室。必要时,可在血液中按每毫升加入青霉素和链霉素各 500~1 000 IU,以抑制血源性可采血中污染的细菌。

血清学检测样品:用作血清学检测的样品不加抗凝剂或脱纤处理。为保障血清质量,一般情况下,空腹采血较好。采集的血液贴上标签,室温静置待凝固后送实验室,并尽快将自然析出的血清或经离心分离出的血清吸出,按需要分装,再贴上标签冷藏保存备检。较长时间才检测的,应冻结保存,但不能反复冻融,否则抗体效价下降。作血清学检测的血液,在采血、运送、分离血清过程中,应避免溶血,以免影响检测结果。采集双份血清检测比较抗体效价变化的,第一份血清采于发病的初期并作冻结保存,第二份血清采于第一份血清后 3~4 周,双份血清同时送实验室。

寄生虫检测样品:因不同的血液寄生虫在血液中出现的时机及部位各不相同,因此需要根据各种血液寄生虫病的特点,取相应时机及部位的血液制成血涂片,送实验室。

(2)组织样品的采集　组织样品一般由扑杀动物或病死尸体剖检中采集。从尸体采样时,先剥去动物胸腹部皮肤,以无菌器械将腹腔打开,根据检测目的和生前疫病的初步诊断,无菌采集不同的组织。

细菌检测样品:供细菌检测的组织样品,应新鲜并以无菌技术采集。如遇尸体已经腐败,某些疫病的致病菌仍可采集于长骨或肋骨,从骨髓中分离细菌。采集的所有组织分别放入灭菌的容器内并立即密封,贴上标签,放入冷藏容器立即送实验室。

病毒检测样品:作病毒检测的组织,必须以无菌技术采集,组织应分别放入灭菌的容器内并立即密封,贴上标签,放入冷藏容器立即送实验室。如果时间较长,可作冻结状态运送,也可将组织块浸泡在 pH 7.4 左右的乳酸或磷酸缓冲肉汤保护液内,并按每毫升保护液加入青霉素、链霉素各 1 000 IU,然后放入冷藏容器内送实验室。

(3)粪便样品的采集

细菌检测样品:作细菌检测的粪便,最好在动物使用抗菌药物之前,从直肠或泄殖腔黏膜上采集,采样方法与供病毒检测的相同。可投入无菌缓冲盐水或肉汤的指形管内,贴上标签冷藏送实验室。

病毒检测样品:分离病毒的粪便必须新鲜。少量采集时,以灭菌的棉拭子从直肠深处或泄殖腔黏膜上蘸取粪便,并立即投入灭菌的试管内密封,或在试管内加入少量 pH 7.4 的保护液再密封。贴上标签冷藏送实验室。

寄生虫检测样品:粪便样品应选取新排出的或直接从直肠内采得,以保持虫体或虫体节片及虫卵的固有形态,一般寄生虫检测的粪便用量较多。采得的粪便以冷藏不冻结状态送实验室。

(4)液体病料的采集 液体病料如痰、黏液、脓汁、腹水、脑积液、胆汁、关节液及水疱液等,可使用灭菌吸管或注射器吸取后注入灭菌的试管中,或用无菌棉签蘸取后放入无菌试管塞好棉塞送检。水疱性传染病,如口蹄疫、猪水疱病等,除水疱液外,还可剪取小块疱皮置小瓶内,一并送检。

(5)胃内容物采取法 胃表面用酒精棉火烧烤后,用灭菌注射器吸取胃内容物,放于灭菌瓶内。对中小型家畜尽可能结扎胃的两端,放在灭菌广口瓶内,全胃送检。

(6)肠道及肠内容的采集方法 肠道需选择病变明显部位的肠道,将内容物弃掉,用灭菌生理盐水冲洗干净,然后将病料放入盛有灭菌的 30%甘油盐水缓冲液中送检。肠内容可用烧红的手术刀片烫烙肠道浆膜层,部分送检。

(7)皮肤及羽毛的采集 皮肤要选病变明显部分的边缘,采取少许放入灭菌的试管中送检;羽毛也要选病变明显部分,用灭菌的刀片刮取羽毛及根部的皮屑少许,放入灭菌的试管中送检;孵化室的绒毛,用灭菌镊子采取出雏机出风口的绒毛 3~5 g,放入灭菌的试管中送检。

(8)脑组织 将全脑取出纵切两半(疯牛病检测用全脑),一半放入 10%甲醛溶液瓶内,一半放入盛有灭菌的 50%甘油生理盐水瓶内送检。

(9)小家畜、家禽的尸体和流产胎儿 可用消毒液浸过的纱布包裹后,装入塑料袋中,整个送检。

3.病料分割、记录和标注

样品抽取后,采样人员在现场将样品分成 3 份,两份送检,一份留样备查。样品信息详见表 1-3,采样单应用钢笔或签字笔逐项填写(一式三份),样品标签和封条应用圆珠笔填写,保温容器外封条应用钢笔或签字笔填写,小塑料离心管上可用记号笔做标记。

表 1-3 动物病原体检测采样单

No：　　　　　　　　　　　　　　　　　　　　　　　　　　　　　共　　页第　　页

场名或畜(禽)主				动物代次(画√)		□祖代 □父母代 □商品代	
通讯地址					邮　编		
联系人			电话		传　真		
栋　号	样品名称	品种	日龄	存养量	采样数量	编号起止	
既往病史及免疫情况							
临床症状和病理变化							
备　注							
采样单位	单位名称			联系人			
	通讯地址			邮　编			
	联系电话			传　真			

　　本次抽样始终在本人陪同下完成，上述记录经核实无误，承认以上各项记录的合法性。

　　　　　　　被采样单位盖章或负责人签名
　　　　　　　　　　年　　月　　日

　　本次抽样已按要求及产品标准执行完毕，样品经双方人员共同封样，并做记录如上。

抽样人 1：
抽样人 2：

　　　　　　　　　　　　　　　　年　　月　　日

注：此单一式三份，第一联采样单位保存，第二联随样品，第三联由被采样单位保存。"编号起止"统一用阿拉伯数字 1、2、3…表示，各场保存原动物编号。

(二)病料包装及运输

1.样品包装

品种和种类不同的样品不应混样，每份样品应仔细分别包装，在样品袋或平皿外面贴上标签，标签注明样品名、样品编号、采样日期等。

存放样品的包装袋、塑料盒及铝盒应外贴封条，封条上应有采样人签章，并注明贴封日期，标注放置方向，切勿倒置。

高致病性动物病原微生物样品运输包装参照《高致病性动物病原微生物菌毒种或者样本运输包装规范》执行。

2.样品保存和运送

包装好的样品应置于保温容器中运输，保温容器应密封，防止渗漏。一般使用保温箱或保温瓶，保温容器外贴封条，封条有贴封人(单位)签字(盖章)，并注明贴封日期。

一般情况下,样品应在特定温度 2～6℃下运输,血清样品、拭子样品和组织样品可先作暂时的冷藏或冷冻处理,然后在保温箱内加冰袋冷藏运输。

样品包装后应以最快最直接的途径送往实验室。样品到达实验室后,若暂时不处理,应冷冻(以－70℃或以下为宜)保存,不宜反复冻融。

【知识】

病原体检测能否得出明确的结果,与病料采取是否得当、保存是否得法和送检是否及时等有密切关系。必须以高度负责的精神,做好病料的采取和送检工作。

一、病料采集的基本要求

1. 安全采样

采样过程中,由于许多动物疫病如链球菌病、炭疽病、布鲁氏菌病、狂犬病等都是人畜共患病,感染后会引起严重后果,所以采样人员要做好安全防护工作,防止病原污染,尤其要防止外来疫病的扩散,避免事故发生。剖检取材之前,应先对病情、病史加以了解,并详细进行剖检前检查。如可疑为炭疽时(如突然死亡、皮下水肿、天然孔出血、尸僵不全、尸体迅速膨胀等)禁止解剖,可在颈静脉处切开皮肤,以消毒注射器抽取血液作血片数张,立即送检,排除炭疽后,才可剖检取材。采完病料后对解剖场地及尸体要彻底消毒处理。

2. 无菌采集

病料采集时,对采集病料的器械及容器必须提前消毒,减少因器械或盛放病料的容器对病料的污染。取样必须按规定进行,采样用具、容器固定专用;必须遵循无菌操作程序,避免病料间的交叉污染。一件器械只能采取一种病料,否则必须经过(火焰,酒精)消毒,才能采取另一种病料。采取的脏器分别装入不同的容器内,一般先采微生物学检测材料,然后再采病理组织学检测材料。

3. 适时采样

选择适当的采样时机十分重要,必须采取新鲜的病料,污染、腐败的都不适于检测用。病料最好在病初的发热或症状典型时采样;而病死的动物,应立即采样,夏季不超过 4 h,冬季不超过 24 h,拖延过久,则组织变性,腐败,影响检测结果。

4. 合理取材

不同疫病的需检病料各异,应按可能的疫病侧重采样,对未能确定为何种疫病的,应全面采样或根据临床和病理变化有所侧重。有败血症病理变化时,则应采心血和淋巴结、脾、肝等;有明显神经症状者,应采取脑、脊髓;有黄疸、贫血症状者,可采肝、脾等,此外还可选取有病变的器官送检。如有多数动物发病,取材时应选择症状和病变典型,有代表性的病例,最好能选送未经抗菌药物治疗的病例,小家畜、幼畜、家禽等可选择典型病例生前活体送检,或整个尸体送检。

5. 适量采样

按照检疫规定要求,采集病料的数量要满足检疫检测的需要,并留下复检使用的备用病料。病料采集量一般为检测需要量的 4 倍。

二、各种常见病料的采集部位

细菌性疾病病料采集部位见表 1-4；病毒性疾病病料采集部位见表 1-5。

表 1-4 细菌性疾病病料采集部位

疾病名称	病原菌	病料采集部位
禽白痢	鸡白痢沙门氏菌	肝、脾、心、肾、胰、输卵管、变形的卵泡、泄殖腔
禽伤寒	鸡伤寒沙门氏菌	蛋壳、鸡胚、蛋内容、污染的饲料、水、垫料、灰尘及孵化场的绒毛和空气
大肠杆菌病	埃希氏大肠杆菌	感染的鸡胚、卵黄物、肝脏、关节液、输卵管及腹膜炎的干酪样物，污染的饲料、水、垫料、灰尘及孵化场的绒毛和空气
绿脓杆菌病	绿脓杆菌	脓汁、脓肿、死亡鸡只的血液、脏器及死胚、卵黄囊内容物
禽霍乱	多杀性巴氏杆菌	骨髓、肝、脾、心血及病变组织
葡萄球菌病	金黄色葡萄球菌	肝、脾、血液、肿胀的脚垫、关节脓肿液、伤口渗出物
结核病	结核分枝杆菌	肝、脾、肺、心血、骨髓、结核结节
伪结核病	伪结核耶尔森氏菌	肝、脾、肺、心血
传染性鼻炎	副鸡嗜血杆菌	鼻窦、气囊、气管、眼
溃疡性肠炎	肠炎梭菌	肝、脾、血液、肠道
坏死性肠炎	产气荚膜梭菌、腐败梭菌	被侵害的组织、水肿液、血液、肠道组织

表 1-5 病毒性疾病病料采集部位

疾病名称	病原	病料采集部位
鸡新城疫	副黏病毒	脑组织、喉头、气管、气囊、肝、脾、肺
禽流感	正黏病毒科 A 型流感病毒	内脏器官、气管黏液、肺、泄殖腔拭子、血液
传染性法氏囊病	双 RNA 病毒	法氏囊、内脏器官、肠道黏液、泄殖腔拭子、血液
传染性支气管炎病	冠状病毒	气管栓子、肺组织、肾、肝、脾、淋巴组织、输卵管、气管泄殖腔拭子
传染性喉气管炎	A 型疱疹病毒	气管渗出物、气管、肺
病毒性关节炎	禽呼肠孤病毒	关节、腱鞘、脾、泄殖腔、气管
禽脑脊髓炎	小 RNA 病毒科肠道病毒属禽脑脊髓炎病毒	脑、胰
淋巴白血病	反转录病毒科禽白血病病毒	血液、泄殖腔拭子、肿瘤组织
马立克氏病	疱疹病毒	血液、肿瘤组织
网状内皮组织增殖病	反转录病毒科网状内皮组织增殖病病毒	血液、肿瘤组织、脾
鸡传染性贫血病	圆环病毒科鸡传染性贫血病毒	肝、皮肤、脾、心脏、胸腺、肺、法氏囊、肾、骨髓、血液

续表 1-5

疾病名称	病原	病料采集部位
产蛋下降综合征	禽腺病毒	肝、胰、气管、肺、空肠、盲肠扁桃体、肠内容、输卵管、畸形蛋、变形卵泡、粪便、血液
禽痘	痘病毒	病变组织、口、鼻、咽、喉、食道、气管黏膜的结节
鸭病毒性肝炎	鸭肝炎病毒	肝、脾、病变组织、血液
鸭病毒性肠炎	疱疹病毒科鸭瘟病毒	肝、脾、脑、肺、肾、口腔分泌物、肠道、粪便、血液
小鹅瘟	鹅细小病毒	内脏器官、组织、肠管、粪便、血液

【案例】

云南宝山县 1976 年 8 月,某农民前往 1965 年曾流行过绵羊炭疽的草原驮肥料,每天驮一次,往返 8 次。末次途中,一骡发病,随即死亡,农民们立即将死骡抬至河边剖剥,并将肉分给其他人食用,在剖剥处把骡血及粪便洒在地面,并用河水洗骡肉及工具,使环境和河水遭到严重污染。河水经过的 12 个生产队,先后发生炭疽暴发,发生人皮肤炭疽 20 例,家畜患炭疽计 175 头,病死 65 头。请您结合该事件对正确进行动物病料采集进行分析。

【测试】

一、选择题

1. 细菌性血液病料采集中下列操作错误的是(   )。

A. 采集后立即加入抗生素
B. 应在动物发病未用抗生素前采集
C. 血液应脱纤或加抗凝剂
D. 采集后应立即冷藏送检或冷冻保存

2. 病毒性血液病料采集中下列操作错误的是(   )。

A. 采集后可加入抗生素
B. 应在动物发病初期发烧时采集
C. 可加入枸橼酸钠作为抗凝剂
D. 采集后应立即冷藏送检或冷冻保存

3. 血清学检验病料采集中下列操作错误的是(   )。

A. 一般需采集两份
B. 一般空腹采血较好
C. 可加入枸橼酸钠作为抗凝剂
D. 采集后不可反复冻融

4. 组织病料采集做法错误的是(   )。

A. 必须无菌采集
B. 尸体腐烂后病料无法采集
C. 尸体腐烂后仍可从骨髓中分离部分细菌
D. 病毒性病料采集后需加入抗生素

5. 下列不能作为病料采集的是(   )。

A. 病变的皮肤
B. 流产的胎儿
C. 死亡动物的肠内容物
D. 病禽鲜艳的羽毛

二、判断题

1. 疑似炭疽杆菌感染的尸体严禁剖检。(   )

2. 病料采集时夏季一般不超过 8 h,冬季不超过 24 h。(   )

3.各种情况下都应该采取病畜的血液及内脏进行送检。（　　）

4.病料采集适用适量采集原则,采集够检测量即可。（　　）

三、操作题

1.对提供的病畜、病禽进行剖检并找出病变组织,正确采样。

2.采集的样品进行包装送检。

3.样品采集后对对病禽的尸体及采集场地进行正确处理。

项目二　细菌检测技术

细菌(bacterium)是具有细胞壁的单细胞原核型微生物,主要靠二分裂法繁殖,可在人工培养基上生长繁殖。病原性细菌的检测主要是通过形态和结构、培养特征、生理活动、细菌变异、致病性等方面进行,为细菌病的防治提供重要的理论和实践依据。

任务 2-1　细菌大小测定

【目标】

1. 学会测定细菌的大小;
2. 了解目镜测微器和镜台测微器的构造及使用原理。

【技能】

一、仪器与材料

显微镜、目镜测微器、镜台测微器、盖玻片(22 mm×22 mm)、载玻片、擦镜纸、计数器、香柏油、二甲苯、枯草杆菌染色标本片等。

二、原理

细菌大小测定需借助于测微器(目镜测微器和镜台测微器),在显微镜下测量。目镜测微器(图 2-1)是一块圆形玻片,在玻片中央把 5 mm 长度刻成 50 等分,或把 10 mm 长度刻成 100 等分。测量时,将其放在目镜中的隔板上,此处正好与物镜放大的中间物像重叠,用于测量经显微镜放大后的细菌物像。由于不同目镜、物镜组合的放大倍数不相同,目镜测微器每格实际表示的长度也不一样,因此目镜测微器测量细菌大小时须先用置于镜台上的镜台测微器校正,以求出在一定放大倍数下,目镜测微器每小格所代表的相对长度。

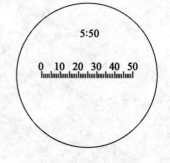

图 2-1　目镜测微器

　　镜台测微器(图 2-2)是中央部分刻有精确等分线的专用载玻片,一般将 1 mm 等分为 100格,每格长 10 μm 即 0.01 mm,是专门用来校正目镜测微器的。校正时,将镜台测微器放在载物台上,由于镜台测微器与细菌标本是处于同一位置,都要经过物镜和目镜的两次放大成像进入视野,即镜台测微器随着显微镜总放大倍数的放大而放大,因此从镜台测微器上得到的读数就是细菌的真实大小,所以用镜台测微器的已知长度在一定放大倍数下校正目镜测微器,即可求出目镜测微器每格所代表的实际长度,然后移去镜台测微器,换上待测标本片,用校正好的目镜测微器在同样放大倍数下测量细菌大小。

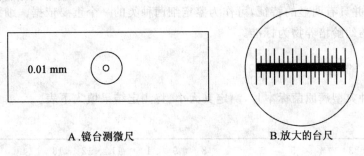

A.镜台测微尺　　　　　　　　B.放大的台尺

图 2-2　镜台测微器

三、方法与步骤

1. 目镜测微器的校正

　　把目镜的上透镜旋下,将目镜测微器的刻度朝下轻轻地装入目镜的隔板上,把镜台测微器置于载物台上,刻度朝上。先用低倍镜观察,对准焦距,视野中看清镜台测微器的刻度后,转动目镜,使目镜测微器与镜台测微器的刻度平行,移动推动器,使两器重叠,再使两器的"0"刻度完全重合,定位后,仔细寻找两器第二个完全重合的刻度,计数两重合刻度之间目镜测微器的格数和镜台测微器的格数。因为镜台测微器的刻度每格长 10 μm,所以由下列公式可以算出目镜测微器每格所代表的实际长度。

目镜测微器每格长度(μm)＝镜台测微器格数×10/目镜测微器格数

　　例如:目镜测微器 5 小格正好与镜台测微器 5 小格重叠,已知镜台测微器每小格为10 μm,目镜测微器上每小格长度＝5×10 μm/5＝10 μm。

　　用同样方法分别校正在高倍镜下和油镜下目镜测微器每小格所代表的长度。

　　由于不同显微镜及附件的放大倍数不同,因此校正目镜测微器必须针对特定的显微镜和附件(特定的物镜、目镜、镜筒长度)进行,而且只能在该显微镜上重复使用,当更换不同显微镜目镜或物镜时,必须重新校正目镜测微器每一格所代表的长度。

2. 细菌大小的测定

　　移去镜台测微器,换上枯草杆菌染色标本,先在低倍镜下找到目的物,然后在油镜下用目镜测微器来测量菌体的长、宽各占几格,不足一格的部分估计到小数点后一位数。测出的格数乘上目镜测微器每格的校正值,即等于该菌的长和宽。一般测量菌体的大小要在同一个标本片上测定 10～20 个菌体,求出平均值,才能代表该菌的大小。

【知识】

细菌大小用 μm（10^{-3} mm）来表示。球菌用直径表示，常为 0.5～2.0 μm。杆菌用"宽×长"表示，一般较大的杆菌为（1～1.25）μm×（3～8）μm；中等大小的杆菌为（0.5～1）μm×（2～3）μm；较小的杆菌为（0.2～0.4）μm×（0.7～1.5）μm。螺旋菌以"宽×两端的直线距离"表示，常为（0.3～1）μm×（1～50）μm。

细菌的大小因菌种不同而异，即使是同一种细菌的大小也受菌龄、环境条件等因素影响，实际测量时还受制片和染色方法及使用的显微镜不同影响。但是在一定范围内，细菌的大小是相对稳定的，并具有明显的特征，可作为鉴定细菌种类的一个重要依据。细菌的大小以生长在适宜条件下的幼龄培养物为标准。

【测试】

1.选择几种典型病原菌标本片，测定其大小，将测定结果填入下表。

μm

	1	2	3	4	5	6	7	8	9	10	11	12	13	14	15	平均值
长																
宽																

结果计算：宽（μm）＝平均格数×校正值

长（μm）＝平均格数×校正值

枯草杆菌大小表示：宽（μm）×长（μm）

2.如何校正目镜测微器？

任务 2-2　细菌标本片的制备与染色

【目标】

1.学会细菌不染色标本片的制备方法，掌握其主要用途；

2.学会细菌染色标本片（抹片）的制备方法和几种常用的染色方法；

3.学会观察细菌的形态和结构。

【技能】

一、器械与材料

（1）菌种　大肠杆菌、炭疽杆菌、变形杆菌、枯草杆菌、葡萄球菌的斜面培养物和肉汤培养物各一管。

（2）器材　载玻片、接种环、眼科镊子、显微镜、酒精灯、火柴、香柏油、二甲苯、吸水纸、凹玻片、盖玻片（22 mm×22 mm）、生理盐水、95%酒精、冰醋酸、各种染色液、目镜测微器、镜台测微器、计数器等。

二、方法与步骤

(一)细菌不染色标本观察法(动力观察法)

1.悬滴法

(1)取凹玻片1张,在凹窝四角用接种环滴少量生理盐水(固定盖玻片用)。

(2)取1接种环变形杆菌(单号)和葡萄球菌(双号)肉汤培养物,分别放于各自的盖玻片中央。

(3)将凹玻片反转,使凹窝对准盖玻片中心覆于其上,借助盐水粘住盖玻片后再反转,使盖玻片位于上方。

(4)先以低倍镜找到悬滴的边缘后,再换用高倍镜观察。镜检时要适当降低集光器或缩小光圈,直到清晰为止。

(5)通过显微镜观察,有鞭毛的细菌能运动,在液体中能定向地从一处泳动到另一处,为真正运动;无鞭毛的细菌无动力,但受所处环境中液体分子的冲击可呈原位置的颤动,称分子运动或布朗运动。

2.压滴法

(1)用接种环取3~4环菌液于洁净载玻片中央。

(2)用小镊子挟一块盖玻片轻轻覆盖在载玻片的菌液上,放置盖玻片时,应将盖玻片的一端接触载玻片,然后缓慢放下,以免菌液中产生气泡。

(3)先用低倍镜对光找到细菌的位置,再换高倍镜观察细菌的运动。

细菌不染色标本主要用于检查细菌的运动力。

(二)细菌染色标本片的制备

1.细菌标本片的制备

(1)玻片准备 载玻片应清晰透明,洁净而无油渍,滴上水后,能均匀展开,附着性好。如有残余油渍,可按下列方法处理:滴95%酒精2~3滴,用洁净纱布揩擦,然后在酒精灯外焰上轻轻拖过几次。若仍不能去除油渍,可再滴1~2滴冰醋酸,用纱布擦净,再在酒精灯外焰上轻轻拖过。

(2)抹片制备 抹片所用材料不同,抹片方法也有差异。

液体材料(如液体培养物、血液、渗出液、乳汁等)可直接用灭菌接种环取一环材料,于玻片的中央均匀地涂布成适当大小的薄层。

非液体材料(如菌落、脓、粪便等)则应先用灭菌接种环取少量生理盐水或蒸馏水,置于玻片中央,然后再用灭菌接种环取少量材料,在液滴中混合,均匀涂布成适当大小的薄层。

组织脏器材料可先用镊子夹持中部,然后以灭菌或洁净剪刀取一小块,夹出后将其新鲜切面在玻片上压印(触片)或涂抹成一薄层。

如有多个样品同时需要制成抹片,只要染色方法相同,亦可在同一张玻片上有秩序地排好,做多点涂抹,或者先用蜡笔在玻片上划分成若干小方格,每方格涂抹一种样品。

(3)干燥 上述涂片应让其自然干燥。

(4)固定 有两类固定方法。

火焰固定:将干燥好的抹片,使涂抹面向上,以其背面在酒精灯外焰上如钟摆样来回拖过数次,略作加热(但不能太热,以不烫手为度)进行固定。

化学固定:血液、组织脏器等抹片要作姬姆萨染色,不用火焰固定,而用甲醇固定,可将已干燥的抹片浸入甲醇中 2～3 min,取出晾干;或者在抹片上滴加数滴甲醇使其作用 2～3 min,自然挥发干燥,抹片如做瑞氏染色,则不必先做特别固定,因瑞氏染料中含有甲醇,可以达到固定的目的。

固定目的:①杀死细菌;②使菌体蛋白凝固附着在玻片上,以防被水冲洗掉;③改变细菌对染料的通透性,因活细菌一般不允许染料进入细菌体内。

2.细菌标本片的染色

只应用一种染料进行染色的方法称简单染色法,如美蓝染色法。应用两种或两种以上的染料或再加媒染剂进行染色的方法称复杂染色法。复杂染色法染色后不同的细菌或物体,或者细菌构造的不同部分可以呈现不同颜色,有鉴别细菌的作用,又可称为鉴别染色,如革兰氏染色法、瑞氏染色法和姬姆萨染色法等。

(1)美蓝染色法　在已干燥固定好的抹片上,滴加适量的(足够覆盖涂抹点即可)美蓝染色液,经 1～2 min,水洗,干燥(可用吸水纸吸干,或自然干燥,但不能烤干),镜检。菌体染成蓝色。

(2)革兰氏染色法

①在已干燥、固定好的抹片上,滴加草酸铵结晶紫溶液,经 1～2 min,水洗。

②加革兰氏碘溶液于抹片上媒染,作用 1～3 min,水洗。

③加 95% 酒精于抹片上脱色,0.5～1 min,水洗。

④加稀释的石炭酸复红(或沙黄水溶液)复染 10～30 s,水洗。

⑤吸干或自然干燥,镜检。革兰氏阳性菌呈蓝紫色,革兰氏阴性菌呈红色。

(3)瑞氏染色法　抹片自然干燥后,滴加瑞氏染色液于其上,为了避免很快变干,染色液可稍多加些,或看情况补充滴加;经 1～3 min,再加约与染液等量的中性蒸馏水或缓冲液,轻轻晃动玻片,使之与染液混合,经 5 min 左右,直接用水冲洗(不可先将染液倾去),吸干或烘干,镜检。细菌染成蓝色,组织细胞细胞浆呈红色,细胞核呈蓝色。

(4)姬姆萨染色法　抹片甲醇固定并干燥后,在其上滴加足量染色液或将抹片浸入盛有染色液(于 5 mL 新煮过的中性蒸馏水中滴加 5～10 滴姬姆萨染色液原液,即稀释为常用的姬姆萨染色液)的染缸中,染色 30 min,或者染色数小时至 24 h,取出水洗,吸干或烘干,镜检。细菌呈蓝青色,组织细胞细胞浆呈红色,细胞核呈蓝色。

3.细菌标本片的观察与描绘

细菌的基本形态有球形、杆形、螺旋形,排列方式常见有单个散在、成双、成链、不规则排列等。细菌经革兰氏染色后可染成蓝紫色(G^+ 细菌)或红色(G^- 细菌),经美蓝染色后染成蓝色。

【知识】

一、细菌基本形态和排列

细菌的基本形态有球形、杆形和螺旋形 3 种,据此可将细菌分为球菌、杆菌和螺旋菌三大类。细菌以二分裂繁殖方式进行增殖。有些细菌分裂后彼此分离,单个存在;有些细菌分裂后彼此仍有原浆带相连,形成一定的排列方式。

1. 球菌

多数球菌呈正球形或近似球形。按其分裂方向及分裂后的排列情况,又可分为以下几种球菌(图 2-3)。

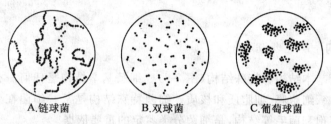

A.链球菌   B.双球菌   C.葡萄球菌

图 2-3 各种球菌的形态和排列

(1)双球菌   向一个平面分裂,分裂后两个球菌成对排列。如肺炎双球菌、脑膜炎双球菌、淋病双球菌等。

(2)链球菌   向一个平面连续进行多次分裂,分裂后 3 个以上的球菌排列成链状。如猪链球菌、化脓性链球菌、马腺疫链球菌等。

(3)葡萄球菌   向多个不规则的平面分裂,分裂后多个球菌不规则的堆在一起似葡萄串状。如金黄色葡萄球菌。

此外,还有单球菌、四联球菌和八叠球菌等。

2. 杆菌

杆菌一般呈圆柱形,其长短、大小、粗细差别很大(图 2-4)。长的杆菌可呈长丝状(丝状杆菌),短的杆菌接近椭圆形(球杆菌)。杆菌两端的形态在鉴定杆菌上具有一定的意义:如炭疽杆菌两端平截;大肠杆菌、沙门氏杆菌等两端钝圆;巴氏杆菌呈球杆菌;结核分枝杆菌有侧支等。

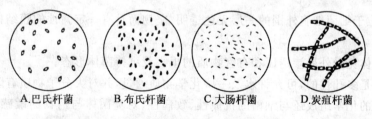

A.巴氏杆菌   B.布氏杆菌   C.大肠杆菌   D.炭疽杆菌

图 2-4 各种杆菌的形态和排列

杆菌只有一个分裂方向,其分裂面与菌体长轴垂直。多数菌分裂后彼此分离,单独存在,如大肠杆菌。有的杆菌分裂后成对存在,称双杆菌,如乳杆菌。有的杆菌分裂后成链状排列,称链杆菌,如炭疽杆菌。

3. 螺旋菌

菌体呈弯曲或螺旋状,两端圆或尖突。根据弯曲的程度不同分为弧菌和螺菌(图 2-5)。

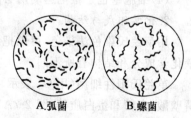

A.弧菌   B.螺菌

图 2-5 螺旋菌的形态和排列

(1)弧菌   菌体只有一个弯曲,呈弧形或逗号状,如霍乱弧菌。

(2)螺菌　菌体有两个以上的弯曲,呈螺旋状,如鼠咬热螺菌。

细菌在幼龄期和适宜的环境条件下表现出正常的形态,当环境条件不良或菌体变老时,常常会引起菌体形态改变,称为衰老型或退化型。一般再重新处于正常的培养环境时,可恢复正常的形态。但也有些细菌,即使在适宜的环境中生长,其形态也很不一致,这种现象称多形性,如嗜血杆菌等。

二、细菌结构

细菌结构包括基本结构和特殊结构(图2-6)。细菌基本结构是任何一种细菌都具有的细胞结构,包括细胞壁、细胞膜、细胞质和核质。细菌特殊结构是某些细菌在生长的特定阶段形成的荚膜、鞭毛、芽孢和菌毛等结构,是细菌分类鉴定的重要依据。

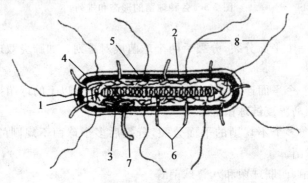

图2-6　细菌细胞结构模式图
1.核质　2.核糖体　3.间体　4.细胞壁与细胞膜
5.荚膜　6.普通菌毛　7.性菌毛　8.鞭毛

(一)细胞壁

细胞壁是位于细菌细胞外围的一层无色透明、坚韧而具有一定弹性的膜结构。

1.功能

(1)保护菌体免受外界渗透压和有害物质的损害及维持菌体形态。

(2)细胞壁是多孔性的,可允许水及一些化学物质通过,并对大分子物质有阻拦作用。

(3)细胞壁的化学组成还与细菌的抗原性、致病性、对噬菌体与药物的敏感性及革兰氏染色特性有关。

(4)细胞壁也是鞭毛运动所必需的,为鞭毛运动提供可靠的支点。

2.化学组成与结构

用革兰氏染色法染色,可以把细菌分为革兰氏阳性菌和革兰氏阴性菌两大类,它们的细胞壁化学成分和结构有所不同。

革兰氏阳性细菌(用 G^+ 表示)的细胞壁较厚,15～80 nm,其化学成分主要为肽聚糖,还有磷壁酸、多糖和蛋白质等(图2-7A)。有的细菌还含有大量的脂类,如分枝杆菌。革兰氏阴性细菌(用 G^- 表示)的细胞壁较薄,10～15 nm,由周质间隙和外膜组成。外膜是由脂多糖、磷脂、蛋白质和脂蛋白等复合构成,周质间隙是一层薄的肽聚糖(图2-7B)。

(1)肽聚糖　又称黏肽或糖肽,是构成细菌细胞壁的主要物质。革兰氏阳性菌细胞壁的肽

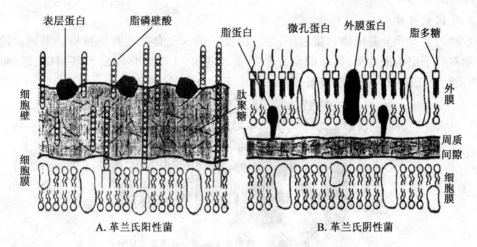

图 2-7　细菌细胞壁构造模式图（据 Salyers 等）

聚糖是聚糖骨架、四肽侧链、五肽交连桥构成的三维空间网格结构。革兰氏阴性菌的肽聚糖层很薄，其单体结构与革兰氏阳性菌有差异，结构不如革兰氏阳性细菌的坚固。

（2）磷壁酸　又称垣酸，是革兰氏阳性细菌所特有的成分，是特异的表面抗原。磷壁酸带有负电荷，能与镁离子结合，以维持细胞膜上一些酶的活性。此外，某些细菌的磷壁酸如 A 群链球菌对宿主细胞具有黏附作用，可能与致病性有关；或者是噬菌体的特异性吸附受体。

（3）脂多糖　是革兰氏阴性菌细胞壁所特有的成分，由类脂 A、核心多糖和侧链多糖三部分组成。类脂 A 是细菌内毒素的主要成分，可使动物体发热，白细胞增多，直至休克死亡。核心多糖位于类脂 A 的外层，由葡萄糖、半乳糖等组成。侧链多糖位于脂多糖的最外侧，构成菌体（O）抗原。

（4）外膜蛋白　是革兰氏阴性菌外膜层中的多种蛋白质的统称。外膜蛋白主要包括微孔蛋白和脂蛋白等。微孔蛋白允许双糖、氨基酸、二肽、三肽、无机盐等小分子的物质通过，起到分子筛的作用。脂蛋白的作用是使外膜层与肽聚糖牢固地连接，可作为噬菌体的受体，或参与铁及其营养物质的转运。

（二）细胞膜

细胞膜位于细胞壁内侧，包围在细胞质外的一层柔软而具有一定弹性的半透性膜，又称细胞质膜。

1. 功能

（1）细胞膜选择性地吸收和运输物质。它作为细胞内外物质交换的主要屏障和介质，允许水、水溶性气体及某些小分子可溶性物质顺膜内外的浓度梯度差进出细胞，而糖、氨基酸及离子型电解质则需经膜上具有的特殊运输机制进入细胞。

（2）细胞膜是细菌细胞能量转换的重要场所。细胞膜上有细胞色素和其他呼吸酶，包括某些脱氢酶，可以转运电子，完成氧化磷酸化过程，参与细胞呼吸，能量的产生、贮存和利用。

（3）细胞膜有传递信息功能。膜上的某些特殊蛋白质能接受光、电及化学物质等产生的刺激信号并发生构象变化，从而引起细胞内的一系列代谢变化和产生相应的反应。

（4）细胞膜还参与细胞壁的生物合成。

2.化学组成与结构

细胞膜的主要成分是磷脂和蛋白质,也有少量的碳水化合物和其他物质。细胞膜的结构是由磷脂双分子层构成骨架,每个磷脂分子的亲水基团(头部)向外,疏水基团(尾部)向膜中央,蛋白质结合于磷脂双分子层表面或镶嵌贯穿于双分子层(图 2-8)。

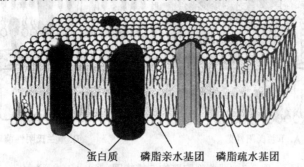

蛋白质　　磷脂亲水基团　磷脂疏水基团

图 2-8　细菌细胞膜结构模式图

(三)细胞质

细胞质位于细胞膜内,是除核质以外的无色透明的黏稠的胶体状物质。

1.功能

细胞质中含有多种酶系统,是细菌合成蛋白质与核酸的场所,也是细菌细胞进行物质代谢的场所。

2.化学组成

细胞质基本成分是水、蛋白质、核酸、脂类及少量的糖和无机盐等。此外细胞质中还含有多种重要的结构。

(1)核糖体　是细菌合成蛋白质的场所。有些药物,如红霉素和链霉素能与细菌的核糖体相结合,干扰蛋白质的合成,从而将细菌杀死,但对人和动物细胞的核糖体不起作用。

(2)质粒　是存在于核质 DNA 以外的,能进行自我复制的,游离的小型双股 DNA 分子。质粒是细菌生命非必需的,但能控制细菌产生菌毛、毒素、耐药性和细菌素等遗传性状。

质粒不但能独立进行自我复制,有些还能与核质 DNA 整合或脱离,整合到核质 DNA 上的质粒叫附加体。由于质粒有能与外来 DNA 重组的功能,所以在基因工程中常被用作载体。

(3)包含物　细菌细胞内一些贮藏营养物质或其他物质的颗粒样结构,叫包含物或内含物。主要有脂肪滴、肝糖粒、淀粉粒、异染颗粒、气泡和液泡等。

(四)核质

细菌的核质无核膜、无核仁,没有固定形态,并且结构也很简单,因此它是原始形态的核,也称拟核或核体。

1.功能

核质含细菌的遗传基因,控制细菌的遗传和变异。

2.化学组成与结构

核质是一个共价闭合、环状的双链超螺旋 DNA 分子,不与蛋白质相结合。

（五）荚膜

某些细菌（如巴氏杆菌、炭疽杆菌）可在细胞壁外周产生一层松散透明的黏液样物质，包围整个菌体，叫荚膜。荚膜必须用荚膜染色法染色。一般用负染色法，使背景和菌体着色，而荚膜不着色，从而衬托出荚膜，在光学显微镜下可观察到（图2-9）。很多有荚膜的菌株可产生无荚膜的变异。

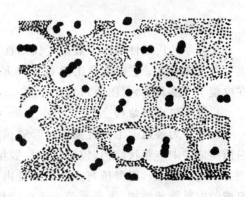

图2-9　细菌的荚膜

1.化学组成和结构

荚膜大多数由多聚糖组成，如肺炎球菌；少数细菌的荚膜由多肽组成，如炭疽杆菌；也有少数菌两者兼具的，如巨大芽孢杆菌。荚膜的厚度在0.2μm以下时，用光学显微镜不能看见，但可在电子显微镜下看到，称为微荚膜。有些细菌菌体外周分泌一层很疏松、与周围边界不明显，而且易与菌体脱离的黏液样物质，则称为黏液层。

细菌产生荚膜或黏液层可使液体培养基具有黏性，在固体培养基上则形成表面湿润、有光泽的光滑（S）型或黏液（M）型的菌落；失去荚膜后的菌落则变为粗糙（R）型。

2.功能

荚膜具有保护菌体的功能，可保护细菌免受干燥和其他不良环境因素的影响。当营养缺乏时可作为碳源及能源而被利用。可抵抗机体吞噬细胞的吞噬和抗体的作用，对宿主有侵袭力。荚膜具有抗原性，并有种和型特异性，可用于细菌的鉴定。

（六）鞭毛

某些细菌的菌体表面着生有细长而弯曲的丝状物，称为鞭毛。鞭毛呈波状弯曲，直径10～20 nm，长10～70μm。排列有一端单生鞭毛菌，如霍乱弧菌；二端单生鞭毛菌，如鼠咬热螺菌；偏端丛生鞭毛菌，如铜绿假单胞菌；两端丛生鞭毛菌，如红色螺菌和产碱杆菌；周身鞭毛菌，如大肠杆菌（图2-10）。

1.化学组成与结构

提纯的细菌鞭毛（亦称鞭毛素），其化学成分主要为蛋白质，有的还含有少量多糖以及类脂等。鞭毛蛋白是一种很好的抗原物质，称为鞭毛抗原，又叫H抗原。各种细菌的鞭毛蛋白由于氨基酸组成不同导致H抗原性质上的差别，故可通过血清学反应，进行细菌分类鉴定。

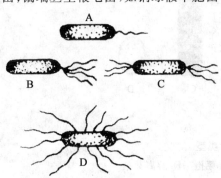

图2-10　细菌鞭毛数目及排列示意图
A.单毛菌　B、C.丛毛菌　D.周毛

2.功能

鞭毛是细菌的运动器官，鞭毛有规律地收缩，引起细菌运动。细菌的运动有趋向性。运动的方式与鞭毛的排列有关，单鞭毛菌和偏端丛鞭毛菌一般呈直线快速运动，周身鞭毛菌则呈无规律的缓慢运动或滚动。鞭毛与细菌的致病性有关。

(七)菌毛

大多革兰氏阴性菌和少数革兰氏阳性菌的菌体上生长的一种较短的毛状细丝，叫菌毛。也称纤毛或伞毛。它的数量比鞭毛多，直径 5~10 nm，长 0.2~1.5 μm，少数可达 4 μm，只有在电镜下才能观察到(图 2-11)。

1.化学组成与结构

菌毛分为普通菌毛和性菌毛。普通菌毛是由菌毛蛋白质组成的中空管状结构，较细、较短，数量较多，每个细菌有 150~500 条，周身排列。性菌毛是由性菌毛蛋白质组成的中空管状结构，比普通菌毛较粗较长，每个细菌有 1~4 条。

图 2-11 细菌的菌毛
1.菌毛 2.鞭毛

2.功能

普通菌毛主要起吸附作用，可牢固吸附在动物细胞上，与细菌的致病性有关。性菌毛可传递质粒或转移基因，带有性菌毛的细菌称 F^+ 菌或雄性菌，不带性菌毛的称 F^- 菌或雌性菌。在雌雄菌株发生结合时，F^+ 菌能通过性菌毛，将质粒传递给 F^- 菌，从而引起 F^- 菌某些性状的改变。

(八)芽孢

某些革兰氏阳性菌在一定的环境条件下，可在菌体内形成一个圆形或卵圆形的休眠体，称芽孢，又叫内芽孢。未形成芽孢的菌体称为繁殖体或营养体；带芽孢的菌体叫芽孢体。芽孢成熟后，菌体崩解，芽孢离开菌体单独存在，则称游离芽孢。

各种细菌的芽孢形状、大小以及在菌体中的位置不同，具有种的特征。如炭疽杆菌的芽孢位于菌体中央，呈卵圆形，比菌体小，称中央芽孢；破伤风梭菌的芽孢，位于顶端，正圆形，比菌体大，形似鼓槌，称顶端芽孢；肉毒梭菌芽孢的位置偏于菌端，菌体呈网球拍状，称近端芽孢(图 2-12)。

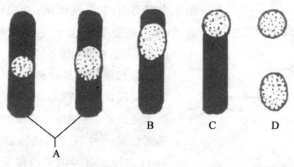

图 2-12 细菌芽孢的类型
A.中央芽孢 B.近端芽孢 C.顶端芽孢 D.游离芽孢

一个细菌只能形成一个芽孢，一个芽孢经过发芽也只能形成一个菌体，芽孢不是细菌的繁殖器官，而是生长发育过程保存生命的一种休眠状态的结构，此时菌体代谢相对静止。芽孢对外界不良环境的抵抗力比繁殖体强，特别能耐高温、干燥、渗透压、化学药品和辐射的作用。如炭疽杆菌芽孢在干燥条件下能存活数十年，破伤风杆菌的芽孢煮沸 1~3 h 仍然不死。

芽孢的形成需要一定的条件,菌种不同条件也不尽相同。如炭疽杆菌需要在有氧的条件下形成芽孢,而破伤风梭菌要在厌氧条件下才能形成芽孢。芽孢的萌发也需要有许多激活因素,如适当的温度、适宜的 pH,在培养基中加入 L-丙氨酸、二价锰离子、葡萄糖等有促进芽孢活化的作用。

【案例】

1.某养猪场 1 周龄仔猪出现腹泻现象,兽医根据临床诊断疑似为仔猪大肠杆菌病,并及时给仔猪注射了青霉素进行治疗,1 d 后病仔猪病症进一步加重,并有更多的仔猪患病,请分析原因。

2.某同学在将采集数天的肺炎链球菌病料进行显微镜检查时发现有革兰氏阴性的杆状菌存在,分析是不是同学分离错误。

【测试】

一、选择题

1.革兰氏阳性菌的细胞壁特有的成分是( )。

A.肽聚糖　　　　　B.磷壁酸　　　　　C.脂多糖　　　　　D.蛋白质

2.关于细菌细胞核描述正确的是( )。

A.没有核膜　　　　B.有核仁　　　　　C.有核膜　　　　　D.真核

3.质粒是一种编码特定性状的( )。

A.DNA　　　　　　B.蛋白质　　　　　C.RNA　　　　　　D.糖类

4.细菌的运动器官是( )。

A.鞭毛　　　　　　B.细胞壁　　　　　C.胞浆膜　　　　　D.核体

5.关于芽孢描述正确的是( )。

A.是细菌的繁殖器官　　　　　　　　　B.是多个细菌的浓缩物

C.是细菌的休眠状态　　　　　　　　　D.是细菌的死亡状态

6.细胞壁缺陷或没有细胞壁的细菌称为( )。

A.L 型细菌　　　　B.革兰氏阳性菌　　C.革兰氏阴性菌　　D.真菌

7.下列细菌中,属于革兰氏阳性性菌的是( )。

A.葡萄球菌　　　　B.大肠杆菌　　　　C.多杀性巴氏杆菌　D.嗜血杆菌

8.下列细菌中,属于革兰氏阴性菌的是( )。

A.葡萄球菌　　　　B.炭疽杆菌　　　　C.多杀性巴氏杆菌　D.猪丹毒杆菌

二、判断题

1.单个细菌是肉眼看不见的,但细菌的群体——菌落是肉眼可见的。( )

2.细菌在一定条件下会发生形态变异。( )

3.细菌的纤毛比鞭毛数量更少、形状更长。( )

4.质粒的化学本质是一种蛋白质,而不是 DNA。( )

三、综合题

1.细菌悬滴标本片的主要用途是什么？简述其制备方法。

2.细菌抹片染色前为什么要固定？简述细菌抹片的制备过程。

3.简述美蓝染色法、革兰氏染色法、瑞氏染色法和姬姆萨染色法的主要步骤。

4.将观察到的细菌形态画于实验册上。

任务 2-3 细菌常用培养基的制备

【目标】

1.熟知培养基的概念、成分、类型和作用；

2.掌握培养基制备的基本原则，学会制备常用培养基。

【技能】

一、器械与材料

高压蒸汽灭菌器、微波炉或电炉、天平、量筒、漏斗、试管、培养皿、烧杯、三角烧瓶、精密pH 试纸、滤纸、纱布、牛肉膏、蛋白胨、氯化钠、琼脂粉、无菌鲜血、无菌血清、新鲜动物肝脏、0.1 mol/L 和 1 mol/L 氢氧化钠溶液等。

二、方法与步骤

(一)培养基制备的基本程序

配料→溶化→测定及矫正 pH →过滤→分装→灭菌→无菌检验→备用。

(二)常用培养基的制备

1.普通肉汤培养基(液体培养基)

(1)成分　牛肉膏 0.3%～0.5%、蛋白胨 1%、氯化钠 0.5%、蒸馏水适量。

(2)制法

①将牛肉膏、蛋白胨、氯化钠加入蒸馏水中,在沸水浴中加热使其充分溶解。

②冷却至 40～50℃,测定并矫正 pH 至 7.2～7.6。

③煮沸 10 min,过滤,分装于试管、三角烧瓶或生理盐水瓶中。

④置高压蒸汽灭菌器内,121.3℃灭菌 20 min。

(3)用途

①可作一般细菌的液体培养。

②作为制作某些培养基的基础原料。

2.普通琼脂培养基(固体培养基)

(1)成分 普通肉汤 100 mL,琼脂 2～3 g。

(2)制法

①将琼脂加入普通肉汤内,煮沸使其完全溶解。

②测定并矫正 pH 7.2～7.6,分装于试管或三角烧瓶中,以 121.3℃灭菌 20 min。可制成试管斜面、高层培养基或琼脂平板。

(3)用途

①一般细菌的分离培养、纯培养,观察菌落特征及保存菌种等。

②制作特殊培养基的基础。

3.半固体培养基

(1)成分 普通肉汤 100 mL,琼脂 0.3～0.5 g。

(2)制法 将琼脂加入定量的肉汤中,煮沸 30 min,使琼脂充分溶解,分装于试管或 U 形管中,121.3℃灭菌 20 min 即可。

(3)用途 用于菌种的保存或测定细菌的运动性。

4.血液琼脂培养基

(1)成分 无菌鲜血 5～10 mL,普通琼脂培养基 100 mL。

(2)制法 取灭菌的普通琼脂培养基,溶解后冷却至 40～50℃,加入无菌鲜血,混合后制成斜面或平板。使用前需做无菌检查。

注:当琼脂培养基温度过高时加入血液,血液由鲜红色变为暗褐色,称为巧克力琼脂培养基。可用于培养嗜血杆菌。

(3)用途

①营养要求较高的细菌如巴氏杆菌、链球菌等的分离培养。

②细菌溶血性的观察和保存菌种。

5.血清琼脂培养基

(1)成分 无菌血清 5～10 mL,普通琼脂培养基 100 mL。

(2)制法 同血液琼脂培养基。使用前须做无菌检查。

(3)用途

①某些病原菌如巴氏杆菌、链球菌等的分离培养和菌落性状的观察。

②斜面用于菌种保存。

6.疱肉培养基(肉渣培养基)

(1)成分 普通肉汤 3～4 mL,牛肉渣 2 g。

(2)制法

①每支试管中加入牛肉渣 2 g,再加入普通肉汤 3～4 mL。

②液面盖以液体石蜡一薄层,经 121.3℃ 20～30 min 灭菌后保存冰箱备用。

(3)用途 培养厌氧菌。

7.肝片肉汤培养基

(1)成分 普通肉汤 3～4 mL,肝片 3～6 块。

(2)制法

①将新鲜肝脏放于流通蒸汽锅内加热 1～2 h,待蛋白凝固后,肝脏深部呈褐色,将其切成

3～4 mm³ 大小的方块,用水洗净后,取 3～6 块放入普通肉汤管中。

②向每支肝片肉汤管中加入液体石蜡 0.5～1.0 mL,经 121.3℃ 20～30 min 灭菌后保存冰箱备用。

(3)用途　培养厌氧菌。

(三)培养基 pH 测定法

1. 精密 pH 试纸法

取精密 pH 试纸一条,浸入到待测的培养基中,0.5 s 后取出与标准比色板比较,确定其 pH 值。若偏酸时,向培养基内滴加 1 mol/L 氢氧化钠溶液,边加边搅拌边比色,直至 pH 在所需范围之间。

2. 标准比色管法

取 3 支与标准比色管(pH 7.6)相同的空比色管,其中一管加蒸馏水 5 mL,另外两管各加待测的培养基 5 mL,其中一管内加 0.02% 酚红(PR)指示剂 0.25 mL(滴定管),混匀。按图 2-13 所示排列,比色箱对光观察。若滴定管色淡或黄色,即表示培养基偏酸性,需滴加 0.1 mol/L 氢氧化钠校正;若呈深红色,即表示偏碱性,应滴加 0.1 mol/L 盐酸校正,使之与标准比色管色泽相同为止。通常未校正前的肉汤均呈酸性。记下用去的氢氧化钠(或盐酸)溶液量,由此计算出校正全量培养基所需 1 mol/L 氢氧化钠(或盐酸)溶液量。全量培养基加入 1 mol/L 氢氧化钠(或盐酸)溶液的总毫升数＝5 mL 培养基用去的 0.1 mol/L 氢氧化钠(或盐酸)的毫升数×培养基总毫升数/5×1/10。

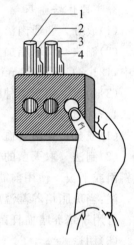

图 2-13　pH 比色箱
1. 对照管　2. 标准比色管
3. 检查管　4. 蒸馏水

(四)制备培养基注意事项

(1)矫正全量培养基 pH 时,不可应用 0.1 mol/L 氢氧化钠(或盐酸)溶液,否则由于加入的量较大,培养基的营养含量会明显降低,影响细菌的生长。

(2)灭菌后的培养基进行分装时,必须应用近期内严格灭菌的容器,并在无菌室或超净工作台内完成。

(3)制备好的培养基,应用前在 37℃ 恒温箱中放 1～2 d,无杂菌污染时,方可使用。

【知识】

一、细菌的营养

生物吸收和利用营养物质的过程称为营养。营养物质是生物进行一切生命活动的物质基础,失去这个基础,一切生物都无法生存,细菌也不例外。

(一)细菌的化学组成

细菌的化学成分主要包括水分和固形物两大类,其中水分的含量为 70%～90%,固形物的含量为 10%～30%。水分主要以结合水和游离水两种形式存在。固形物质主要分为有机物和无机物两种,其中有机物主要包括蛋白质、核酸、糖类、脂类、生长因子、色素等,无机物占固形物的 2%～3%,主要包括磷、硫、钾、钙、镁、铁、钠、氯、钴、锰等,其中磷和钾的含量最多。

(二)细菌的营养需要

根据细菌的化学组成,细菌所需要的营养物质,主要包括碳素化合物、氮素化合物、水分、无机盐和生长因子等。

1.碳源

凡是构成细菌细胞和代谢产物中碳素来源的营养物称为碳源,从简单的无机碳到结构复杂的有机碳都可以被细菌所利用。自养型细菌不需要从外界供应有机营养物,它们可以以二氧化碳为唯一碳源合成有机物,能源来自日光或无机物氧化所释放的化学能。异养型细菌以有机碳化合物为碳源和能源,如单糖、双糖、多糖、有机酸、醇类、芳香族化合物等。有机酸类和醇类也可作为碳源。

2.氮源

凡是构成细菌细胞质或代谢产物中氮素来源的营养物质称为氮源。包括氮气和含氮化合物都可以被不同细菌所利用。不同种类的细菌对氮源的需要也不尽相同,有些固氮能力强的细菌,可以利用分子态氮作为氮源合成自己细胞的蛋白质。有些细菌缺乏某些必要的合成酶,在只含有铵盐或硝酸盐的培养基上并不生长,只有在培养基中添加有机氮化物如蛋白胨、氨基酸等才能生长。

3.水

水是细菌体内不可缺少的主要成分,其存在形式有结合水和游离水两种。结合水是构成细菌的成分,游离水是菌体内重要的溶剂,参与一系列的生化反应。水是细菌体内外的溶媒,只有通过水,细菌所需要的营养物质才能进入细胞,代谢产物才能排出体外。另外,水也可以直接参加代谢作用,如蛋白质、碳水化合物和脂肪的水解作用都是在水参加下进行的。

4.无机盐

无机盐是细菌生长所必不可缺的营养物,其中又可分为主要元素和微量元素两大类。主要元素细菌需要量大,有磷、硫、镁、钾、钠、钙等,它们参与细胞结构物质的组成,有调节细胞质pH和氧化还原电位的作用,有能量转移、控制原生质胶体和细胞透性的作用。微量元素有铁、铜、锌、锰、钴、铜等,它们的需要量虽然极微,但往往能强烈地刺激细菌的生命活动。某些无机盐也是酶活性基的组成成分或是酶的激活剂,如钙、镁。

5.生长因子

生长因子是指细菌生长时不可缺少的微量有机质。主要包括维生素、氨基酸、嘌呤、嘧啶及其他的衍生物等。不同细菌对生长因子的需求差别很大,自养型细菌和一些腐生性细菌,它们自己可以合成这类物质,以满足自身生长繁殖的需要;而大多数异养菌特别是病原菌,则需要一种甚至数种生长因子,才能正常发育。

(三)细菌的营养类型

根据细菌对营养物质的需要和能量来源的不同,可将细菌分成四大营养类型。

1.光能自养型

这类细菌细胞中都有与高等植物叶绿素相似的光合色素,能利用日光作为其生活所需要的能源,利用 CO_2 作为碳源,以无机物为供氢体来还原 CO_2 合成细胞的有机质。少数细菌体内含有非叶绿素的光合色素,如红硫细菌、绿硫细菌,它们可以利用光能并以硫化氢或其他无机硫化物作为供氢体,使 CO_2 还原为有机物质并放出硫。

2. 光能异养型

有少数细菌具有光合色素,能利用光能把 CO_2 还原为碳水化合物,但必须以某种有机物作为 CO_2 同化作用中的供氢体。如红螺菌属利用异丙醇作为供氢体进行光合作用,并积累丙酮,这类细菌生长时大多需要外源生长因子。

3. 化能自养型

这一类细菌有氧化一定无机物的能力,利用氧化无机物时产生的能量,把 CO_2 还原成有机碳化物,如硝化细菌、铁细菌等都是属于此型。这类细菌在氧化无机物时需要有氧的参加,所以环境中必须有充足的氧时才能进行。

4. 化能异养型

这类细菌的能源来自有机物的氧化或发酵产生的化学能,以有机物为碳源,以有机或无机物为氮源。这类细菌种类、数量都很多,绝大多数的致病细菌都是化能异养型。

化能异养型的碳源和能源来自有机物,所以对化能异养的细菌来说有机物既是它们的碳源也是它们的能源。化能异养型的细菌中又可分为腐生和寄生两大类,前者利用无生命的有机物,如动植物残体;后者生活在其寄主生物体内,从活的寄主中吸收营养物质,离开了寄主便不能生长繁殖。在腐生与寄生之间尚有中间型,称为兼性腐生或兼性寄生,如大肠杆菌。

上述四大营养类型的划分并不是绝对的,在自养型与异养型之间,在光能与化学能之间都有中间过渡类型存在。

(四)细菌摄取营养的方式

细菌营养物质的吸收和代谢产物的排出是靠细菌整个细胞表面的扩散、渗透、吸收等作用来完成的。

1. 被动扩散

少数低分子量的物质是靠被动扩散而渗入(或渗出)细菌细胞的,扩散的速度靠细胞内外的浓度梯度来决定。由高浓度向低浓度扩散,当细胞内外此物质浓度达到平衡时便不再进行扩散。水、某些气体和一些无机盐等是通过此方式进出细胞的。

2. 助长扩散

这种运输方式虽与简单的被动扩散相似,也是靠物质的浓度梯度进行,而不消耗能量,但与被动扩散不同的是助长扩散需要专一性的载体蛋白。这种载体蛋白存在于细菌细胞膜上,可与相应的物质结合形成复合物,然后扩散到细胞内,或释放到细胞外。

3. 主动运输

主动运输类似于助长扩散过程,不同的是被运输的物质可以逆浓度梯度移动,并且需要能量。细菌在生长及繁殖过程中所需氨基酸和各种营养物质,主要是通过主动运输方式摄取的。

4. 基团转移

主要存在于厌氧菌和兼性厌氧菌中。此运输方式是被运输的物质结构发生改变如磷酸化,其运输的总效果与主动运输相似,可以逆浓度梯度将营养物质移向细胞内,结果使细胞内结构发生变化的物质浓度大大超过细胞外结构未改变的同类物质的浓度。此过程需要能量和特异性的载体蛋白参与。在细菌中广泛存在的基团转移系统的一个例子是磷酸转移酶系统,它是很多糖和糖的衍生物的运输媒介。如大肠杆菌和金黄色葡萄球菌在吸收葡萄糖、乳糖等时,进入细胞后都是以磷酸糖的形式存在于细胞质中,而且细胞内糖的磷酸盐类不能跨膜溢出。

二、培养基的概念与类型

(一)培养基的概念和作用

根据细菌对营养物质的需要,经过人工配制适合不同细菌生长、繁殖或积累代谢产物的营养基质称为培养基。培养基的主要用途是能促使细菌生长与繁殖,可用于细菌纯种的分离、鉴定和制造细菌制品等。制备培养基的营养物质主要有蛋白胨、肉浸液、牛肉膏、糖和醇、血液或血清、生长因子和无机盐类等。根据不同培养基的要求,配制培养基时还需加入凝固物质(如琼脂、明胶)、抑制剂(如胆盐、煌绿)、指示剂(如酚红、溴甲酚紫)和水等。

(二)常用培养基的类型

1.根据培养基物理状态分类

(1)固体培养基　在液体培养基中加入 2‰～3‰琼脂,使培养基凝固呈固体状态。固体培养基可用于菌种保藏、纯种分离、菌落特征的观察以及活菌计数等。

(2)液体培养基　在配制好的培养基中不加琼脂,培养基即为液体。由于营养物质以溶质状态溶解于其中,细菌能更充分接触和利用,从而使细菌在其中生长更快,积累代谢产物量也多,因此多用于生产。

(3)半固体培养基　加入少量(0.35‰～0.4‰)的琼脂,使培养基呈半固体状,多用于细菌有无运动性的检查。如用半固体培养基穿刺培养有助于肠道菌的鉴定。

2.根据培养基的用途分类

(1)基础培养基　含有细菌生长繁殖所需要的最基本的营养物质,可供培养一般细菌使用。如牛肉膏蛋白胨琼脂是培养细菌的基础培养基。

(2)营养培养基　在基础培养基中加入一些营养物质,如血液、血清、葡萄糖、酵母浸膏等,可使营养要求较高的细菌生长。

(3)选择培养基　在培养基中加入某些化学物质,有利于需要分离的细菌生长,抑制不需要的细菌。如培养沙门氏菌的培养基中加入四硫磺酸钠、亮绿,可以抑制大肠杆菌的生长。

(4)鉴别培养基　根据细菌能否利用培养基中的某种成分,依靠指示剂的颜色反应,借以鉴别不同种类的细菌。如糖发酵培养基,可观察不同细菌分解糖产酸产气情况;用醋酸铅培养基可以鉴定细菌是否产生硫化氢;伊红美蓝培养基可用作区别大肠杆菌和产气肠杆菌等。

(5)厌氧培养基　专性厌氧菌不能在有氧环境中生长,将培养基与空气隔绝并加入还原物降低培养基中的氧化还原电位,可供厌氧菌生长。如庖肉培养基。

(三)制备培养基的基本要求

由于细菌种类繁多,营养需要各异,培养基类型也很多,但制备的基本要求是一致的,具体如下:

(1)培养基应含有细菌生长繁殖所需的各种营养物质。

(2)培养基的 pH 应在适宜的范围内。

(3)培养基应均质透明,便于观察其生长性状及生命活动所产生的变化。

(4)制备培养基所用容器不应含有任何抑菌物质,最好不用铁锅或铜锅。

(5)培养基及盛培养基的玻璃器皿必须彻底灭菌。

【案例】

某鸡场,初生雏鸡断喙后1~2 d有发生死亡,病理变化可见腹部增大,脐孔周围皮肤浮肿,发红,皮下有较多红黄色渗出液多呈胶冻样,初步判断可能是葡萄球菌感染,葡萄球菌是耐盐的微生物,知道这点后你将怎样制作培养基从病料中分离葡萄球菌?

【测试】

一、选择题

1.具有确切化学组分的细菌培养基称为(　　)。

A.合成培养基　　　　B.确切培养基　　　　C.指定培养基　　　　D.完全培养基

2.血液琼脂培养基常被用来观察菌落周围的琼脂特征,这种培养基称为(　　)。

A.合成培养基　　　　B.鉴定培养基　　　　C.选择培养基　　　　D.完全培养基

二、问答题

1.什么叫培养基?有哪些类型?制备培养基的基本要求是什么?

2.制备培养基的一般程序有哪些?应注意哪些问题?

三、操作题

1.制备500 mL营养琼脂培养基。

2.对制备的培养基进行无菌检验及培养试验。

任务2-4　细菌的分离培养及培养性状的观察

【目标】

1.掌握无菌操作的基本要求和细菌的纯培养技术;

2.学会细菌分离、移植和培养的常用方法,能够正确观察细菌的培养性状。

【技能】

一、器械与材料

(1)器材　恒温箱、接种环(针)、酒精灯、灭菌吸管、灭菌平皿、玻璃涂棒等。

(2)试剂　焦性没食子酸、连二亚硫酸钠、碳酸氢钠、10%氢氧化钠或氢氧化钾、凡士林、生理盐水、普通肉汤、普通(或鲜血)琼脂平板、普通(或鲜血)琼脂斜面、半固体培养基、肝片肉汤培养基、病料及细菌培养物等。

二、方法与步骤

(一)无菌技术

无菌技术是防止细菌扩散进入机体或物体造成污染或感染而采取的一系列操作措施。无论是标本的采集或细菌分离培养等,工作人员都必须有严格执行无菌操作技术。常规的无菌操作技术包括如下要点:

(1)细菌的分离等操作过程均需在无菌室、超净工作台内进行。

(2)无菌室、超净工作台在使用前后需要用消毒液擦拭,再用紫外灯照射消毒。

(3)物品、器具等使用前应进行严格的灭菌,使用过程中不得与未经消毒的物品接触,也不宜长时间暴露在空气中。

(4)操作中切勿用手直接接触标本及已灭菌的器材。在使用无菌吸管时,也不能用口吹出管内余液,而应预先在吸管上端塞有棉花,并用橡皮管轻轻吹吸。

(5)接种环(针)在每次使用前后,均应在火焰上彻底烧灼灭菌。

(6)无菌试管及烧瓶,于开塞后及塞回之前,口部均应在火焰上通过1~2次,开塞后的管口、瓶口应尽量靠近火焰,瓶塞或试管塞应夹持在手指间适当位置,不得将其任意摆放。

(二)细菌性病料的处理

大多数病料一般不需要处理即可直接用于细菌分离培养。有些病料如肠内容物、鼻液、脓汁等污染较严重,可根据污染程度及可能存在的病原菌性质采用一定的方法加以处理,以获得较纯的细菌培养物。常用的病料处理方法有以下几种:

(1)加热处理 疑有芽孢的病原细菌,可将病料制成1:(5~10)的组织混悬液,于50~75℃水浴中加热20~30 min,然后再接种到适宜的培养基培养。

(2)通过易感实验动物处理 混有杂菌的病料接种到对可疑病原菌最易感的动物体内,待动物发病或死亡后,无菌取其血液或组织器官再接种到适宜的培养基培养。

(3)化学药品处理 在培养基中加入一定量的一种或几种化学药品,以达到抑制杂菌,分离到所需的目的细菌。如用50%乙醇及0.1%升汞水溶液分别处理杂菌病料几分钟,再用灭菌水洗涤,即可抑制病料中一部分污染杂菌的生长。

(三)细菌分离接种前的准备

1.无菌室的准备

在微生物实验中,一般小规模的分离接种操作,使用无菌接种箱或超净工作台;工作量大时使用无菌室接种,要求严格的在无菌室内再结合使用超净工作台。

2.接种工具的准备

常用的接种或移植工具有接种环(针)、接种铲、移液管、玻璃涂棒、滴管或移液枪等(图2-14)。

(1)接种环(针) 最常用的接种工具,供挑取菌落(苔)或液体培养物接种用。环前端要求圆而闭合,否则液体不会在环内形成菌膜。根据不同用途,接种环的顶端可以改换为其他形式如接种针、接种钩等。

(2)玻璃刮铲 用于稀释平板涂抹法进行菌种分离或细菌计数时的常用工具。将定量(一

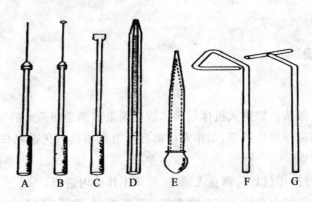

图 2-14 接种工具
A.接种针 B.接种环 C.接种铲 D.移液管 E.滴管 F、G.玻璃

般为 0.1 mL)菌悬液置于平板表面涂布均匀的操作过程时需要用玻璃刮铲完成。用一段长约 30 cm、直径 5～6 mm 的玻璃棒,在喷灯火焰上把一端弯成"了"形或倒"△"形,并使柄与"△"端的平面成 30°左右的角度。

(3)移液管及吸管 无菌操作接种用的移液管常为 1 mL 或 10 mL 刻度吸管。吸管在使用前应进行包裹灭菌。

(四)细菌的接种方法

细菌接种是细菌分离培养的关键步骤,可根据待检标本来源、培养目的及培养基的性状,采用不同的接种方法。其基本程序包括:灭菌接种环→冷却后蘸取细菌标本→进行接种(启盖或塞、接种划线、加盖或塞)→灭菌接种环。

1. 平板划线接种法

本法是常用的分离培养细菌的方法。其目的是将混有多种细菌的病料或培养物,经划线分离使其分散生长形成单个菌落。实验室常用的平板划线接种法有分区划线法和连续划线法两种。

(1)分区划线法 将平板培养基分 4 区或 5 区划线。用接种环蘸取少量标本先涂布于平板培养基表面一角,并以此为起点进行不重叠连续划线作为第一区,其范围不得超过平板的 1/4,然后将接种环置火焰上灭菌,待冷却(可接触平板内面试之,如不溶化琼脂,即已冷却),于第二区处再作划线,且在开始划线时与第一区的划线相交数次,以后划线不必相交接,划完后如上法灭菌,同样方法直至最后一区,使每一区内细菌数逐渐减少,最后可分离培养出单个菌落(图 2-15)。此法适用于脓汁、粪便等含菌量较多的病料。

(2)连续划线法 先用接种环将病料涂布于平板培养基表面一角,然后用接种环自标本涂擦处开始,向左右两侧划开并逐渐向下移动,连续划成若干条分散的平行线(图 2-16)。此法适用于咽试、棉试等含菌量相对较少的标本或培养物。

2. 液体培养基接种法

接种环挑取菌落(或菌液),倾斜液体培养基管,先在液面与管壁交界处摩擦接种物(以试管直立后液体能淹没接种物为准),然后再在液体中摆动 2～3 次接种环,塞好棉塞后轻轻混合即可(图 2-17)。本法多用于普通肉汤、蛋白胨水、糖发酵管等液体培养基的接种。

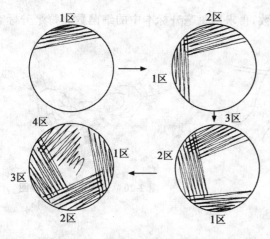

图 2-15 平板分区划线示意图　　　　　　　　**图 2-16 平板连续划线示意图**

3. 穿刺接种法

用接种针挑取菌落或培养物后,由培养基中央垂直刺入至距管底 0.3～0.5 cm 处,然后沿穿刺线退出接种针(图 2-18)。本法多用于半固体、双糖、明胶等具有高层的培养基进行接种。

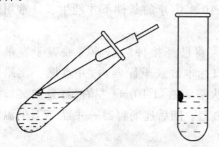

图 2-17 液体培养基接种法示意图　　　　　　**图 2-18 穿刺接种法示意图**

4. 琼脂斜面接种法

(1)左手持菌种管及琼脂斜面管,一般菌种管放在外侧,斜面管放在内侧,两管口齐并,管身略倾斜,斜面向上,管口靠近火焰(图 2-19)。

(2)接种环在酒精上烧灼灭菌。

(3)将斜面管的棉塞夹在右手掌心与小指之间,菌种管棉塞夹在小指与无名指之间,将二棉塞一起拔出。

(4)把灭菌接种环伸入菌种管内,钩取少量菌苔后立即伸入斜面培养基底部,由下而上在斜面上做蛇行状划线,然后管口和棉塞通过火焰后塞好,接种环烧灼灭菌。

(5)在斜面管口写明菌种名称、日期,置 37℃ 恒温箱培养 18～24 h,进行观察。

5. 倾注分离法

可用于饮水、牛乳及尿液等液体标本中细菌的分离培养和活菌计数。方法是将标本用无菌生理盐水稀释成几个适量浓度(10^{-5}～10^{-1})的标本,选取 3 种浓度标本液各 1 mL 分别移入无菌培养皿内,再注入冷却至 50℃ 左右的琼脂培养基 10～15 mL 混匀(图 2-20),凝固后倒置于37℃培养箱中培养18~24 h后做菌落计数,再求出每毫升标本中的细菌数。每毫升标本中的细菌数=全平板菌落数×稀释倍数。

图 2-19 琼脂斜面接种法

图 2-20 倾注培养法示意图

(五)细菌的培养方法

1.一般培养法(需氧培养法)

将已接种过的培养基,放置于37℃培养箱中培养18~24 h,即能观察到大部分细菌的生长现象。此法可用于各种需氧及兼性厌氧菌的培养。由于绝大多数致病菌均属于需氧和兼性厌氧菌,故一般培养法是细菌检验中最常用的培养方法。

2.二氧化碳培养法

有些细菌如鸡嗜血杆菌、弯曲杆菌等需在含5%~10% CO_2的条件下才能生长。常用的二氧化碳培养方法有以下几种。

图 2-21 二氧化碳培养法(烛缸法)

(1)烛缸法 将已经接种的培养基放置于容量为2 000 mL 的磨口标本缸或干燥器内,并点燃一支蜡烛直立于缸中,烛火需距缸口10 cm左右,缸盖和缸口涂以凡士林,密封缸盖。随后连同容器一并置37℃的温箱中培养(图 2-21)。

(2)化学法 根据培养细菌用容器的大小,按每0.84 g碳酸氢钠与10 mL 3.3%硫酸混合后,可产生224 mL CO_2的比例将化学药品置入容器内反应,使培养缸内CO_2的浓度达10%。

(3)CO_2培养箱培养 将已经接种的培养基直接放入CO_2培养箱内培养,按需要调节箱内的CO_2浓度。

3.厌氧培养法

专性厌氧菌培养时必须在无氧环境下才能生长繁殖,常用的厌氧培养法有以下几种。

(1)肝片肉汤培养基培养法 先将肝片肉汤培养基煮沸10 min,迅速放入冷水中冷却以排出其中的空气。倾斜肝片肉汤培养基试管,使表面的石蜡与管壁分离,用接种环钩取菌种从石蜡缝隙插入培养基中,接种完毕后直立试管,在其表面徐徐加入一层灭菌的液体石蜡,以杜绝空气进入。置恒温箱中培养。

(2)焦性没食子酸培养法 取大试管或磨口瓶一个,在底部先垫上玻璃珠或铁丝弹簧圈,然后按每升容积加入焦性没食子酸1 g和10%氢氧化钠或氢氧化钾溶液10 mL,再盖上有孔隔板,将已接种的培养基放其内,用凡士林或石蜡封口,置于恒温箱中培养48 h后观察结果。

(3)厌氧罐培养法 取磨口玻璃缸一个,计算体积,在磨口边缘涂上凡士林,按每升容积加入连二亚硫酸钠和无水碳酸钠各 4 g 计算,向缸底加入两种研细并混匀的药品,其上用棉花覆盖,然后将已接种的培养基置于棉垫上,密封缸口后置于恒温箱中培养。

(六)细菌培养特性的观察

1.细菌在固体培养基上的生长现象

细菌接种在适宜的固体培养基上,经过一定时间培养后,在培养基表面出现肉眼可见的细菌集团,称为菌落。细菌在固体培养基表面密集生长时,多个菌落融合在一起形成的细菌堆集物称为菌苔。

不同细菌的菌落都有一定的形态特征,据此可在一定程度上鉴别细菌。先用肉眼观察单个菌落形状、大小、颜色、湿润度、隆起度、透明度、质度及乳化性;再用放大镜或低倍镜观察菌落的表面、构造及边缘情况(图 2-22)。通常根据菌落的性状可分为以下三大类型:

(1)光滑型菌落 菌落表面光滑、湿润、边缘整齐。

(2)粗糙型菌落 菌落表面粗糙、干燥、呈颗粒或皱纹状,边缘多不整齐。

(3)黏液型菌落 菌落表面光滑、湿润、黏稠。

2.细菌在鲜血琼脂平板培养基上溶血现象

观察有无溶血现象及注明何种动物的血液。如果在菌落周围有 1~2 mm 宽的绿色不完全溶血环,镜下可见溶血环内有未溶解的红细胞,称为 α 型溶血或甲型溶血、绿色溶血;如果在菌落周围有 2~4 mm 宽的完全透明溶血环,则称为 β 型溶血或乙型溶血、完全溶血;不溶血者称为 γ 型溶血或丙型溶血。

3.细菌在斜面培养基上的生长现象

将分离菌接种于普通或营养琼脂斜面培养基,培养后用肉眼或放大镜观察其生长情况。观察内容如下:

(1)生长量 包括不生长、贫瘠、中等、丰盛。

(2)形状 丝状、刺状、念珠状、薄膜状、树枝状、根状。

(3)表面 光滑、粗糙、波纹状、颗粒状。

(4)培养基 颜色有无改变、消化或结晶形成。

(5)气味 有或无。

(6)边缘、颜色、质度、透明度和乳化性 同固体培养基。

4.细菌在半固体培养基上的生长现象

将纯培养菌穿刺接种于半固体培养基内,培养后用肉眼观察细菌的生长量。无鞭毛细菌只沿穿刺线生长,穿刺线清晰,周围培养基清澈透明;有鞭毛细菌沿穿刺线并向外扩散生长,穿刺线模糊或消失,周围培养基混浊。

5.细菌在液体培养基上的生长现象

将纯培养菌接种于液体培养基内,培养后用肉眼观察细菌的生长量、培养物的混浊度、表面生长情况、有无沉淀物等,然后用手指轻轻弹动试管底部,使沉淀浮起,以检查沉淀物的性状。观察主要内容如下:

(1)混浊度 混浊是细菌生长时不断向四周扩散,出现肉眼可见的、程度不同的混浊现象。一般有不浑浊、轻度浑浊、中等混浊和高度混浊等,混浊情况有全管均匀混浊、颗粒状混浊和絮状混浊等。

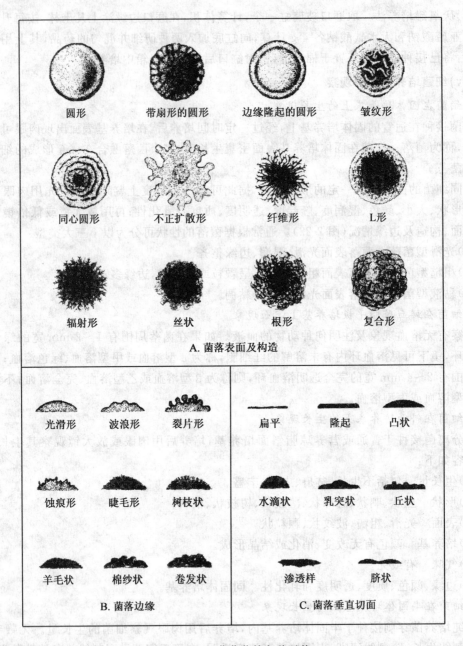

圆形　　带扇形的圆形　　边缘隆起的圆形　　皱纹形

同心圆形　　不正扩散形　　纤维形　　L形

辐射形　　丝状　　根形　　复合形

A.菌落表面及构造

光滑形　　波浪形　　裂片形

蚀痕形　　睫毛形　　树枝状

羊毛状　　棉纱状　　卷发状

B.菌落边缘

扁平　　隆起　　凸状

水滴状　　乳突状　　丘状

渗透样　　脐状

C.菌落垂直切面

图 2-22　细菌菌落的各种形状

（2）沉淀　沉淀是呈链状排列的细菌在生长过程中相互缠绕而易出现明显絮状或丝状的沉淀物，沉淀物上面的液体仍清澈透明。应注意观察沉淀的有无、多少，沉淀物的性状（粉末状、颗粒状、絮状、膜样或黏液状），振摇后是否散开。

（3）表面情况　有无产生菌膜、菌膜的厚度（薄膜、厚膜）、菌膜的表面情况（光滑、粗糙或颗粒状）。菌膜多见于需氧菌，因细菌生长时需要氧气，而集中生长在液体培养基的表面，形成肉眼可见的膜状物。

（4）颜色和气味　有或无。

【知识】

一、细菌生长繁殖的条件

1.营养物质

细菌生长繁殖需要丰富的营养物质,包括水、碳水化合物、氮化物、无机盐、生长因子等。不同细菌对营养的需求不尽相同,有的细菌只需基本的营养物质,而有的细菌则需加入特殊的营养物质才能生长繁殖,因此,制备培养基时应根据细菌的类型进行营养物质的合理搭配。

2.温度

依据细菌对温度的需求不同,可将其分为嗜冷菌、嗜温菌、嗜热菌三大类。由于病原菌在长期进化过程中已适应于动物体,属于嗜温菌,在 $15\sim40℃$ 都能生长。而大多数病原菌的最适温度为 $37℃$,有些病原菌如金黄色葡萄球菌在 $4\sim5℃$ 冰箱内仍能缓慢生长,释放肠毒素,可引起食物中毒。

3.pH

培养基 pH 对细菌生长影响很大,大多数细菌的最适 pH 为 $7.2\sim7.6$,个别细菌如霍乱弧菌在 pH $8.5\sim9.0$ 培养基中生长良好,鼻疽杆菌可在 pH $6.4\sim6.6$ 环境中生长。许多细菌在代谢过程中分解糖产酸,使 pH 下降,不利于细菌生长,所以往往需要在培养基内加入一定的缓冲剂。

4.渗透压

细菌细胞需要在适宜的渗透压下才能生长繁殖,盐腌和糖渍之所以具有防腐作用,即因一般细菌和霉菌在高渗条件下不能生长繁殖之故。

5.气体

与细菌生长繁殖有关的气体主要是氧和二氧化碳。细菌对氧的要求与其呼吸类型有关。一般细菌在自身代谢中产生的二氧化碳就可满足需要,但有些细菌在没有二氧化碳的环境下则不能生长或生长不良,如牛布氏杆菌初次分离时,环境中需含有 5‰~10‰的二氧化碳才能生长。

二、细菌生长繁殖的方式与速度

细菌主要以二分裂方式进行繁殖。一个菌体分裂为两个菌体所需的时间称为世代时间,简称代时。在适宜的人工条件下,多数细菌的代时为 $20\sim30$ min。如按大肠杆菌 20 min 繁殖一代计算,10 h 后,一个细菌可以繁殖成 10 亿个以上的细菌。但由于营养物质的消耗及代谢产物的积累等原因,细菌不可能始终保持这种高速度的繁殖,经过一段时间后,繁殖速度逐渐减慢,死亡菌数逐渐增多,活菌增长率随之趋于停滞以至衰退。

三、细菌的生长曲线

将一定数量的细菌接种到适宜的液体培养基中,定时取样计算细菌数,以培养时间为横坐标,细菌数的对数为纵坐标,可形成一条曲线,这条曲线称为细菌的生长曲线。依据细菌各个时期生长繁殖速率不同,将细菌生长曲线分为迟缓期、对数期、稳定期与衰退期 4 个期(图 2-23)。

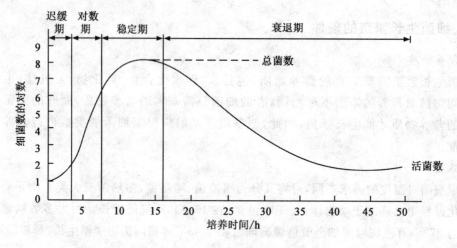

图 2-23 细菌的生长曲线图

1. 迟缓期

迟缓期又称适应期。少量的细菌接种到新鲜培养基后,一般不立即进行繁殖。因此,它们的数量几乎不增加,甚至稍有减少。处于迟缓期的细菌体积增长较快,特别是在此期的末期。如巨大芽孢杆菌在迟缓期的末期,其细胞平均长度是刚接种时的 6 倍。处于迟缓期的细菌代谢活力强,细胞中 RNA 含量高,嗜碱性强,对不良环境条件比较敏感,细胞代谢活跃,为细菌的分裂增殖做准备。

2. 对数期

对数期又称指数期。细菌开始大量的分裂,细菌数按几何级数增加,即按 2^n(n 代表繁殖的代数)增加,如用菌数的对数与培养时间作图时,则呈一条直线。对数期的细菌生长活跃,消耗营养多,个体数目显著增多。另外,群体中的细菌化学组成及形态、生理特性等比较典型,这一时期的菌种很健壮,因此,在生产上常用它们作为接种的种子。实验室也多用对数期的细菌作为实验材料。通常对数期维持的时间较长,但它也受营养及环境条件所左右。

3. 稳定期

在一定的培养液中,随着细菌的活跃生长,营养物质不断消耗,使细菌生长速率逐渐下降,死亡率增加,以致新增殖的细菌数与死亡的细菌数趋于平衡,活菌数保持相对的稳定,称为稳定期。

处于这个时期的细菌生活力逐渐减弱,开始大量贮存代谢产物,如肝糖、异染颗粒、脂肪粒等;同时,也积累有许多不利于微生物活动的代谢产物。细菌形态、染色、生物活性也可出现改变。由于微生物的生长繁殖改变了它自己的生活条件,出现了不利于细菌生长的因素,如pH、氧化还原电位改变等,致使大多数芽孢杆菌在这个生长阶段形成芽孢。

4. 衰退期

稳定期后如再继续培养,细菌死亡率逐渐增加,致使死亡数大大超过新生数,总的活菌数明显下降,即衰亡期。其中,有一阶段活菌数以几何级数下降。因此,也称为对数衰退期。

这个时期,细菌菌体常出现多种形态,包括畸形或衰退型,细菌死亡并伴随有自溶现象,菌体生活力下降。因此,此期的菌种不宜作种子。

细菌的生长曲线,反映了一种细菌在某种生活环境中的生长、繁殖和死亡的规律。掌握细菌生长规律,不仅可以有目的地研究和控制病原菌的生长,而且还可以发现和培养对人类有用的细菌。

【案例】

某养殖养鸡场部分鸡只出现急性、热性为主要临床症状的死亡,剖检发现主要器官有败血症和出血性炎症,初步判断可能为禽巴氏杆菌病,请制作培养基并分离培养病原菌。

【测试】

一、选择题

1.光滑型菌落的菌落性状为(　　)。

A.光滑、湿润、边缘不整齐　　　　　　B.光滑、湿润、边缘整齐

C.粗糙、湿润、边缘不整齐　　　　　　D.粗糙、枯干、边缘不整齐

2.细菌生长繁殖最快的时期是(　　)。

A.延滞期　　　　　B.对数期　　　　　C.平衡期　　　　　D.衰亡期

3.化能异养菌分别以(　　)作为碳素和能量。

A.无机物、光能　　　B.有机物、化合物　　C.无机物、化合物　　D.有机物、光能

4.下列哪个菌群最容易引起动物感染(　　)。

A.嗜冷菌　　　　　B.嗜温菌　　　　　C.嗜热菌

二、判断题

1.多数致病菌最适的生长 pH 在 5.6～5.8。(　　)

2.所有的细菌生长繁殖都需要氧气。(　　)

3.细菌培养中蛋白胨常可以作为优质的氮源,不提供营养因子。(　　)

4.有多个细菌生长繁殖形成的集落称为菌落。(　　)

三、问答题

1.细菌分离培养常用的几种接种方法各有何用途?

2.如何确定琼脂平板上某单个菌落是否为纯培养?

3.如果用牛肉膏蛋白胨培养基分离一种对青霉素具有抗性的细菌,你认为应如何做?

四、操作题

1.观察细菌分离培养的结果。

2.训练细菌接种的几种常用方法。

任务 2-5　细菌的生理生化试验

【目标】

1. 掌握细菌鉴定中常用生化试验的原理、方法和结果判定；

2. 了解细菌生化试验在细菌检测中的重要意义。

【技能】

一、器械与材料

（1）器械　恒温箱、微波炉或电炉、三角烧瓶、烧杯、平皿、试管、酒精灯、接种环、精密 pH 试纸、各种细菌培养物等。

（2）材料　蛋白胨、氯化钠、糖类、磷酸氢二钾、95％酒精、硫酸铜、浓氨水、10％氢氧化钾、3％淀粉溶液、对二甲氨基苯甲醛、浓盐酸、硫代硫酸钠、10％醋酸铅水溶液、磷酸二氢铵、硫酸镁、枸橼酸钠、甲基红、0.5％溴麝香草酚蓝酒精溶液、1.6％溴甲酚紫酒精溶液、0.2％酚红溶液、蒸馏水、琼脂、1 mol/L 氢氧化钠溶液等。

注：目前几乎所有的生化试验培养基及试剂均有现成的商品出售，可购买使用。

二、方法与步骤

细菌在新陈代谢过程中进行着各种生理生化反应，利用生物化学的方法来检测细菌的代谢产物以鉴别细菌，称为细菌的生物化学试验。

（一）糖类分解试验

1. 原理

大多数细菌都能分解糖类（糖、醇和糖苷），因不同细菌含有不同的酶类，对糖类的分解能力各不相同，其代谢产物也不一样。有的细菌能分解某些糖类而产酸产气，记为"⊕"；有的只能产酸而不产气，记为"＋"；有的则不能分解糖类，记为"－"。通过检查细菌对糖类发酵后的差异可鉴别细菌。

常用于细菌糖类分解试验的单糖主要有葡萄糖、甘露糖、果糖、半乳糖等；双糖主要有乳糖、麦芽糖、蔗糖等；多糖主要有菊糖、糊精、淀粉等；醇类主要有甘露醇、山梨醇等；糖苷主要有杨苷等。

2. 培养基（糖发酵培养基）

（1）成分　蛋白胨 1.0 g，氯化钠 0.5 g，蒸馏水 100 mL，1.6％BCP（溴甲酚紫）酒精溶液 0.1 mL，糖 1 g（杨苷为 0.5 g）。

（2）制法　将上述蛋白胨和氯化钠加热溶解于蒸馏水中，测定并矫正 pH 为 7.6，过滤后加入 1.6％溴甲酚紫酒精溶液和糖，然后分装于小试管（13 mm×100 mm）中，113℃高压蒸汽灭菌 20 min 即可。

3.方法

将待鉴别细菌的纯培养物,接种到糖发酵培养基内,倒置于 37℃ 恒温箱中培养。培养的时间随实验的要求及细菌的分解能力而定。可按各类细菌鉴定方法所规定的时间进行。

4.结果

产酸产气时,可使培养基内的指示剂变为黄色,并在倒置的小试管内出现气泡;只产酸不产气时仅使培养基变为黄色;不分解者无反应。

5.应用

细菌鉴定最常用的方法,尤其是肠杆菌科细菌的鉴定。

(二)甲基红(MR)试验

1.原理

MR 指示剂的变色范畴为低于 pH 4.4 呈红色,高于 pH 6.2 呈黄色。有些细菌分解葡萄糖产生大量的酸,使 pH 维持在 4.4 以下,从而使培养基中的甲基红指示剂呈现红色反应,为 MR 试验阳性。若细菌产酸较少或因产酸后很快转化为其他物质(如醇、醛、酮、气体和水),使 pH 值在 5.4 以上,则甲基红指示剂呈黄色,为 MR 试验阴性。

2.培养基(葡萄糖蛋白胨水培养基)

(1)成分 蛋白胨 1 g,葡萄糖 1 g,磷酸氢二钾 1 g,蒸馏水 200 mL。

(2)制法 将上述成分依次加入蒸馏水中,加热溶解后测定并矫正 pH 为 7.4,过滤后分装于试管中,113℃高压蒸汽灭菌 20 min 即可。

3.MR 试剂

甲基红 0.06 g,溶于 180 mL 95%乙醇中,加入蒸馏水 120 mL。

4.方法

将待检菌接种于葡萄糖蛋白胨水,以 37℃ 培养 2~4 d,取部分培养液(或整个培养物),滴加甲基红试剂,通常每 1 mL 培养液滴加试剂 1 滴。充分振摇试管,观察结果,观察阴性结果时不少于 5 d 培养。

5.结果

红色为阳性,橘黄色为阴性,橘红色为弱阳性。

6.应用

主要用于大肠埃氏菌与产气肠杆菌的鉴别,前者属阳性,后者属阴性。其他阳性反应菌如沙门氏菌属、志贺菌属。

(三)维-培(V-P)二氏试验(丁二醇发酵试验)

1.原理

有些细菌在发酵葡萄糖产生丙酮酸后,使丙酮酸脱羧,形成中性的乙酰甲基甲醇,后者在碱性环境中被空气氧化为二乙酸。二乙酸能与蛋白胨中精氨酸所含的胍基反应,生成红色化合物。若在培养基中加入少量含胍基的化合物,如肌酸或肌酐,可加速反应。一般方法是加碱前先加入肌酸和 α-萘酚,以增加试验的敏感性。

2.培养基(葡萄糖蛋白胨水培养基)

制法同 MR 试验。

3.试剂

甲液:50 g/L α-萘酚无水乙醇溶液。

乙液:400 g/L 氢氧化钾溶液(含 3 g/L 肌酸或肌酐)。

4.方法

将待检菌接种于葡萄糖蛋白胨水,以 37℃ 培养 48 h,取部分培养液(或整个培养物),每 1 mL 培养液加入甲液 0.6 mL、乙液 0.2 mL。充分振摇试管,观察结果。

5.结果

呈红色或橙红色反应为阳性。

6.应用

主要用于肠杆菌科中产气肠杆菌与大肠埃氏菌的鉴别,前者属阳性,后者属阴性。

(四)靛基质试验

1.原理

有些细菌能产生色氨酸酶,能分解蛋白胨中的色氨酸而产生靛基质(吲哚),后者与对二甲氨基苯甲醛作用,形成红色的玫瑰靛基质。

2.培养基(童汉氏蛋白胨水)

(1)成分　蛋白胨 1.0 g,氯化钠 0.5 g,蒸馏水 100 mL。

(2)制法　将蛋白胨及氯化钠加入蒸馏水中,充分溶解后,测定并矫正 pH 为 7.6,滤纸过滤后分装于试管中,以 121.3℃ 高压蒸汽灭菌 20 min 即可。

3.试剂

对二甲氨基苯甲醛 1 g,95% 的酒精 95 mL,浓盐酸 50 mL。将对二甲氨基苯甲醛溶于酒精中,再加入浓盐酸,避光保存。

4.方法

将待检菌接种于蛋白胨水培养基,以 37℃ 培养 24～48 h,取出后沿试管壁加入靛基质试剂约 1 mL 于培养物液面上,观察两层液面的颜色。

5.结果

阳性者在培养物与试剂的接触面处产生一红色的环状物,阴性者培养物仍为淡黄色。

6.应用

本试验主要用于肠杆菌科细菌鉴别,如大肠埃氏菌为阳性,产气肠杆菌为阴性。

(五)硫化氢生成试验

1.原理

有些细菌能分解蛋白质中的含硫氨基酸(胱氨酸、半胱氨酸等),产生硫化氢(H_2S)。当培养基含有铅盐或铁盐时,硫化氢可与其反应生成黑色的硫化铅或硫化亚铁。

2.培养基(醋酸铅琼脂培养基)

(1)成分　pH 7.4 普通琼脂 100 mL,硫代硫酸钠 0.25 g,10% 醋酸铅水溶液 1.0 mL。

(2)制法　普通琼脂加热融化后,加入硫代硫酸钠,混合,以 113℃ 高压蒸汽灭菌 20 min,保存备用。应用前加热溶解,加入灭菌的醋酸铅水溶液,混合均匀,无菌操作分装试管,做成醋酸铅琼脂高层,凝固后即可使用。

3.方法

将待检菌穿刺接种于醋酸铅培养基,以 37℃ 培养 24～48 h,观察结果。

4.结果

培养基变黑色者为阳性,不变者为阴性。

5. 应用

本试验主要用于肠杆菌科细菌的属间鉴别,沙门氏菌属、爱德华菌属、枸橼酸杆菌属和变形杆菌属多为阳性,其他菌属多为阴性。

本试验亦可用浸渍醋酸铅的滤纸条进行。将滤纸条浸渍于10%醋酸铅水溶液中,取出夹在已接种细菌的琼脂斜面培养基试管壁与棉塞间,如细菌产生硫化氢,则滤纸条呈棕黑色,为阳性反应。

(六)枸橼酸盐利用试验

1. 原理

本试验是测定细菌能否单纯利用枸橼酸钠为碳源和利用无机铵盐为氮源而生长的一种试验。如利用枸橼酸钠则生成碳酸盐使培养基变碱,指示剂溴麝香草酚蓝由淡绿色转变成深蓝色;若不能利用,则细菌不生长,培养基仍呈原来的淡绿色。

2. 培养基(枸橼酸钠培养基)

(1)成分 磷酸二氢铵 0.1 g,硫酸镁 0.01 g,磷酸氢二钾 0.1 g,枸橼酸钠 0.2 g,氯化钠 0.5 g,琼脂 2.0 g,蒸馏水 100 mL,0.5%BTB(溴麝香草酚蓝)酒精溶液 0.5 mL。

(2)制法 将各成分溶解于蒸馏水中,测定并矫正 pH 为 6.8,加入 BTB 溶液后成淡绿色,分装于试管中,灭菌后摆放斜面即可。

3. 方法

将待鉴别细菌的纯培养物接种于枸橼酸钠培养基上,置 37℃ 恒温箱培养 18~24 h,观察结果。

4. 结果

细菌在培养基上生长并使培养基转变为深蓝色者为阳性;没有细菌生长,培养基仍为原来颜色者为阴性。

5. 应用

本试验主要用于肠杆菌科细菌属间鉴别,如沙门氏菌、产气肠杆菌、克雷伯菌属、枸橼酸杆菌、沙雷菌属通常为阳性,埃氏菌属、志贺菌属等多为阴性。

(七)尿素分解试验

1. 原理

有些细菌能产生尿素酶,能分解尿素形成 2 分子氨及 CO_2,在溶液中,氨及 CO_2 和水结合形成碳酸铵,培养基呈现碱性,使指示剂变色。

2. 培养基(尿素培养基)

(1)成分 蛋白胨 1 g,氯化钠 5 g,磷酸二氢钾 2 g,琼脂 20 g,蒸馏水 1 000 mL,0.2%PR(酚红)溶液 6 mL,葡萄糖 1 g,20%尿素溶液 100 mL。

(2)制法 将蛋白胨、氯化钠、磷酸二氢钾和琼脂加入蒸馏水中加热溶化,测定并矫正 pH 至 7.0,加入酚红、葡萄糖和尿素水溶液,混匀,分装于试管中,121℃ 55.16 kPa 20 min 高压蒸汽灭菌后摆成短斜面即可。

3. 方法

将待检菌 18~24 h 纯培养物大量接种于上述琼脂斜面,不穿刺底部以便做颜色对照,以 35℃ 培养 1~6 d,然后每天观察结果,直到第 6 天。

4.结果判定

(1)阳性试验 斜面上呈现紫红色,颜色渗透到琼脂内。颜色扩散程度表示尿素分解的速度。整个试管呈粉红色判定为＋＋＋＋;斜面粉红色,底部无变化,判定为＋＋;斜面顶部粉红色,其他无变化,判定为＋。

(2)阴性试验 颜色无变化,仍呈浅黄色。

5.应用

本试验主要用于肠杆菌科属间鉴别,如克雷伯菌属(＋)与埃希菌属(－)。也用于侵肺巴氏杆菌(＋)和脲巴氏杆菌(＋)与多杀性巴氏杆菌(－)和溶血性巴氏杆菌(－)的鉴别。

(八)淀粉水解试验

1.原理

淀粉与碘试剂反应时,可形成蓝色可溶性化合物。淀粉在细菌分泌的 α-淀粉酶作用下易被水解成葡萄糖,葡萄糖与碘试剂呈无色反应。

2.培养基(淀粉琼脂)

(1)成分 pH 7.6普通琼脂90 mL,无菌血清5 mL,无菌3％淀粉溶液10 mL。

(2)制法 将灭菌后的琼脂溶化,待冷至50℃,加入淀粉溶液及血清,混匀后倾入培养皿内作成平板。

3.方法

将待鉴别细菌的纯培养物接种淀粉琼脂平板上,置37℃恒温箱中培养24 h后,滴加碘液于细菌生长处,观察颜色变化。

4.结果

呈蓝色者为阴性,说明淀粉未被水解;若培养物周围不发生碘反应呈白色透明区为阳性,说明该菌产生淀粉酶,淀粉已被水解。

5.应用

测定细菌水解淀粉的能力并通过碘试剂进行检测,有助于需氧菌属的鉴别,如芽孢杆菌属成员和链球菌属成员;也有助于厌氧菌属中菌种的鉴别,如梭菌属成员。

(九)明胶液化试验

1.原理

有些细菌在代谢过程中能产生类蛋白水解水解酶(明胶酶),消化或液化明胶。天然存在的蛋白质分子太大不能进入菌体细胞,细菌为利用这些蛋白质必须先将其分解为较小的组分。有些细菌可通过分泌到细胞外的明胶酶将蛋白分解,分两部进行,即蛋白质(明胶酶、蛋白酶)→多肽(明胶酶、肽酶)→氨基酸,最终产生氨基酸的混合物。

2.培养基

常用科赫(Kohn)明胶-炭粉培养基和营养明胶穿刺培养基。

(1)Kohn明胶-炭粉培养基 将15 g明胶放入100 mL冷蒸馏水或自来水中浸泡5～10 min,加热煮沸,加入炭粉3～5 g,振荡,于48℃水浴中冷却。然后把混合物倒入底部预先涂有一层3 mm厚的石蜡或凡士林的大玻璃平皿中,勿让炭粉形成沉淀。待混合物凝固坚硬后,完整取出置10％福尔马林溶液中24 h后,将明胶-炭粉切成直径1 cm的圆片,用纱布包好,经流动自来水充分冲洗24 h,然后将圆片放于带有螺帽的试管内,每支试管放一圆片,加少量水覆盖,松开螺帽,流动蒸汽灭菌 30 min 或 90~100℃水浴反复加热 3 次,每次 20 min,无菌操作去除试管中的水分,每支试管加入 3~4 mL 胰酶消化的无菌大豆肉汤(TSB)或其他合适的无菌液体培养基,用前 37℃培养 24 h 做无菌检查。

(2)营养明胶穿刺培养基(pH 6.8) 120 g 明胶加入到 1 000 mL 蒸馏水中,加热(50℃)使明胶溶化,加入 3 g 牛肉浸膏和 5 g 蛋白胨,再加热(50℃)溶化,调 pH 6.8~7.0,每支试管分装 4~5 mL,121℃103 kPa(15 磅)高压灭菌 15 min,凝固成高层,4~10℃冰箱保存备用。

3. 方法

(1)Kohn 明胶-炭粉培养基法 将浓的待检菌悬液培养物接种于 Kohn 明胶-炭粉培养基,同时设立对照管(不接种细菌),以 35~37℃培养 18~24 h 或更长,取出后观察结果。

(2)营养明胶穿刺培养基(pH 6.8)法 用接种针挑取待检菌 18~24 h 培养物,穿刺接种于营养明胶穿刺培养基,穿刺深度达 1.25~2.5 cm,同时设立对照(不接种细菌),置 22~25℃或 35℃下培养 24 h~14 d,观察生长(混浊)和液化情况。在培养期间,每 24 h 取出试管放入冰箱内约 2 h,检查明胶是否液化,每天一次,直到满 2 周,除非发生液化。

4. 结果判定

(1)Kohn 明胶-炭粉培养基法

①阳性管 炭粉的游离颗粒沉到管底,轻摇颗粒浮起;而对照管混合物完整,无游离炭粒。

②阴性管 明胶-炭粉混合物完整,培养基中无游离的颗粒;对照管同上。

(2)营养明胶穿刺培养基(图 2-24) 如 35℃培养,需在室温下冷却培养后再作判定。

①阳性管 培养基液化,对照管培养基仍呈固态。

②阴性管 培养基呈固态,对照管同上。

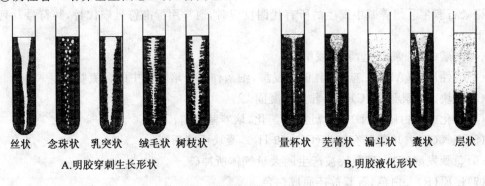

丝状　念珠状　乳突状　绒毛状　树枝状　　　　量杯状　芜菁状　漏斗状　囊状　层状

A.明胶穿刺生长形状　　　　　　　　　　　　　B.明胶液化形状

图 2-24 明胶液化的结果

5. 应用

通常用于检查细菌液化明胶的能力,有助于种间鉴别如金黄色葡萄球菌(＋)和表皮葡萄球菌(－)及属间鉴别如李氏杆菌(－)和化脓棒状杆菌(＋)。

(十)牛乳凝固与胨化试验

1. 原理

牛乳中含有乳糖和酪蛋白、乳蛋白及乳球蛋白,石蕊既是 pH 指示剂,又是氧化还原指示剂。细菌在石蕊牛乳中可表现一种或几种代谢特性,每种代谢特性对特定细菌而言是特异性的。

(1)乳糖发酵　如细菌发酵乳糖产生乳酸,可使石蕊指示剂变成粉红色;有些产碱的细菌尽管不发酵乳糖,可使石磊指示剂变成蓝紫色。

(2)石蕊还原　石蕊作为氧化还原指示剂,有些细菌能使石蕊还原成无色。

(3)凝固蛋白　分解蛋白质的酶类能使牛乳蛋白质水解,导致牛乳凝固。引起凝固的酶主要为凝乳酶。

(4)蛋白胨化(消化)　有些细菌具有酪蛋白分解酶,催化酪蛋白水解,牛乳培养基变为清澈的液体,此过程称为蛋白胨化(消化),表现为培养基像水一样透明。

(5)气体产生　乳糖发酵的最终产物是 CO_2 和 H_2,当气体大量产生时可使酸性凝块破裂,产生急骤的发酵。此现象在某些厌氧芽孢梭菌属(如魏氏梭菌)中发生,可用于菌种的鉴别。

2.培养基

石蕊牛乳培养基(pH 6.8):100 g 脱脂奶粉、0.75 g 石蕊粉、1 000 mL 蒸馏水。通过加入少量石蕊调整 pH 6.8(紫蓝色)。制备时每支试管分装 5 mL,121℃ 103 kPa 高压灭菌 15 min 即成。高压灭菌时石蕊牛乳可被还原成白色,冷却后,吸收氧气,恢复原来的紫蓝色。塞紧盖于 4～10℃冰箱保存备用。

3.方法

将待检菌 18～24 h 纯培养物接种于上述石蕊牛乳培养基,如疑为厌氧芽孢梭菌,则需在试管中加入灭菌的铁,如铁粉、铁钉、大头针或铁屑等。以 35℃培养 18～24 h,观察结果。必要时可延长培养至 14 d。

4.结果判定

记录石蕊牛乳培养基中发生的所有代谢反应时,通常用标准符号来代替,其符号及判定标准如下:

(1)产酸(A)　粉红色,乳糖发酵。

(2)碱性反应(AIK)　蓝色,乳糖不发酵,细菌作用于培养基中的含氮物质。

(3)凝块或凝乳形成(C)　牛乳蛋白凝固。

(4)消化或蛋白胨化(D)　牛乳蛋白消化,培养基澄清。

(5)产气(G)　培养基有气泡(CO_2 和 H_2),凝块可能断裂。

(6)急骤发酵(S)　酸凝块被产生的大量气体所冲破。

(7)还原(R)　白色,石蕊被还原成白色。

(8)无变化或阴性(NC)　紫蓝色,与未接种试管相同。

5.应用

主要用于牛链球菌(生长)与马链球菌(不生长)以及梭菌属中艰难梭菌(不生长)与其他梭菌(生长)的鉴别。

【知识】

一、细菌的酶

细菌的新陈代谢是在酶的催化下进行的。根据酶作用的部位分为胞内酶和胞外酶。胞内酶是参与生物氧化的一系列呼吸酶以及与蛋白质、多糖等代谢有关的酶。胞外酶是一些水解酶,可将大分子的营养物质如蛋白质、多糖和脂类水解成小分子可溶性物质,为菌体所吸收。有些细菌产生的胞外酶是重要的致病物质,如血浆凝固酶、透明质酸酶等。

根据酶的生成条件又可分为固有酶和诱导酶。固有酶是细菌代谢中必需的;诱导酶是当环境中有诱导物存在时才产生。细菌代谢类型多样化取决于细菌酶的多样化,因而也决定了细菌对营养物质的摄取、分解能力及代谢产物的差异。

二、细菌的呼吸类型

细菌借助于菌体的酶类从物质的氧化过程中获得能量的过程,称为细菌的呼吸。氧化过程中接受氢或电子的物质为受氢体或受电子体,以游离的分子氧作为受氢体或受电子体的呼吸叫做需氧呼吸,这种氧化过程中放能最多;以无机化合物作为受氢体的则称为厌氧呼吸;以各种有机化合物作为受氢体的称为发酵,如乳糖发酵等。由于细菌生物氧化的方式不同,细菌对于氧气的需要也各不一样,据此可将细菌分为以下3种类型。

1. 专性需氧菌

只有在氧气充分存在的条件下才能生长繁殖,此类细菌具有较完善的呼吸酶系统,在无游离氧的环境下不能生长,如结核杆菌、霍乱弧菌等。

2. 专性厌氧菌

只能在无氧的条件下生长繁殖。此类细菌缺乏完善的呼吸酶系统,不能呼吸,只能发酵。不但不能利用分子氧,而且游离氧对细菌有毒性作用,故此类细菌只能在无游离氧的条件下生长,如坏死杆菌、破伤风梭菌等。

3. 兼性厌氧菌

在有氧或无氧的环境中都可生长,但以有氧的环境中生长为佳。兼有上述两类细菌的功能,大多数病原菌属于此类,如大肠杆菌、葡萄球菌等。

三、细菌的新陈代谢

细菌在代谢过程中,除摄取营养、进行生物氧化、获得能量和合成菌体成分外,还产生一些分解和合成代谢产物,有些产物能被人类利用,有些则与细菌的致病性有关,有些可作为鉴定细菌的依据。

1. 分解代谢产物

(1)糖的分解产物 不同种类的细菌以不同的途径分解糖类,在其代谢过程中均可产生丙酮酸,需氧菌进一步将丙酮酸彻底分解为二氧化碳和水;厌氧菌则发酵丙酮酸,产生多种酸类、醛类、醇类和酮类。各种细菌的酶不同,对糖的分解能力也不一样,有些细菌能分解某些糖类产酸产气,有的只产酸不产气,有的则不能利用某种糖。据此通过糖发酵试验、V-P 试验与 MR 试验对细菌进行鉴别。

(2)蛋白质的分解产物 细菌的种类不同,分解蛋白质、氨基酸的能力不同,因而产生不同的中间产物。如吲哚(靛基质)是某些细菌分解色氨酸而形成的,硫化氢是细菌分解含硫氨基酸的产物,而有的细菌在分解蛋白质的过程中能形成尿素酶,分解尿素形成氨。因此,利用蛋白质的分解产物设计的靛基质试验、硫化氢试验、尿素分解试验等,可用于细菌的鉴定。

2. 合成代谢产物

(1)热原质 许多革兰氏阴性菌与少数革兰氏阳性菌在代谢过程中能合成一种多糖物质,

注入人体或动物体能引起发热反应,称为热原质。热原质能通过细菌滤器,耐高温,湿热121℃ 20 min 或干热 180℃、2 h 不能使其破坏。制备注射制剂和生物制品时用吸附剂或特制的石棉滤板,可除去液体中的大部分热原质。玻璃器皿经干烤 250℃ 2 h 才能破坏热原质。

(2)毒素 某些细菌在代谢过程中合成的对人和动物有毒害作用的物质,称为毒素。毒素的产生与细菌的致病性有关,细菌产生的毒素有内毒素和外毒素两种。内毒素是革兰氏阴性菌的细胞壁成分,即脂多糖,当菌体死亡崩解后才游离出来。外毒素是一种蛋白质,在细菌生活过程中即可释放到菌体外,产生外毒素的细菌大多数是革兰氏阳性菌。

(3)细菌素 某些细菌菌株产生的一类具有抗菌作用的蛋白质,其作用与抗生素类似,但作用范围较窄,仅对与该种细菌有近缘关系的细菌才有作用。例如,大肠杆菌某一菌株所产生的大肠菌素,一般只能作用于大肠杆菌的其他相近的菌株。

(4)维生素 一些细菌能自行合成维生素,除满足自身所需外,也能分泌到菌体外。如动物机体的正常菌群能合成维生素 B 和维生素 K,可被机体利用。

(5)色素 某些细菌在氧气充足、温度适宜和营养丰富时能产生各种颜色的色素。有的色素是水溶性的,能弥散在培养基中,使整个培养基呈现颜色,如绿脓杆菌的黄绿色素;有的色素则是脂溶性色素,不溶于水,仅保持在细菌细胞内,人工培养时可使菌落显色,而培养基颜色不变,如金黄色葡萄球菌色素。

(6)抗生素 是一种重要的合成产物,它能抑制和杀死某些微生物。生产中应用的抗生素主要是由放线菌和真菌产生,一些细菌也可产生抗生素,如多黏菌素、杆菌肽等。

此外,某些细菌还能产生无机酸、有机酸、氨基酸、醇类和其他芳香物质。

【案例】

某猪场 2～3 周龄仔猪出现腹泻,排出白色灰白色腥臭粪便,体温、采食无明显变化,无死亡;采病料分离后得到,乳白色中等大小光滑型菌落,显微镜观察均为革兰氏阴性的中等大小的杆菌,可能为大肠杆菌或沙门氏菌,如何对它们进行鉴定?

【测试】

一、选择题

1. 在细菌发酵过程中,营养物质被氧化并( )。

A. 完全释放能量　　　　　　　　　　B. 完全不释放能量

C. 部分释放能量　　　　　　　　　　D. 吸收能量

2. 在细菌有氧代谢过程中,营养物质被氧化并( )。

A. 完全释放能量　　　　　　　　　　B. 完全不释放能量

C. 部分释放能量　　　　　　　　　　D. 吸收能量取得碳源和能量。

二、判断题

1. 细菌的酶常在化学反应中被消耗。( )

2. 大肠杆菌能够发酵乳糖而沙门氏菌不能。( )

3. 吲哚试验阳性为红色。( )

4.V-P 试验阳性为黑色。（　　）

5.脲酶试验可区分沙门氏菌和变形杆菌。（　　）

三、问答题

1.细菌的生化反应有何用途？

2.您还知道哪些生理生化试验用来鉴定细菌？

四、操作题

1.选择 3～5 种病原菌进行相关生理生化试验，并将试验结果填入下表。"＋"表示阳性，"－"表示阴性。

菌株名称(编号)	淀粉水解试验	明胶液化试验	石蕊牛奶试验	尿素试验

2.将您的试验结果填入下表。"＋"表示阳性反应，"－"表示阴性反应。

菌名	IMViC 试验				硫化氢试验
	吲哚试验	甲基红试验	V-P 试验	柠檬酸盐试验	
大肠杆菌					
产气肠菌					
对照					

任务 2-6　抗菌药物敏感性试验(纸片扩散法)

【目标】

掌握药敏试验的操作步骤和结果判断方法,从而选出敏感药物。

【技能】

一、器械与材料

药敏试纸(购买或自制)、琼脂培养基、眼科镊、酒精灯、接种棒、直尺、培养箱。

二、方法与步骤

(一)药敏纸片的制备

1.纸片的制作及灭菌

选用质量较好的滤纸片(定量滤纸),用打孔器打成直径为 6 mm 的圆片,每 100 片放入一小瓶中,160℃干热灭菌1~2 h,或高压蒸汽灭菌后在60℃条件下烘干备用。

2.抗菌药物浓度的配制

(1)计算最小浓度值 按药物使用说明上的配料或饮水比例换算成一个基本单位药量(以能准确称量药品的最小值为宜,如0.5 g、1 g、2 g等),而需要配多少料或饮多少水,则相当于配制浸泡药片的药品浓度时所加蒸馏水的毫升数。例如,药品使用说明上标明5 g本品可拌50 kg饲料,其换算方法为1 g本品可拌10 kg饲料,也就是1 g本品拌10 000 g饲料,相当于药品浓度为1 g本品加10 000 mL蒸馏水。

(2)浓度配制 准确称取上述基本单位药量(片剂要研磨成粉末后再行称量),在无菌条件下,按下列分列项用蒸馏水进行倍比稀释。根据以上换算1 g本品加10 000 mL蒸馏水,即1 g本品加10×10×10×10 mL蒸馏水。如出现1 g本品拌320 g饲料等情况,可改成1 g本品拌320 g饲料,即加10×4×8 mL蒸馏水。这样改动易形成分列项,并不影响实际效果。因为在配料时可按纸片浓度1 g本品拌320 g饲料进行拌料。如果所加蒸馏水量较少或现场蒸馏水充足,可不按上述倍比稀释法稀释,而直接按配料或饮水比例一次稀释而成。

(3)药敏纸片的浸泡及保存 取1 mL已配制好的药液注入已灭菌的含100片纸片的小瓶中,置冰箱内浸泡1~2 h后取出烘干,并置冰箱中保存备用(可保存6个月)。或在上述含有100片纸片的青霉素瓶内加入药液0.5 mL,并翻动纸片,使各纸片充分浸透药液,翻动纸片时不能将纸片捣烂。同时在瓶口上记录药物名称,放37℃温箱内过夜,干燥后即密盖,如有条件可真空干燥。切勿受潮,置阴暗干燥处存放,有效期3~6个月。

(二)药敏试验的方法与步骤

1.接种细菌

取普通琼脂培养基一块,将细菌划线接种到琼脂培养基上。接种细菌时要求均匀密集,尽可能布满细菌(另:可挑取待试细菌于少量生理盐水中制成细菌混悬液,用灭菌棉拭子将待检细菌混悬液涂布于平皿培养基表面。要求涂布均匀致密)。

2.贴药敏试纸

将镊子于酒精灯火焰灭菌后略停,取药敏片贴到平皿培养基表面。为了使药敏片与培养基紧密相贴,可用镊子轻按几下药敏片。为了使能准确的观察结果,要求药敏片能有规律的分布于平皿培养基上;一般可在平皿中央贴一片,外周可等距离贴若干片(外周一般最多可贴7片),每种药敏片的名称要记住,并在培养皿上注明接种的细菌名称、日期、姓名。要求两纸片间有2 cm以上的间距,粘贴牢固。

3.培养

将琼脂培养皿放入37℃恒温培养箱中培养18~24 h。

4.结果观察

在涂有细菌的琼脂平板上,抗菌药物在琼脂内向四周扩散,其浓度呈梯度递减,因此在纸片周围一定距离内的细菌生长受到抑制。过夜培养后形成一个抑菌圈,抑菌圈越大,说明该菌对此药敏感性越大,反之越小,若无抑菌圈,则说明该菌对此药具有耐药性。其直径大小与药物浓度、划线细菌浓度有直接关系。根据药敏试纸产生的抑菌圈大小,选出敏感药物(表2-1)。

表2-1 药敏试验判断标准

抑菌圈直径(d)/mm	药物敏感性
$d > 15$	高敏
$10 \leq d \leq 15$	中敏
$d < 10$	低敏或不敏感

(三)影响药敏试验结果的因素

1.培养基

应根据试验菌的营养需要进行配制。倾注平板时,厚度合适(5～6 mm),不可太薄,一般 90 mm 直径的培养皿,倾注培养基 18～20 mL 为宜。培养基内应尽量避免有抗菌药物的拮抗物质,如钙、镁离子能减低氨基糖苷类的抗菌活性,胸腺嘧啶核苷和对氨苯甲酸(PABA)能拮抗磺胺药和 TMP 的活性。

2.细菌接种量

细菌接种量应恒定,如太多,抑菌圈变小,能产酶的菌株更可破坏药物的抗菌活性。

3.药物浓度

药物的浓度和总量直接影响抑菌试验的结果,需精确配制。商品药应严格按照其推荐治疗量配制。

4.培养时间

一般培养温度和时间为 37℃ 18～24 h,有些抗菌药扩散慢如多黏菌素,可将已放好抗菌药的平板培养基,先置 4℃ 冰箱内 2～4 h,使抗菌药预扩散,然后再放 37℃ 温箱中培养,可以推迟细菌的生长,而得到较大的抑菌圈。

【知识】

一、常用于细菌病治疗药物

1.化学治疗剂

用于治疗由微生物或寄生虫引起的疾病的化学药品称为化学疗剂,包括磺胺类、呋喃类、异烟肼和抗生素等。其特点是能选择性地干扰病原体新陈代谢的某些环节,导致病原体死亡,一般对人或动物毒性小或无毒性,可内服或注射。

2.抗生素

某些微生物在新陈代谢过程中产生对另一些微生物有抑制或杀灭作用的物质。到目前为止,已经发现的抗生素有 2 500 多种,但大多数对人和动物有毒性,临床最常用的只有几十种。抗生素的作用对象有一定的范围,称为抗菌谱。

二、细菌的遗传和变异

细菌具有遗传和变异的基本特性。遗传保证了菌种的存在和延续,而变异推进了菌种的进化和发展。

(一)细菌常见的变异现象

1.形态变异

微生物在异常条件下生长发育时,可以发生形态的改变。如慢性炭疽病猪咽喉部分分离到的炭疽杆菌,呈细长丝状;慢性猪丹毒病猪心脏病变部的猪丹毒杆菌呈长丝状。

2.结构与抗原性变异

(1)荚膜变异 有荚膜的细菌在特定条件下,可以丧失形成荚膜的能力,如炭疽杆菌在动物体内和特殊培养基上能形成荚膜,而在普通培养基上则不形成荚膜。

(2)鞭毛变异　有鞭毛的细菌在某种条件下,可以失去鞭毛,如将有鞭毛的沙门氏菌培养于含 0.075%～0.1%石炭酸的琼脂培养基上,即可变为无鞭毛的变异型菌。

(3)芽孢变异　产芽孢杆菌也可失去形成芽孢的能力,如巴斯德在高温培养下(43℃)将炭疽杆菌育成弱毒株(不形成芽孢),毒力减弱。

3.菌落变异

细菌的菌落最常见的有光滑型(S型)和粗糙型(R型)两种类型。S型菌落表面光滑、湿润、边缘整齐;R型菌落表面粗糙、枯干、边缘不整齐。绝大多数新分离的菌株为光滑型,在一定条件下可以变为粗糙型,称为S-R变异。S-R变异伴随着S型抗原的丧失和病原菌毒力的减弱。极少数细菌(炭疽杆菌、结核杆菌),其新分离的菌落正常为R型,在一定条件下变为S型,称为R-S变异。R型比较稳定,在正常情况下较少出现变异。

4.毒力变异

将微生物长期培养于不适宜的环境中,如培养于含化学物质的培养基或高温下,或反复通过非易感动物时,可促使其降低毒力。如卡介二氏将有毒的结核杆菌在含有胆汁的甘油马铃薯培养基中经13年230次传代,成为失去毒力的变种,即卡介苗(BCG),可用于人工接种预防肺结核;再如从自然感染的动物体内分离出的狂犬病毒对人和犬类致病力较强,若经家兔脑内连续传代后,其致病力减弱而不再引起人和犬发病,根据此变异现象,人们制备了狂犬病疫苗。

5.耐药性变异

原来对某种药物敏感的细菌,可发生变异而形成能耐受该药物的耐药性菌株,有时甚至形成必须有该药物方能生长的依药性菌株。如将大肠杆菌培育于含少量青霉素 G 的培养基中时,可诱导这些细菌产生青霉素酶破坏青霉素。

(二)细菌变异机理

微生物变异可分为遗传型变异和非遗传型变异两种,后一类型的变异在细菌中颇为常见。

1.非遗传性变异

外界环境条件发生变化,诱导细菌某一性状发生变化,而遗传物质不改变,改变的性状也不遗传给子代,叫非遗传变异或表现型变异。如炭疽杆菌菌落在普通琼脂培养基上为粗糙型,但在含血清或血液的培养基中,厌氧条件下培养,表现为光滑型。将变异的菌株移植到普通营养琼脂上,作需氧培养时,又表现为粗糙型。

2.遗传性变异

细菌遗传物质结构发生突然而稳定的改变,引起性状的改变,这种改变可遗传给后代,即使恢复原来的条件,仍保持变异的性状,称为遗传性变异或基因型变异。这种变异通过基因突变和基因重组两种途径发生。

(1)基因突变　细菌个体 DNA 分子中发生碱基对的增添、缺失或改变,引起的基因结构的改变,叫做基因突变。基因突变通常发生在 DNA 复制时期,具有随机性、低频性和可逆性等共同的特性。

基因突变可以是自发的也可以是诱发的。自发产生的基因突变型和诱发产生的基因突变型之间没有本质上的不同。

(2)基因重组　由于不同 DNA 链的断裂和连接而产生 DNA 片段的交换和重新组合,形成新 DNA 分子的过程称基因重组。包括发生在生物体内(如减数分裂中异源双链的核酸交换)和在体外环境中用人工手段使不同来源 DNA 重新组合的过程。

(三)细菌的遗传物质

细菌的遗传物质是 DNA,DNA 分子是基因的载体,携带各种遗传信息。决定细菌所有特性的遗传信息位于细菌的基因组内,包括细菌的染色体和染色体外的遗传物质。

1.细菌染色体

细菌染色体是一条环状双螺旋 DNA 长链,无组蛋白,按一定构型反复回旋而成的松散网状结构,附着在横隔中介体或细胞膜上。

2.质粒

质粒是细菌染色体外的遗传物质,存在于细胞质中,具有自主复制能力,是闭合环状的双链 DNA 分子。

3.转位因子

转位因子是广泛存在于细菌染色体或质粒 DNA 分子上能在 DNA 分子中移动,不断改变其在基因组中的位置,从一个基因组移到另一个基因组中的一段特异性核苷酸序列片段。

(四)细菌遗传变异的实际应用意义

1.病原学检测

在细菌病原学检查中不仅要熟悉细菌的典型特性,还要了解细菌变异的规律,这样才能做出正确的诊断。如从临床新分离的伤寒沙门菌株有 10% 无鞭毛,无动力,患者亦不产生鞭毛(H)抗体,因而血清学试验时,不出现 H 凝集或凝集效价很低;分解乳糖的基因转移到沙门菌,出现能够分解乳糖的伤寒沙门菌;金黄色葡萄球菌通常为致病菌,以产生金黄色色素著称,而多数耐药菌株多产生灰白色色素。

2.临床治疗

抗生素的生产中常用紫外线照射以促突变,从而获得产生抗生素量高的菌种。由于抗生素的广泛应用,耐药菌株日益增多,已发现对多种抗生素耐药的多重耐药菌株。耐药菌株和多重耐药菌株的出现,给感染性疾病治疗造成很大困难。通过了解产生耐药性的原理,可采取有针对性的措施。

3.传染病预防

疫苗接种是预防传染病的有效措施,弱毒活疫苗有较好的预防效果。减毒活菌苗可以从自然界分离获得,也可用人工方法选择改变毒力的变异株。卡介苗是非常成功的例子。

4.在流行病学方面的应用

将分子生物学的分析方法应用于流行病学调查,追踪基因水平的转移与播散,有其独特的优点。如应用指纹图谱法将不同来源细菌所携带的质粒 DNA、毒力基因或耐药性基因等,经同一种限制性内切酶切割后进行琼脂糖凝胶电泳,比较所产生片段的数目和大小是否相同或相近,确定感染暴发流行菌株或相关基因的来源,或调查养殖场内耐药质粒在不同细菌中的播散情况。

5.在细菌分类上的应用

除了传统的依靠细菌的形态、生化反应、抗原特异性以及噬菌体分型等进行了细菌的分类外,现在还开展了细菌 DNA 分子中的遗传物质的分类,不同种的细菌的亲缘关系可以反映在细菌的 DNA 上。亲缘关系密切,两种细菌的 DNA 链核苷酸序列间越接近。如果为同一种细菌则同源性率可为100%。因此,根据细菌遗传物质的相对稳定性,可鉴定出细菌间的相互关系。

6.在基因工程方面的应用

基因工程是用人工的方法将目的基因从复杂的生物体基因组中提取分离,将其连接到能够自我复制的载体上,形成重组DNA分子;然后再将重组DNA分子转移到受体细胞中并进行筛选;使之实现功能表达,产生所需要的表达产物。质粒和噬菌体都是理想的载体。通过基因工程技术可以生产一些天然合成或分离纯化十分困难且成本昂贵的药物,如在大肠埃希菌或其他生物体内可有效地表达重组胰岛素、生长激素、干扰素等的DNA分子,完成其生产。此外,基因工程方法还可应用于生产有效的新型疫苗,如乙型肝炎病毒表面抗原疫苗,为预防传染病开辟了新途径。

【案例】

2012年春季,多处规模化猪场均发生仔猪腹泻,驻场兽医根据临床症状诊断疑似为大肠杆菌病,但是采用多种抗生素治疗均无明显效果,请您结合所学知识进行分析,并指定治疗方案。

【测试】

一、选择题

1.H-O变异属于(　　)。

A.毒力变异　　　　B.菌落变异　　　　C.鞭毛变异

D.形态变异　　　　E.耐药性变异

2.关于耐药性突变,下列叙述错误的是(　　)。

A.自然发生　　　　B.诱导发生

C.具有相对稳定性　　D.接触抗生素之前已经发生

3.关于L型细菌的特性下列哪项是错误的?(　　)

A.分离L型细菌必须用高渗培养基　　B.在固体培养基中形成"油煎蛋"菌落

C.仍保留亲代所有特性　　D.除去抑制物可以返祖

4.下列除哪项外,都是细菌变异在医学实践上的意义?(　　)

A.病原菌诊断与治疗　　　　B.基因工程

C.制造活疫苗用于预防　　　　D.测定致癌物质

5.关于质粒的叙述,下述不正确的是(　　)。

A.是细菌核质外的遗传物质　　B.能在胞浆中自行复制

C.可以丢失　　　　D.是细菌生命活动所必需的结构

二、判断题

1.在动物机体内,致病性炭疽杆菌是有荚膜的。(　　)

2.在动物体内培养的炭疽杆菌带有芽孢。(　　)

三、问答题

1.细菌对抗生素的敏感试验有何实际意义？
2.影响纸片法药敏试验的因素有哪些？
3.细菌除了耐药性变异外还会有哪些变异？

四、操作题

1.检测大肠杆菌和葡萄球菌有无抗药性变异株存在。
2.结合您检测的大肠杆菌和葡萄球菌对各种药物的敏感性，选择敏感药物。

任务 2-7　环境及动物体表细菌检测技术

【目标】
1.学会空气中、动物体表及口腔中细菌总数的测定方法；
2.了解细菌在自然界及动物体的分布情况及其意义；
3.理解无菌动物和无特定病原动物的概念。

【技能】

一、器械与材料

无菌空平皿、普通琼脂平板、无菌生理盐水、无菌棉拭子、试管、恒温箱、自来水、吸管、2.5%碘酒、70%酒精。

二、方法与步骤

(一)空气中的细菌测定

取营养琼脂平皿数个，分别置于不同的地方，打开皿盖，暴露于空气中，经 5 min、10 min、30 min、60 min 后，将盖盖好，置恒温箱中培养 24~48 h，观察生长情况。

(二)水中的细菌测定

1.水样的采取

(1)自来水　先将自来水龙头用火焰烧灼 3 min 灭菌，再开放水龙头使水流 5 min 后，以灭菌三角烧瓶接取水样，以待分析。

(2)池水、河水或湖水　应取距水面 10~15 cm 的深层水样，先将灭菌的带玻璃塞瓶，瓶口向下浸入水中，然后翻转过来，除去玻璃塞，水即流入瓶中，盛满后，将瓶塞盖好，再从水中取出，最好立即检查，否则需放入冰箱中保存。

2.细菌总数测定

(1)自来水

①用灭菌吸管吸取 1 mL 水样，注入灭菌培养皿中。共做两个平皿。

②分别倾注约 15 mL 已溶化并冷却到 45℃左右的肉膏蛋白胨琼脂培养基,并立即在桌上作平面旋摇,使水样与培养基充分混匀。

③另取一空的灭菌培养皿,倾注肉膏蛋白胨琼脂培养基 15 mL 作空白对照。

④培养基凝固后,倒置于 37℃ 温箱中,培养 24 h,进行菌落计数。

⑤两个平板的平均菌落数即为 1 mL 水样的细菌总数。

(2)池水、河水或湖水等

①稀释水样:取 3 个灭菌空试管,分别加入 9 mL 灭菌水。取 1 mL 水样注入第一管 9 mL 灭菌水内、摇匀,再自第一管取 1 mL 至下一管灭菌水内,如此稀释到第三管,稀释度分别为 10^{-1}、10^{-2} 与 10^{-3}。稀释倍数看水样污浊程度而定,以培养后平板的菌落数在 30～300 个之间的稀释度最为合适,若 3 个稀释度的菌数均多到无法计数或少到无法计数,则需继续稀释或减小稀释倍数。

一般中等污秽水样,取 10^{-1}、10^{-2}、10^{-3} 3 个连续稀释度,污秽严重的取 10^{-2}、10^{-3}、10^{-4} 3 个连续稀释度。

②自最后 3 个稀释度的试管中各取 1 mL 稀释水加入空的灭菌培养皿中,每一稀释度做两个培养皿。

③各倾注 15 mL 已溶化并冷却至 45℃左右的肉膏蛋白胨琼脂培养基,立即放在桌上摇匀。

④凝固后倒置于 37℃培养箱中培养 24 h。

3.菌落计数方法

(1)先计算相同稀释度的平均菌落数。若其中一个平板有较大片状菌苔生长时,则不应采用,而应以无片状菌苔生长的平板作为该稀释度的平均菌落数。若片状菌苔的大小不到平板的一半,而其余的一半菌落分布又很均匀时,则可将此一半的菌落数乘 2 以代表全平板的菌落数,然后再计算该稀释度的平均菌落数。

(2)首先选择平均菌落数在 30～300 之间的,当只有一个稀释度的平均菌落数符合此范围时,则以该平均菌落数乘其稀释倍数即为该水样的细菌总数。

(3)若有两个稀释度的平均菌落数均在 30～300 之间,则按两者菌落总数之比值来决定。若其比值小于 2,应采取两者的平均数;若大于 2,则取其中较小的菌落总数。

(4)若所有稀释度的平均菌落数均大于 300,则应按稀释度最高的平均菌落数乘以稀释倍数。

(5)若所有稀释度的平均菌落数均小于 30,则应按稀释度最低的平均菌落数乘以稀释倍数。

(6)若所有稀释度的平均菌落数均不在 30～300 之间,则以最近 300 或 30 的平均菌落数乘以稀释倍数。

(三)动物毛上的细菌测定

用无菌剪刀和镊子剪取牛毛一束,浸于无菌生理盐水 3～5 mL 中,振荡片刻,吸取浸泡液 0.5 mL 作倾注培养,置恒温箱中,次日观察其结果。

(四)家畜口腔中的细菌测定

取新鲜琼脂平皿及加有 5％蔗糖的培养琼脂平皿各一个,距离一尺,对准家畜的鼻腔,其呼吸 3 次,盖好后置恒温箱中培养,次日或再次日检查结果。

【知识】

一、土壤中的微生物

土壤是微生物的天然培养基,适宜大多数微生物生长繁殖。但由于各种土壤中的营养成分、pH、温度、湿度等条件不同,微生物的数量和种类也有很大的差异。表层土受日光照射、雨水冲刷和干燥的影响,细菌的数量比较少。距地面 10～20 cm 深处的土壤微生物的数量最多,愈往深处微生物的数量愈少(表 2-3)。

表 2-3 不同深度的土壤微生物数量   cfu/g

深度/cm	细菌	放线菌	真菌
3～8	9 750 000	2 080 000	119 000
20～25	2 179 000	245 000	50 000
35～40	570 000	49 000	14 000
67～75	11 000	5 000	6 000
135～145	1 400	—	3 000

注:cfu 为菌落形成单位。

土壤中的微生物主要为细菌、放线菌、真菌、藻类和原生动物 5 类,其中以细菌的种类最多,数量最大,1 g 土壤中往往含有几千万乃至几千亿个细菌。由于土壤中蕴藏着这样大量的生活有机体,它们一刻不停地进行着生命活动,这些活动对土壤中有机物的转化和植物生长,都起着决定性的作用。

土壤中的病原微生物来源于病畜尸体、粪尿及各种分泌物的污染,一般存活的时间不长,但能够形成芽孢的病原菌,如炭疽杆菌、破伤风梭菌、肉毒梭菌等,它们形成芽孢后在土壤中可存活几年乃至几十年,土壤一旦污染了这些细菌,则可形成疫源地(表 2-4)。

表 2-4 几种无芽孢病原微生物在土壤中的存活时间

病原微生物	存活时间
结核杆菌	5 个月,甚至达 2 年之久
化脓性球菌	2 个月
猪丹毒杆菌	166 d(土壤尸体内)
钩端螺旋体	9 个月(湿土)
巴氏杆菌	14 d(表层土壤中)
李氏杆菌	2 年
布氏杆菌	100 d
猪瘟病毒	6 d
口蹄疫病毒	1 个月以上

二、水中的微生物

各种天然水中,特别是污染水中含有大量的有机物质,适于细菌和真菌的生长繁殖,因此,水是仅次于土壤的微生物第二天然培养基。水中的微生物主要来自土壤,其次是动物的排泄物及患病动物的血液及内脏等。水中微生物种类繁多,且以需氧芽孢杆菌居多。在污染的水源中,以大肠杆菌、变形杆菌、粪链球菌较为多见。水中微生物的种类和数量受各种因素的影响。泉水、井水中微生物数量较少,湖水、河水等地面水中微生物较多。通过大城市的河流,由于汇集了许多污染水,微生物数量很多,但离市区稍远,河水被清洁的支流冲淡,再加上有机物的沉淀及各种物理、化学和生物学因素综合作用,水中的微生物数量逐渐减少,称为水的"自洁作用"。

由于患病人、畜排泄物及内脏的污染,在医院、兽医院、屠宰场、皮毛加工厂等排出的污水,常含有一定的病原微生物,容易造成传染病的传播。进入污水中的病原微生物主要有炭疽杆菌、恶性水肿杆菌、鼻疽杆菌、伤寒杆菌、痢疾杆菌、霍乱弧菌、布氏杆菌、巴氏杆菌和钩端螺旋体等。这些细菌在水中的存在时间与细菌的种类、水的性质和温度等有关。一般在水中可生活数天到数周,长者可达几个月或半年。

测定水的细菌总数,可以说明水被有机物污染的程度。菌落总数是指每克(每毫升)检样在需氧情况下,37℃培养48 h,能在普通营养琼脂平板上生长的细菌菌落总数。测定水被粪便污染的程度,最好的指标是测定大肠杆菌数,通常以大肠杆菌指数和大肠杆菌价来表示。每1 000 mL水中的大肠杆菌数,称为大肠杆菌指数。大肠杆菌价即能检出大肠杆菌的最小水量(mL)。当前常通过检查水中的大肠菌群数来制定饮水的卫生学指标。大肠菌群是指一群在37℃培养24 h能分解乳糖产酸产气,需氧和兼性厌氧的革兰氏阴性无芽孢杆菌,这一群细菌包括大肠杆菌、枸橼酸杆菌、肠杆菌属、克雷伯氏菌属中的一部分,还包括其他属,甚至肠杆菌科以外的符合上述特性的细菌。目前我国规定:生活饮用水的标准为1 mL水中细菌总数不超过100个,大肠杆菌指数不超过3,大肠杆菌价不低于300,每1 000 mL水中大肠杆菌群数不超过3。

三、空气中的微生物

1. 空气中微生物的分布

空气本身缺乏细菌生活所必需的营养物质,加之干燥及日光对细菌的生命活动的影响,故空气中细菌不多。但由于人群和各种动物不断排出细菌,如动物的吼叫、喷嚏、咳嗽时喷出的飞沫等微粒进入空气,土壤中的细菌也会随尘埃进入空气中,因此空气中含有各种细菌。进入空气中的微生物主要为细菌的芽孢、产生色素的细菌和某些抵抗力较强的球菌、放线菌、霉菌的孢子、酵母菌等。

空气中细菌的种类和数量,随地区、季节、气候等环境条件而有所不同。人口稠密的大城市上空细菌最多,农村较城市少,森林、草地和田野上空较居住区少,海洋、高山及冰雪覆盖的地面上空细菌数量更为稀少。多风干燥时期,空气中细菌最多,雨后细菌较少。

室内空气的细菌数量一般较室外多,特别是公共场所,如电影院、学校等,每1 m³的空气中常含有2万个以上的细菌。畜舍空气中的细菌数较一般房间更高(表2-5)。当打扫卫生、刷洗皮毛、改换垫草时畜舍空气中的细菌数大为增加,这些细菌和尘埃一般要经过1～2 h才能沉降下来。因此,挤奶前1～2 h,要停止这些操作,以免尘埃飞扬,污染牛奶。

表 2-5　不同地方空气中细菌的数量 　　　　　　　　　　　　　cfu/m³

地　方	细菌数量	地　方	细菌数量
畜舍	1 000 000~2 000 000	市区公园	200
宿舍	20 000	海洋上空	1~2
城市街道	5 000	北极（北纬 80°）	0

2. 空气中的病原性细菌及空气感染

在自然空气中，基本上没有病原性细菌的存在，但在病人和病畜周围的空气中，往往可以找到由病源或病畜咳嗽与打喷嚏时排出的病原性细菌，如结核杆菌、溶血性链球菌、葡萄球菌、肺炎球菌、绿脓杆菌等。通过咳嗽，细菌可以传播到几米远，健康动物因呼吸就会受到感染，称为飞沫传染。

空气中的细菌虽然一般是非病原性的，但常常污染培养基、生物制品，引起食品、饲料变质或造成手术感染等。因此，在进行细菌接种、外科手术、生产生物制品等工作时，要进行无菌操作，严防细菌的污染。对于室内空气的消毒，常用紫外光照射、福尔马林熏蒸、乳酸熏蒸或 2% 乳酸喷雾等方法，均可取得良好消毒效果。

四、正常动物体的微生物

动物的皮肤、黏膜及与外界相通的腔道中，都有微生物存在，但体内实质性组织器官是无菌的。这些微生物中，有的是长期生活的共生微生物，称为自身（常住）菌系，也称原籍菌，是动物体的正常菌群。

（一）正常动物体微生物的分布

1. 体表的微生物

多数是从土壤、水和空气中污染的，不洁的畜体还往往沾染着大量粪便中的微生物。以球菌为主，如葡萄球菌、链球菌、双球菌、四联球菌、八叠球菌等；杆菌中主要有大肠杆菌、绿脓杆菌、棒状杆菌及枯草杆菌等。在皮肤表层、汗腺和皮脂腺内，常发现有白色葡萄球菌、金黄色葡萄球菌和化脓链球菌等，它们是引起外伤化脓的主要原因。某些患有传染病的家畜皮毛上，还往往带有该种疾病的病原，如炭疽杆菌芽孢、布氏杆菌、结核分枝杆菌和口蹄疫病毒、痘病毒等，这些病原微生物常可通过皮毛而传播，在处理皮革和皮毛时应加注意。

2. 消化道中的微生物

初生幼畜消化道无菌，数小时后随着吮乳等过程消化道出现细菌。不同动物不同消化道部位的细菌种类和数量差异很大。

口腔中有食物残渣，同时又有适宜的温度适度气体环境，因此细菌较多，有葡萄球菌、链球菌、乳杆菌、棒状杆菌、螺旋体等。

哺乳动物食道中没有食物残渣，因此细菌极少。禽类的嗉囊不同，禽类食物首先在嗉囊中软化然后进入胃，所以禽类的嗉囊中含有大量的细菌，主要是乳杆菌。

单胃动物的胃因受胃酸的限制细菌极少，主要是乳杆菌、幽门螺杆菌和胃八叠球菌等少量耐酸菌。反刍动物的前胃是消化粗饲料的主要场所，含有大量微生物。瘤胃内不断有食物和水进入，营养物质充足；瘤胃节律性运动，将微生物与食物搅拌均匀；温度 38~40℃，pH 维持在 6.0～7.0,高度厌氧,适合微生物生长,是反刍动物体内的饲料处理工厂。饲料中有 70%～85% 可消化物质和 50% 粗纤维在瘤胃内消化,每天消化的量占采食总碳水化合物的 50%～55%,瘤胃内所进行的一系列复杂的消化代谢过程,微生物起着主导作用。瘤胃微生物十分复杂,且常因饲料种类、给饲时间、个体差异等因素而变化。主要包括厌氧真菌、细菌和原虫,一般每克瘤胃内容物中含细菌 10^9～10^{10} 个,原虫 10^5～10^6 个,真菌 10^5 个。

在小肠中由于各种消化液的杀菌作用,特别是在十二指肠受胆汁的作用细菌极少;但是越往后细菌总数越多,主要是兼性厌氧性细菌,如链球菌、大肠杆菌、葡萄球菌和芽孢杆菌等,另外,在电镜下可以看到小肠壁上有大量分支状原核生物,但目前尚无法分离鉴定。在应激情况下,大肠杆菌、链球菌可大量增殖,使小肠消化出现异常状态。

食糜进入大肠后,消化液的杀菌作用减弱或消失,且经常有大量的残余食物滞留,营养丰富,条件适宜,故细菌的活动极其频繁,进行着很复杂的消化代谢。对单胃草食动物和杂食动物消化作用尤为重要。大肠和盲肠中主要是厌氧菌,如拟杆菌、真杆菌、双歧杆菌占总数的 90%～99%;其次是肠球菌、肠杆菌(大肠杆菌)乳杆菌和其他菌。有细菌 200 多种,1 g 粪便中含菌 10^9～10^{10} 个以上。

3. 呼吸道的微生物

健康动物的呼吸系统中,在上部呼吸道特别是鼻黏膜上,经常存在着随空气进入的微生物群,如葡萄球菌等。在气管黏膜上一般距气管分支越深其数量越少,支气管末梢和肺泡内是无菌的,只有在宿主患病时才有细菌存在。此外还有一定种类的微生物能在上呼吸道黏膜上长期寄居,特别是在扁桃体黏膜上,如葡萄球菌、绿色链球菌、肺炎球菌、巴氏杆菌等,这些细菌在动物抵抗力减弱时,就可成为原发、并发或继发感染的病原体。

4. 泌尿生殖器官的微生物

在正常情况下,动物的肾脏、输尿管、睾丸、卵巢、子宫以及输精管、输卵管等是无菌的,只有在泌尿生殖道口有细菌。阴道中微生物主要为乳杆菌,其次为葡萄球菌、链球菌、大肠杆菌,也有抗酸菌的存在。阴道中正常栖生的细菌并没有致病性,它们产生的酸性使阴道保持酸性环境,从而抑制其他微生物的生长,因此对动物有利。尿道中可检测到葡萄球菌、棒状杆菌等,偶尔也发现肠球菌和霉形体。公畜或母畜的尿道口,经常栖居着一些球菌,以及若干不知名的杆菌,偶尔也有一些抗酸性杆菌(如耻垢杆菌)存在。由于尿道口容易被粪便、土壤和皮垢所污染,因此也可能存在大肠杆菌、葡萄球菌等细菌。内部泌尿生殖道是无菌的,但在某种情况下,大肠杆菌等可逆行而上,进入膀胱、肾等引起上行感染。

5. 其他器官的微生物

动物的其他组织器官正常是无菌的,但在特殊情况下也可能有菌,如某些传染病的隐性传染过程,手术康复后的一定时期内,可能带菌;有的细菌能从肠道经门静脉进入肝脏,或由淋巴管进入淋巴结;特别是在动物临死前,抵抗力极度减弱时,某些非病原菌或条件性致病菌,都可由这些途径(包括以上)进入组织器官内。这些闯入的细菌往往造成细菌学检查的误诊。

(二)动物正常菌群及其意义

正常菌群是微生物与宿主在长期进化过程中形成的,各自在动物体内特定的部位定居繁殖,菌类及数量基本上保持稳定,对宿主健康有益或无害的菌系。正常情况下动物体与正常菌群之间,互相制约、互相依存,构成一种生态平衡,这种平衡对维持动物健康生长有着显著的作用。

1. 生物拮抗作用

正常菌群通过竞争营养或产生细菌素等方式拮抗病原菌,从而构成一个防止外来细菌侵入与定居的生物屏障。病原菌侵犯宿主,首先就要突破这层屏障,实验发现,以鼠伤寒杆菌攻击小鼠,需 10 万个活菌才能使其致死;若先给予口服链霉素,抑制正常菌群,则 10 个活菌就可引起死亡。

2. 营养作用

正常菌群参与物质代谢、营养转化和合成,如胃肠道细菌产生酶分解纤维素、蛋白质等。有的菌群还能合成宿主所必需的维生素,如大肠埃希菌、乳链球菌等能合成维生素 B、维生素 K 等,供机体利用;双歧杆菌产酸造成的酸性环境,可促进机体对维生素 D 和钙、铁的吸收。

3. 免疫作用

正常菌群具有免疫原性和促免疫细胞分裂作用,能刺激机体产生抗体,从而促进机体免疫系统的发育和成熟,如无菌鸡小肠和回盲部淋巴结较普通鸡小 4/5。另外,正常菌群抗原,可持续刺激宿主免疫系统发生免疫应答,产生的免疫物质能对具有交叉抗原组分的病原菌有某种程度的抑制或杀灭作用。

此外,正常菌群还有一定的抗癌作用,其机制可能与激活巨噬细胞,促进其吞噬作用和降解某些致癌物质(如亚硝胺基胍)有关。

正常菌群与动物体保持平衡,它们之间也相互制约保持平衡,这种情况下对动物不致病,同时又可合成各种维生素及抑制病原微生物生长。正常菌群各成员之间,正常菌群与宿主之间,正常菌群、宿主与环境之间,经常处于动态平衡状态。保持这种生态学平衡是维持动物体健康状态必不可少的条件。

(三)条件致病菌

寄居在动物体一定部位的正常菌群相对稳定,但在特定条件下,正常菌群与宿主之间,正常菌群中的各种细菌之间的生态平衡可被破坏而使机体致病,这类在正常条件下不致病,在特殊情况下能引起疾病的细菌,称为条件致病菌或机会致病菌。这种特定的条件通常是:机体免疫功能低下,寄居部位发生变迁或不适当的抗菌药物治疗所导致的菌群失调。

(四)菌群失调及菌群失调症

由于某种原因使正常菌群的种类、数量和比例发生较大幅度的改变,导致微生态失去平衡称为菌群失调。由于严重菌群失调而使宿主发生一系列临床症状,则称为菌群失调症。菌群失调症往往是在抗菌药物等治疗原有感染性疾病过程中产生的另一种新感染,若发生菌群失调症,应停用原来的抗生素,选用合适的敏感药物,同时,亦可使用有关的微生态制剂,协助调整菌群,以恢复正常菌群的生态平衡。另外,畜牧养殖中日粮的突然变化、环境变化应激等均可引起菌群失调。为避免菌群失调症,应该注意科学的饲养管理,建立良好的养殖微生态体系,增强动物的免疫力,不滥用抗生素。

五、无菌动物和无特定病原动物

在正常情况下,动物体表和体内经常存在着大量的各种各样的细菌,科学工作者为了研究工作和生产实践的需要,创造了获得无菌动物(简称 GF 动物)和无特殊病原菌动物(简称 SPF 动物)的方法。

所谓无菌动物，是指正常的健康胎儿（或成熟的鸡胚胎）用无菌手续取出来，即刻饲养于一个特定的无任何细菌的环境中，于试验阶段或整个生活期内的饮水、饲料和空气均要进行严格的灭菌处理，对于接触它的试验人员或其他器具也要通过严格的消毒和灭菌。总之，要采取一切措施，杜绝外界任何细菌与无菌动物接触。在营养方面要根据同种正常动物对营养物质的需要，予以满足。无菌动物可用于研究消化道细菌与动物营养的关系、免疫、肿瘤、病理以及传染病的净化等。

无特殊病原菌动物，是指不存在某些特定的具有病原性或潜在病原性微生物的动物。SPF 动物的培育和饲养与 GF 动物同样严格。利用 SPF 动物可培养无慢性传染病的畜（禽）群，也可探讨病原微生物对机体致病作用和免疫发生的机理，提出疫病防制措施等。

【案例】

2011 年，某养猪场，发生大批仔猪腹泻，该猪场将所有的猪舍用河水反复冲洗并消毒，冲洗废水直接排入周边河道中，该猪场仔猪腹泻被控制。周边猪场由于接到防疫通知，也取河水冲洗圈舍，仔猪反而出现腹泻症状，请您结合所学知识进行分析。

【测试】

一、选择题

1. 目前我国规定生活饮用水的标准为 1 mL 水中细菌总数不超过（　　　）个。
A. 1 000　　　　　　B. 10　　　　　　C. 100　　　　　　D. 10 000
2. 目前我国规定生活饮用水的标准为 1 mL 水中大肠杆菌菌群数不超过（　　　）个。
A. 100　　　　　　B. 10　　　　　　C. 3　　　　　　D. 5
3. 下列场所中可能含有病原微生物种类最多的是（　　　）。
A. 动物医院　　　　B. 家禽育雏室　　C. 家禽孵化室　　D. 猪舍

二、判断题

1. 大肠杆菌是健康畜禽肠道正常菌群的重要成员。（　　　）
2. 畜禽肠道内的正常菌群对动物的健康有一定作用。（　　　）
3. 无菌动物比普通动物免疫力更强，寿命更长。（　　　）
4. 土壤中含有大量的细菌，且绝大多对动物无害。（　　　）
5. 有些细菌在只有在特定的条件下才致病。（　　　）

三、综合题

1. 正常菌群对动物体有何生理学意义？
2. 什么是无菌动物和无特定病原动物？在生产实践中有何用途？
3. 结合你的实验结果，如何在操作中避免微生物的污染？

四、操作题

1. 分别对自来水、空气、动物体表和口腔等检测细菌总数。
2. 如果要检测动物肠道体内微生物的总数如何操作？

任务 2-8　细菌致病性检测技术

【目标】

1. 学会实验动物的接种和剖检方法;
2. 学会细菌毒力和毒素的检测方法;
3. 了解柯赫法则的基本内容,掌握细菌致病性的决定因素,内毒素和外毒素的区别;
4. 了解传染发生的必要条件,初步认识预防传染病的重要性。

【技能】

一、器材与试剂

实验动物、标准破伤风外毒素、破伤风抗毒素、伤寒杆菌内毒素、内毒素检测试剂盒(标准内毒素、鲎试剂、无热源生理盐水、无菌蒸馏水)、待检物(血液、细菌培养上清液或注射剂等)、无菌注射器、干棉球、碘酒、酒精棉球、无菌剪刀、手术刀、镊子、蜡盘、大头针、1 mL 无菌吸管、体温计(肛表)、37℃水浴箱等。

二、方法与步骤

(一)实验动物接种操作技术

1. 实验动物的选择和接种后的管理

根据病原微生物的生物学特点和实验目的的要求选择适宜的实验动物(应考虑经济、健康、适龄、体重和性别适宜)和接种途径。接种完毕后,实验动物必须隔离饲养,做好标记,并作详细记载。

2. 皮下注射

由助手保定动物,于动物背侧或腹侧皮下结缔组织疏松部位剪毛消毒,接种者持注射器,注射时轻轻捏起皮肤形成一个三角形褶皱,然后将针头斜向刺入并将接种物 0.5~1 mL 缓慢注入,可见注射局部呈片状隆起表示已注入皮下。

3. 皮内注射

由助手保定动物,接种者以左手拇指与食指夹起皮肤,右手持注射器,用细针头插入拇指与食指之间的皮肤内,插入不宜过深,注入时感到有阻力且注射后皮肤有隆起。

4. 静脉注射

小鼠尾静脉接种法用碘酒、酒精消毒鼠尾,用左手捏住鼠尾根部,右手持注射器选择较为明显的尾静脉平行刺入,将针头推进少许,左手指将针头与鼠尾一起捏住,以防针头脱出,缓慢注入 0.5~1.0 mL 接种物。注射完毕,用棉球压住伤口片刻。家兔注射选择一侧耳缘静脉,用 75%酒精涂擦使静脉怒张,注射时左手拇指和食指拉紧兔耳,右手持注射器,枕头与静脉平行,向心方向注入。

5.腹腔接种

将小鼠固定于手掌内,腹部向上,头部略向下垂。消毒腹股沟及左下腹部皮肤,用无菌注射器以无菌操作方法吸取肺炎链球菌培养液,针头经腹股沟处平行刺入皮下,然后向下斜行通过腹肌进入腹腔,注射量 0.5~1 mL。在家兔或豚鼠注射时,先在腹股沟处刺入皮下,前进少许,再刺入腹腔,注射量 0.5~5.0 mL。

6.肌肉接种

将小鼠固定于手掌内,头部向下,用碘酒、酒精消毒腿部皮肤,用注射器吸取接种物 0.5 mL,自大腿内侧由下而上斜刺入肌肉内,将接种物缓慢注入。鸡的肌肉注射由助手保定,在其胸肌、腿肌注射 0.1 mL。

结果:实验动物接种细菌后,应每日观察 1~2 次,按试验要求做好试验观察记录。实验动物经接种死亡后应尽快解剖,解剖时取组织器官进行细菌培养、涂片染色,必要时做组织切片检查。解剖前对感染微生物之特性应预先有所了解,若为烈性病原菌感染而死亡的动物,进行解剖时,必须严格遵守各种防护规定,严格隔离消毒,以避免污染周围环境。

注意:小鼠的捉拿时右手轻牵鼠尾,使其爬行于粗糙物面上,以左手拇指和食指捏住小鼠两耳及颈部皮肤,用小指与无名指夹住鼠尾并将其后腿压于小指及手掌之间,鼠体被固定在左手掌间。注射器吸取菌液后,如需排除气泡应注意:将注射器针头朝上,使气泡上升,在针头上裹以消毒棉球,然后轻轻推出,须避免菌液四溅,特别注意防止眼结膜感染。

(二)实验动物剖检技术

1.胸腹腔解剖

(1)固定动物　将尸体以 3% 来苏儿消毒,置于铺有纸张的蜡盘上,胸腹向上,四肢伸展,用大头针固定四肢。若动物解剖的目的是为了分离细菌,解剖所用器械均应无菌,并按无菌操作过程进行,每解剖开某一组织层次,应更换解剖器械,以减少污染。

(2)剪开皮肤　用镊子提起耻骨联合部皮肤,用剪刀剪一小口,然后用剪刀的尖端由小口中伸入,沿中线至下颌处将皮肤剪开(注意勿将肌肉层剪破),再向四肢剪开,剥离皮下组织,使皮肤向左右两侧翻转,并以大头针固定。露出整个胸腹部,检查皮下组织及腹股沟、腋下淋巴结有无出血点、充血、肿胀、粘连等病变。

(3)打开腹腔　用镊子将腹壁提起,更换剪刀自横膈处沿正中线向耻骨处剪开腹膜(注意勿伤及肠管及血管),并在其两侧做直角切口,再将腹膜翻转两侧,观察腹腔各脏器,特别是肝、脾有无肉眼可见之病变。将肝、脾、肾取出,先取标本,后取材压片或涂片染色检查。如腹腔渗出液较多,打开腹腔前,应以灭菌毛细吸管或注射器穿过腹膜吸取腹腔液供培养或直接涂片检查。

(4)切开胸腔　以剪刀沿两侧肋软骨分别向上剪开,将胸骨向上翻起,检查胸部各组织脏器有无病变,并取心血、心肺组织做培养及涂片检查。

2.颅内解剖

沿头部正中线剪开皮肤,露出颅顶骨,用无菌剪刀剪开头骨,取出脑,置于无菌平皿内再作进一步检查。

实验动物组织若需作组织切片检查,检材应立即浸入 10% 甲醛液内固定。

实验动物解剖完毕,将动物尸体用垫在蜡盘上的纸包好,予以焚烧或进行高压灭菌,所用器械均应消毒,实验台用 5% 来苏儿进行擦洗。

(三)细菌毒力的测定方法

测定细菌毒力最常用的方法是半数致死量(LD_{50})的测定。不同的病原菌的 LD_{50} 差别很大,因此测定前需提前做预实验,以确定合适的细菌接种稀释度。下面以致病性大肠杆菌的 LD_{50} 为例进行介绍。

1.细菌培养

将大肠杆菌待检菌株接种于营养肉汤培养基,37℃培养 24～48 h,连续传 3～4 代;取最后一代培养物 5 000 r/min 离心 5 min,取沉淀物用 PBS 液反复漂洗离心 3 次;用无菌的生理盐水进行稀释,以麦氏比浊法进行细菌计数,调节浓度至约 3×10^8 cfu/mL。

2.动物分组与接种

将 70 只 30 日龄的实验小白鼠进行随机分为 7 组,每组 10 只小白鼠。在预试验的基础上,分别以 0.005 mL、0.010 mL、0.015 mL、0.020 mL、0.025 mL、0.030 mL、0.035 mL 用灌胃的方法对各组动物进行接种。

3.结果观察记录

接种后每隔 12 h 观察一次各组死亡情况,并记录,连续 7 d。

4.半数致死量计算

采用 Reed 和 Muench 法计算 LD_{50}。此法是在动物死亡、存活记录的基础上,以死亡数由上向下加,存活数由下向上加的方法,算出动物累积死亡数和存活数及死亡率。然后找出两个处于 50% 死亡率上下限的实验组剂量,以 50% 插入法,算出由上限接种量达到 50% 死亡的接种差量比值,算出该比值量与 50% 死亡率的上限相加,即为半数致死量(体积)。举例如下(表 2-6):

表 2-6 LD_{50} 测定中实验小白鼠死亡、存活统计表

接种量/mL	死亡数/只	死亡累计数/只	存活数/只	存活累计数/只	动物总数/只	死亡率/%
0.005	2	2	8	40	42	4.8
0.010	2	4	8	32	36	11.1
0.015	4	8	6	24	32	25.0
0.020	4	12	6	18	30	40.0
0.025	5	17	5	12	29	58.6
0.030	7	24	3	7	31	77.4
0.035	6	30	4	4	34	88.2

$LD_{50} = 0.020 + 0.005 \times (50.0 - 40.0)/(58.6 - 40.0) = 0.022\ 7 (mL)$

最后根据计算所得的菌液体积和浓度计算出待测菌株的半数致死量的细菌个数(cfu)。

5.细菌回收检查

对死亡小鼠进行剖检,记录肉眼病理变化,取相应病变部位在麦康凯培养基中划线接种,并对分离细菌进一步进行鉴定。

(四)细菌内毒素测定方法(鲎试验)

1.原理

鲎是一种冷血动物,其血液及淋巴中有一种有核变形细胞,胞浆内有 20～30 个致密大颗粒,内含凝固酶原及凝固蛋白原,当内毒素与鲎变形细胞冻融后的溶解物(鲎试剂)接触时,可激活凝固酶原,继而使可溶性的凝固蛋白原变成凝胶状态的凝固蛋白,即内毒素可使鲎试剂变成凝胶状态,呈阳性反应。利用这种反应检测微量的内毒素。

2.方法与步骤

(1)打开三安瓿鲎试剂,各加 0.1 mL 无热原质生理盐水使之溶解。

(2)分别取 0.1 mL 标准内毒素(阳性对照)、无菌蒸馏水(阴性对照)、待检物,各加入一鲎试剂安瓿中。

(3)轻轻摇匀,垂直放于 37℃温箱中,1 h 后观察结果。

3.结果判定

(1)++:形成牢固凝胶,倒持安瓿凝胶不动。

(2)+:形成凝胶,但不牢固,倒持安瓿凝胶能动。

(3)-:不形成凝胶。

(五)细菌内毒素的致热检测

(1)分别测量 2 只家兔的基础体温。家兔正常体温 38.5～40℃。

(2)用无菌注射器抽取伤寒沙门菌内毒素 0.5～1 mL,注入一只家兔耳静脉,另一只用同法注射等量生理盐水,作为正常对照。

(3)注射后每隔 30 min 分别测量两兔的体温,记录体温变化情况,分析实验结果。

(六)细菌外毒素的毒性作用及抗毒素保护作用

(1)取一只小白鼠,腹腔注射破伤风抗毒素 0.2 mL(100 U),30 min 后于小白鼠左后肢肌肉注射 1∶100 稀释的破伤风外毒素 0.2 mL。

(2)另取小白鼠一只,于左后肢肌肉注射破伤风外毒素 0.2 mL。

(3)将两只小白鼠分别标记后,逐日观察发病情况。

结果:仅注射外毒素小白鼠发病,可见尾部强直,注射侧肢体麻痹,强直性痉挛,继而逐渐累及另一侧肢体出现痉挛,最后全身肌肉痉挛。而先注射抗毒素后注射外毒素的小白鼠不出现上述症状。

【知识】

一、细菌致病性

细菌致病性是指细菌在一定条件下,引起人和动物疾病的特性。如炭疽杆菌引起炭疽,结核分枝杆菌引起结核病。细菌致病作用的强弱程度称为毒力。通常病原菌的毒力越大,其致病性就越强。但是同一种病原菌,因菌株的不同,其致病力大小也不相同。因此,毒力是菌株的特征,同种病原微生物因型或株的不同而分为强毒株、弱毒株和无毒株。

构成病原菌毒力的物质称毒力因子,主要有侵袭力和毒素两个方面。此外,有些毒力因子尚不明确。近年来的研究发现,细菌的许多重要的毒力因子与细菌的分泌系统有关。

1.侵袭力

侵袭力是指病原菌突破机体防御屏障,在机体内生长繁殖和扩散的能力。细菌的侵袭力主要涉及菌体的表面结构和释放的侵袭蛋白或酶类。

(1)黏附 黏附是指病原微生物附着在敏感细胞的表面。凡具有黏附作用的细菌结构成分均称为黏附素,主要有革兰氏阴性菌的菌毛,其次是非菌毛黏附素,如某些革兰氏阴性菌的外膜蛋白、革兰氏阳性菌的脂磷壁酸以及细菌的荚膜多糖等。大多数细菌的黏附素具有宿主特异性及组织嗜性,如大肠杆菌的 K_{88} 菌毛、F8 菌毛仅黏附于人的尿道上端导致肾盂肾炎。

(2)定居和抗吞噬 致病菌在突破机体的防御屏障进入机体后,一些毒力较强的致病菌能形成抗吞噬的物质得以在局部定居和繁殖,荚膜就是其中之一。菌体表面的一些其他物质,如某些大肠杆菌的 K 抗原也具有抗吞噬作用。细菌的抗吞噬作用,打破了机体防卫功能致使细菌蔓延。

(3)繁殖与扩散 细菌在宿主体内增殖是感染的重要条件。不同病原菌引起疾病所需的数量有很大差异,一个健康的机体需要一次侵入数十亿甚至数百亿个沙门氏菌才会引发症状,而鼠疫杆菌只需要 7 个就能使某些宿主患上可怕的鼠疫。

细菌在宿主体内扩散,必须依靠自身分泌的一些侵袭性酶类,如透明质酸酶、胶原酶、凝血浆酶、卵磷脂酶和 DNA 酶等,这些酶能作用于组织基质或细胞膜,造成损伤,增加其通透性,有利于细菌在组织中扩散及协助细菌抗吞噬。

2.毒素

毒素是细菌在生长繁殖过程中产生和释放的具有损害宿主组织、器官并引起生理功能紊乱的毒性成分。根据毒素的产生方式、性质和致病特点等,可将细菌毒素分为外毒素和内毒素两种。

(1)外毒素 外毒素是由多数革兰氏阳性菌和少数革兰氏阴性菌合成并释放到菌体外的毒性蛋白质。在兽医学上常见的重要的细菌外毒素见表 2-7。

表 2-7 重要的细菌的外毒素

细 菌	毒 素	作用机理	体内效应
肉毒梭菌	肉毒素	阻断乙酰胆碱释放	神经中毒症状、麻痹
葡萄球菌	肠毒素	作用呕吐中枢	恶心、呕吐、腹泻
破伤风梭菌	破伤风毒素	抑制神经原作用	运动神经原过度兴奋、肌肉痉挛
炭疽杆菌	毒素复合物	引起血管通透性增高	水肿和出血、循环衰竭

外毒素的毒性作用强,小剂量即能使易感机体致死。如纯化的肉毒梭菌外毒素毒性最强,1 mg 可杀死 2 000 万只小鼠;破伤风毒素对小鼠的半数致死量为 $10 \sim 6$ mg。

外毒素对机体的组织器官具有选择性,并引起特殊的病理变化。按细菌外毒素对宿主细胞的选择性和作用方式不同,可分为神经毒素、细胞毒素、肠毒素 3 类。

外毒素具有良好的免疫原性,可刺激机体产生特异性抗体,而使机体具有免疫保护作用,这种抗体称为抗毒素,抗毒素可用于紧急预防和治疗。外毒素经 $0.3\% \sim 0.5\%$ 甲醛溶液于 37℃ 处理一定时间后,可使其失去毒性,但仍保留很强的抗原性,称类毒素。类毒素注入机体后仍可刺激机体产生抗毒素,可作为疫苗进行免疫接种。

(2)内毒素 内毒素是革兰氏阴性菌细胞壁中的一种脂多糖,当菌体细胞死亡溶解时才能释放出来。内毒素的毒性作用无特异性,各种病原菌内毒素作用大致相同。其表现有引致发热、血液循环中白细胞骤减、组织损伤、弥散性血管内凝血、休克等,严重时也可导致死亡。

内毒素和外毒素主要性质的区别见表2-8。

表 2-8 细菌外毒素和内毒素的基本特性比较

特性	外毒素	内毒素
化学性质	蛋白质	脂多糖
存在部位	细胞外的环境中	为细胞壁的构成成分,菌体溶解后释放
来源	某些 G^+ 菌分泌	G^- 菌细胞壁成分
耐热性	通常不耐热、不稳定,易被氧化	极为耐热、稳定,能被酸水解
毒性作用	特异性,对特定的细胞或组织发挥特定作用	全身性,致发热、腹泻、呕吐
毒性强度	强,往往致死,对宿主不致热	弱,很少致死,常致宿主发热
免疫原性	强	弱
能否产生类毒素	能,用甲醛处理	不能
检测方法	中和试验	鲎试验

二、细菌毒力大小的表示方法

在进行疫苗效价检查、血清效价测定及药物治疗效果等研究和临诊工作时,常需预先知道所用病原菌的毒力,因此必须进行病原菌毒力的测定。通常用递减剂量的病原菌感染易感动物的方法来测定病原菌的毒力。选择易感动物时,应注意其种别、年龄、性别和体重的一致性;同时也应注意试验材料的剂量、感染途径及其他因素的正确性与一致性。细菌的毒力大小常用半数致死量(LD_{50})或半数感染量(ID_{50})表示。

最小致死量(MLD):能使特定的动物在感染后一定时限内发生死亡的最小活微生物量或毒素量。

半数致死量(LD_{50}):能使特定动物在感染后一定时限内发生半数死亡的活微生物量或毒素量。

最小感染量(MID):指病原微生物对试验对象(如实验动物、鸡胚、细胞培养等)发生传染的最小剂量。

半数感染量(ID_{50}):指病原微生物能对半数试验对象发生传染的剂量。

以上4个表示病原菌毒力的量,其值越小,说明其毒力越大。毒力的大小是病原菌的一种生物学性状,它可以随自然和人工条件的改变而发生变化。掌握病原菌毒力的变化规律,具有重要的理论和实践意义。

三、细菌毒力的增强与减弱方法

1. 细菌毒力增强的方法

连续通过易感动物,可使病原细菌的毒力增强。如多杀性巴氏杆菌通过小鼠、猪丹毒杆菌通过鸽子等都可以增强其毒力。有的细菌与其他微生物共生或被温和噬菌体感染也可增强毒力,例如,魏氏梭菌与八叠球菌共生时毒力增强,白喉杆菌只有被温和噬菌体感染时才能产生毒素而成为有毒细菌。

2. 毒力减弱的方法

常用的方法是将病原微生物连续通过非易感动物;在较高温度下培养;在含有特殊化学物

质的培养基中培养。此外,在含有特殊抗血清、特异噬菌体或抗生素的培养基中培养,甚至长期进行一般的人工继代培养,也都能使病原微生物的毒力减弱。而通过基因工程的方法,去除毒力基因或用点突变的方法使毒力基因失活,则为减弱病原微生物的毒力开辟了新的途径。

【案例】

1.某种猪场出现种猪腹泻,自粪便中分离到大肠杆菌,结合所学内容分析能否据此判断为大肠杆菌病。

2.某同学在剖检患有巴氏杆菌病的鸡时不小心割破手指,由于伤情不重,只是自己进行了简单的消毒处理;第二天晚上该同学在校外路边买了些咸水鹅吃,第三天该同学出现恶心、呕吐、发热症状,请您对该同学病因进行分析。

【测试】

一、选择题

1.构成细菌毒力的是( )。
A.基本结构　　B.特殊结构　　C.侵袭力和毒素　　D.侵染动物体的途径
2.与细菌致病性无关的结构是( )。
A.荚膜　　　　B.菌毛　　　　C.磷壁酸　　　　D.异染颗粒
3.与致病性无关的细菌代谢产物是( )。
A.毒素　　　　B.细菌素　　　C.热原质　　　　D.血浆凝固酶
4.与细菌侵袭力无关的物质是( )。
A.荚膜　　　　B.菌毛　　　　C.芽孢　　　　D.血浆凝固酶　　E.透明质酸酶
5.内毒素的毒性成分是( )。
A.脂蛋白　　　B.脂多糖　　　C.类脂质　　　　D.核心多糖
6.关于内毒素,下列叙述错误的是( )。
A.来源于革兰阴性菌　　　　　　B.其化学成分是脂多糖
C.性质稳定,耐热　　　　　　　D.能用甲醛脱毒制成类毒素

二、判断题

1.病原微生物毒力越弱,其病原性也越弱。( )
2.病原微生物病原性与毒力无关。( )
3.对同一个动物个体而言,病毒的致病力比细菌的致病力强。( )
4.肉毒梭菌致病的主要因子是内毒素。( )
5.和外毒素相比,内毒素的热稳定性更好。( )

三、问答题

1.细菌的荚膜与其致病力有何关系?
2.如何判断细菌的致病性?
3.细菌的毒力因子包括哪些方面?

四、操作题

1. 实验动物病料接种。
2. 检测细菌内毒素并报告结果。

任务 2-9　认识重要的动物病原细菌

【目标】

1. 了解主要动物病原细菌的生物学特征；
2. 掌握主要动物病原细菌的致病性及微生物检查方法。

【知识】

一、大肠杆菌

大肠杆菌是动物肠道内正常寄生菌，能产生大肠杆菌素，抑制致病性大肠杆菌生长，对机体有利。但在一定条件下致病性大肠杆菌可引起肠道外感染和肠道感染。

1. 生物学特性

（1）形态及染色　大肠杆菌为革兰氏阴性杆菌，大小为 $(0.4 \sim 0.7)$ $\mu m \times (2 \sim 3)$ μm，两端钝圆，散在或成对。大多数菌株为周身鞭毛和普通菌毛，除少数菌株外，通常无可见荚膜，但常有微荚膜。本菌对碱性染料有良好的着色性，菌体两端偶尔略深染。

（2）培养特性　本菌为需氧或兼性厌氧菌，在普通培养基上生长良好，最适温度为 37℃，最适 pH 为 $7.2 \sim 7.4$。在普通营养琼脂上培养 $18 \sim 24$ h 时，形成圆形凸起、光滑、湿润、半透明、灰白色、边缘整齐或不太整齐（运动活泼的菌株）中等偏大的菌落，直径 $2 \sim 3$ mm。在 SS 琼脂上一般不生长或生长较差，生长者呈红色。一些致病性菌株（如致仔猪黄痢和水肿病者）在 5% 绵羊血平板上可产生 β 溶血。在麦康凯琼脂上形成红色菌落。普通肉汤培养 $18 \sim 24$ h 时，呈均匀浑浊，管底有黏性沉淀，液面管壁有菌环，培养物常有特殊的粪臭味。

（3）生化特性　本菌能发酵多种糖类产酸产气，如葡萄糖、麦芽糖、甘露醇等产酸产气；大多数菌株可迅速发酵乳糖；约半数菌株不分解蔗糖；吲哚和甲基红试验均为阳性；V-P 试验和枸橼酸盐利用试验均为阴性；几乎均不产生硫化氢，不分解尿素。

（4）抵抗力　大肠杆菌耐热，加热 60℃ 15 min 仍有部分细菌存活。在自然界生存力较强，土壤、水中可存活数周至数月。5% 石炭酸、3% 来苏儿等 5 min 内可将其杀死。大肠杆菌耐药菌株多，临床中应先进行抗生素敏感试验选择适当的药物以提高疗效。

（5）抗原与变异　大肠杆菌抗原主要有 O、K 和 H 3 种，目前已确定的 O 抗原有 173 种，K 抗原有 80 种，H 抗原有 56 种。因此，有人认为自然界中可能存在的大肠杆菌血清型可高达数万种，但致病性大肠杆菌血清型数量是有限的。大肠杆菌的血清型按 O∶K∶H 排列形式表示。如 $O_{111} \colon K_{58(B)} \colon H_{12}$，表示该菌具有 O 抗原 111，B 型 K 抗原 58，H 抗原为 12。

2.致病性

根据毒力因子与发病机制的不同,将病原性大肠杆菌分为 5 类:产肠毒素大肠杆菌(ETEC),产类志贺毒素大肠杆菌(SLTEC),肠致病性大肠杆菌(EPEC),败血性大肠杆菌(SEPEC)及尿道致病性大肠杆菌(UPEC),其中研究最清楚的是前两类。

(1)产肠毒素大肠杆菌(ETEC) 是一类致人和幼畜腹泻最常见的病原性大肠杆菌,其毒力因子为黏附素性菌毛和肠毒素。黏附素性菌毛是 ETEC 的一类特有菌毛,它能黏附于宿主的小肠上皮细胞,故又称其为黏附素或定居因子。目前,在动物 ETEC 中已发现的黏附素有 F4(K_{88})、F5(K_{99})、F6(987P)、F41、F42 和 F17。黏附素虽然不是导致宿主腹泻的直接致病因子,但它是构成 ETEC 感染的首要毒力因子。肠毒素是 ETEC 产生并分泌到胞外的一种蛋白质性毒素,按其对热的耐受性不同分为不耐热肠毒素(LT)和耐热肠毒素(ST)两种。LT 对热敏感,65℃加热 30 min 即被灭活。作用于宿主小肠和兔回肠可引起肠液积蓄,对此菌可应用家兔肠袢试验做测定。ST 通常无免疫原性,100℃加热 30 min 不失活,可透析,能抵抗脂酶、糖化酶和多种蛋白酶作用。对人和猪、牛、羊均有肠毒性,可引起肠腔积液而导致腹泻。

(2)产类志贺毒素大肠杆菌(SLTEC) 是一类产生类志贺毒素(SLT)的病原性大肠杆菌。在动物,SLTEC 可致猪的水肿病。引起猪水肿病的 SLTEC 有 2 类毒力因子。黏附性菌毛 F18 是猪水肿病 SLTEC 菌株的一个重要的毒力因子,它有助于细菌在猪肠黏膜上皮细胞定居和繁殖。致水肿病 2 型类志贺毒素是引起猪水肿病的 SLTEC 菌株所产生的一种蛋白质性细胞毒素,导致病猪出现水肿和典型的神经症状。

3.检测方法

(1)分离培养 病料直接在血液琼脂平板或麦康凯琼脂平板上划线分离,37℃恒温箱培养 18～24 h,观察其在各种培养基上的菌落特征和溶血情况。挑取麦康凯平板上的红色菌落或血平板上呈 β 溶血(仔猪黄痢与水肿病菌株)的典型菌落几个,分别转到三糖铁培养基和普通琼脂斜面作初步生化鉴定和纯培养。大肠杆菌在三糖铁琼脂斜面上生长,产酸,使斜面部分变黄,穿刺培养,于管底产酸产气,使底层变黄且混浊;不产生硫化氢。

(2)生化试验 分别进行糖发酵试验、吲哚试验、MR 试验和 V-P 试验、枸橼酸盐试验、硫化氢试验,观察结果。

(3)动物试验 取分离菌的纯培养物接种实验动物,观察实验动物的发病情况,并作进一步细菌学检查。

(4)血清学试验 在分离鉴定的基础上,通过对毒力因子的检测便可确定其属于何类致病性大肠杆菌。也可以做血清型鉴定。

二、沙门氏菌

沙门氏菌是一群寄生于人和动物肠道内的革兰氏阴性无芽孢杆菌,均有致病性,并有极其广泛的动物宿主,是一种重要的人畜共患病。

1.生物学特性

(1)形态及染色 沙门氏菌的形态和染色特性与大肠杆菌相似,呈直杆状,大小(0.7～1.5) $\mu m \times$ (2.0～5.0) μm,革兰氏阴性。除鸡白痢沙门氏菌和鸡伤寒沙门氏菌无鞭毛不运动外,其余各菌均为周身鞭毛,能运动,个别菌株可偶尔出现无鞭毛的变种。大多数有普通菌毛,一般无荚膜。

(2)培养特性　本属大多数细菌的培养特性与大肠杆菌相似。在肠道杆菌鉴别或选择性培养基上,大多数菌株因不发酵乳糖而形成无色菌落,如远滕式琼脂和麦康凯琼脂培养时形成无色透明或半透明的菌落;SS 琼脂上产生 H_2S 的致病性沙门氏菌菌株,菌落中心呈黑色。与大肠杆菌相似,在培养时易发生 S-R 型变异(表 2-9)。培养基中加入硫代硫酸钠、胱氨酸、血清、葡萄糖、脑心浸液和甘油等均有助于本菌生长。

表 2-9　大肠杆菌与沙门氏菌在鉴别培养基上的菌落特征

细菌	鉴别培养基				
	麦康凯琼脂	远滕式琼脂	伊红美蓝琼脂	SS 琼脂	三糖铁琼脂
大肠杆菌	红色	紫红色有光泽	紫黑色带金属光泽	红色	斜面黄色,底层变黄有气泡,不产 H_2S
沙门氏菌	淡橘红色	淡红色或无色	较小无色透明	淡红色半透明,产 H_2S 菌株菌落中心有黑点	斜面红色,底层变黄有气泡,部分菌株产 H_2S

(3)生化特性　绝大多数沙门氏菌发酵糖类时均产气,但伤寒和鸡伤寒沙门氏菌从不产气。正常产气的血清型也可能有不产气的变型,常见沙门氏菌的生化特性见表 2-10。大肠杆菌与沙门氏菌生化试验鉴别见表 2-11

表 2-10　常见沙门氏菌的生化特性

菌名	葡萄糖	乳糖	麦芽糖	甘露醇	蔗糖	硫化氢	尿素分解	靛基质	甲基红	V-P	枸橼酸盐利用
鼠伤寒沙门氏菌	⊕	−	⊕	⊕	−	+	−	−	+	−	−
猪霍乱沙门氏菌	⊕	−	⊕	⊕	−	−	−	−	+	−	+
猪伤寒沙门氏菌	⊕	−	⊕	⊕	−	+	−	−	+	−	−
都柏林沙门氏菌	⊕	−	⊕	⊕	−	+	−	−	+	−	−
肠炎沙门氏菌	⊕	−	⊕	⊕	−	+	−	−	+	−	+
马流产沙门氏菌	⊕	−	⊕	⊕	−	+	−	−	+	−	+
鸡白痢沙门氏菌	⊕	−	−	⊕	−	−	−	−	+	−	−
鸡伤寒沙门氏菌	+	−	+	+	−	+	−	−	+	−	−

注:⊕ 产酸产气,+ 阳性,− 阴性。

表 2-11　大肠杆菌与沙门氏菌生化试验鉴别

细菌名称	葡萄糖	乳糖	麦芽糖	甘露醇	蔗糖	吲哚试验	MR 试验	V-P 试验	枸橼酸盐	H_2S 试验	动力
大肠杆菌	⊕	⊕/−	⊕	⊕	v	+	+	−	−	−	+
沙门氏菌	⊕	−	⊕	⊕	−	−	+	−	+	+/−	+/−

注:⊕ 产酸产气,+ 阳性,− 阴性,+/− 大多数菌株阳性/少数阴性,v 种间有不同反应。

(4)抵抗力　本菌的抵抗力中等,与大肠杆菌相似,不同的是亚硒酸盐、煌绿等染料对本菌的抑制作用小于大肠杆菌,故常用其制备选择培养基,有利于分离粪便中的沙门氏菌。

(5)抗原与变异　沙门氏菌具有 O、H、K 和菌毛 4 种抗原。O 和 H 抗原是其主要抗原,且 O 抗原又是每个菌株必有的成分。

①O 抗原　是沙门氏菌细胞壁表面的耐热多糖抗原。一个菌体可有几种 O 抗原成分,以

小写阿拉伯数字表示。

②H抗原　是蛋白质性鞭毛抗原,共有63种,与H血清相遇,则在2 h之内出现疏松、易于摇散的絮状凝集。

③K抗原　与菌株的毒力有关,故称为Vi抗原。有Vi抗原的菌株不被相应的抗O血清凝集,称为O不凝集性,Vi抗原的抗原性弱,刺激机体产生较低效价的抗体。

2.致病性

根据沙门氏菌致病类型的不同,可将其分为3群。第一群是具有高度适应性或专嗜性的沙门氏菌,如鸡白痢和鸡伤寒沙门氏菌仅使鸡和火鸡发病;马流产、牛流产和羊流产等沙门氏菌分别致马、牛、羊的流产等;猪伤寒沙门氏菌仅侵害猪。第二群是在一定程度上适应于特定动物的偏嗜性沙门氏菌,仅为个别血清型。如猪霍乱和都柏林沙门氏菌,分别是猪和牛羊的强适应性菌型,多在各自宿主中致病,但也能感染其他动物。第三群是非适应性或泛嗜性沙门氏菌,这群血清型占本属的大多数,鼠伤寒和肠炎沙门氏菌是其中的突出代表。经常危害人和动物的泛嗜性沙门氏菌20余种,加上专嗜性和偏嗜性菌在内不过仅30余种。除鸡和雏鸡沙门氏菌外,绝大部分沙门氏菌培养物经口、腹腔或静脉接种小鼠,能使其发病死亡。但致死剂量随接种途径和菌种毒力不同而异。豚鼠和家兔对本菌易感性不及小鼠。

3.检测方法

(1)分离培养　对未污染的被检组织可直接在普通琼脂、血琼脂或鉴别培养基平板上划线分离,37℃培养12～24 h后,可获得第一次纯培养。已污染的被检材料先进行增菌培养后再行分离。鉴别培养基常用麦康凯、伊红美蓝、SS、去氧胆盐钠-枸橼酸盐等琼脂培养基。

(2)生化试验　挑取几个鉴别培养基上的可疑菌落分别纯培养,进行生化特性鉴定。

(3)血清学分型鉴定　将纯培养物用生理盐水洗下与A-E组多价O血清做玻片凝集试验,再用各种单因子血清进行分群。在确定O群以后,则应测定其H抗原,写出抗原式。

此外,还可用乳胶颗粒凝集试验、ELISA、对流免疫电泳、核酸探针和PCR等方法进行快速诊断。

三、多杀性巴氏杆菌

多杀性巴氏杆菌是多种动物的重要病原菌。对鸡、鸭、鹅、野禽发生禽霍乱,猪发生猪肺疫,牛、羊、马、兔等发生出血性败血症。

1.生物学特性

(1)形态及染色　本菌在病变组织中通常为球杆状或短杆状。球杆状或杆状形菌体两端钝圆,大小为(0.2～0.4) μm×(0.5～2.5) μm。单个存在,有时成双排列。病料涂片用瑞氏染色或美蓝染色时,可见典型的两极着色(菌体两端染色深,中间浅),无鞭毛,不形成芽孢。新分离的强毒菌株有荚膜。革兰氏染色阴性。

(2)培养特性　本菌为需氧或兼性厌氧菌。最适培养温度为37℃,pH 7.2～7.4。对营养要求较严格,用血液琼脂平皿和麦康凯平皿同时分离。在血液琼脂平皿上培养24 h后,形成灰白色、圆形、湿润、露珠状菌落,不溶血。在血清肉汤中培养,开始轻度浑浊,4～6 d后液体变清朗,管底出现黏稠沉淀,震摇后不分散,表面形成菌环。

(3)生化特性　本菌可分解葡萄糖、果糖、蔗糖、甘露糖和半乳糖,产酸不产气。大多数菌株可发酵甘露醇、山梨醇和木糖。一般对乳糖、鼠李糖、杨苷、肌醇、菊糖、侧金盏花醇不发酵。

可形成靛基质,触酶和氧化酶均为阳性,MR 试验和 V-P 试验均为阴性,石蕊牛乳无变化,不液化明胶,产生硫化氢和氨。

(4)抵抗力 本菌抵抗力不强。在阳光中暴晒 1 min、在 56℃ 15 min 或 60℃ 10 min,可被杀死。埋入地下的病死鸡尸,经 4 个月仍残留活菌。在干燥空气中 2~3 d 可死亡。3%石炭酸、3%福尔马林、10%石灰乳、2%来苏儿、0.5%~1%氢氧化钠等 5 min 可杀死本菌。对链霉素、磺胺类及许多新的抗菌药物敏感。

(5)抗原与血清型 本菌主要以其荚膜抗原(K 抗原)和菌体抗原(O 抗原)区分血清型,前者有 6 个型,后者分为 16 个型。以阿拉伯数字表示菌体抗原型,大写英文字母表示荚膜抗原型,我国分离的禽多杀性巴氏杆菌以 5∶A 为多,其次为 8∶A;猪的以 5∶A 和 6∶B 为主,8∶A 与 2∶D 其次;羊的以 6∶B 为多;家兔的以 7∶A 为主,其次是 5∶A。

2.致病性

本菌对鸡、鸭、鹅、野禽、猪、牛、羊、马、兔等都有致病性,急性型表现为出血性败血症并迅速死亡;亚急性型于黏膜关节等部位出现出血性炎症等;慢性型则呈现萎缩性鼻炎(猪、羊)、关节炎及局部化脓性炎症等。

3.检测方法

(1)涂片镜检 采取渗出液、心血、肝、脾、淋巴结等病料涂片或触片,以碱性美蓝或瑞氏染色液染色,如发现典型的两极着色的短杆菌,结合流行病学及剖检变化,即可作初步诊断。

(2)分离培养 用血琼脂平板和麦康凯琼脂同时进行分离培养,麦康凯培养基上不生长,血琼脂平板上生长良好,菌落不溶血,革兰氏染色为阴性球杆菌。将此菌接种在三糖铁培养基上可生长,并使底部变黄。

(3)动物接种 取 1∶10 病料乳剂或 24 h 肉汤培养物 0.2~0.5 mL,皮下或肌肉注射于小白鼠或家兔,经 24~48 h 死亡,死亡剖检观察病变并镜检进行确诊。

若要鉴定荚膜抗原和菌体抗原型,则要用抗血清或单克隆抗体进行血清学试验。检测动物血清中的抗体,可用试管凝集、间接凝集、琼脂扩散试验或 ELISA。

四、布氏杆菌

布氏杆菌是多种动物和人的布氏杆菌病的病原。本属包括 6 个种:马耳他布氏杆菌,亦称羊布氏杆菌;流产布氏杆菌,也称牛布氏杆菌;猪布氏杆菌;犬布氏杆菌;沙林布氏杆菌;绵羊布氏杆菌。

1.生物学特性

(1)形态及染色 本菌呈球形、杆状或短杆形,大小为(0.5~0.7) μm×(0.6~1.5) μm,多单,很少成双、短链或小堆状。不形成芽孢和夹膜,无鞭毛不运动。革兰氏染色阴性,姬姆萨氏染色呈紫色。柯氏法染色本菌呈红色,其他杂菌呈绿色。

(2)培养特性 本属细菌专性需氧,但许多菌株,尤其是在初代分离培养时尚需 5%~10% CO_2。最适生长温度 37℃,最适 pH 为 6.6~7.4。在液体培养基中呈轻微混浊生长,无菌膜。在普通培养基中生长缓慢,加入甘油、葡萄糖、血液、血清等能刺激其生长。自固体培养基上培养 2 d 后,可见到湿润、闪光、圆形、隆起、边缘整齐的针尖大小的菌落,培养日久,菌落增大到 2~3 mm,呈灰黄色。

(3)生化特性 本菌触酶阳性,氧化酶常为阳性,不水解明胶或浓缩血清,不溶解红细胞,吲哚、甲基红和 V-P 试验阴性,石蕊牛乳无变化,不利用柠檬酸盐。绵羊布氏杆菌不水解或迟缓水解尿素,其余各种均可水解尿素。

(4)抵抗力 本菌对外界的抵抗力较强,在直射阳光下可存活 4 h,但对湿热的抵抗力不强,煮沸立即死亡。对消毒剂的抵抗力也不强,常用消毒剂能杀死本菌。

(5)抗原 各种布氏杆菌的菌体表面含有两种抗原物质,即 Mkangyuan(羊布氏杆菌抗原)和 A 抗原(牛布氏杆菌抗原)。这两种抗原在各个菌株中含量各不相同。如羊布氏杆菌以 M 抗原为主,A∶M 约为 1∶20;牛布氏杆菌以 A 抗原为主,A∶M 约为 20∶1;猪布氏杆菌介于两者之间,A∶M 约为 2∶1。

2. 致病性

本菌被吞噬细胞吞噬成为胞内寄生菌,并在淋巴结生长繁殖形成感染灶。一旦侵入血流,则出现菌血症。不同种别的布氏杆菌各有一定的宿主动物,例如我国流行的 3 种布氏杆菌中,马耳他布氏杆菌的自然宿主是绵羊和山羊,也能感染牛、猪、人及其他动物;流产布氏杆菌的自然宿主是牛,也能感染骆驼、绵羊、鹿等动物和人,马和犬是此菌的主要贮存宿主;猪布氏杆菌生物型 1、2 和 3 的自然宿主是猪,生物型 4 的自然宿主是驯鹿,生物型 2 可自然感染野兔。除生物型 2 外,其余生物型亦可感染人和犬、马、啮齿类等动物。

3. 检测方法

(1)细菌学检查

①涂片镜检 病料直接涂片,做革兰氏染色和柯兹洛夫斯基染色镜检。

②分离培养 无污染病料可直接划线接种于适宜的培养基;而污染病料需特定的选择性琼脂平板。初次培养应置于 5%～10% 二氧化碳环境中,37℃培养。每 3 d 观察 1 次,如有细菌生长,可挑选可疑菌落做细菌鉴定;如无细菌生长,可继续培养至 30 d 后,仍无生长者方可示为阴性。

③动物试验 将病料乳剂腹腔或皮下注射感染豚鼠,每只 1～2 mL,每隔 7～10 d 采血检查血清抗体,如凝集价达到 1∶50 以上,即认为有感染的可能。

(2)血清学检查 包括血清中的抗体检查和病料中布氏杆菌的检查两大类方法。常用的方法是采用玻板凝集试验、虎红平板凝集试验、乳汁环状试验、试管凝集试验、补体结合试验等。

(3)变态反应检查 皮肤变态反应一般在感染后的 20～25 d 出现,因此不宜作早期诊断。此法对慢性病例的检出率较高。

五、葡萄球菌

葡萄球菌广泛分布于空气、饲料、饮水、地面及动物的皮肤、黏膜、肠道、呼吸道及乳腺中。绝大多数不致病,致病性葡萄球菌常引起各种化脓性疾患、败血症或脓毒血症,也可污染食品、饲料,引起中毒。

1. 生物学特性

(1)形态及染色 典型的金黄色葡萄球菌为圆形或卵圆形,直径 0.5～1.5 μm,排成葡萄串状,无芽孢,无鞭毛,有的形成荚膜或黏液层。革兰氏阳性,但衰老、死亡的菌株呈阴性。

(2)培养特性 本菌需氧或兼性厌氧,在普通培养基、血琼脂上生长,麦康凯培养基不生长。最适 pH 7.0～7.5,最适温度 35～40℃。在普通琼脂培养基平板形成湿润、光滑、隆起的圆形菌落,直径 1~2 mm。在血液琼脂培养基平板上形成的菌落较大,产溶血素的菌株多为病原菌,在菌落周围呈现明显的 β 溶血。

(3)生化特性 触酶阳性,氧化酶阴性,多数能分解乳糖、葡萄糖、麦芽糖、蔗糖,产酸而不产气。致病菌株多能分解甘露醇。还能还原硝酸盐,不产生靛基质。

(4)抵抗力 在无芽孢菌中,葡萄球菌的抵抗力较强,常用消毒方法能杀死。浓度为1:(1000 000~3 000 000)龙胆紫可抑制其生长繁殖,故临床上用 1%~3% 龙胆紫溶液治疗葡萄球菌引起的化脓症,效果良好。1:2000 000 洗必泰、消毒净、新洁尔灭,1:10 000 杜米芬可在 5 min 内杀死本菌。

(5)抗原 葡萄球菌的抗原结构比较复杂,含有多糖及蛋白质两类抗原。

①多糖抗原 具有型特异性。金黄色葡萄球菌的多糖抗原为 A 型,表皮葡萄球菌的为B 型。

②蛋白抗原 所有人源菌株都含有葡萄球菌蛋白 A(SPA),来自动物源菌株则少见。SPA 能与人、猴、猪、犬及几乎所有哺乳动物的免疫球蛋白的 Fc 段非特异结合,结合后的 IgG仍能与相应的抗原进行特异性反应,这一现象已广泛应用于免疫学及诊断技术。

2.致病性

葡萄球菌能产生多种酶和毒素,如溶血毒素、血浆凝固酶、耐热核酸酶、肠毒素等,引起畜禽各种化脓性疾病和人的食物中毒。实验动物以家兔最敏感。细菌致病力的大小常与这些毒素和酶有一定的关系。

3.检测方法

(1)涂片镜检 取病料直接涂片、革兰氏染色镜检。根据细菌形态、排列和染色特性作初步诊断。

(2)分离培养 将病料接种于血液琼脂平板,培养后观察其菌落特征、色素形成、有无溶血,菌落涂片染色镜检,菌落呈金黄色,周围呈溶血现象者多为致病菌株。

(3)生化试验 纯分离培养菌作生化试验,根据结果判定。

(4)动物试验 实验动物中家兔最为易感,皮下接种 24 h 培养物 1.0 mL,可引起局部皮肤溃疡坏死。静脉接种 0.1~0.5 mL,于 24~28 h 死亡;剖检可见浆膜出血,肾、心肌及其他脏器出现大小不等的脓肿。

发生食物中毒时,可将从剩余食物或呕吐物中分离到的葡萄球菌接种到普通肉汤中,于30%二氧化碳条件下培养 40 h,离心沉淀后取上清液,100℃ 30 min 加热后,幼猫静脉或腹腔内注射,15 min 到 2 h 内出现寒战、呕吐、腹泻等急性症状,表明有肠毒素存在。用 ELISA 或DNA 探针可快速检出肠毒素。

六、链球菌

链球菌种类很多,有些是非致病菌,有些构成人和动物的正常菌群,有些可致人或动物的各种化脓性疾病、肺炎、乳腺炎、败血症等。根据溶血特征可将链球菌分为 α 型溶血链球菌、β 型溶血链球菌、γ 型溶血链球菌 3 类。α 型溶血链球菌在菌落周围形成不透明的草绿色溶血环,多为条件性致病菌;β 型溶血链球菌菌落周围形成完全透明的溶血环,常引起人及动物的各种疾病;γ 型溶血链球菌菌落周围无溶血现象,一般为非致病菌。

链球菌的抗原结构比较复杂,包括属特异抗原(P 抗原)、群特异抗原(C 抗原)及型特异抗原(表面抗原)。依 C 抗原将乙型溶血性链球菌分为 A、B、C、D、E、F、G、H、K、L、M、N、O、P、Q、R、S、T、U 19 个血清群。

1. 生物学特性

(1)形态及染色 菌体呈卵圆形,单个或双个存在,在液体培养基中呈链状,不运动,革兰氏染色阳性。菌落小,呈灰白透明状,稍黏。

(2)培养特性 本菌为兼性厌氧菌,营发酵型代谢。培养基中必须加入血清或血液才能生长。在绵羊血琼脂培养基上培养,菌落周围有 α 溶血环,许多菌株在马血琼脂培养基上产生 β 溶血。

(3)生化特性 本菌能发酵葡萄糖、蔗糖、麦芽糖、海藻糖产酸,不能发酵阿拉伯糖、甘露醇、山梨醇、甘油和核糖。

(4)抵抗力 在水中该菌 60℃可存活 10 min,50℃为 2 h。在 4℃的动物尸体中可存活 6 周。0℃时灰尘中的细菌可存活 1 个月,粪中则为 3 个月。

2. 致病性

链球菌可产生链球菌溶血素、致热外毒素、链激酶、链道酶以及透明质酸酶等各种毒素或酶,可使人及、马、牛、猪、羊、犬猫、鸡等发生多种疾病。C 群和 D 群的某些链球菌,常引起猪的急性败血症、脑膜炎、关节炎及肺炎等;E 群主要引起猪淋巴结脓肿;L 群可致猪的败血症、脓毒败血症。我国流行的猪链球菌病是一种急性败血型传染病,病原体属 C 群。人也可以感染猪链球菌病。

3. 检测方法

(1)涂片镜检 取适宜病料涂片、革兰氏染色镜检,若发现有革兰氏阳性呈链状排列的球菌,可初步诊断。

(2)分离培养 将病料接种于血液琼脂平板,37℃恒温箱培养 18～24 h,观察其菌落特征。链球菌形成圆形、隆起、表面光滑、边缘整齐的灰白色小菌落,多数致病菌株形成溶血。

(3)生化试验 取纯培养物分别接种于乳糖、菊糖、甘露醇、山梨醇、水杨苷生化培养基做糖发酵试验,37℃恒温箱培养 24 h,观察结果。

(4)血清学试验 可使用特异性血清,对所分离的链球菌进行血清学分群和分型。

七、炭疽杆菌

炭疽芽孢杆菌是引起人类、各种家畜和野生动物炭疽病的病原。本菌可引起各种家畜、野兽、人类的炭疽,牛、绵羊、鹿等易感性最强,马、骆驼、猪等次之,犬、猫等有相当的抵抗力,禽类一般不感染。

1. 生物学特性

(1)形态及染色 本菌为革兰氏阳性大杆菌,大小为(1.0～1.2) $\mu m×$(3～5) μm。无鞭毛,呈两端平齐、菌体相连的竹节状。可形成荚膜,在普通培养基上不形成荚膜,但在 10%～20%二氧化碳环境中,于血液、血清琼脂或碳酸氢钠琼脂上,则能形成较明显的荚膜。在培养基上,此菌常形成长链,并于 18～24 h 后开始形成芽孢,芽孢椭圆形,位于菌体中央。动物体内炭疽杆菌只有在接触空气之后才能形成芽孢。

(2)培养特性 本菌为需氧菌,但在厌氧的条件下也可生长。可生长温度范围为 15～40℃,最适生长温度为 30～37℃。最适 pH 为 7.2～7.6。在普通琼脂上培养 24 h 后,强毒菌株形成灰白色不透明、大而扁平、表面干燥、边缘呈卷发状的粗糙(R)型菌落,无毒或弱毒菌株形成稍小而隆起、表面为光滑湿润、边缘比较整齐的光滑(S)型菌落。普通肉汤培养基中培养24 h后,上部液体仍清朗透明,液面无菌膜或菌环形成,管底有白色絮状沉淀,若轻摇试管,则絮状沉淀徐徐上升,卷绕成团而不消散。

(3)生化特性 本菌发酵葡萄糖产酸而不产气,不发酵阿拉伯糖、木糖和甘露醇。能水解淀粉、明胶和酪蛋白。V-P试验阳性,不产生吲哚和 H_2S,能还原硝酸盐。牛乳经 2～4 d 凝固,然后缓慢胨化。

(4)抵抗力 本菌繁殖体的抵抗力不强,60℃ 30～60 min 或 75℃ 5～15 min 即可被杀死。常用消毒剂如 1:5 000 洗必泰、1:10 000 新洁尔灭、1:50 000 度米酚等均能在短时间内将其杀灭。在未解剖的尸体中,细菌可随腐败而迅速崩解死亡。芽孢抵抗力特别大,在干燥状态下可长期存活,煮沸 15～25 min、121℃灭菌 5～10 min 或 60℃干热灭菌 1 h 方可杀死。

2.致病性

本病原菌能致各种家畜、野兽和人类的炭疽,其中牛、绵羊、鹿等易感性最强,马、骆驼、猪、山羊等次之,犬、猫、食肉兽等则有相当大的抵抗力,禽类一般不感染。此菌主要通过消化道传染,也可以经呼吸道、皮肤创伤或吸血昆虫传播。食草动物炭疽常表现为急性败血症,菌体通常要在死前数小时才出现于血流。猪炭疽多表现为慢性的咽部局限感染,犬、猫和食肉兽则多表现为肠炭疽。

3.检测方法

死于炭疽的病畜尸体严禁剖检,只能自耳根部采取血液,必要时可切开肋间采取脾脏。皮肤炭疽可采取病灶水肿液或渗出物,肠炭疽可采取粪便。已经误解剖的畜尸,则可采取脾、肝、心血、肺、脑等组织进行检验。

(1)涂片镜检 病料涂片以碱性美蓝、瑞氏染色或姬母萨染色法染色镜检,如发现有荚膜的竹节状大杆菌,即可初步诊断;陈旧病料,可以看到"菌影",确诊还需分离培养。

(2)分离培养 取病料接种于普通琼脂或血液琼脂,37℃培养 18～24 h,观察有无典型的炭疽杆菌菌落。为了抑制杂菌生长,还可接种于戊烷脒琼脂、溶菌酶-正铁血红素琼脂等炭疽选择性培养基。经 37℃培养 16～20 h 后,挑取纯培养物与芽孢杆菌如枯草芽孢杆菌、蜡状芽孢杆菌等鉴别。

(3)生化试验 本菌能分解葡萄糖、麦芽糖、蔗糖、果糖和甘油,不发酵阿拉伯糖、木糖和甘露醇。能水解淀粉、明胶和酪蛋白。V-P试验阳性,不产生靛基质和 H_2S,能还原硝酸盐。牛乳经 2～4 d 凝固,然后缓慢胨化,不能或微弱还原美蓝。

(4)动物试验 将被验病料或培养物用生理盐水制成 1:5 乳悬液,皮下注射小白鼠 0.1～0.2 mL 或豚鼠、家兔 0.2～0.3 mL,如为炭疽,多在 18～72 h 败血症死亡。剖检时可见注射部位呈胶样水肿,脾脏肿大。取血液、脏器涂片镜检,当发现有荚膜的竹节状大杆菌时,即可确诊。

(5)血清学试验

①Ascoli 氏沉淀反应 系 Ascoli 于 1902 年创立,是用加热抽提待检炭疽菌体多糖抗原与已知抗体进行的沉淀试验。这个诊断方法快速简便,不仅适用于死亡动物的新鲜病料,而且对干的皮毛、陈旧或严重污染杂菌的动物尸体的检查也适用。但此反应的特异性不高,敏感性也较差,因而使用价值受到一定影响。

②间接血凝试验　此法是将炭疽抗血清吸附于炭粉或乳胶上,制成炭粉或乳胶诊断血清。然后采用玻片凝集试验的方法,检查被检样品中是否含有炭疽芽孢。若被检样品每毫升含炭疽芽孢 7.8 万个以上,可表现阳性反应。

③协同凝集试验　此法可快速检测炭疽杆菌或病料中的可溶性抗原。将炭疽标本的高压灭菌滤液滴于玻片上,加 1 滴含阳性血清的协同试验试剂,混匀后,于 2 min 内呈现肉眼可见凝集者,即为阳性反应。

④串珠荧光抗体检查　将串珠试验与荧光抗体法结合起来。即将被检材料接种于含青霉素 0.05 IU/mL 的肉汤中培养后,涂片用荧光抗体染色检查。此法与常规检验的符合率达到 80%～90%,因而具有一定的实用价值。

⑤琼脂扩散试验　用来检查是否有本菌特异的保护性抗原产生。具体方法是将琼脂培养基上生长的单个菌落,连同周围琼脂一起切取,填入琼脂反应板上事先打好的孔中,与中央孔内于 16～18 h 前滴加的抗炭疽免疫血清进行 24～48 h 的扩散试验,阳性者有沉淀线。

还可应用酶标葡萄球菌 A 蛋白间接染色法和荧光抗体间接染色法等,检测动物体内的炭疽荚膜抗体进行诊断。

八、猪丹毒杆菌

本菌是猪丹毒病的病原体,又称为红斑丹毒丝菌。也可感染马、山羊、绵羊,引起多发性关节炎;鸡、火鸡感染后出现衰弱和下痢等症状;鸭感染后常呈败血经过,并侵害输卵管。广泛分布于自然界,可寄生于包括哺乳动物、禽类、昆虫和鱼类等多种动物。

1. 生物学特性

(1)形态及染色　本菌为直或稍弯曲的小杆菌,两端钝圆,大小为 $(0.2～0.4)$ μm× $(0.8～2.5)$ μm。病料中细菌常呈单在、堆状或短链排列,易形成长丝状。革兰氏阳性,在老龄培养物中菌体着色能力差,常呈阴性。无鞭毛不运动,无荚膜,不产生芽孢。

(2)培养特性　本菌为微需氧菌或兼性厌氧。最适温度为 30～37℃,最适 pH 为 7.2～7.6。在普通琼脂培养基和普通肉汤中生长不良,如加入 0.5% 吐温 80.1% 葡萄糖或 5%～10% 血液、血清则生长良好。在血琼脂平皿上经 37℃ 24 h 培养可形成湿润、光滑、透明、灰白色、露珠样的小菌落,并形成狭窄的绿色溶血环(α 溶血环)。在麦康凯培养基不生长。在肉汤中轻度混浊,不形成菌膜和菌环,有少量颗粒样沉淀,振荡后呈云雾状上升。明胶穿刺生长特殊,沿穿刺线横向四周生长,呈试管刷状,但不液化明胶。

(3)生化特性　过氧化酶、氧化酶试验、MR、V-P 试验、尿素酶和吲哚试验阴性,能产生硫化氢。在含 5% 马血清或 1% 蛋白胨水的糖培养基中可发酵葡萄糖、果糖和乳糖,产酸不产气,不发酵阿拉伯糖、肌醇、麦芽糖、鼠李糖和木糖等。

(4)抵抗力　本菌对腐败和干燥的环境有较强的抵抗力,尸体内可存活几个月,干燥状态下可存活 3 周,在经盐腌制的肉内可活 3～4 个月。实验室内猪丹毒杆菌培养物,在密封试管中细菌活力能保持 2 年,冷冻真空干燥条件下的菌种,30 年后仍然存活。对湿热的抵抗力较弱,70℃ 经 5～15 min 可完全杀死。对消毒剂抵抗力不强,1% 漂白粉、0.1% 升汞、5% 石炭酸、5% 氢氧化钠、5% 福尔马林等均可在短时间内杀死本菌,此外,0.1% 的过氧乙酸和 10% 生石灰乳也是目前喷洒或刷墙的较好消毒剂。细菌可耐 0.2% 的苯酚,对青霉素很敏感。

(5)抗原与变异　本菌抗原结构复杂,具有耐热抗原和不耐热抗原。根据其对热、酸的稳定性,又可分为型特异性抗原和种特异性抗原。用阿拉伯数字为型号,用英文小写字母标示亚型,目前已将其分为 25 个血清型和 1a、1b 和 2a、2b 亚型。大多数菌株为 1 型和 2 型,从急性败血症分离的菌株多为 1a 亚型,从亚急性及慢性病病例分离的则多为 2 型。

2. 致病性

在自然条件下,可通过呼吸道或损伤皮肤、黏膜感染,引发 3～12 月龄猪发生猪丹毒;3～4 周龄的羔羊发生慢性多发性关节炎;禽类也可感染,鸡呈衰弱和下痢症状,鸭呈败血症经过。实验动物以小鼠和鸽子最易感。人可经外伤感染,发生皮肤病变,称"类丹毒",因为病状与人的丹毒病相似,但后者由化脓链球菌所致。

3. 检测方法

病料采集,败血型猪丹毒,生前耳静脉采血,死后可采取肾、脾、肝、心血、淋巴结,尸体腐败可采取长骨骨髓;疹块型猪丹毒可采取疹块皮肤;慢性病例,可采心脏瓣膜疣状增生物和肿胀部关节液。

(1)涂片镜检 取上述病料涂片染色镜检,如发现革兰氏阳性、单在、成对或成丛的纤细的小杆菌,可初步诊断。如慢性病例,可见长丝状菌体。

(2)分离培养 取病料接种于血液琼脂平板,经 24～48 h 培养,观察有无针尖状菌落,并在周围呈 α 溶血,取此菌落涂片染色镜检,观察形态,进一步明胶穿刺等生化反应鉴定。

(3)动物试验 取病料制成乳剂,对小白鼠皮下注射 0.2 mL 或鸽子胸肌注射 1 mL,若病料有猪丹毒杆菌,则接种动物于 2～5 d 死亡,死后取病料涂片镜检或接种培养基进行确诊。

(4)血清学诊断 可用凝集试验、协同凝集试验、免疫荧光法进行诊断。

九、破伤风梭菌

本菌又名破伤风杆菌,是人、兽共患破伤风(强直症)的病原菌。污染受伤的皮肤或黏膜,产生强烈的毒素,引起人和动物发病。

1. 生物学特性

(1)形态及染色 本菌为两端钝圆、细长、正直或略弯曲的杆菌,大小为(0.5～1.7) μm×(2.1～18.1) μm,长度变化大。多单在,有时成双,偶有短链,在湿润琼脂表面上可形成较长的丝状。大多数菌株具周鞭毛而能运动,无荚膜。芽孢呈圆形,位于菌体一端,横径大于菌体,呈鼓槌状。幼龄培养物为革兰氏阳性,但培养 24 h 以后往往出现阴性染色者。

(2)培养特性 本菌为严格厌氧菌,接触氧后很快死亡。最适生长温度为 37℃。最适 pH 7.0～7.5。营养要求不高,在普通培养基中即能生长,菌落透明,有泳动性生长。在血琼脂平板上生长,可形成直径 4～6 mm 的菌落,菌落扁平、半透明、灰色,表面粗糙无光泽,边缘不规则,常伴有狭窄的 β 溶血环。在一般琼脂表面不易获得单个菌落,扩展成薄膜状覆盖在整个琼脂表面上,边缘呈卷曲细丝状。在厌氧肉肝汤中生长稍微混浊,有细颗粒状沉淀,有咸臭味,培养 48 h 后,在 30～38℃适宜温度下形成芽孢,温度超过 42℃时芽孢形成减少或停止。20% 胆汁或 6.5% NaCl 可抑制其生长。

(3)生化特性 生化反应不活泼,一般不发酵糖类,只轻微分解葡萄糖,不分解尿素,能液化明胶,产生硫化氢,形成靛青质,不能还原硝酸盐。V-P 和 MR 试验均为阴性。神经氨酸酶阴性,脱氧核糖核酸酶阳性。

(4)抵抗力 本菌繁殖体抵抗力不强,但其芽孢的抵抗力极强。芽孢在土壤中可存活数十年,湿热 80℃ 6 h、90℃ 2～3 h、105℃ 25 min 及 120℃ 20 min 可杀死,煮沸 10～90 min 致死。干热 150℃ 1 h 以上致死芽孢,5％石炭酸、0.1％升汞作用 15 h 杀死芽孢。

(5)抗原与变异　本菌具有不耐热的鞭毛抗原,用凝集试验可分为 10 个血清型,其中第Ⅵ型为无鞭毛不运动的菌株,我国常见的是第Ⅴ型。各型细菌都有一个共同的耐热菌体抗原,均能产生抗原性相同的外毒素,此外毒素能被任何一个型的抗毒素中和。

2.致病性

此菌芽孢随土壤、污物通过适宜的皮肤黏膜伤口侵入机体时,即可在其中发育繁殖,产生强烈毒素,引发破伤风。此病在健康组织中,于有氧环境下,生长受抑制,而且易被吞噬细胞消灭。如在深而窄的创口,同时创伤内发生组织坏死时,坏死组织能吸收游离氧而形成良好的厌氧环境,或伴有其他需氧菌的混合感染,有利于形成良好的厌氧环境,芽孢转变成细菌,在局部大量繁殖而致病。

在自然情况下,本菌可感染很多动物。除人易感外,马属动物的易感性最高,其次是牛、羊、猪,犬、猫偶有发病,禽类和冷血动物不敏感,幼龄动物比成年动物更敏感。实验动物中,家兔、小鼠、大鼠、豚鼠和猴对破伤风痉挛毒素易感。

此菌产生两种毒素。一种为破伤风痉挛毒素,毒力非常强,可引起神经兴奋性的异常增高和骨骼肌痉挛。另一种为破伤风溶血素,不耐热,对氧敏感,可溶解马及家兔的红细胞,其作用可被相应抗血清中和,与破伤风梭菌的致病性无关。破伤风梭菌毒素具有良好的免疫原性,用它制成类毒素,可产生坚强的免疫,能非常有效地预防本病的发生。

3.检测方法

破伤风具有典型的临床症状,一般不需微生物学诊断。如有特殊需要,可采取创伤部的分泌物或坏死组织进行细菌学检查。另外还可用患病动物血清或细菌培养滤液进行毒素检查,其方法为小鼠尾根皮下注射 0.5～1.0 mL,观察 24 h,看是否出现尾部和后腿强直或全身肌肉痉挛等症状,且不久死亡。进一步还可用破伤风抗毒素血清,进行毒素保护试验。

【测试】

1.比较大肠杆菌与沙门氏菌培养特性及生化特性的异同。

2.葡萄球菌病和链球菌病的实验室诊断要点有哪些?

3.简述炭疽杆菌微生物学诊断方法及采取病料时应注意的事项。

4.多杀性巴氏的微生物学诊断要点有哪些?

5.简述破伤风梭菌的致病条件及致病机制。

6.简述猪丹毒的微生物学诊断要点及防制措施。

项目三　病毒检测技术

动物接种、禽胚接种、细胞培养和电子显微镜技术等常用于病毒的检测。血凝和血凝抑制试验、免疫荧光技术、同位素标记技术、酶标记技术、酶联免疫吸附试验（ELISA）和单克隆抗体的应用，进一步提高了检测水平。近年来应用核酸电泳法、核酸探针技术、聚合酶链式反应（PCR），可检测微量的病毒。

任务 3-1　病毒的形态学检查

【目标】

1. 学会病毒包涵体检测技术；
2. 了解电子显微镜检查病毒形态结构的方法；
3. 理解病毒的形态结构及其功能。

【技能】

一、器械与材料

显微镜、香柏油、二甲苯、擦镜纸、狂犬病海马部位神经组织病理切片、苏木精-伊红染色液、HE 染色、接种麻疹病毒的细胞、病毒的电镜照片。

二、内容与方法

(一)病毒包涵体的光学显微镜观察

某些受病毒感染的细胞内，可形成与正常细胞结构和着色不同的斑块，称为包涵体。应用光学显微镜检查包涵体，根据不同病毒包涵体的形态、染色、存在部位的差异，可辅助诊断某些病毒性疾病。

1. 狂犬病毒包涵体(内基小体)的观察

用狂犬病脑切片的内基氏(Negri)小体标本片示教。

若有狂犬病的病料组织，取狂犬海马部位神经组织病理切片，苏木精-伊红染色，置光学显微镜镜下观察。

镜下特点:神经细胞染成蓝色,间质为粉红色,在神经细胞浆内可见一个或数个、圆形或椭圆形、染成红色的包涵体(内基小体)。注意包涵体形态、存在部位及染色特点(图 3-1)。

2.麻疹病毒包涵体的观察

将麻疹病毒接种于人胚肾或羊膜细胞中,取培养后的组织细胞涂片,HE 染色,置光镜下观察。

镜下特点:细胞呈多核巨细胞病变,多核巨细胞的核及核仁呈蓝色,胞浆淡红色,在核内及胞浆内皆可找到一个或多个鲜红色的圆形、椭圆形或不规则形态的包涵体。注意包涵体形态、存在部位及染色特点。

图 3-1 狂犬病的包涵体

(二)电子显微镜的观察

通过观看病毒的电镜照片、幻灯片、多媒体,了解病毒(大肠杆菌噬菌体、流感病毒、腺病毒、脊髓灰质炎病毒、乙型肝炎病毒、甲型肝炎病毒、单纯疱疹病毒、狂犬病病毒等)的形态结构特点,以及它们与被感染细胞的关系。

【知识】

病毒是一类只能在适宜活细胞内寄生的非细胞型微生物。病毒能通过细菌滤器,仅含有一种核酸(DNA 或 RNA)及蛋白质,缺乏完整的酶系统,不能在无生命的培养基上生长,对抗生素有明显抵抗力,但受干扰素抑制,迄今还缺乏确切有效的防治药物。

一、病毒的大小与形态

(一)病毒的大小

病毒必须用电子显微镜才能观察到,测量单位为 nm(10^{-6} mm)。各种病毒的大小差异很大(图 3-2)。最大的病毒直径可达 300 nm(如痘病毒),相当于支原体的大小,用适当方法染色后在光学显微镜下可以观察到;中等大小病毒直径为 80~120 nm(如流感病毒);最小的病毒直径仅为 17 nm(如圆环病毒)。大多数病毒可通过细菌滤器。

(二)病毒的形态

一个发育成熟具有感染性的病毒颗粒称病毒粒子(病毒子),在电子显微镜下观察有多种形态(图 3-2),主要有球形、砖形、弹状、丝状、蝌蚪形等。

(1)球形 大多数人类和动物病毒为球形或近似球形。如各种疱疹病毒、黏病毒、腺病毒等。

(2)砖形 病毒中较大的一类病毒多呈长方形,很像砖块。如各类痘病毒(天花病毒、牛痘病毒等)。

(3)弹状 病毒呈圆筒形,一端钝圆,另一端齐平,形似子弹头。如狂犬病病毒、动物水疱性口炎病毒等。

(4)丝状 多见于植物病毒,如烟草花叶病病毒等,但人类和动物某些病毒也呈丝状。如流感病毒、麻疹病毒等。

(5)蝌蚪形 由一卵圆形的头及一条细长的尾组成。如大多数噬菌体呈此形态。

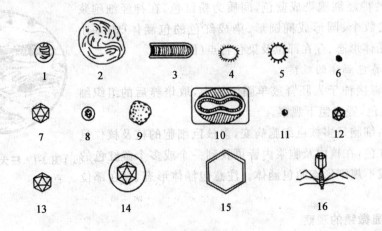

图 3-2　主要动物病毒的形态、大小示意图

1.正黏病毒　2.副黏病毒　3.弹状病毒　4.白血病病毒　5.冠状病毒
6.小核糖核酸病毒　7.呼肠弧病毒　8.披盖病毒　9.嵌沙样病毒
10.痘病毒　11.微小病毒　12.乳多空病毒　13.腺病毒
14.疱疹病毒　15.虹彩病毒　16.噬菌体

病毒的大小和形态特征,可供鉴定病毒时参考。

二、病毒的结构和成分

成熟的病毒颗粒是由蛋白质衣壳(外壳)包裹着核酸(核心)构成的,核酸和衣壳的复合体称为核衣壳。结构较复杂的病毒,在其核衣壳外面还有一层富含脂质的外膜,即囊膜(图 3-3)。有的囊膜上还有纤突。

病毒的主要组成成分为蛋白质、核酸,其次为脂类、糖类。

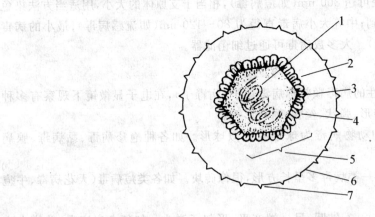

图 3-3　病毒结构模式图

1.核酸　2.衣壳　3.壳粒　4.每个壳粒由 1 个或数个
结构单位构成　5.核衣壳　6.囊膜　7.纤突

(一)病毒的基本结构

1.病毒的核心

病毒的核心是核酸,核酸存在于病毒的中心部分,又称为芯髓。一种病毒只含有一种类型的核酸,即 DNA 或 RNA。DNA 大多数为双链,少数为单链,RNA 多数为单链,少数为双链。核酸是病毒的遗传物质,控制着病毒的遗传、变异、增殖和对宿主的感染性等特性。某些动物病毒去除囊膜和衣壳,裸露的 DNA 或 RNA 也能感染细胞,这样的核酸称为传染性核酸。

2.病毒的外壳

病毒的结构组成中,包围着病毒核酸及其结合蛋白的蛋白质鞘称作衣壳或壳体,衣壳由大量壳粒按一定几何构形堆积而成。壳粒是病毒衣壳的形态学亚单位,由一至数条结构多肽组成。根据壳粒的排列方式将病毒衣壳构形分为 3 种对称类型。

(1)二十面体对称　壳粒排列形成 20 个等边三角形的面、12 个顶和 30 条棱,具有五、三、二重轴旋转对称性,如腺病毒、脊髓灰质炎病毒等。

(2)螺旋对称　壳粒沿螺旋形盘红色的核酸呈规则地重复排列,通过中心轴旋转对称,如正黏病毒、副黏病毒及弹状病毒等。

(3)复合对称　同时具有或不具有两种对称性的病毒,如痘病毒与噬菌体。

衣壳的成分是蛋白质,在病毒核酸控制下于感染细胞内合成的。其主要功能:一是包裹核酸,形成保护性外壳;二是参与病毒粒子对易感细胞的吸附作用。此外,病毒的衣壳蛋白还具有抗原性。

(二)病毒的特殊结构

1.囊膜

囊膜来源于宿主细胞,是某些病毒在出芽释放的过程中通过宿主细胞膜或核膜时获得的,主要成分是脂类和蛋白质。囊膜对衣壳有保护作用,且与病毒的抗原性和病毒对宿主细胞的亲和力有关。由于脂质是囊膜的重要结构成分,应用乙醚、氯仿等脂溶剂可除去脂质囊膜,从而使有囊膜病毒失去感染性。

2.纤突

有些病毒囊膜表面有球杆状或穗状突起,称为纤突。纤突实质上是囊膜中镶嵌的病毒特异的蛋白质或糖蛋白。如流感病毒囊膜上的纤突有血凝素(HA)和神经氨酸酶(NA),二者均为病毒特有的糖蛋白。纤突不仅具有抗原性,而且与病毒的致病力及病毒对细胞的亲和力有关。

3.触须样纤维

腺病毒是唯一具有触须样纤维的病毒,腺病毒的触须样纤维是由线状聚合多肽和一球形末端蛋白所组成,位于衣壳的各个顶角。该纤维吸附到敏感细胞上,抑制宿主细胞蛋白质代谢,与致病作用有关。此外,还可凝集某些动物红细胞。

三、病毒的分类

自然界中病毒的种类繁多,其分类方法也有多种。如根据核酸类型分为 DNA 病毒和 RNA 病毒。根据病毒寄生的对象可分为动物病毒、植物病毒、细菌病毒(噬菌体)和拟病毒(寄生在病毒中的病毒)等多种类型。

　　目前,国际公认的病毒分类和命名的权威机构为国际病毒分类委员会(ICTV),病毒分类的根据是病毒的形态、结构、核酸、多肽及对理化因素的稳定性等。随着分子生物学的发展,病毒基因组特征在病毒分类上的意义也越来越重要。从第6次病毒分类报告开始,把病毒分为3大类,即DNA病毒类、DNA反转录与RNA反转录病毒类、RNA病毒类。第7次分类报告之后,病毒分类形成了类、(目)、科(亚科)、属、(种)的分类系统。有的病毒分类地位不确定,而类病毒和朊蛋白在目前分类中亦属病毒之内。

【测试】

一、选择题

1. 绝大多数病毒必须用(　　)才能看见。

A. 光学显微镜　　　　B. 电子显微镜　　　　C. 油镜　　　　D. 普通放大镜

2. 病毒的核酸通常是(　　)。

A. RNA　　　　B. DNA　　　　C. DNA或RNA　　　D. 二者都不是

3. 下列病毒中,无囊膜的是(　　)。

A. 痘病毒　　　　B. 犬细小病毒　　　　C. 新城疫病毒　　　D. 禽流感病毒

4. 病毒感染动物后,在宿主细胞内形成一种在光学显微镜下可见的小体,称之为(　　)。

A. 脂滴　　　　B. DNA　　　　C. 包涵体　　　　D. 囊膜

二、问答题

1. 简述病毒的大小和结构特点。

2. 病毒包涵体检测有何意义?

三、操作题

1. 使用显微镜观察病理切片中病毒包涵体。

2. 通过电镜照片中的病毒的识别。

任务 3-2　病毒的鸡胚接种

【目标】

1. 掌握病毒的鸡胚接种方法和收获方法;

2. 理解病毒的感染及病毒致病性;

3. 熟悉病毒培养方法。

【技能】

一、器械与材料

(1)器材 恒温箱、照蛋器、蛋架、超净工作台、1 mL 注射器、20~27 号针头、镊子、酒精灯、灭菌吸管、灭菌滴管、灭菌青霉素瓶、铅笔、透明胶纸、石蜡、2.5%碘酊及 75%酒精棉球等。

(2)其他 种毒(新城疫病毒悬液)、受精卵(健康鸡群的受精卵,无母源抗体,产后 10 d 之内 5 d 最佳)。

二、方法与步骤

(一)鸡胚的选择

目前理想的鸡胚是 SPF 鸡胚。据国家标准,鸡胚不应含有鸡特定的 22 种病原体,如新城疫、马立克氏病、鸡痘、传染性法氏囊病和传染性支气管炎等。但由于 SPF 鸡饲养条件严格,价格昂贵,商品化种蛋供不应求,故常用非免疫鸡胚代替。不同病原对鸡胚的适应性也不同,如狂犬病和减蛋综合征病毒在鸭胚中比鸡胚中更易增殖,鸡传染性喉气管炎病毒只能在鸡和火鸡胚内增殖,而不能在鸭胚和鸽胚内增殖等。因此,实际应用时应加以严格选择。

(二)鸡胚接种方法

通常应用的鸡胚接种途径和收获方法有 4 种,即绒毛尿囊膜接种法、尿囊腔接种法、羊膜腔接种法和卵黄囊接种法(图 3-4),有时可采用静脉接种法或脑内接种法。

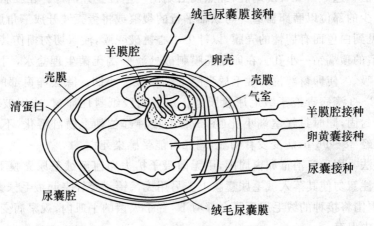

图 3-4 病毒的鸡胚接种部位

1. 尿囊腔接种法

(1)接种方法 孵育 9~11 日龄的鸡胚,经照视后,划出气室及胚胎位置,标明胚龄及日期,气室朝上立于卵架上。在气室中心或远离胚胎侧气室边缘消毒,以钢锥在气室的中央或侧边打一小孔,针头沿孔垂直或稍斜插入气室(图 3-4),进入尿囊,向尿囊腔内注入 0.1~0.3 mL 新城疫病毒悬液,拔出针头,用融化的石蜡封孔,直立孵化。孵化期间,每晚照蛋,观察胚胎存活情况。弃去接种后 24 h 内死亡的鸡胚。

(2)收获方法 收获时间须视病毒的种类而定。新城疫病毒在接种后 24~48 h 即可收获病毒。收获前将鸡胚置于0～4℃冰箱中冷藏4 h或过夜,使血管收缩,以免解剖时出血。气室朝上立于卵架上,无菌操作轻轻敲打并揭去气室顶部蛋壳,形成直径为1.5～2.0 cm的开口。用灭菌镊子夹起并撕开气室中央的绒毛尿囊膜,然后用吸管从破口处吸取尿囊液,每胚可得5～6 mL,贮于无菌小瓶内,无菌检验后,冰冻保存,作种毒或试验之用。

(3)消毒 将用过的镊子、注射器等放入煮沸锅消毒5 min,取出后擦干包好,高压灭菌待用。卵壳、鸡胚等置于消毒液中浸泡过夜,然后弃掉。无菌室内用紫外线灯消毒30 min。

2.卵黄囊接种法

(1)接种方法 选用6～8日龄鸡胚,划出气室和胚胎位置,垂直放置在固定的卵架上。消毒气室端,在气室的中央打一小孔,针头沿小孔垂直刺入约3 cm,向卵黄囊内注入0.1～0.5 mL病毒液(图3-4)。拔出针头,用融化的石蜡封孔,直立孵化3～7d。孵化期间,每晚照蛋,观察胚胎存活情况。弃去接种后24 h内死亡的鸡胚。

(2)收获方法 将濒死或死亡鸡胚气室部消毒,直立于卵架上,无菌操作轻轻敲打并揭去气室顶部蛋壳。用另一无菌镊子撕开绒毛尿囊膜,夹起鸡胚,切断卵黄带,置于无菌平皿内。如收获鸡胚,则除去双眼、爪及嘴,置于无菌小瓶中保存;如收获卵黄囊,则用镊子将绒毛尿囊膜与卵黄囊分开,将后者贮于无菌小瓶中。收获的鸡胚或卵黄囊,经无菌检验后,放置-25℃冰箱冷冻保存。

(3)消毒 同尿囊腔接种法。

3.绒毛尿囊膜接种法

(1)接种方法 选9～12日龄鸡胚,经照视后划出气室位置并消毒。在胚胎附近略近气室处,选择血管较少的部位以磨卵器磨一与纵轴平行的裂痕或将蛋壳锉开成三角形,小心挑起卵壳,造成卵窗,见到白色而有韧性的壳膜,以针尖小心挑破壳膜,注意切勿损伤其下的绒毛尿囊膜。另外在气室的顶端钻一小孔。在卵窗壳膜刺破处滴一滴无菌生理盐水,用橡皮乳头紧贴气室小孔,向外吸气,使卵窗部位的绒毛尿囊膜下陷形成一小凹。除去卵窗部的卵壳,用注射器或吸管滴入2～3滴病毒液于绒毛尿囊膜上。用透明胶纸封住卵窗,或用玻璃纸盖于卵窗上,周围用石蜡封固,同时封气室端小孔(图3-4)。接种部位朝上横卧孵化,不许翻动。每日自卵窗处检查,经48～96 h,病变发育明显,鸡胚可能受感染死亡。

(2)收获方法 用碘酊消毒卵窗周围,用无菌镊子扩大卵窗至绒毛尿囊膜下陷的边缘,除去卵壳及壳膜,注意勿使其落入绒毛尿囊膜上。另用无菌镊子轻轻夹起绒毛尿囊膜,用无菌剪刀沿人工气室周围将接种的绒毛尿囊膜全部剪下,置于灭菌的平皿内,观察病变。病变明显的膜,可放入小瓶中保存。

(3)消毒 同尿囊腔接种法。

4.羊膜腔接种法

(1)接种方法 选12～14日龄鸡胚,经照视后划出气室位置并消毒。按绒毛尿囊膜接种法造成人工气室,撕去卵壳膜,用无菌镊子夹起绒毛尿囊膜,在无大血管处切一0.5 cm小口。用灭菌无齿弯头镊子夹起羊膜,针头刺破羊膜进入羊膜腔,注入新城疫病毒液0.1～0.2 mL。用透明胶纸封住卵窗,或用玻璃纸盖于卵窗上,周围用石蜡封固,同时封气室端小孔(图3-4)。横卧孵化,不许翻动。每日检查发育情况,24 h内死亡者弃去。通常培养3～5 d。

(2)收获方法 用碘酊消毒卵窗周围,用无菌镊子扩大卵窗至绒毛尿囊膜下陷的边缘,除去卵壳、壳膜及绒毛尿囊膜,倾去尿囊液。夹起羊膜,用尖头毛细吸管或注射器穿入羊膜,吸取羊水,装入小瓶中冷藏。每卵可收获 0.5~1 mL。

(3)消毒 同尿囊腔接种法。

(三)影响鸡胚增殖病毒的因素

1.种蛋质量

最理想的鸡胚是 SPF 种蛋,其次是非免疫种蛋,而普通种蛋不适合用于病毒培养。

(1)病原微生物 鸡有很多疫病可垂直传递于鸡胚,如白血病、脑脊髓炎和支原体等。这些病原体影响接种病毒在鸡胚内的增殖,如新城疫病毒接种 SPF 鸡胚和非免疫鸡胚,在相同条件下增殖培养,前者鸡胚液毒价比后者至少高几个滴度。

(2)母源抗体 鸡在感染一些病原或接受一些抗原后,会使其种蛋带有母源抗体,从而影响病毒在鸡胚内的增殖,如鸡传染性法氏囊病病毒强毒株接种 SPF 鸡胚,鸡胚死亡率达100%,但接种非免疫鸡胚,死亡率仅约 30%。

(3)抗生素 鸡混合饲料中常含有一定的抗生素。这种微量的抗生素可在蛋中引起残留,从而影响病毒的增殖。如用四环素喂产蛋母鸡,则鸡胚对立克次氏体和鹦鹉热衣原体的感染产生抵抗。

2.孵化技术

为获得高滴度病毒,须有适宜的孵化条件,并加以控制,这样才会使鸡胚发育良好,有利于病毒增殖。

(1)温度 通常鸡胚发育的适宜温度为 37~39.5℃。根据孵化设备及孵化室的不同,实际采用的温度可作适当调整,如用机械通风的主体孵化机孵化,其适宜温度应控制在 37.8~38℃。有些病毒对温度比较敏感,如鸡胚接种传染性支气管炎病毒后,应严格控制孵化温度,不应超过 37℃。

(2)湿度 湿度可控制孵化过程中蛋内水分的蒸发。鸡胚孵化湿度标准为 53%~57%,火鸡胚孵化湿度比鸡胚高 5%~10%。

(3)通风 鸡胚在发育过程中吸入氧气,排出二氧化碳,随胚龄增长需更换孵化机内空气。目前使用的孵化机,通常采用机械通风法吸入新鲜空气排出部分污浊气体。如采用普通恒温箱培养,则不应完全密闭,应定期开启以保持箱内空气新鲜。

(4)翻蛋 通常种蛋大头向上垂直放置入孵,在孵化过程中定期翻蛋,改变位置,既可使胚胎受热均匀,有利于发育;又可防止胚胎与蛋壳粘连。翻蛋在鸡胚孵化至第 4~7 d 尤为重要。翻蛋还可改变蛋内部压力,使胚胎组织受热均匀,强制胚胎定期活动,促进胚胎发育。

3.接种技术

不同病毒的增殖有不同的接种途径,同一种病毒接种不同日龄鸡胚获得的病毒量也不同。如通常鸡胚发育至 13~14 日龄,鸭胚发育至 15~16 日龄,尿囊液含量最高,平均 6~8 mL,羊水 1~2 mL。因此,由尿囊腔接种病毒时,应根据不同病毒培养所需要的时间选择最恰当的接种胚龄,以获得最高量病毒液。同时,接种操作应严格按照规定,不应伤及胚体和血管,以免影响其发育,使病毒增殖速度降低或停止。

此外,鸡胚污染是危害病毒增殖最严重的因素之一,应严格防止。因此必须做到:鸡胚接种时严格无菌操作;定期清扫消毒孵化室,保持室内空气新鲜,无尘土飞扬;种蛋入孵前先用温水清洗,再用 0.1% 来苏儿或新洁尔灭消毒,晾干。

【知识】

一、病毒感染

病毒感染指病毒侵入体内并在靶器官细胞中增殖,与机体发生相互作用的过程。病毒性疾病指感染后常因病毒种类、宿主状态不同而发生轻重不一的具有临床表现的疾病。有时虽发生病毒感染,但并不形成损伤或疾病。

病毒感染的途径主要包括:水平传播、垂直传播。水平传播指在不同动物个体之间的传播。主要通过消化道、呼吸道、泌尿生殖道、动物的叮咬、皮肤接触等途径。垂直传播指存在于母体的病毒,经胎盘或产道进入子代形成的感染,常导致先天性病毒感染综合征、流产等。

二、病毒增殖

(一)病毒增殖方式

病毒缺乏自身增殖所需的完整酶系统,增殖时必须依靠宿主细胞合成核酸和蛋白质,这就决定了病毒在细胞内专性寄生的特性。病毒的增殖方式是复制,即病毒侵入宿主细胞内,利用宿主细胞的原料、能量、酶与场所,在病毒核酸的控制下合成子代病毒的核酸和蛋白质,然后装配成熟并释放到细胞外的过程。

(二)病毒的复制过程

病毒复制的过程大致可以分为吸附与侵入、脱壳、生物合成、装配与释放4个主要阶段。

1. 吸附与侵入

吸附于易感细胞是病毒复制的第一步。吸附包括可逆吸附和不可逆吸附两个阶段。首先,病毒靠静电引力吸附于宿主细胞表面,这种结合是可逆的、非特异性;然后病毒表面蛋白与细胞表面受体特异性结合,这种结合是不可逆的、具有特异性。特异性吸附对于病毒感染细胞至关重要,细胞有无特定病毒的受体,直接影响是否对该病毒具有易感性。

吸附与侵入是一个连续的过程,目前发现病毒侵入细胞的方式主要有3种:一是病毒直接转入胞浆;二是细胞吞饮病毒;三是病毒囊膜同细胞膜融合。无囊膜的病毒以前两种方式侵入,有囊膜病毒常以第三种方式侵入细胞。

2. 脱壳

脱壳包括脱囊膜和脱衣壳两个过程。脱囊膜的过程是在侵入过程中完成,没有囊膜的病毒只有脱衣壳的过程。有的病毒在细胞膜上脱掉衣壳,病毒核酸直接进入细胞内,如口蹄疫病毒;多数病毒在细胞浆或细胞核内脱去衣壳。

3. 生物合成

病毒脱壳后,释放核酸,这时在细胞内检查不到病毒颗粒,故称为隐蔽期。此时,宿主细胞在病毒基因的控制下合成病毒的核酸、蛋白质及所需的酶类,包括病毒核酸转录或复制时的聚合酶,最后是由新合成的病毒核酸和蛋白质装配成完整的病毒粒子。

4. 装配与释放

新合成的病毒核酸和蛋白质在感染细胞中逐步成熟,病毒核酸进入蛋白质衣壳形成完整的病毒粒子,即是病毒的装配。大多数DNA病毒在细胞核内合成DNA并在细胞核内进行装配,但痘病毒和虹彩病毒却在细胞浆内合成DNA和病毒蛋白并装配;RNA病毒都在胞浆内装配。

　　大多数无囊膜的病毒蓄积在胞浆或胞核内,当细胞完全裂解时,释放出病毒粒子。而有囊膜的病毒则以出芽方式释放,在释放过程中病毒合成的特异性蛋白插入到膜内形成特异性的囊膜蛋白,并排挤出原有的细胞膜蛋白;最终,核衣壳被囊膜包裹后释放到细胞外。如流感病毒,核衣壳在装配成熟的同时,血凝素和神经氨酸酶在胞浆内合成并嵌入细胞膜,在病毒出芽时获得这两种成分,并在囊膜表面形成纤突。

三、病毒致病性

　　病毒主要的致病机制是通过干扰宿主细胞的营养和代谢,引起宿主细胞水平和分子水平的病变,导致机体组织器官的损伤和功能改变,造成机体持续性感染。

(一)病毒对宿主细胞的致病作用

1. 干扰宿主细胞的功能

(1)抑制或干扰宿主细胞的生物合成　大多数杀伤性病毒所转译的早期蛋白质可抑制宿主细胞 RNA 和蛋白质的合成,随后 DNA 的合成也受到抑制。如小 RNA 病毒、疱疹病毒和痘病毒。

(2)破坏宿主细胞的有丝分裂　病毒在宿主细胞内复制,能干扰宿主细胞的有丝分裂,形成多核的合胞体或多核巨细胞。如疱疹病毒、痘病毒和副黏病毒等。

(3)细胞转化　病毒的 DNA 与宿主细胞的 DNA 整合,从而改变宿主细胞遗传信息的过程称为细胞转化。转化后的细胞分裂周期缩短,能持续地旺盛生长。这种转化后的细胞在机体内可能形成肿瘤,如乳多空病毒、腺病毒、疱疹病毒等。

(4)抑制或改变宿主细胞的代谢　病毒进入宿主细胞后,其 DNA 能在几分钟内对宿主细胞 DNA 的合成产生抑制,同时,病毒抢夺宿主细胞生物合成的场地、原料和酶类,产生破坏宿主细胞 DNA 和代谢酶的酶类,或产生宿主细胞代谢酶的抑制物,从而使宿主细胞的代谢发生改变或受到抑制。

2. 损伤宿主细胞的结构

(1)细胞病变　病毒在宿主细胞内大量复制时,其代谢产物对宿主细胞具有明显的毒性,能使宿主细胞结构发生改变,出现肉眼或显微镜下可见的病理变化,即细胞病变(CPE)。如空斑形成、细胞浊肿等。

(2)形成包涵体　新复制的子病毒及其前体在宿主细胞内大量堆积,形成光学显微镜下可见的特殊结构,称为包涵体;或病毒在宿主细胞内复制时,形成病毒核酸、蛋白质集中合成和装配的场所,即"病毒工厂",在镜下也可见到细胞内的特殊结构,亦称为包涵体。

(3)破坏溶酶体　某些病毒进入宿主细胞后,首先使宿主细胞溶酶体膜的通透性增强,进而使溶酶体膜破坏,溶酶体被释放而使宿主细胞发生自溶。

(4)细胞融合　病毒破坏溶酶体使宿主细胞发生自溶后,溶酶体酶被释放到细胞外,作用于其他细胞表面的糖蛋白,使其结构发生变化,从而使相邻细胞的细胞膜发生融合。

(5)红细胞凝集　某些病毒的表面具有一些称为血凝素的特殊结构,能与宿主红细胞的表面受体结合,使红细胞发生凝集,称为病毒的凝血作用。如新城疫病毒、流行性感冒病毒、狂犬病病毒等。

3.引起宿主细胞的死亡或崩解

病毒在宿主细胞内复制,一方面,病毒粒子及病毒代谢产物对宿主细胞的结构造成破坏,严重干扰宿主细胞的正常生命活动,引起宿主细胞的死亡;另一方面,不完全病毒在宿主细胞内复制出大量的子病毒后,以宿主细胞破裂的方式释放,造成宿主细胞死亡。

(二)病毒对宿主机体的致病作用

1.病毒直接破坏机体结构

病毒对宿主细胞的损伤导致机体结构的破坏。有些病毒能破坏宿主毛细血管内皮和基底膜,导致出血、水肿和坏死,如猪瘟病毒、新城疫病毒、马传染性贫血病毒等。有些病毒能在宿主血管内产生凝血作用,导致机体微循环障碍,如新城疫病毒、流行性感冒病毒等。有些病毒引起细胞转化而形成肿瘤,如鸡马立克氏病病毒、牛白血病病毒、禽白血病病毒等。有些病毒能破坏神经细胞的结构,引发机体的神经症状,如狂犬病病毒。有些病毒能破坏肠黏膜,影响营养和水分的吸收,引起剧烈的水样腹泻,如猪传染性胃肠炎病毒、猪流行性腹泻病毒等。

2.病毒代谢产物对机体的作用

病毒复制过程中产生的一些代谢产物,与宿主体内的某些物质结合而影响这些物质的功能发挥,或吸附于某些细胞的表面,改变细胞表面的抗原性,激发机体的变态反应而造成组织损伤。

病毒在破坏宿主细胞的过程中能释放出一些病理产物,这些病理产物可继发性地引起机体的结构和功能破坏。如细胞破裂后释放出来的溶酶体酶,可造成组织细胞的溶解和损伤,释放出来的 5-羟色胺、组胺、缓激肽等可引发局部炎症反应。

四、病毒的培养方法

(一)动物试验

这是最原始的病毒分离培养方法。常用小白鼠、田鼠、豚鼠、家兔及猴等。接种途径根据各病毒对组织的亲嗜性而定,可接种鼻内、皮内、脑内、皮下、腹腔或静脉,例如嗜神经病毒(脑炎病毒)接种鼠脑内,柯萨奇病毒接种乳鼠(1 周龄)腹腔或脑内。接种后逐日观察实验动物发病情况,如有死亡,则取病变组织剪碎,研磨均匀,制成悬液,继续传代,并作鉴定。

优点:方法简单;可测定病毒的致病性;可用于无法通过鸡胚或细胞培养的病毒。

缺点:动物的品质、个体差异性、体液因素等,以及可能携带病原体等,会直接或间接地干扰研究结果和生物制品的质量。

(二)鸡胚接种

所有的病毒都是严格细胞内寄生的病原体,它们不能在无生命培养基中生长。因此病毒的分离培养需在动物体或活细胞内进行,通常采用动物接种法、鸡胚接种法、组织培养法。病毒在动物、鸡胚或细胞培养中的增殖情况,可通过观察细胞病变或其他方法检测鉴定。禽胚是正在发育的活体,组织分化程度低,细胞代谢旺盛,鸡胚对多种病毒敏感,可用于病毒的分离、鉴定、研究,抗原的制备等。经常采用 9~12 日龄的鸡胚。

鸡胚接种的方法:不同的病毒,鸡胚接种的部位不同,最常用的鸡胚接种部位有尿囊腔、羊膜腔、绒尿膜接种、卵黄囊。

优点:来源充足;物美价廉;适用于多种病毒;操作方便,无须特殊设备;对接种的病毒不产生抗体。

缺点:可能含有某些家禽病毒的母源抗体;可能携带垂直传播的病原体;需要第二指示系统来鉴定病毒。

(三)细胞培养

用分散的活细胞培养称细胞培养。所用培养液是含血清(通常为胎牛血清)、葡萄糖、氨基酸、维生素的平衡溶液,pH 7.2～7.4。细胞培养适于绝大多数病毒生长,是病毒实验室的常规技术。

1.原代细胞培养

用胰蛋白酶将人胚(或动物)组织分散成单细胞,加一定培养液,37℃孵育1～2 d后逐渐在培养瓶底部长成单层细胞,如人胚肾细胞、兔肾细胞。原代细胞均为二倍体细胞,可用于产生病毒疫苗,如兔肾细胞生产风疹疫苗,鸡成纤维细胞产生麻疹疫苗,猴肾细胞生产脊液灰质炎疫苗。因原代细胞不能持续传代培养,故不便用于诊断工作。

2.二倍体细胞培养

原代细胞只能传2～3代细胞就退化,在多数细胞退化时,少数细胞能继续传下来,且保持染色体数为二倍体,称为二倍体细胞或细胞株。二倍体细胞生长迅速,并可传50代保持二倍体特征,通常是胚胎组织的成纤维细胞(如 WI-38 细胞系)。二倍体细胞一经建立,应尽早将细胞悬浮于10%二甲基亚砜中,大量分装安瓿贮存于液氮(－196℃)内,作为"种子",供以后传代用。目前多用二倍体细胞系制备病毒疫苗,也用于病毒的实验室诊断工作。

3.传代细胞培养

通常是由癌细胞或二倍体细胞突变而来(如 Hela、Hep-2、Vero 细胞系等),染色体数为非整倍体,细胞生长迅速,可无限传代,在液氮中能长期保存;也称为细胞系。目前广泛用于病毒的实验室诊断工作,根据病毒对细胞的亲嗜性,选择敏感的细胞系使用。

【测试】

一、填空题

1.病毒复制过程的一般顺序是 _____、_____、_____、_____、_____和_____。

2.病毒体外培养的主要方法主要有_____、_____和_____。

3.病毒的感染的途径主要包括_____、_____。

4.最常用的鸡胚接种部位有_____、_____、_____、_____。

二、操作题

1.鸡胚的尿囊腔接种及病毒的收集。

2.鸡胚的绒毛尿囊膜接种及病毒的收集。

任务 3-3 病毒的血凝和血凝抑制试验

【目标】

1.熟练掌握病毒的血凝及血凝抑制试验(微量法)的操作方法及结果判定,明确其应用价值;

2.掌握血凝价和血凝抑制效价的判定方法及标准;

3.掌握病毒的主要特性。

【技能】

一、器械与材料

(1)器材 微量血凝板(V形96孔)、微量移液器及(50 μL)吸头、微型振荡器、恒温箱、离心机、天平、注射器。

(2)试剂 生理盐水,pH 7.0~7.2的磷酸盐缓冲液、3.8%柠檬酸钠溶液等。

(3)其他 新城疫标准抗原(Lasota 种毒感染的鸡胚尿囊液,HA 效价在 1:640 以上,或其他毒株生产的抗原)、新城疫阳性血清(HI 效价为 1:640)。

二、内容与方法

(一)0.5%鸡红细胞悬液的制备

先用注射器吸取 3.8%柠檬酸钠液(其量为所采血量的 1/5),从成年健康鸡翅静脉采血至所需血量,置离心管中,用 20 倍量 pH 7.0~7.2 磷酸盐缓冲液洗涤 3~4 次,每次以 2 000 r/min 离心 3~4 min,最后一次 5 min,每次离心后弃上清液和白细胞层。最后根据离心管中沉淀的红细胞量,用生理盐水稀释成 0.5%红细胞悬液。

(二)病毒的血凝(HA)试验

1.操作术式(表 3-1)

(1)用微量移液器向反应板各孔分别加 pH7.0~7.2 的磷酸盐缓冲液 1 滴(25 μL)。

(2)换一吸头吸取 1 滴病毒液,加于第 1 孔的生理盐水中,并用移液器挤压 3~5 次使液体混合均匀,然后取 1 滴移入第 2 孔,挤压混匀后取 1 滴移入第 3 孔,依次倍比稀释到第 11 孔,第 11 孔中液体混匀后从中吸出 1 滴弃去。第 12 孔不加病毒抗原,作对照。

(3)换一吸头吸取 0.5%红细胞悬液依次加入 1~12 个孔中,每孔加 1 滴。

(4)加样完毕,将反应板置于微型振荡器上振荡 1 min,并放室温(18~20℃)下作用 30~40 min,或置 37℃恒温箱中作用 15~30 min 取出,每隔 5 min 观察一次,观察 1 h 并判定结果。

2.结果判定及记录

"+"表示红细胞完全凝集。红细胞凝集后均匀平铺于反应孔底面一层,边缘不整呈锯齿状,且上层液体中无悬浮的红细胞。

"一"表示红细胞未凝集。红细胞全部沉淀于反应孔底部中央,呈小圆点状,边缘整齐。

"±"表示红细胞部分凝集。红细胞凝集情况介于"+"与"一"之间。

新城疫病毒液能凝集鸡的红细胞,但随着病毒液被稀释,其凝集红细胞的作用逐渐变弱。稀释到一定倍数时,就不能使红细胞出现明显的凝集,从而出现可疑或阴性结果。能使一定量红细胞完全凝集的病毒最大稀释倍数为该病毒的血凝价,即一个血凝单位,常以 2^n 表示。

表 3-1 新城疫病毒血凝抑制试验操作术式

孔号	1	2	3	4	5	6	7	8	9	10	11	12
稀释度	2	4	8	16	32	64	128	256	512	1 024	2 048	对照
生理盐水/滴	1	1	1	1	1	1	1	1	1	1	1	1
病毒抗原/滴												弃1
0.5%红细胞悬液/滴	1	1	1	1	1	1	1	1	1	1	1	1
感作	振荡 1 min,20~30℃静置 20 min,每 5 min 观察 1 次,观察 1 h											
结果举例	+	+	+	+	+	+	+	±	—	—	—	—

注:+为完全凝集;±不完全凝集;—为不凝集。

(三)病毒的血凝抑制(HI)试验

采用同样的血凝板,每排孔可测 1 份血清样品。

1.制备 4 个血凝单位的病毒液

根据 HA 试验结果,确定病毒的血凝价,用生理盐水稀释病毒液,配制成 4 个血凝单位的病毒。稀释倍数按下式计算:4 个血凝单位病毒的稀释倍数=病毒的血凝价/ 4。如表 3-1 中病毒液的血凝价为 128 倍(2^7),4 个血凝单位病毒的稀释倍数为 32 倍(2^5)。

2.被检血清的制备

静脉或心脏采血完全凝固后自然析出或离心获得被检血清。

3.操作术式(表 3-2)

(1)用微量移液器加生理盐水,1~12 孔各加 1 滴。

(2)换一吸头取抗新城疫血清 1 滴置于第 1 孔的生理盐水中,挤压 3~5 次混匀,吸出 1 滴放入第 2 孔中,然后依次倍比稀释至第 10 孔,并将第 10 孔的液体混匀后取 1 滴弃去。第 11 孔为病毒对照,第 12 孔为盐水对照。

(3)用微量移液器吸取稀释好的 4 单位病毒液,向 1~11 孔中分别加 1 滴。然后,振荡 1 min,将反应板置室温下作用 20 min,或在 37℃恒温箱中作用 5~10 min。

(4)取出血凝板,用微量移液器向每一孔中各加入 0.5%红细胞悬液 1 滴,再将反应板置于微型振荡器上振荡 1 min,室温(18~20℃)下作用 20 min,或置 37℃温箱中作用 5~10 min。

(5)将反应板置 37℃恒温箱中作用 5~10 min 取出,观察并记录结果。

4.结果判断及记录

将血凝板倾斜 70°角,凡沉淀于孔底的红细胞沿反应孔倾斜面向下呈线装流动,且呈现现象与盐水对照孔一样者为红细胞完全不凝集。

以出现红细胞完全不凝集(即完全抑制红细胞凝集)的血清最大稀释倍数为该血清的血凝抑制价或血凝抑制滴度,如表 3-2 所表示的血清的血凝抑制效价为 64 倍(2^6)。

表 3-2　新城疫病毒血凝抑制试验操作术式

孔号	1	2	3	4	5	6	7	8	9	10	11	12
稀释度	2	4	8	16	32	64	128	256	512	1 024	2 048	对照
生理盐水/滴	1	1	1	1	1	1	1	1	1	1	1	1
特检血清/滴	1	1	1	1	1	1	1	1	1	1	1	弃1
4 单位病毒/滴	1	1	1	1	1	1	1	1	1	1	1	1
感作	振荡 1 min，20～30℃ 静置 15～20 min											
0.5％红细胞悬液/滴	1	1	1	1	1	1	1	1	1	1	1	1
感作	振荡 1 min，20～30℃ 静置 20 min											
结果举例	−	−	−	−	−	−	−	±	±	＋	＋	＋

注：＋为完全凝集；±不完全凝集；−为不凝集。

（四）注意事项

（1）配置 0.5％红细胞悬液时不能用力摇震，以免把红细胞膜震破，造成溶血，影响实验效果。

（2）在滴加材料时，注意每滴加一种材料更换一个吸头，以免病毒与红细胞混合，影响实验效果。

（3）稀释时将材料充分混匀后再吸出滴入下一孔中。

（4）适时观察结果，如果长时间放置，凝集的红细胞会沉降下来，造成观察结果不准确。

病毒的 HA-HI 试验，可用已知血清来鉴定未知病毒，也可用已知病毒来检测血清中的抗体效价，在某些病毒病的诊断及疫苗免疫效果的检测中应用广泛。

附：在生产中对鸡群进行抗体监测时，可直接用 4 单位病毒液稀释血清，其方法为：

（1）第 1 孔加 8 单位病毒 1 滴，第 2～11 孔各加 4 单位病毒 1 滴。

（2）换一吸头取待检血清 1 滴置于第 1 孔，挤压 3～5 次混匀，吸出 1 滴放入第 2 孔中，然后依次倍比稀释至第 10 孔，并将第 10 孔的液体混匀后取 1 滴弃去。振荡混匀后，置 37℃ 恒温箱中作用 15～30 min。

（3）1～12 孔各加 1％红细胞 1 滴，振荡混匀后，置 37℃ 恒温箱中作用 15～30 min。待对照病毒凝集后观察结果。

（4）判定结果，以 100％抑制红细胞凝集的血清最大稀释倍数为该血清的血凝抑制滴度。

【知识】

一、病毒的干扰现象和干扰素

当甲、乙两种病毒感染同一细胞时，甲病毒能抑制乙病毒复制的现象，称为病毒的干扰现象。前者称为干扰病毒，后者称为被干扰病毒。干扰现象的本质是由于干扰素引起的。

1. 病毒干扰的类型

（1）自身干扰　一株病毒在高度增殖时的自身干扰。

（2）同种干扰　同种病毒不同型或株之间的干扰。

（3）异种干扰　异种病毒之间的干扰，这种干扰现象最为常见。

2. 干扰现象发生的原因

（1）占据或破坏细胞受体　两种病毒感染同一细胞时，都需要细胞膜上的同一受体，先进入的病毒首先占据或破坏细胞受体,使另一种病毒无法吸附和侵入易感细胞,增殖过程被阻断。常见于某些病毒的同种干扰或自身干扰。

(2)争夺酶系统、生物合成原料及场所 两种病毒可能利用不同的受体进入同一细胞,但它们在细胞中增殖所需细胞的主要原料、关键性酶及合成场所是一致的,而且是有限的。因此,一种病毒占据有利增殖条件而正常增殖,另一种病毒则受限,增殖受到抑制。

(3)干扰素的产生 病毒之间存在干扰现象的最主要原因是先进入的病毒可诱导细胞产生干扰素,抑制其他病毒的复制。

3. 干扰素

干扰素是活细胞受到病毒感染或干扰素诱生剂的刺激产生的一种低分子量的糖蛋白。干扰素可释放到细胞外,被机体其他细胞吸收后,在细胞内合成抗病毒蛋白质。该抗病毒蛋白能抑制病毒蛋白的合成,从而抑制入侵病毒的增殖,起到保护细胞和机体的作用。

病毒是最好的干扰素诱生剂。细菌内毒素,某些微生物如李氏杆菌、布氏杆菌、支原体、立克次氏体、真菌等,植物血凝素,及某些合成的化学诱导剂如多聚肌苷酸、多聚胞苷酸等也属于干扰素诱生剂。

干扰素按照化学性质可分为 α、β 和 γ 三种类型,其中 α 干扰素主要由白细胞和其他多种细胞在受到病毒感染后产生;β 干扰素由成纤维细胞和上皮细胞受到病毒感染时产生;而 γ 干扰素由 T 细胞和 NK 细胞在受到抗原或有丝分裂原的刺激后产生,它是一种免疫调节因子,主要作用于 T、B 淋巴细胞和 NK 细胞,增强这些细胞的活性,促进抗原的清除。所有哺乳动物都能产生干扰素,而禽类体内无 γ 干扰素。

干扰素的作用是非特异性的,具有广谱抗病毒作用,甚至对某些细菌、立克次氏体等也有干扰作用,但干扰素具有明显的动物种属特异性,如牛干扰素不能抑制人体内病毒的增殖,鼠干扰素不能抑制鸡体内病毒的增殖等。干扰素还具有抗肿瘤作用,不仅可抑制肿瘤细胞的增殖,而且能抑制肿瘤细胞的生长,同时又能调节机体的免疫机能,如增强吞噬细胞的功能,加强 NK 细胞等细胞毒细胞的活性,加快对肿瘤细胞的清除。

二、病毒的血凝现象

许多病毒表面有血凝素,能与鸡、豚鼠、人等红细胞表面受体结合,从而出现红细胞凝集现象,称为病毒的血凝现象,简称病毒的血凝。病毒的血凝现象是非特异性的。

当病毒与相应的抗病毒抗体结合后,能使红细胞的凝集现象受到抑制,称为病毒血凝抑制现象,简称病毒的血凝抑制。能阻止病毒凝集红细胞的抗体称为红细胞凝集抑制抗体,其特异性很高。

生产中病毒的血凝和血凝抑制试验主要用于某些有血凝现象的病毒性传染病的诊断及其抗体检测,如鸡新城疫、禽流感等。

三、病毒的包涵体

包涵体是某些病毒在细胞内增殖后,于细胞内形成的一种用光学显微镜可以看到的特殊"斑块"。病毒不同,所形成包涵体的形状、大小、数量、着色性及其在细胞中的位置等均不相同,故可作为诊断某些病毒病的依据。如狂犬病病毒在神经细胞浆内形成嗜酸性包涵体,伪狂犬病病毒在神经细胞核内形成嗜酸性包涵体。

四、病毒的滤过特性

由于病毒形体微小,所以能通过孔径细小的细菌滤器,故人们曾称病毒为滤过性病毒。利用这一特性,可将材料中的病毒与细菌分开。但滤过性并非病毒独有的特性,有些支原体、衣原体、螺旋体也能够通过细菌滤器。随着科学技术的进步,人们已经可以生产出不同孔径的滤器,并已有了能够过滤病毒的滤膜。

五、病毒的抵抗力

病毒对外界理化因素的抵抗力与细菌的繁殖体相当。研究病毒抵抗力,对于病毒病的扑灭、病毒的保存和病毒性疫苗的制备有重要意义。

1. 物理因素

病毒耐冷不耐热,通常温度越低,病毒生存时间越长。病毒对高温敏感,多数病毒在55℃经30 min 即被灭活。病毒对干燥的抵抗力与干燥的快慢和病毒的种类有关,如水疱液中的口蹄病病毒在室温中缓慢干燥,可生存3～6个月;若在37℃下快速干燥迅即灭活。冻干法是保存病毒的好方法;大量紫外线和长时间日光照射能杀灭病毒。

2. 化学因素

(1)甘油 多数病毒对甘油有较强的抵抗力,因此常用50%甘油缓冲生理盐水保存或寄送被检病毒材料。

(2)脂溶剂 脂溶剂能破坏病毒囊膜而使其灭活。常用乙醚或氯仿等脂溶剂处理病毒,来检查其有无囊膜。

(3)pH 病毒一般能耐 pH 5～9,通常将病毒保存于 pH 7.0～7.2 的环境中。但病毒对酸碱的抵抗力差异很大,例如肠道病毒对酸的抵抗力很强,而口蹄疫病毒则很弱。

(4)化学消毒药 病毒对氧化剂、重金属盐类、碱类和与蛋白质结合的消毒药等都很敏感。实践中常用苛性钠、石炭酸和来苏儿等进行环境消毒,实验室则常用高锰酸钾、双氧水等消毒,对不耐酸的病毒可选用稀盐酸消毒。

【测试】

一、选择题

1. 干扰素的化学本质是( )。

A. 糖蛋白　　　　B. RNA　　　　C. DNA　　　　D. 脂肪

2. 干扰素能非特异地抑制( )的复制。

A. 细菌　　　　B. 病毒　　　　C. 真菌　　　　D. 支原体

3. 干扰素通常对( )的复制有干扰作用。

A. 细菌　　　　B. 真菌　　　　C. 放线菌　　　　D. 病毒

二、问答题

1. 解释血凝价(血凝单位)和血凝抑制价。

2. 什么叫干扰素?它有哪些临床应用?

三、操作题

1. 制备 0.5％的红细胞悬液 500 mL。

2. 某鸡场鸡群发病，从临床症状和病理变体判断可能是鸡新城疫，请你用血凝和血凝抑制试验进一步确诊。

任务 3-4　认识主要的动物病毒

【目标】

1. 了解主要动物病毒的生物学特征；

2. 掌握主要动物病毒的致病性及微生物检查方法。

【知识】

一、口蹄疫病毒

口蹄疫病毒（FMDV）能感染牛、羊、猪、骆驼等偶蹄动物，主要表现为患畜的口腔黏膜、舌、蹄部和乳房等发生特征性的水疱。

1. 生物学性状

FMDV 是单股 RNA 病毒，无囊膜，二十面体立体对称，呈球形或六角形。FMDV 可在牛舌上皮细胞和甲状腺细胞、猪肾细胞、仓鼠肾细胞等细胞内增殖，并常引起细胞病变。鸡胚绒毛尿囊膜接种可增殖和致弱 FMDV。

口蹄疫病毒有 7 个不同的血清型，分别为 A、O、C、南非（SAT）1、南非（SAT）2、南非（SAT）3 及亚洲 1 型，各型之间无交互免疫作用。每一血清型又有若干个亚型，各亚型之间的免疫性也有不同程度的差异。

直射日光能迅速使口蹄疫病毒灭活，但污染物品如饲草、被毛和木器上的病毒却可存活几周之久。厩舍墙壁和地板上干燥分泌物中的病毒至少可以存活 1～2 个月。病毒经 70℃ 10 min、80℃ 1 min、1% NaOH 1 min 即被灭活，在 pH3 的环境中可失去感染性。最常用的消毒液有 2％氢氧化钠溶液、过氧乙酸和高锰酸钾等。

2. 致病性

在自然条件下，60 多种偶蹄动物对口蹄疫病毒易感，马和禽类不感染。实验动物中豚鼠最易感，但大部分可耐过，因此常常用其做病毒的定型试验。

3. 微生物学检查

世界动物卫生组织（OIE）把口蹄疫列为 A 类疫病，我国也把口蹄疫定为 14 个一类疫病之一，诊断必须在指定的实验室进行。

（1）病毒的分离鉴定　送检的样品包括水疱液和水疱皮等，常用 BHK 细胞、HBRS 细胞等进行病毒的分离，做蚀斑试验，同时应用 ELISA 试剂盒诊断。

（2）动物接种试验　采水疱皮制成悬液，接种豚鼠跖部皮内，注射部位出现水疱可确诊。

（3）血清学诊断　常用 ELISA、间接 ELISA 以及荧光抗体试验进行诊断。应用补体结合试验、琼脂扩散试验等可对口蹄疫血清型做出鉴定。

二、禽流感病毒

禽流感病毒（AIV）是禽流感的病原体。禽流感又称欧洲鸡瘟或真性鸡瘟。高致病性禽流感（HPAI）已经被 OIE 定为 A 类传染病，我国把高致病性禽流感列为一类动物疫病。

1.生物学性状

AIV 是单股 RNA 病毒，球形，也有的呈杆状或丝状，外有囊膜，囊膜表面有纤突。纤突有两类，一类是血凝素（H）纤突，现已发现 15 种，分别以 $H_1 \sim H_{15}$ 命名；另一类是神经氨酸酶（N）纤突，已发现有 9 种，分别以 $N_1 \sim N_9$ 命名。H 和 N 是流感病毒两个最为重要的分类指标，不同的 H 抗原或 N 抗原之间无交互免疫力，二者以不同的组合产生多种不同亚型的毒株。H_5N_1、H_5N_2、H_7N_1、H_7N_7 及 H_9N_2 是引起鸡禽流感的主要亚型。禽流感病毒能凝集鸡、牛、马、猪和猴的红细胞。

AIV 能在鸡胚、鸡胚成纤维细胞中增殖。病毒通过尿囊腔接种鸡胚后，经 36～72 h，病毒量可达最高峰，导致鸡胚死亡，并使胚体的皮肤、肌肉充血和出血。高致病力的毒株 20 h 即可致死鸡胚。大多数毒株能在鸡胚成纤维细胞培养形成蚀斑。

该病毒 55℃ 60 min 或 60℃ 10 min 即可失去活力。对紫外线、大多数消毒药和防腐剂敏感，在干燥的尘埃中能存活 14 d。

2.致病性

禽流感宿主广泛，各种家禽和野禽均可以感染，但以鸡和火鸡最为易感。病毒可通过野禽传播，特别是野鸭。除候鸟和水禽外，笼养鸟也可带毒造成鸡群禽流感的流行。也可能通过蛋传播。该病以急性败血症死亡到无症状带毒等多种病征为特征，高致病力毒株引起的高致病性禽流感，其感染后的发病率和病死率都很高。

感染鸡在发病后的 3～7 d 可检出中和抗体，在第 2 周时达到高峰，可持续 18 个月以上。

3.微生物学检查

禽流感病毒的分离鉴定应在国务院认定的实验室中进行。

（1）病毒分离鉴定　活禽可用棉拭子从病禽气管及泄殖腔采取分泌物或粪便，死禽采集气管、肝、脾等送检。处理病料取上清液接种于 9～11 日龄 SPF 鸡胚尿囊腔，收集尿囊液，用 HA 测其血凝性。病毒分离呈阳性后，再对病毒进行血凝素和神经氨酸酶亚型鉴定和致病力测定。

（2）血清学诊断　病毒鉴定的试验主要有 ELISA 试验、琼脂扩散试验、HI 试验、神经氨酸酶抑制试验、RT-PCR 及致病力测定试验。

三、痘病毒

痘病毒可引起各种动物的痘病。痘病的特征是皮肤和黏膜发生特殊的丘疹和疱疹，通常取良性经过。各种动物的痘病中以绵羊痘和鸡痘最为严重，病死率较高。

1.生物学性状

引起各种动物痘病的痘病毒均为双股 DNA 病毒，有囊膜，呈砖形或卵圆形，是动物病毒中体积最大、结构最复杂的病毒。多数痘病毒在其感染的细胞内形成胞浆包涵体，包涵体内所含病毒粒子又称原生小体。大多数的痘病毒易在鸡胚绒毛尿囊膜上生长，并产生溃烂的病灶、痘斑或结节性病灶。

痘病毒对热的抵抗力不强。55℃ 20 min 或 37℃ 24 h 均可使病毒丧失感染力。对冷及干燥的抵抗力较强,冻干至少可以保存 3 年以上,0.5%福尔马林、3%石炭酸、0.01%碘溶液、3%硫酸、3%盐酸可于数分钟内使其丧失感染力。

2. 致病性

绵羊痘病毒是羊痘病毒属的病毒。在自然条件下,只有绵羊发生感染,出现全身性痘疱,肺经常出现特征性干酪样结节,感染细胞的胞浆中出现包涵体。各种绵羊的易感性不同,死亡率在 5%～50%不等。有些毒株可感染牛和山羊,产生局部病变。鸡痘病毒是禽痘病毒属的代表种,在自然情况下,各种年龄的鸡都易感,但多见于 5～12 月龄的鸡。有皮肤型和白喉型两种病型。皮肤型是皮肤有增生型病变并结痂,白喉型则在消化道和呼吸道黏膜表面形成白色不透明结节甚至奶酪样坏死的伪膜。

3. 微生物学检查

(1)原生小体检查　对无典型症状的病例,采取痘疹组织片,按莫洛佐夫镀银法染色后,在油镜下观察,可见有深褐色的球菌群样原型小颗粒,单在或呈短链或成堆,即为原生小体。

(2)血清学诊断　将可疑病料做成乳剂并以此为抗原,同其阳性血清做琼脂扩散试验,如出现沉淀线,即可确诊。此外,还可用补体结合试验、中和试验等进行诊断。

(3)病毒分离鉴定　必要时可接种于鸡胚绒毛尿囊膜或采用划痕法接种于家兔、豚鼠等实验动物,观察鸡胚绒毛尿囊膜的痘斑或动物皮肤上出现的痘疹进行鉴定。

四、狂犬病病毒

狂犬病病毒侵害动物的神经系统,能引起人和各种家畜的狂犬病。临床特征性为各种形式的兴奋和麻痹状态,病理组织学特征为脑神经细胞内形成包涵体即内基氏小体。

1. 生物学性状

狂犬病病毒是单股 RNA 病毒,呈子弹形,有囊膜及膜粒,圆柱状的核衣壳呈螺旋形对称。该病毒在 pH 6.2、0～4℃条件下可凝集鹅的红细胞,并可被特异性抗体所抑制,故可进行血凝抑制试验。病毒在动物体内主要存在于中枢神经组织、唾液腺和唾液内。在自然条件下,能使动物感染的强毒株称野毒或街毒。街毒对兔的毒力较弱,如用脑内接种,连续传代后,对兔的毒力增强,而对人及其他动物的毒力降低,称为固定毒,可用于疫苗生产。感染街毒的动物在脑组织神经细胞可形成胞浆包涵体即内基氏小体。街毒可在大鼠、小鼠、家兔和鸡胚等脑组织、仓鼠肾和猪肾等细胞上培养,但一般不引起细胞病变,需用荧光抗体染色法以检测病毒抗原。通过实验动物继代后,病毒的毒力减弱,可用来制备弱毒疫苗。

本病毒能抵抗自溶及腐烂,在自溶的脑组织中可保持活力 7～10 d。反复冻融、紫外线照射、蛋白酶、酸、胆盐、乙醚、升汞、70%酒精、季铵盐类消毒剂、自然光及热等处理都可迅速降低病毒活力,56℃ 15～30 min 即可灭活病毒。

2. 致病性

各种哺乳动物对狂犬病病毒都有易感性。实验动物中,家兔、小鼠、大鼠均可用人工接种而感染,人也易感,鸽及鹅对狂犬病有天然免疫性。易感动物常因被疯犬、健康带毒犬或其他狂犬病患畜咬伤而发病。病毒通过伤口侵入机体,在伤口附近的肌细胞内复制,而后通过感觉或运动神经末梢及神经轴索上行至中枢神经系统,在脑的边缘系统大量复制,导致脑损伤,出现行为失控、兴奋继而麻痹的神经症状。本病的病死率几乎100%。

3.微生物学检查

在大多数国家仅限于获得认可的实验室及具有确认资格的人员才能做狂犬病的实验室诊断。常用的诊断方法如下：

（1）包涵体检查　取病死动物的海马角，用载玻片做成压印片。室温自然干燥，滴加数滴塞莱染色液（由2%亚甲蓝醇15 mL，4%碱性复红2~4 mL，纯甲醇25 mL配成），染1~5 s，水洗，干燥，镜检，阳性结果可见内基氏小体为樱桃红色。有70%~90%的病犬可检出胞浆包涵体，如出现阴性，应采用其他方法再进行检查。

（2）血清学诊断　免疫荧光试验是世界卫生组织推荐的方法，是一种快速、特异性很强的方法。还可采用琼扩试验、ELISA、中和试验、补体结合试验等进行诊断。

五、猪瘟病毒

猪瘟病毒（CSFV）只侵害猪，发病后死亡率很高。OIE将猪瘟列入A类传染病之一，并规定为国际贸易重点检疫对象。

1.生物学性状

CSFV是单股RNA病毒，呈球形，有囊膜。本病毒只在猪源原代细胞如猪肾、睾丸和白细胞等或传代细胞如PK-15细胞、IBRS-2细胞中增殖，但不能产生细胞病变。猪瘟病毒没有血清型的区别，只有毒力强弱之分。在强毒株、弱毒株或几乎无毒力的毒株之间，有各种逐渐过渡的毒株。

该病毒对理化因素的抵抗力较强，血液中的病毒56℃ 60 min或60℃ 10 min才能被灭活，室温能存活2~5个月，在冻肉中可存活6个月之久，病毒冻干后在4~6℃条件下可存活一年。阳光直射5~9 h可失活，1%~2%烧碱或10%~20%石灰水15~60 min能杀灭病毒。猪瘟病料加等量含0.5%石炭酸的50%甘油生理盐水，在室温下能保存数周，可用于送检材料的防腐。猪瘟病毒在pH 5~10条件下稳定，对乙醚、氯仿敏感，能被迅速灭活。

2.致病性

猪瘟病毒除对猪有致病性外，对其他动物均无致病性。人工感染于兔体后毒力减弱，如我国的猪瘟兔化弱毒株，已用其作为制造疫苗的种毒。近年来已经证实猪瘟病毒与牛病毒性腹泻病病毒有共同的可溶性抗原，二者既有血清学交叉，又有交叉保护作用。

3.微生物学检查

应在国家认可的实验室进行。

（1）病毒分离鉴定　采取疑似病例的淋巴结、脾、扁桃体、血液等，用猪淋巴细胞或肾细胞分离培养病毒，因为不能产生细胞病变，通常用荧光抗体技术检查细胞浆内病毒抗原。用RT-PCR可快速检测感染组织中的猪瘟病毒。

（2）血清学诊断　常用荧光抗体法、酶标抗体法或琼脂扩散试验等血清学实验来直接确诊病料中有无猪瘟病毒。

六、猪传染性胃肠炎病毒

猪传染性胃肠炎病毒（TGEV）是猪传染性胃肠炎的病原体，仅感染猪，而且各种年龄的猪均可感染。

1. 生物学性状

TGEV 是单股 RNA 病毒,有囊膜,形态多样,呈球形或椭圆形。该病毒不易在鸡胚和实验动物体内增殖,可在猪肾细胞、猪甲状腺细胞和睾丸细胞上增殖。IBRS-2、ST、PK-15 细胞系是实验室进行病毒增殖的常用细胞系。TGEV 只有一个血清型,各毒株之间有密切的抗原关系。

该病毒对胰酶有一定抵抗力,在 pH 4~8 条件下稳定。病毒粒子对光敏感,在阳光下 6 h 即被灭活。在低温条件下储存稳定,-20℃ 条件下储存一年,病毒滴度无明显下降。但在 37℃ 条件下存放 4 d,病毒感染性全部丧失。

2. 致病性

猪传染性胃肠炎病毒仅引起猪发病,各种年龄猪均可感染发病,5 日龄以下仔猪的病死率可达 100%;随年龄增长,病死率逐渐降低,16 日龄以上仔猪的病死率降至 10% 以下。

3. 微生物学检查

(1)病毒分离鉴定 病毒分离可用猪甲状腺原代细胞、猪甲状腺细胞株 PD5 或睾丸细胞,产生细胞病变,再进一步用中和试验进行鉴定。

(2)血清学诊断 取疾病早期阶段的仔猪肠黏膜做涂片或冰冻切片,通过荧光抗体或 ELISA 可快速检出病毒。采集发病期及康复期双份血清样品做中和试验或 ELISA 检测抗体,根据抗体的消长规律确定病毒的感染情况,是最确实的诊断方法。

(3)动物接种试验 取病猪粪便或空肠组织,制成 5%~10% 悬液,取上清加抗生素处理后,喂给 2~7 日龄的仔猪,若病料中有病毒存在,仔猪常于 18~72 h 内发生呕吐及严重腹泻,并可引起死亡。

七、猪呼吸与繁殖综合征病毒

猪呼吸与繁殖综合征病毒(PRRSV)主要危害种公猪、繁殖母猪及仔猪,是猪呼吸与繁殖综合征的病原体。被感染猪表现为厌食、发热、耳发绀(故曾称为蓝耳病)、繁殖机能障碍和呼吸困难,给养猪场带来巨大损失。

1. 生物学性状

PRRSV 是单股 RNA 病毒,病毒粒子为球状颗粒,直径为 50~70 nm,核衣壳呈二十面体对称,有囊膜。该病毒仅能在猪肺泡巨噬细胞、CL2621、MARC-145 细胞上生长,并产生细胞病变。目前将 PRRSV 分为两个基因型,欧洲型和北美型,二者在抗原上有差异。

2. 致病性

PRRSV 仅感染猪,母猪和仔猪较易感,发病时症状较为严重。可造成母猪怀孕后期流产、死胎和木乃伊胎;仔猪呼吸困难,易继发感染,死亡率高;公猪精液品质下降。

3. 微生物学检查

(1)病毒分离鉴定 采集病猪或流产胎儿的组织病料、哺乳仔猪的肺、脾、支气管淋巴结、血清等制成病毒悬液,接种于仔猪的肺泡巨噬细胞进行培养,观察细胞病变,再用 RT-PCR 或 ELISA 进一步鉴定。

(2)血清学诊断 适合于群体水平检测,而不适合于个体检测。常用方法有 ELISA、间接免疫荧光试验等。

八、新城疫病毒

新城疫病毒(NDV)是鸡和火鸡新城疫的病原体。新城疫又称亚洲鸡瘟或伪鸡瘟,此病具有高度传染性,死亡率在 90% 以上,对养鸡业危害极大。

1. 生物学性状

NDV 是 RNA 病毒,有的近似球形,有的呈蝌蚪状,有囊膜。囊膜上的纤突有血凝素、神经氨酸酶和融合蛋白,它们在病毒感染过程中发挥重要作用。神经氨酸酶介导病毒对易感细胞的吸附作用;融合蛋白以无活性的前体形式存在,在细胞蛋白酶的作用下裂解活化,暴露出末端的疏水区导致病毒与细胞融合;血凝素能使鸡、鸭、鸽、火鸡、人、豚鼠和小鼠等的红细胞出现凝集,这种血凝性能被特异的抗血清所抑制。NDV 多用鸡胚或鸡胚细胞来分离培养,引起的细胞病变主要是形成合胞体和蚀斑。该病毒只有一个血清型,但不同毒株的毒力有较大差异,根据毒力的差异可将 NDV 分成 3 个类型,即强毒型、中毒型和弱毒型。

本病毒对外界环境抵抗力较强,pH 2~12 的环境下 1 h 不被破坏;在新城疫暴发后的 2~8 周,仍能从鸡舍内分离到病毒;在鲜蛋中经几个月,在冻鸡中经两年仍有病毒生存。易被紫外线灭活。常用消毒剂有 2% 氢氧化钠、3%~5% 来苏儿、10% 碘酊、70% 酒精等,30 min 内即可将病毒杀灭。

2. 致病性

NDV 对不同宿主的致病力差异很大。鸡、火鸡、珍珠鸡、鹌鹑和野鸡对 NDV 都有易感性,其中鸡对 NDV 的易感性最高。而水禽如鸭、鹅可感染带毒,但不发病。抗体产生迅速,血凝抑制抗体在感染后 4~6 d 即可检出,并可持续至少 2 年。血凝抑制抗体的水平是衡量鸡群免疫力的指标。雏鸡的母源抗体保护可达 3~4 周。血液中 IgG 不能预防呼吸道感染,但可阻断病毒血症;分泌性 IgA 在呼吸道及肠道的保护方面具有重大作用。

3. 微生物学检查

(1)病毒分离鉴定 采取病鸡脑、肺、肝和血液等,处理后取上清液,接种鸡胚尿囊腔,检查死亡胚胎病变。收集尿囊液,用 1% 鸡红细胞做血凝试验,若出现红细胞凝集,再用新城疫标准阳性血清做血凝抑制试验即可确诊。病毒分离试验只有在患病初期或最急性期才能成功。

(2)血清学诊断 采集发病鸡群急性期和康复期的双份血清,血凝抑制试验测其抗体,若康复期比急性期抗体效价升高 4 倍以上,即可确诊。也可用病鸡组织压印片进行荧光抗体试验确诊,此方法更快、更灵敏。

九、传染性法氏囊病病毒

传染性法氏囊病病毒(IBDV)是鸡传染性法氏囊病的病原体。本病是一种高度接触性传染病,以法氏囊淋巴组织坏死为主要特征。

1. 生物学性状

IBDV 是双股 RNA 病毒,为双股 RNA 病毒科禽双 RNA 病毒属的成员。病毒粒子直径 55~60 nm,正二十面体对称,无囊膜。能在鸡胚、鸡胚成纤维细胞和法氏囊细胞中繁殖。该病毒有两个血清型,二者有较低的交叉保护,仅 1 型对鸡有致病性,火鸡和鸭为亚临床感染;2 型未发现有致病性。毒株的毒力有变强的趋势。

IBDV 对理化因素的抵抗力较强。耐热,56℃ 5~6 h,60℃ 30~90 min 仍有活力。但

70℃加热 30 min 即被灭活。病毒在-20℃贮存 3 年后对鸡仍有传染性,在-58℃保存 18 个月后对鸡的感染滴度不下降,并能耐反复冻融和超声波处理。在 pH 2 环境中 60 min 不灭活,对乙醚、氯仿、吐温和胰蛋白酶有一定抵抗力,在 3%来苏儿、3%石炭酸和 0.1%升汞液中经 30 min 可以灭活,但对紫外线有较强的抵抗力。

2. 致病性

IBDV 的天然宿主只限于鸡。2~15 周龄鸡较易感,尤其是 3~5 周龄鸡最易感。法氏囊已退化的成年鸡呈现隐性感染。鸭、鹅和鸽不易感,鹌鹑和麻雀偶尔也感染发病,火鸡只发生亚临床感染。病鸡是主要的传染源,粪便中含有大量的病毒,可污染饲料、饮水、垫料、用具、人员等,通过直接和间接接触传染。昆虫亦可作为机械传播的媒介,带毒鸡胚可垂直传播。

IBDV 可导致免疫抑制,诱发其他病原体的潜在感染或导致疫苗的免疫失败。目前认为该病毒可以降低鸡新城疫、鸡传染性鼻炎、鸡传染性支气管炎、鸡马立克氏病和鸡传染性喉气管炎等各种疫苗的免疫效果,使鸡对这些病的敏感性增加。据报道,鸡早期传染性法氏囊病,能降低鸡新城疫疫苗免疫效果 40%以上,降低马立克氏病疫苗效果 20%以上。

3. 微生物学检查

(1)病毒分离培养 采取病鸡法氏囊,处理后取上清液,接种鸡胚绒毛尿囊膜,接种后胚胎 3 d 左右死亡,检查其病变。也可用雏鸡或鸡胚成纤维细胞进行培养,用中和试验或琼扩试验进一步鉴定。还可用 RT-PCR 等分子生物学技术进行快速诊断。

(2)血清学诊断 常用方法主要有琼扩试验、中和试验、ELISA 试验等。

十、禽传染性支气管炎病毒

禽传染性支气管炎病毒(IBV)是禽传染性支气管炎的病原体。该病是一种急性、高度接触性传染的呼吸道疾病,常因呼吸道、肾或消化道感染而死亡,给养鸡业带来严重危害。

1. 生物学性状

IBV 是单股 RNA 病毒,为多边形,但大多略呈球形,有囊膜,囊膜上有较长的棒状纤突,呈花瓣状。病毒能在鸡胚和鸡胚肾、肺、肝细胞培养物上生长。初次分离最好用 9~11 日龄鸡胚,经尿囊腔接种。随传代次数的增加,形成蜷缩胚。未经处理的 IBV 不能凝集红细胞,但鸡胚尿囊液中的 IBV 经 1%胰蛋白酶 37℃下处理 3 h 后,能凝集鸡的红细胞。IBV 容易发生变异,病毒分为若干个血清型,已报道呼吸型 IBV 有 11 个血清型,肾型 IBV 有 16 个血清型。

多数 IBV 株经 56℃ 15 min 和 45℃ 90 min 被灭活。病毒不能在-20℃保存,但感染的尿囊液在-30℃下几年后仍有活性。感染的组织在 50%甘油盐水中无需冷冻即可良好保存和运输。对乙醚和普通消毒剂敏感。

2. 致病性

IBV 主要感染鸡,1~4 周龄的鸡最易感。该病毒传染力极强,特别容易通过空气在鸡群中迅速传播,数日内可传遍全群。雏鸡患病后死亡率较高,蛋鸡产蛋量减少和蛋质下降。

感染后第 3 周产生大量中和抗体,康复鸡可获得约一年的免疫力。雏鸡可从免疫的母体获得母源抗体,这种抗体可保持 14 d,以后逐渐消失。

3. 微生物学检查

(1)病毒分离鉴定 采集感染初期的气管拭子或感染 1 周以上的泄殖腔拭子,经处理后接种于鸡胚尿囊腔,至少盲传 4 代,根据死亡鸡胚特征性病变,可证明有病毒存在。可用中和试验、琼脂扩散、ELISA 等进一步鉴定。目前 RT-PCR 或 cDNA 探针也已使用。

（2）血清学诊断　常用方法有中和试验、免疫荧光试验、琼扩试验、HI、ELISA 等。

十一、马立克氏病病毒

马立克氏病病毒（MDV）是鸡马立克氏病的病原体。鸡马立克氏病是一种传染性肿瘤疾病，以淋巴细胞增生和形成肿瘤为特征。

1. 生物学性状

MDV 是双股 DNA 病毒，属于疱疹病毒科疱疹病毒甲亚科的成员，又称禽疱疹病毒 2 型。MDV 在机体组织内以无囊膜的裸病毒和有囊膜的完整病毒两种形式存在。裸病毒为二十面体对称，直径为 85～100 nm；有囊膜的完整病毒近似球形，直径为 130～170 nm。其中具有感染性的为有囊膜的完整病毒，主要存在于羽毛囊上皮细胞中。

MDV 共分为 3 种血清型。致病性的 MDV 及其人工致弱的疫苗株均为血清 1 型；无毒力的自然分离株为血清 2 型；火鸡疱疹病毒（HVT）为血清 3 型，对火鸡可致产卵下降，对鸡无致病性。

有囊膜的感染性病毒有较大的抵抗力。随着病鸡皮屑的脱落，羽毛囊上皮细胞中的有囊膜的病毒会污染禽舍的垫草和空气，并借助它们进行传播。在垫草或羽毛中的病毒在室温下 4～8 个月和 4℃至少 10 年仍有感染性。禽舍灰尘中含有的病毒，在 22～25℃下至少几个月还具有感染性。

2. 致病性

MDV 主要侵害雏鸡和火鸡，野鸡、鹌鹑和鹦鹉也可感染，但不发病。1 周龄内的雏鸡最易感，随着鸡日龄增长，对 MDV 的抵抗力也随之增强。发病后不仅引起大量死亡，耐过的鸡也会生长不良，MDV 还对鸡体产生免疫抑制，这是疫苗免疫失败的重要因素之一。MDV 各血清型之间具有很多共同的抗原成分，所以无毒力的自然分离株和火鸡疱疹病毒接种鸡后，均有抵抗致病性 MDV 感染的效力。疫苗接种后，常发现疫苗毒株和自然毒株在免疫鸡体内共存的现象，即免疫过的鸡群仍可感染自然毒株，但并不发病死亡。若疫苗进入鸡体内的时间晚于自然毒株，则不产生保护力，所以应在雏鸡 1 日龄进行接种。在 MDV 感染后 1～2 周，有免疫力的鸡体内可检测到沉淀抗体和病毒中和抗体。

3. 微生物学检查

（1）病毒分离培养　样品采集羽毛囊或脾，将脾脏用胰酶消化后制成细胞悬液或用鸡的羽髓液，接种 4～5 日龄鸡胚卵黄囊或绒毛尿囊膜，也可接种鸡肾细胞进行病毒培养。若有 MDV 增殖，在鸡胚绒毛尿囊膜上可出现痘斑或在细胞培养物中形成蚀斑现象。

（2）PCR 鉴定　PCR 方法具有很强的特异性和敏感性，适于马立克氏病的早期诊断。

（3）血清学诊断　主要用琼脂扩散试验、荧光抗体试验和间接血凝试验等。其中最简单的方法是琼脂扩散试验，中间孔加阳性血清，周围插入被检鸡羽毛囊，出现沉淀线即为阳性。

十二、减蛋综合征病毒

减蛋综合征病毒（EDSV）是减蛋综合征（EDS76）的病原体，主要表现为群发性产蛋下降，以产薄壳蛋、退色蛋或畸形蛋为特征。

1. 生物学性状

EDSV 是双股 DNA 病毒,为腺病毒科禽腺病毒属的成员。病毒粒子无囊膜,核衣壳为二十面体立体对称,大小为 70～80 nm。EDSV 能凝集多种禽类如鸡、鸭、鹅、鸽等的红细胞。可在鸭胚、鸭源或鹅源肾或成纤维细胞中增殖,产生细胞病变和核内包涵体。EDSV 只有一种血清型,对乙醚、氯仿不敏感,能抵抗较宽的 pH 范围。室温下至少可以存活 6 个月,70℃经 20 min 或 0.3％甲醛处理 24 h 可完全灭活,但 56℃经 3 h 仍保持感染性。

2. 致病性

本病的自然宿主主要是鸭和鹅,但发病一般仅见于产蛋鸡。各种日龄和品系的鸡均可感染,产褐壳蛋鸡尤为易感。在性成熟前病毒潜伏于感染鸡的输卵管、卵巢、咽喉等部位,感染鸡无临床症状且很难查到抗体;开产后,病毒被激活,并在生殖系统大量增殖。本病可水平传播,也可垂直传播。

3. 微生物学检查

(1)病毒分离培养 采集病死鸡的输卵管、变形卵泡、无壳软蛋等病料,匀浆处理后取上清液,接种于 10～12 日龄鸭胚尿囊腔培养。收集尿囊液,用血凝实验测其血凝性。若有血凝性,进一步进行病毒鉴定。

(2)电镜观察 将尿囊液负染后用电镜观察,可见典型的腺病毒样形态。

(3)血清学鉴定 用 HA-HI 试验对分离到的病毒进行鉴定,也可用琼脂扩散试验、ELISA 实验、中和试验和荧光抗体技术等进行诊断。

十三、小鹅瘟病毒

小鹅瘟病毒(GPV)又名鹅细小病毒,是小鹅瘟的病原体。该病是一种急性或亚急性败血性传染病,主要发生于 3～20 日龄的雏鹅。

1. 生物学性状

GPV 是单股 DNA 病毒,为细小病毒科细小病毒属的成员。病毒呈六角形或圆形,大小为 20～25 nm,无囊膜。本病毒初次分离培养必须使用 12～14 日龄鹅胚,经尿囊腔接种后 5～7 d 死亡。鹅胚适应毒株可在鹅成纤维细胞内增殖,引起细胞圆缩、脱落等细胞病变。GPV 只有一个血清型。

本病毒对外界因素如热、酸、脂溶剂和胰酶等有很强的抵抗力,50℃ 3 h 或 37℃ 7 d 对感染力无影响;在乙醚等脂溶剂或 pH 3 的酸性条件下处理后,接种鹅胚,与未经处理的病毒没有区别。本病毒与其他细小病毒属成员的一个显著区别,就是对多种动物和禽类的红细胞均无凝集作用。

2. 致病性

在自然条件下,小鹅瘟病毒只能感染雏鹅和雏番鸭。发病率和死亡率与雏鹅日龄有密切关系,随日龄增加,其发病率和死亡率逐渐降低,症状减轻,病程延长。7～10 日龄发病率和死亡率最高,可达 90％～100％,11～15 日龄死亡率为 50％～70％,16～20 日龄为 30％～50％,21～30 日龄为 10％～30％,1 月龄以上为 10％。康复后的雏鹅或经隐性感染的成年鹅可获得坚强的免疫力,并能将抗体通过卵黄传给后代,使雏鹅被动的获得抵抗 GPV 感染的能力。

3. 微生物学检查

(1)病毒分离鉴定 采集病死雏鹅的肝、脾、肾等器官,匀浆后取上清液,接种 12～15 日龄鹅胚尿囊腔,经3~6 d鹅胚死亡;若死胚出现典型病变,如绒毛尿囊膜增厚,全身皮肤充血,翅尖、趾、胸部毛孔、颈和喙旁均有出血点等,取尿囊液病毒通过理化特性测定、中和试验等做进一步鉴定。

(2)血清学诊断 常用的有中和试验和琼脂扩散试验,可用于检测鹅血清中的抗体,也可用于检测病死鹅体内的抗原。

十四、鸭瘟病毒

鸭瘟病毒(DPV)是鸭瘟的病原体,偶尔也能使鹅发病。鸭瘟传播迅速,大批流行时发病率和死亡率都很高,严重威胁养鸭业的发展。

1. 生物学性状

DPV是双股DNA病毒,呈球形,有囊膜。鸭瘟病毒可在8~14日龄的鸭胚中生长繁殖和继代,接种后多在3~6 d内死亡,剖检鸭胚肝脏有特征性的灰白色或灰黄色针尖大的坏死点。病毒也能在鸭胚细胞或鸡胚细胞培养物中增殖和继代,引起细胞病变,形成空斑和核内包涵体。人工接种可使1日龄小鸡感染。病毒只有一个血清型,但不同分离株毒力不同。

本病毒对外界因素的抵抗力较强。56℃ 10 min、50℃ 90~120 min能破坏其感染性;22℃以下30 d感染力丧失;含有病毒的肝组织,−10~−20℃低温347 d对鸭仍有致病力;在−5~−7℃环境中,3个月毒力不减;但反复冻融,则容易使之丧失毒力。在pH 7~9的环境中稳定,但pH 3或pH 11可迅速灭活病毒。70%酒精5~30 min、0.5%漂白粉和5%石灰水30 min即被杀死。病毒对乙醚、氯仿和胰酶敏感。

2. 致病性

在自然情况下,鸭瘟病毒主要侵害家鸭。各种年龄和品种的鸭均可感染,但以番鸭、麻鸭和绵鸭易感性最高,北京鸭次之。自然流行中,成年鸭和产蛋母鸭发病和死亡率较高,1月龄以下的雏鸭发病较少。

3. 微生物学检查

(1)病毒分离鉴定 采集病鸭的肝、脾或肾等病料,处理后取上清液,接种于9~14日龄鸭胚绒毛尿囊膜上,接种4~14 d鸭胚死亡,呈现特征性地弥漫性出血。本法敏感性不如用上清液接种1日龄易感鸭,易感鸭在接种3~12 d内死亡,剖检可见到该病的典型病灶。也可用细胞分离培养病毒,对分离到的病毒通过电镜观察、中和试验等进一步鉴定。

(2)血清学诊断 血清学试验在诊断急性感染病例中的价值不大,但鸭胚或细胞培养做中和试验,可用于监测。

十五、犬细小病毒

犬细小病毒(CPV)是犬细小病毒病的病原体,具有高度的稳定性,并经粪-口途径有效传播,所有犬科动物均易感,而且有很高的发病率与死亡率,所以犬细小病毒病能在全世界大流行。

1. 生物学性状

CPV是单股DNA病毒,为细小病毒科细小病毒属成员。粪便中经负染的病毒粒子呈球形或六边形,直径约20 nm,无囊膜。病毒可在多种细胞内增殖,近年来常用MDCK和F81等传代细胞分离培养病毒。病毒增殖后可引起F81细胞脱落、崩解等明显的细胞病变,能在

MDCK 内很好增殖,但无明显细胞病变。4℃下,犬细小病毒可凝集猪和恒河猴的红细胞,用此特性可作为鉴定犬细小病毒的参考指标。CPV 对外界因素有强大的抵抗力,能耐受较高温度和脂溶剂处理,而不丧失其感染力。

2. 致病性

犬细小病毒主要感染犬,尤其 2～4 月龄幼犬多发。健康犬直接接触病犬或污染物而遭受传染。本病在临床上主要有心肌炎型和肠炎型两种类型。组织学检查可见局灶性心肌坏死,心肌细胞内形成核内嗜碱性包涵体。患犬白细胞减少,病程稍长的犬可见小肠和回肠增厚,浆膜表面具有颗粒样物,呈现胸腺萎缩、脾及淋巴结淋巴滤泡稀疏以及腺上皮细胞坏死。

犬感染 3～5 d 后即可检出中和抗体,并达很高的滴度,免疫期较长。由母体初乳传给幼犬的免疫力可持续 4～5 周。

3. 微生物学检查

(1)病毒分离鉴定　取发病早期的粪样,处理后取上清液,接种于原代犬胎肠细胞培养,用荧光抗体技术、电镜及 HA-HI 试验进一步鉴定。

(2)血清学诊断　最简便的方法是采集发病早期病犬的粪便直接做 HA 试验,若能凝集猪或恒河猴的红细胞即可基本确诊。HI 试验主要用于检测血清或粪便中的抗体,适合于流行病学调查。

十六、犬瘟热病毒

犬瘟热病毒是引起犬瘟热的病原体。本病是犬、水貂及其他皮毛动物的高度接触性急性传染病。以双相热型、鼻炎、支气管炎、卡他性肺炎以及严重的胃肠炎和神经症状为特征。

1. 生物学性状

犬瘟热病毒是单股 RNA 病毒,为副黏病毒科副黏病毒亚科麻疹病毒属的成员。病毒粒子多数呈球形,有时为不规则形态,直径为 150～330 nm,核衣壳呈螺旋对称排列。外有囊膜,囊膜表面存在放射状的囊膜粒。该病毒能在鸡胚绒毛尿囊膜上生长并产生病变,也能在鸡胚成纤维细胞上生长。病毒培养也可用犬胎、脑,幼犬脾、肺、肠系膜淋巴结、睾丸细胞,犬肾原代细胞等。

犬瘟热病毒对理化因素抵抗力较强。病犬脾脏组织内的病毒-70℃可存活一年以上,病毒冻干可以长期保存,而 4℃只能存活 7～8 d,55℃可存活 30 min,100℃ 1 min 灭活。1%来苏儿溶液中数小时不灭活;2%氢氧化钠 30 min 失去活性,3%氢氧化钠中立即死亡;在 3%甲醛和 5%石炭酸溶液中均能死亡。最适 pH 为 7～8,在 pH 4.4～10.4 条件下可存活 24 h。

2. 致病性

本病毒主要侵害幼犬,但狼、狐、豺、貛、鼬鼠、熊猫、浣熊、山狗、野狗、狸和水貂等动物也易感。患畜在感染后第 5 天于临床症状出现之前,所有的分泌物及排泄物均排毒,有时可持续数周。传播方式主要是直接接触及气雾。青年犬比老年犬易感,4～6 月龄的幼犬因不再有母源抗体的保护,最易感。雪貂对犬瘟热病毒特别敏感,自然发病的死亡率高达 100%,故常用雪貂作为本病的实验动物。人和其他家畜无易感性。

耐过犬瘟热的动物可以获得坚强的甚至终生的免疫力。犬瘟热病毒与麻疹病毒、牛瘟病毒之间存在共同抗原,能被麻疹病毒或牛瘟病毒的抗体所中和。

3. 微生物学检查

(1)包涵体检查　刮取膀胱、胆囊、舌、眼结膜等处黏膜上皮,涂片,染色,镜检可见到细胞核呈淡蓝色,胞浆呈玫瑰色,包涵体呈红色。

(2)动物接种　采取肝、脾、淋巴结等病料制成1‰乳剂,接种2～3月龄断奶幼犬5 mL,一般在接种后5～7 d、长的8～12 d发病,且多在发病后5～6 d死亡。

(3)血清学检查　可用荧光抗体技术、中和试验或 ELISA 等来确诊本病。

十七、兔出血症病毒

兔出血症病毒(RHDV)是兔出血性败血症的病原体。本病以呼吸系统出血、实质器官水肿、淤血及出血性变化为特征。

1. 生物学性状

兔出血症病毒呈球形,直径 32～36 nm,二十面体对称,无囊膜。该病毒具有血凝性,能凝集人类的各型红细胞,肝病料中的病毒血凝价可达 10×2^{20},平均为 10×2^{14}。该病毒也可凝集绵羊、鸡、鹅的红细胞,但凝集能力较弱,不凝集其他动物的红细胞。红细胞凝集试验在 pH4.5～7.8 的范围内稳定,最适 pH 为 6.0～7.2;如 pH 低于 4.4,则会导致溶血;pH 高于8.5,吸附在红细胞上的病毒将被释放。该吸附-释放现象可用于 RHDV 的提纯。

2. 致病性

引进的纯种兔和杂交兔比我国本地兔对该病毒易感,毛用兔比肉用兔易感。在自然条件下,只感染年龄较大的家兔;病毒主要通过直接接触传染,也可通过病毒污染物经消化道、呼吸道、损伤的皮肤黏膜等途径感染;大多为急性和亚急性型,发病率和死亡率都较高。2月龄以下的仔兔自然感染时一般不发病。

3. 微生物学检查

(1)病毒抗原检测　无菌采取病兔的肝、脾、肾及淋巴结等,磨碎后加生理盐水制成1:10悬液,冻融3次,3 000 r/min 离心 30 min,取上清液做血凝试验。把待检的上清液连续2倍稀释,然后加入1‰人"O"型红细胞,37℃作用60 min 观察结果。凝集价大于1:160判为阳性。再用已知阳性血清做 HT,如血凝作用被抑制(血凝抑制滴度大于1:80为阳性),则证实病料中含有本病毒。也可用荧光抗体试验、琼脂扩散试验或斑点酶联免疫吸附试验检测病料中的病毒抗原。

(2)血清抗体检测　多用于本病的流行病学调查和疫苗免疫效果的检测,常用的方法是血凝抑制试验。也可用间接血凝试验检测血清抗体。

十八、朊蛋白

朊蛋白是一种具有感染性的蛋白质颗粒,是动物和人传染性海绵状脑病的病原。由朊蛋白所致的动物重要疾病有牛海绵状脑病和绵羊痒病。

1. 生物学性状

朊蛋白是细胞正常蛋白(PrP^c)经变构后而获得致病性的一种蛋白(PrP^{sc}),可在小鼠或仓鼠接种传代。它对许多足以杀灭病毒及其他微生物的物理、化学因素或各种环境因素有极强的抵抗力。

2.致病性

朊蛋白感染动物有一定的潜伏期。感染可引致脑组织空泡变性、淀粉样蛋白斑块、神经胶质细胞增生等。牛海绵状脑病俗称"疯牛病",往往突然发作,表现为颤抖、感觉反常、体位异常、烦躁不安,后肢共济失调,最后死亡。病程为 14 d 至 6 个月。绵羊痒病表现为兴奋异常,头、颈震颤,不断擦痒,最终死亡。病程为 1~6 个月。感染途径普遍认为是经口感染,牛可垂直传播,羊尚未定论。

3.微生物学检查

除根据临床症状、脑组织的病理学检查诊断外,还可用脑组织作免疫组化、用脑组织提取液或脑脊液作免疫转印进行诊断。

【测试】

1.说明口蹄疫病毒有几个血清型?如何进行口蹄疫病毒的微生物学诊断?

2.说明猪瘟的微生物学诊断要点及防制措施。

3.说明禽流感病毒的致病特点及防制措施。

4.说明新城疫病毒的微生物学诊断要点及防制措施。

5.说明传染性法氏囊病病毒的致病特点及防制措施。

6.说明犬瘟热的微生物学诊断要点。

项目四　其他微生物检测技术

真菌是一类不含叶绿素,无根、茎和叶的真核细胞型微生物。真菌种类繁多,分布广泛,但绝大多数对人类无害而且有益。真菌细胞比细菌大几倍至几十倍,光学显微镜下放大 100～500 倍就可看清。单细胞真菌呈圆形或卵圆形,如酵母菌;多细胞真菌大多长出菌丝和孢子,菌丝伸长分枝,交织成团,形成菌丝体,这类真菌称为丝状菌,又称霉菌。

任务 4-1　真菌形态检测技术

【目标】
1.掌握真菌水浸片的制备和封闭标本的制备技术,观察描述真菌的形态结构;
2.了解真菌的概念、真菌的形态与结构。

【技能】

一、器械与材料

酵母菌、青霉、根霉、毛霉、美蓝染色液、蒸馏水、接种环、解剖针、载玻片、盖玻片、显微镜、石炭酸棉蓝染色液、20％甘油、纱布、脱脂棉、加拿大树胶、查氏培养基平板、马铃薯培养基、无菌吸管、U 形棒、解剖刀、玻璃纸、滤纸等。

二、方法与步骤

(一)真菌水浸片的制备及观察

常用美蓝染色液制备真菌水浸片来观察真菌的形态,并且活细胞能还原美蓝为无色,故可区别死细胞、活细胞。

1.酵母菌水浸片的制备

将美蓝染色液一滴滴加在干净的载玻片中央,如不染色则加蒸馏水一滴,用接种环以无菌操作取培养 48 h 左右的酵母菌体少许,在液滴中轻轻涂抹均匀(液体培养物可直接取一接种环培养液于载玻片上)并加盖干净盖玻片。为避免产生气泡,应先将其一边接触液滴,再慢慢放下盖玻片。然后置于显微镜载物台上进行观察,注意酵母菌的形态、大小和芽体,同时可以根据是否染上颜色来区别死、活细胞。

2.霉菌水浸片的制备

在干净载玻片上加蒸馏水或美蓝染色液一滴。取培养2~5 d的根霉或毛霉,培养3~5 d的曲霉、青霉或木霉,培养2 d左右的白地霉,用解剖针挑取少量菌丝体放在载玻片的液滴中,将玻片置于解剖镜下,细心地用解剖针将菌丝体分散成自然状态,然后加盖玻片,注意不要让其产生气泡,盖后不再移动玻片,以免弄乱菌丝。制好片后,就可以在显微镜下观察。

观察时注意它们的菌丝有无隔膜、孢子囊柄与分生孢子柄的形状、分生孢子小梗的着生方式、孢子囊的形态、足细胞与假根的有无、孢子囊孢子与分生孢子的形状和颜色、节孢子的形状和特点等。并且要区别根霉与毛霉、青霉、曲霉、木霉之间的异同点以及白地霉的特点。

(二)霉菌封闭标本的制备

霉菌的封闭标本,常用乳酸石炭酸液封片,其中含有的甘油使标本不宜干燥,而石炭酸又有防腐作用。在封片液中,还可加入棉蓝或其他酸性染料,以便于观察菌体。

在洁净载玻片上滴一滴乳酸石炭酸棉蓝染色液,用解剖针从霉菌菌落的边缘处取少许带有孢子的菌丝于染液中,再细心地把菌丝挑成自然状态,然后用盖玻片盖上,注意不要产生气泡。在温暖干燥室内放数日,让水分蒸发一部分,使盖玻片与载玻片紧贴,即可封片。封片时,先用清洁的纱布或脱脂棉将盖玻片四周擦净,并在盖玻片周围涂一圈加拿大树胶,风干后即成封闭标本。

(三)真菌的载片培养

真菌的载片培养法不仅可克服水浸片制片的困难,还可使对菌丝分枝和孢子着生状态的观察获得更满意的效果。取直径7 cm左右圆形滤纸一张,铺放于一个直径9 cm的平皿底部(图4-1),上放一U形玻棒,其上再平放一张干净的载玻片与一张盖玻片,盖好平皿盖进行灭菌。挑取真菌孢子接入盛有灭菌水的试管中,摇振试管制成孢子悬液备用。用灭菌滴管吸取灭菌后融化的真菌固体培养基少许,滴于上述灭菌平皿内的载玻片中央,并以接种环将孢子悬液接种在培养基四周,加上盖玻片,并轻轻压贴一下。为防止培养过程中培养基干燥,可在滤纸上滴加灭菌20%甘油液3~4 mL,然后盖上平皿盖,即成所谓湿室载玻片培养。放在适宜温度(多数真菌为20~30℃)的培养箱内培养,定期取出在低倍镜下观察,可以看到孢子萌发、发芽管的长出、菌丝的生长、无隔菌丝中孢子

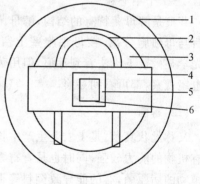

图4-1　真菌的载片培养
1.培养皿　2.U形玻棒　3.滤纸
4.载玻片　5.盖玻片　6.固体培养基

囊柄与孢子囊孢子形成的过程、有隔菌丝上足细胞生长、锁状联合的发生、孢子着生状态等。

【知识】

一、真菌的形态结构

真菌形态结构比细菌复杂得多,酵母菌、霉菌、担子菌等都是真菌。其中酵母菌是一类单

细胞真菌,而多数霉菌、担子菌等为多细胞真菌。

(一)酵母菌

酵母菌多数为单细胞的真菌。酵母菌是人类应用较早的一类微生物。如用于酿酒、制馒头等。近年来又用于发酵饲料、单细胞蛋白质饲料、石油脱蜡、维生素、有机酸及酶制剂的生产等方面。也有些酵母菌能引起饲料和食品败坏,少数种属于病原菌。

1. 酵母菌的形态与大小

酵母菌为单细胞微生物,在高倍镜下清楚可见。酵母菌形态多样,大多数酵母菌为球形、卵形、椭圆形、腊肠形、圆筒形,少数为瓶形、柠檬形和假丝状等。酵母菌细胞比细菌大得多,大小为(1~5) μm×(5~30) μm 或者更大,在高倍镜下可清楚看到。

2. 酵母菌的细胞结构

酵母菌有典型的细胞结构,有细胞壁、细胞膜、细胞质、细胞核及其他内含物等(图 4-2)。细胞壁主要由甘露聚糖、葡聚糖、几丁质等组成,一般占细胞干物质的 10% 左右。细胞膜与所有生物膜一样,具有典型的 3 层结构,呈液态镶嵌模型,碳水化合物含量高于其他细胞膜。细胞膜包裹着细胞质,内含细胞核、线粒体、核蛋白体、内质网、高尔基体和纺锤体;幼嫩细胞核呈圆形,随着液泡的扩大而变成肾形。核外包有核膜,核中有核仁和染色体。纺锤体在核附近呈球状结构,包括中心染色质和中心体,中心体为球状,内含 1~2 个中心粒。

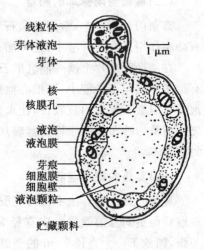

图 4-2　酵母菌细胞构造的模式图

（标注：线粒体、芽体液泡、芽体、核、核膜孔、液泡、液泡膜、芽痕、细胞膜、细胞壁、液泡颗粒、贮藏颗料、1 μm）

芽痕是酵母菌特有的结构,酵母菌为出芽生殖,芽体成长后与母细胞分离,在母细胞壁上留下的标记即为芽痕。在光学显微镜下无法看到芽痕,但用荧光染料染色,或用扫描电镜观察,都可看到芽痕。

(二)霉菌

又称丝状真菌,是工农业生产中长期广泛应用的一类微生物。它分解纤维素、几丁质等复杂有机物的能力较强,同时也是青霉素、灰黄霉素、柠檬酸等的主要生产菌。有些霉菌是人和动植物的病原菌,有的能导致饲料等霉败引起中毒。

霉菌由菌丝和孢子构成。菌丝由孢子萌发而成,菌丝顶端延长,旁侧分枝,互相交错成团,形成菌丝体,称为霉菌的菌落。霉菌菌丝的平均宽度为 3~10 μm,菌丝的细胞构造基本上类似酵母菌细胞,都具有细胞壁、细胞膜、细胞核、细胞质及其内含物。细胞壁结构类似酵母菌,成分有差别,但也含有几丁质,占细胞干物质的 2%~26%。幼年霉菌菌丝胞浆均匀,老年时出现液泡。

霉菌的菌丝分为两种:一种无隔膜,为长管状的分枝,呈多核单细胞,称为无隔菌丝,如毛霉和根霉。另一种有隔膜,菌丝体由分枝的成串多细胞组成,每个细胞内含一个或多个核,菌丝中有隔,隔中央有小孔,细胞核及原生质可流动,称为有隔菌丝(图 4-3)。

霉菌菌丝在功能上有了一定程度的分化,伸入固体培养基内部具有摄取营养物质功能的菌丝称为营养菌丝或基质菌丝,伸向空气中的菌丝称气生菌丝。有的气生菌丝发育到一定阶段,分化成能产生孢子的菌丝称为繁殖菌丝(图 4-4)。

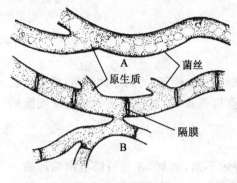

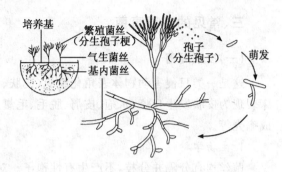

图 4-3 霉菌的菌丝
A.无隔菌丝 B.有隔菌丝

图 4-4 霉菌的营养菌丝、
气生菌丝和繁殖菌丝

二、真菌的致病性

不同真菌致病形式不同,有些真菌呈寄生性致病作用,有些真菌呈条件性致病作用,有些则通过产生毒素引起中毒来发挥致病作用。

1.致病性真菌感染

主要是一些外源性真菌感染,可引起皮肤、皮下组织和全身性真菌感染。如各种癣症、皮下组织真菌感染。

2.条件致病性真菌感染

主要为内源性感染,某些非致病性的或致病性极弱的一些真菌,如念珠菌、曲霉菌、毛霉菌。这类真菌致病力不强,只有在机体免疫力降低或菌群失调时引起感染。如免疫缺陷,长期使用广谱抗生素、皮质激素、免疫抑制剂等过程中易伴发这类感染。

3.真菌变态反应性疾病

真菌性变态反应具有两种类型:一种是感染性变态反应,它是一种迟发型变态反应,是在感染病原性真菌的基础上发生的。另一种是接触性变态反应,它的发生复杂,而且常见,通常是过敏体质者接触、吸入或食入某些真菌的菌丝或孢子而引起各类超敏反应,如荨麻疹、变应性皮炎、哮喘、过敏性鼻炎、过敏性胃肠炎等。

4.真菌毒素中毒症

有些真菌在粮食或饲料上生长,人、畜食后导致急、慢性中毒,称为真菌毒素中毒症。引起中毒的可以是本身有毒性的真菌或真菌在代谢过程中产生的毒素。目前已发现的真菌毒素有百种以上,引起的病变多样,因毒素而异。有的引起肝、肾损害;有的引起血液系统的变化;有的引起神经系统的损害,出现抽搐、昏迷等症状。如黄曲霉毒素、杂色霉的杂色霉素、岛青霉的岛青霉素等可引起肝损害;镰刀菌素可引起肾、肝、心肌、脑组织发生病变。

5.真菌毒素与肿瘤

近年来不断发现真菌毒素与肿瘤有关。其中研究得最多的是黄曲霉毒素。此毒素毒性很强,小剂量就可导致癌症。在肝癌高发区的花生、玉米、粮油作物中,黄曲霉污染率很高,黄曲霉毒素含量可高达 1 mg/kg。大鼠试验饲料中含 0.015 mg/kg 即可诱发肝癌。其他致癌的真菌毒素还有如黄褐毒素也可诱发肝肿瘤,镰刀菌 T-2 毒素可诱发大鼠胃癌、胰腺癌、垂体和脑肿瘤,展青霉素可引起局部肉瘤。

三、常见的病原真菌

(一)皮肤真菌

这是一类只侵害动物体表角化组织(皮肤、毛、发、指甲、爪、蹄等)的病原性真菌,感染后临床表现为皮肤发生丘疹、水疱、皮屑、脱毛、毛囊炎或毛囊周围炎、有黏性分泌物或上皮细胞形成痂壳等。

1.生物学特性

菌丝均有分隔并分枝,不产生有性孢子。对营养要求不高,需氧,在葡萄糖蛋白胨琼脂上能良好生长。最适生长温度为22～28℃,一般要培养1周以后,长出的菌落有绒絮状、粉粒状、蜡样或石膏样;随着时间的延长,菌落形成灰白、淡红、橘红、红、紫、黄、橙、棕黄及棕色等颜色。

2.检测方法

皮肤真菌病最常用的检查方法为显微镜检查和分离培养鉴定。将患部用75%酒精消毒后,用镊子拔下感染部位被毛、羽毛、皮肤、皮屑及爪甲部病料用小刀刮取。

(1)镜检　将病料放在玻片上,加氢氧化钾液,在火焰上稍加热使材料透明,加盖玻片后用低倍及高倍镜检查。也可在被检材料上加1～2滴乳酸酚棉蓝,加盖玻片10 min后镜检。感染毛癣菌的毛,可见孢子在毛上呈平行的链状排列,有的孢子在毛内,有的孢子在毛内、外均可见。感染小孢子菌时,可见孢子紧密而无规则地排列在毛干周围。

(2)培养　将被检病料用酒精或石炭酸水浸泡2～3 min杀死杂菌,以无菌生理盐水洗涤后,接种于加有抗生素的葡萄糖蛋白胨琼脂培养基上,22～28℃培养2周,根据菌落特性、菌丝和孢子的特征进行鉴定。

(二)白色念珠菌

白色念珠菌是条件性致病菌,主要侵害家禽,特别是雏鸡;牛、猪、犬和啮齿动物也可能感染。患念珠菌病的动物多在消化道黏膜出现乳白色伪膜斑坏死物。

1.生物学特性

为假丝酵母菌,在病变组织渗出物和普通培养基上产生芽生孢子和假菌丝,不形成有性孢子。菌体呈圆形或卵圆形,壁薄,大小为$(3.0～6.5)\ \mu m \times (3.5～12.5)\ \mu m$。革兰染色阳性,着色不匀。新分离的菌株假菌丝上常带有球状成团的芽生孢子,菌丝中间或顶端常有大而薄的圆形或梨形细胞,这些细胞逐渐发展成为厚壁孢子。

本菌在普通琼脂、血液琼脂与沙堡葡萄糖琼脂培养基上均可生长良好。需氧,室温或37℃培养1～3 d可长出菌落。菌落呈灰白色或乳白色,偶见淡黄色,表面光滑,有浓厚的酵母气味;培养稍久,菌落增大,菌落表面形成隆起的花纹或呈火山口状。菌落无气生菌丝,但有向下生长的假营养菌丝,在玉米粉培养基上可长出厚壁孢子。假菌丝和厚壁孢子可作为本菌的鉴定依据。

本菌能发酵葡萄糖、麦芽糖、甘露糖、果糖等,产酸产气;发酵蔗糖、半乳糖产酸不产气;不发酵乳糖、棉子糖等。不凝固牛乳,不液化明胶。家兔或小鼠静脉注射本菌的生理盐水悬液,4～5 d后可引起死亡,剖检可见肾脏皮质有许多白色脓肿。

2.检测方法

取坏死伪膜作为病料,经氢氧化钾处理后,革兰染色镜检,若见有大量椭圆形酵母菌样细胞或假菌丝,可做出初步诊断。用血液琼脂做初步分离培养,有大量菌落生长对确诊有重要意义。也可用免疫扩散试验、乳胶凝集试验、间接荧光抗体试验及动物试验对假丝酵母感染进行诊断。

(三)曲霉菌

曲霉菌主要存在于稻草、秸秆、谷壳、木屑及发霉的饲料中,菌丝及孢子以空气为媒介污染笼舍、墙壁、地面及用具。常见的致病性曲霉菌有烟曲霉和黄曲霉。

1.烟曲霉

烟曲霉是家禽尤其是幼禽和鸟类发生曲菌病和霉菌性肺炎的病原体。烟曲霉禽类在呼吸或采食被孢子污染的饲料过程中,吸入含有孢子的空气,孢子便在肺部及呼吸道黏膜上发芽和生长,引起深部真菌感染而发生霉菌性肺炎。烟曲霉也可造成浅表感染,使家禽发生霉菌性眼炎,也可产生毒素,导致动物发生痉挛、麻痹,直至死亡。

(1)生物学特性 烟曲霉的菌丝为有隔菌丝,菌丝纵横交错。分生孢子梗常带绿色,光滑。顶囊呈绿色,长满辐射状的小梗,小梗顶端长出分生孢子。分生孢子呈圆形或卵圆形,直径 $2\sim3.5~\mu m$,呈灰色、绿色或蓝绿色。

烟曲霉为需氧真菌,室温下能正常生长,最适温度为 $37\sim40℃$。在葡萄糖马铃薯培养基、沙堡培养基、血液琼脂培养基上经 $25\sim37℃$ 培养,生长较快,菌落最初呈白色绒毛状,最初呈白色,随着孢子的产生变为绿色、暗绿色以及黑色,有的菌株呈黄色、红棕色,菌落背面一般无色。

(2)检测方法 主要根据菌丝及孢子形态来确定。从病禽的肺和气囊上刮取霉斑或黄色或灰黄色结节,尽量剪碎,再置载玻片上压平,滴加棉蓝染色液或生理盐水一滴,或 $10\%\sim20\%$ 的氢氧化钾溶液 $1\sim2$ 滴,加盖玻片后于高倍镜下观察。见有分隔菌丝、特征性的分生孢子梗、梗的顶部有倒立烧瓶样的顶囊及花冠状分生孢子,可初步做出诊断。

确诊烟曲霉须进行病原分离培养。分离培养时,取肝脏、肺脏、禽类气囊等病料组织,接种于马铃薯培养基上,37℃培养 3 d,观察菌落表现及形态结构特征。如见有菌丝生长,繁殖菌丝末端膨大,状如烧瓶;小梗着于顶囊的上半部;小梗单层,小梗和分生孢子链按与分生孢子柄轴平行的方向升起;菌落颜色为暗绿色至黑褐色时即可确诊。

2.黄曲霉

黄曲霉主要寄生在豆、花生、饲料、玉米和油饼中,能产生黄曲霉毒素。黄曲霉毒素是一种具有很强的致癌作用的毒素,能使人和畜禽发生急性或慢性中毒。急性中毒可引起腹泻、结膜黄染和肝细胞变性、坏死,而慢性中毒的危害性更大,常能诱发肝癌或其他部位的癌肿。

(1)生物学特性 本菌形态与烟曲霉菌相似,菌丝也是有隔菌丝,分生孢子梗直接从基质中生出,分生孢子梗壁厚而粗糙,无色。顶囊大,呈烧瓶状或近球形,上有单层或双层小梗。分生孢子有椭圆形或圆形,呈链状排列。

黄曲霉的生长最适温度为 $28\sim30℃$。常用马铃薯葡萄糖琼脂和麦芽汁葡萄糖琼脂等培养基做分离培养。黄曲霉的菌落生长较快,培养 $10\sim14$ d,其直径便可达 $3\sim4$ cm 或 $6\sim7$ cm,菌落初为灰黄色、扁平,然后出现放射状沟纹,菌落颜色逐渐转为黄绿色,菌落背面无色至淡红色。

（2）检测方法 本病的微生物学诊断主要是毒素的检测，从可疑饲料中提取毒素，饲喂1日龄雏鸭，可见肝脏坏死、出血以及胆管上皮细胞增生等，或以薄层层析法检测毒素。也可进行真菌分离鉴定，从可疑饲料分离到真菌后，根据形态学及培养特点做出鉴定，并进行产毒性试验。

【案例】

某鸡场1月龄小鸡出现嗉囊积食，触摸松软，稍加压力即可见酸败的口水流出，其口腔有酸臭味。剖检可见口腔、食道黏膜上面形成黄色、干酪样的溃疡状斑块，嗉囊黏膜增厚、皱褶加深、附有多量的豆腐渣样坏死物。根据临床症状和病理变化，可能是真菌病，请你进行确诊。

【测试】

一、选择题

1. 酵母菌形成（　　）。
A. 假菌丝　　　　　B. 营养菌丝　　　　C. 气生菌丝　　　　D. 有隔菌丝
2. 属于真核微生物的是（　　）
A. 真菌　　　　　　B. 细菌　　　　　　C. 螺旋体　　　　　D. 放线菌

二、判断题

1. 无隔菌丝是一种无隔膜、为长管状的分枝，呈多核单细胞，如毛霉和根霉。（　　　）
2. 有隔菌丝是一种有隔膜，菌丝体由分枝的成串多细胞组成，每个细胞内含一个或多个核，菌丝中有隔，隔中央有小孔，细胞核及原生质可流动。（　　　）

三、问答题

1. 简述酵母菌的形态结构。
2. 简述霉菌的形态结构。

四、操作题

1. 制备酵母和霉菌水浸片。
2. 制备霉菌封闭标本片。

任务 4-2　真菌的分离培养技术

【目标】

1. 会真菌的分离培养，认识真菌的菌落，并能描述；
2. 知道真菌的营养和真菌培养条件；
3. 理解真菌的致病性及真菌病的诊断与防制。

【技能】

一、器械与材料

曲霉、青霉、根霉、毛霉、乳酸石炭酸棉蓝染色液、20%甘油、查氏培养基平板、马铃薯培养基、无菌吸管、载玻片、盖玻片、U形棒、解剖刀、玻璃纸、滤纸等。

二、方法与步骤

(一)真菌的分离培养

1. 平板划线分离法

(1)取适合真菌的琼脂培养基融化,冷至45℃,注入无菌平皿中,每皿15~20 mL,制成平板待用。

(2)取要分离的材料(如田土、混杂或污染的真菌培养物、真菌)少许,投入盛无菌水的试管内,振摇,使分离菌悬浮于水中。

(3)将接种环经火焰灭菌并冷却后,蘸取上述菌悬浮液,进行平板划线(同细菌的划线法)。

(4)划线完毕,置温箱中培养2~5 d,待长出菌落后,钩取可疑单个菌落先作制片检查,若只有一种所需要的真菌生长,即可进行钩菌纯培养。如有杂菌可从单个菌落中钩取少许菌制成悬液,再作划线分离培养,有时需反复多次,才得纯种。另外,也可在放大镜的观察下,用无菌镊子夹取一段待分离的真菌菌丝,直接放在平板上作分离培养,可获得该种真菌的纯培养。

2. 稀释分离法

(1)取盛有无菌水的试管5支(每管9 mL),分别标记1、2、3、4、5号。取样品(如田土等)1 g,投入1号管内,振摇,使悬浮均匀。

(2)用1 mL灭菌吸管,按无菌操作法,从1号管中吸取1 mL悬浮液注入2号管中,并摇匀;同样由2号管取1 mL至3号管,依此类推,直至5号管。注意每稀释一管应更换一支灭菌吸管。

(3)用2支无菌吸管分别由4号、5号试管中各取1 mL悬液,并分别注入2个灭菌培养皿中,再加入融化后冷至45℃的琼脂培养基约15 mL,轻轻在桌面上摇转,静置,使冷凝成平板。然后倒置温箱中培养,2~5 d后,从中挑选单个菌落,并移植于斜面上。

(二)真菌培养性状观察

1. 真菌在固体培养基上的生长表现

(1)酵母菌菌落　酵母菌在固体培养基上多呈油脂状或蜡质状,表面光滑、湿润、黏稠,有的表面呈粉粒状、粗糙或皱褶。菌落边缘有整齐、缺损或带丝状。菌落颜色有乳白色、黄色或红色等。

(2)霉菌菌落　将不同霉菌在固体培养基上培养2~5 d,可见霉菌菌落呈绒毛状、絮状、蜘蛛网状等。菌落大小依种而异,有的能扩展到整个固体培养基,有的有一定的局限性(直径1~2 mm或更小)。很多霉菌的孢子能产生色素,致使菌落表面、背面甚至培养基呈现不同的颜色,如黄色、绿色、青色、黑色、橙色等。

2. 真菌在液体培养基中的生长表现

(1)酵母菌　注意观察其混浊度、沉淀物及表面生长性状等。

（2）霉菌　霉菌在液体培养基中生长，一般都在表面形成菌层，且不同的霉菌有不同的形态和颜色。

【知识】

一、真菌的繁殖方式

真菌进行无性繁殖和有性繁殖。酵母菌主要以芽殖方式进行无性繁殖，但也能以两性孢子进行有性繁殖。霉菌主要以产生各种无性和有性孢子进行繁殖，以无性孢子繁殖为主，也能以菌丝片段繁殖新个体。孢子萌发后发育成菌丝，许多菌丝相互盘绕、聚集而成菌丝体。伸入培养基内或匍匐在培养基表面而吸收营养的菌丝称营养菌丝，伸向空中的菌丝称气生菌丝，产生孢子的气生菌丝称繁殖菌丝。

真菌繁殖时产生的各种各样的孢子其形状、大小、表面纹饰和色泽各不相同，结构也有一定的差异，这些都是鉴别真菌的依据。

二、真菌的培养条件

（1）营养　真菌不仅能利用单糖和双糖，而且也能利用淀粉、纤维素、木质素、甲壳质等多糖以及多种有机酸。真菌对氮素营养要求一般不严，除能利用氨基酸、蛋白质外，还能利用尿素、铵盐、亚硝酸盐、硝酸盐作为氮源。

（2）温度　真菌生长繁殖最适宜的生长温度范围为 $20\sim30℃$，但不同种类的真菌对温度要求也不相同。例如青霉菌的最适温度为 $20\sim25℃$，曲霉菌为 $28\sim30℃$，而好食性链孢霉则为 $36℃$。

（3）氧气　绝大多数的真菌具有需氧呼吸的特点，培养它们时需要充足的氧气，有些酵母菌在有氧气的条件下培养，能大量繁殖菌体，在无氧气的条件下则菌体数量减少而发酵产生酒精，它们是一种典型的兼性厌氧菌。

（4）湿度与渗透压　真菌的生长繁殖除了水是必要的条件外，空气的湿度对真菌生长的影响也很大。基质菌丝和气生菌丝适宜生长在潮湿的环境里，绝大部分真菌要求在高湿度的空气环境中形成繁殖器官，所以，空气湿度大，许多真菌便易于生长繁殖。

（5）pH 值　环境中的酸碱反应，是真菌生长繁殖的重要条件之一。大多数的真菌喜生长在酸性环境，它们在 pH $3\sim6$ 之间生长良好，而在 pH $1.5\sim10.0$ 也可以生长。

三、真菌的菌落特征

1. 酵母菌菌落特征

单独的酵母菌细胞是无色的，在固体培养基上形成的菌落，多数是乳白色，少数是黄色或红色，如红酵母菌落呈红色。菌落表面光滑、湿润和黏稠，与某些细菌的菌落相似，但一般比细菌的菌落大而厚。菌落的颜色、光泽、质地、表面及边缘特征是酵母菌菌种鉴定的重要依据。酵母菌细胞生长在培养基的表面，菌体容易挑起。有些酵母菌表面是干燥粉状的，有些种培养时间长了，菌落呈皱缩状，还有些种可以形成同心环状等。

2. 霉菌的菌落特征

霉菌的菌落主要有绒毛状、絮状和蜘蛛网状等。一般比细菌菌落大几倍到几十倍，有的霉菌在固体培养基上生长很快,以致菌落没有固定大小。由于霉菌孢子有不同形状、构造与颜色,所以菌落表面结构、色泽也不同,菌落的色泽取决于孢子的颜色。初期的菌落一般为白色,当菌落上长出各种颜色的孢子后,菌落的色泽就相应地发生改变。常见的菌落色泽有绿、黄、青、棕、橙等。各种霉菌在一定培养基上形成的菌落形状、大小、颜色是稳定的。有的产生色素,使菌落背面也带有颜色或使培养基变色。菌落特征是鉴定霉菌的重要依据。

【案例】

某养殖场饲养 AA 鸡,曾患有大肠杆菌病,用过大量的药物,大肠杆菌病基本控制。某一天突然发病,并有死亡,每天死亡约 100 只。剖解病变为腺胃上有一层白色分泌物,乳头挤压有白色脓性分泌物;腺胃与肌胃交界出现黑色条状或圆形陈旧性出血坏死,严重的形成溃疡;肌胃角质层角质化,易分离,多数在肌胃与腺胃交界以上至腺胃 1/2 乳头有出血点;各处淋巴滤泡肿或有出血点;食道内有白色黏块、嗉囊壁增厚发白;严重的在嗉囊内形成白色的呈毛巾状物,取出放入水中悬浮有一定的黏性,壁下有溃疡;卡他性化脓性肠炎;肝肿大淤血。请根据以上描述进行该病的诊断设计及治疗。

【测试】

一、选择题

1. 在探究"洗手对细菌真菌数量的影响"活动中,有"用手在培养基上轻轻按压"的步骤,这属于细菌真菌培养过程中的(　　)。

A. 制作培养基 　　　　B. 消毒 　　　　C. 接种 　　　　D. 培养

2. 橘子腐烂后出现一些青绿色的霉斑,在显微镜下可见到一些扫帚状的孢子,这种霉菌是(　　)。

A. 曲霉 　　　　　　B. 青霉 　　　　C. 酵母菌 　　　D. 毛霉

3. 夏天受潮的粮食、衣物和皮鞋常常发霉长毛,这些霉菌是从哪来的?(　　)

A. 这些物品中原来有的 　　　　　　B. 空气中的

C. 因为有这些物品,它们跑来的 　　　D. 这些物品中的某些物质变来的

4. 下列叙述中正确的是(　　)。

A. 霉菌都是对人体不利的,如黄曲霉可能致癌

B. 酵母菌只能生活在有氧环境中

C. 春天可以到野外采食真菌,野外的真菌鲜美,可以随意食用

D. 蘑菇和腐生细菌一样,能分解枯枝败叶,有利于自然界中的物质循环

5. 下列有关真菌特征的叙述,不正确的是(　　)。

A. 通过分裂生殖繁殖后代 　　　　B. 细胞内有真正的细胞核

C. 以现有的有机物生活 　　　　　D. 个体有大也有小

6. 下列关于细菌和真菌的说法正确的是(　　)。

A. 细菌和真菌都是肉眼看不见的单细胞生物

B. 真菌与细菌一样主要进行分裂生殖

C. 大多数细菌与真菌是生态系统中的分解者

D.细菌和真菌都能使人致病,属于对人类有害的生物

二、问答题

1.真菌的分离培养需要哪些条件?
2.分析真菌的致病机理。

三、操作题

1.正确进行真菌的平板划线分离。
2.正确描述真菌在固体和液体培养基中的生长表现。

任务 4-3　放线菌的形态观察

【目标】

1.学会放线菌制片方法,观察其形态特征;
2.掌握放线菌的生物学特性和致病性;
3.了解支原体、螺旋体、立克次氏体和衣原体的生物学特性和检测方法。

【技能】

一、器械与材料

(1)菌种　细黄链霉菌马铃薯平板培养3~4 d。
(2)染料　石炭酸复红液、美蓝液。
(3)其他　显微镜、载玻片、接种针、香柏油、二甲苯等。

二、方法与步骤

1.营养菌丝的制片与观察
(1)用接种针取细黄链霉菌菌落(连同培养基一起)置于载玻片中央。
(2)另取一块载玻片用力将其压碎,弃去培养基,制成涂片,干燥、固定。
(3)用美蓝染色液或石炭酸复红染色液染色30~60 s,水洗、干燥、用油镜观察营养菌丝的形态。
2.气生菌丝、孢子丝的观察
将培养皿打开,放在低倍镜下寻找菌落的边缘,直接观察气生菌丝和孢子丝的形态(分枝、卷曲情况等)。
3.孢子链及孢子的观察(印片法)
取洁净的盖玻片一块,在菌落上面轻轻地压一下,然后将印有痕迹的一面朝下,放在滴有一滴美蓝液的载玻片上,使孢子等印浸在染色液中,制成印片。用油镜观察孢子链及孢子的形态。

4. 埋片法的制片观察

(1)在马铃薯浸汁琼脂培养基平板上,划线接入少量细黄链霉菌的孢子,在接种线旁倾斜地插入无菌盖玻片,于28～30℃培养。

(2)培养3～4 d后,菌丝沿着盖玻片向上生长,待菌丝长好后,取出盖玻片放在干净的载玻片上,置于显微镜下观察。

【知识】

一、放线菌

放线菌是介于细菌和丝状真菌之间以孢子繁殖为主的多细胞原核型生物,其菌丝体呈放线状或分枝状,故称放线菌。

1. 形态结构

放线菌的菌丝细胞,基本上与细菌相似。菌丝体可分为营养菌丝体和气生菌丝体两种,营养菌丝体可从培养基中吸收营养,分泌和形成各种不同化学结构的物质。在这些物质中,有许多组分具有抗菌作用或特殊的生理活性。故放线菌在医药工业发酵生产中具有重要作用,是多种抗生素、酶等的主要来源。营养菌丝发育后向空中长出的菌丝体称为气生菌丝体,气生菌丝体经发育分化出的气生菌丝,常能形成大量孢子。孢子落入适宜的培养基中就可以萌发,形成新的菌体,又经大量繁殖成为菌丝或菌落。

2. 生长与繁殖

放线菌的孢子有时是菌丝节段发育生长形成新的营养菌丝,在增殖过程中分枝分节。大多数放线菌产生的气生菌丝体比营养菌丝粗大。许多放线菌,当伸出多数分枝以后,分枝的菌丝就形成孢子丝。

放线菌的孢子有各种各样的色泽,如灰色、粉红、青色、浅蓝、天蓝或浅绿色、黄色、淡绿灰、灰黄色、浅橙色、丁香色、淡紫色、薰衣草色等。孢子颜色常作为菌种命名的依据,也是鉴别菌种的主要特征。

放线菌主要营异养生活,培养较困难,厌氧或微需氧。加 5% CO_2 可促进其生长。在营养丰富的培养基上,如血平板 37℃ 培养 3～6 d,可长出灰白或淡黄色微小菌落。多数放线菌的最适生长温度为 30～32℃,致病性放线菌为 37℃,最适 pH 为 6.8～7.5。

3. 致病性

放线菌在分类上属放线菌目,下分 8 个科,其中分枝杆菌科中的分枝杆菌属和放线菌科中人放线菌属与动物疾病关系较大。

分枝杆菌属是一类偶有分枝的革兰氏阳性杆菌,无运动性,需氧,有抗酸染色特性。由于细胞壁中有大量的类脂和蜡质,因此对外界环境尤其是干燥和一般消毒药有较强的抵抗力。分枝杆菌属中的结核分枝杆菌、牛分枝杆菌和禽分枝杆菌能引起人和动物的结核病,副结核分枝杆菌能引起牛、羊等反刍动物的副结核病。

放线菌属为革兰氏阳性,着色不均,有分枝,无运动性,厌氧,不具有抗酸染色特性。放线菌属中的牛放线菌能引起牛放线菌病,又称为"大腭病",常用外科手术治疗。此外,还有犬、猫放线菌病的病原体,可引起犬、猫的放线菌病。

二、支原体

支原体是介于细菌和病毒之间、营独立生活的最小单细胞微生物,能通过细菌滤器,对青霉素有抵抗力。

1. 生物学特性

支原体呈球状、环状、杆状、螺旋状,有些偶见分枝丝状等不规则形状。革兰氏染色呈阴性,通常着色不良,用姬姆萨或瑞氏染色良好,呈淡紫色。

支原体对营养要求较高,培养时需加 10%～20% 的动物血清,用固体培养基分离培养时,在 5% CO_2 和 95% N_2 的环境中生长为佳,琼脂浓度则以 1%～1.5% 为宜。适合生长的 pH 为 7.0～8.0。支原体生长缓慢,在琼脂培养基上培养 2～6 d,才长出微小的菌落,必须用低倍显微镜才能观察到。菌落直径为 10～600 μm 不等,圆形、透明、露滴状。支原体的典型菌落呈"煎荷包蛋状",菌落中心深入培养基中、致密、色暗,周围长在培养基表面、较透明。

2. 致病性

致病性支原体常寄生于多种动物呼吸道、泌尿生殖道、消化道黏膜表面、乳腺及关节等,单独感染时常常是症状轻微或无临床表现,当细菌、病毒等继发感染或受外界不良因素的作用,会引起疾病。疾病特点是潜伏期长,呈慢性经过,地方性流行,多具有种的特性。

3. 检测方法

支原体形态多样,直接镜检意义不大,应取病料进行分离培养,分离的支原体经形态、生化试验作初步鉴定,进一步经生长抑制试验与代谢抑制试验确定。

(1)分离培养　加 10%～20% 马或小牛血清于基础培养基中。初次分离生长缓慢,菌落呈典型的油煎蛋样。新分离菌株在鉴定前必须先进行细菌 L 形鉴定,支原体与细菌 L 形极相似。均无细胞壁,形态多样,具滤过性,对作用于细胞壁的抗生素有抵抗作用,菌落也都似"油煎蛋样"。其主要区别是在无抑制剂的培养基中连续传代后能否回复为细菌形态。

(2)生化性状测定　先做毛地黄苷敏感性测定,用以区别需要胆固醇与不需要胆固醇的支原体。再做葡萄糖、精氨酸分解试验将其分为发酵葡萄糖和水解精氨酸两类,以缩小选用抗血清的范围,进一步做血清学鉴定。

(3)血清学鉴定　血清学试验方法中特异性较强、敏感性较高、应用较多的是生长抑制试验和代谢抑制试验以及表面免疫荧光试验。

4. 常见致病性支原体

(1)猪肺炎支原体　本菌是引起猪地方流行性肺炎即猪喘气病的病原体。在支原体专用培养基中生长,37℃培养 7～10 d 可长成直径 4 mm 的菌落,菌落圆形,中央隆起丰满,缺乏"脐眼"样特征。可用 6～7 日龄鸡胚卵黄囊或猪肺单层细胞培养。

自然感染仅见于猪,可使不同年龄、性别、品种的猪感染,引起地方流行性肺炎,其中以哺乳仔猪和幼猪最为易感。本菌经呼吸道传播,将培养物滴鼻接种 2～3 月龄健康仔猪,能引起典型病变。环境因素的影响或猪鼻支原体以及巴氏杆菌等继发感染时,常使猪的病情加剧乃至死亡。

根据临床症状、剖检变化,结合流行病学一般可确诊;检测方法是将病料研碎,接种于液体培养基中培养,为抑制猪鼻支原体干扰,可在液体培养基中加入抗猪鼻支原体免疫血清。常需连续移植盲目继代,逐渐适应繁殖后才能检出。动物感染试验可将分离的纯培养物或病料悬液,经气管、肺或鼻腔接种给健康仔猪,2周后可发病。进一步可用血清学代谢抑制试验、生长抑制试验、免疫荧光试验、间接血凝试验及酶联免疫吸附试验等鉴定。

(2)禽败血支原体 本菌是引起鸡和火鸡等多种禽类慢性呼吸道病的病原体,又称鸡败血支原体。菌体通常为球形,需氧和兼性厌氧,对营养要求较高,在含灭活的马、禽或猪血清和酵母浸出液以及葡萄糖等的培养基中生长良好。为了抑制杂菌的生长需加入醋酸铊和青霉素,pH 7.8~8.0为宜。在液体培养基中,37℃经2~5 d的培养,可呈现轻度浑浊乃至均等浑浊;在固体培养基上经3~10 d,可形成圆形表面光滑透明、边缘整齐、菌落中央有颜色较深且致密的乳头状突起的露滴样小菌落,直径0.2~0.3 mm。固体培养基上的菌落,于37℃可吸附鸡、豚鼠、大鼠及猴的红细胞,人与牛的精子和HeLa细胞等,此吸附作用可被相应的抗血清所抑制。能在5~7日龄鸡胚卵黄囊内良好繁殖,使鸡胚在接种后5~7 d内死亡,病变表现为胚体发育不良,水肿,肝肿大、坏死等,死胚的卵黄及绒毛尿囊膜中含有大量本菌。

检测时可取呼吸道的分泌物作分离培养和鉴定,但因分离率极低,一般常用血清学方法诊断。通常采用平板凝集试验、试管凝集试验、琼脂扩散试验、血细胞凝集抑制试验和免疫荧光试验等。

三、螺旋体

螺旋体是介于细菌与原虫之间、细长而柔软、波状或螺旋状、运动活泼的原核单细胞微生物。螺旋体与细菌基本结构相似,大部分营自由的腐生生活或共生,无致病性,只有一小部分可引起人和动物的疾病。

1. 生物学特性

螺旋体细胞呈螺旋状或波浪状圆柱形,具有多个完整的螺旋。革兰氏染色阴性,姬姆萨染色呈淡红色,镀银染色着色较好,菌体呈黄褐色,背景呈淡黄色。除钩端螺旋体外,多不能用人工培养基培养,或培养较为困难。多数需厌氧培养。非致病性螺旋体、蛇形螺旋体、钩端螺旋体以及个别致病性密螺旋体与疏螺旋体可采用含血液、腹水或其他特殊成分的培养基培养,其余螺旋体迄今尚不能用人工培养基培养,但可用易感动物来增殖培养和保种。

2. 致病性

螺旋体广泛存在于自然界水域中,也有很多存在于人和动物体内。大部分螺旋体是非致病性的,只有一小部分是致病性的。如兔密螺旋体可致兔梅毒;猪痢疾蛇形螺旋体是猪痢疾的病原体;钩端螺旋体可感染多种动物,导致钩端螺旋体病;鹅疏螺旋体可致家禽的疏螺旋体病。

3. 常见致病性螺旋体

(1)鹅疏螺旋体 鹅疏螺旋体是蜱传播的能引起禽类螺旋体病的病原体。瑞氏染色呈蓝紫色,碱性复红染色呈紫红色。暗视野下螺旋体明亮细长,以明显移位方式活泼运动。本菌在鸭胚或鸡胚中生长,并可用幼鸡或幼鸭每间隔3~5 d连续传代和保存菌种。

本菌可感染鸡、鸭、鹅、火鸡及多种鸟类,而鸽、小鼠、大鼠、家兔及其他哺乳动物均不易感。感染禽发病突然,以高温、拒食、沉郁、腹泻和贫血为特征,发病率不一,但死亡率相当高。蜱是重要的传播媒介和储存宿主。鸡的各种羽虱也能传播该螺旋体。

在病禽高温期采血涂片染色镜检,或用生理盐水适当稀释制成血压滴标本片,用暗视野显微镜观察;也可取肝、脾等病变组织染色镜检,如能检查到螺旋体即可初步诊断。首次检查阴性者,隔天可再做镜检。分离培养可接种于鸡胚或鸭胚卵黄囊。也可用琼脂扩散试验、凝集试验、间接免疫荧光技术等进行血清学诊断。

(2)猪痢疾蛇形螺旋体　猪痢疾蛇形螺旋体是猪痢疾的病原体,革兰氏阴性或弱阳性,姬姆萨染色微红色,也可用镀银法染色。对培养基的要求也相当苛刻,通常要在加入 10% 胎牛或兔血清的酪蛋白胰酶消化物大豆胨汤或脑心浸液汤的液体或固体培养基及含有 N_2 和 10% CO_2 混合气体的条件下才能生长。菌落为扁平、半透明、针尖状,并有明显的 β 溶血。本菌能发酵葡萄糖和麦芽糖,不能发酵其他碳水化合物;在含 6.5% NaCl 条件下能生长。

猪痢疾蛇形螺旋体常引发 8～14 周龄幼猪发病,临床表现为不同程度的出血性下痢和体重减轻。特征病变为大肠黏膜发生卡他性、出血性和坏死性炎症。以本菌的弱毒株口服或注射免疫抗体,只能产生微弱的保护力,如反复静脉注射则可产生对同菌株攻击的保护力。

检测方法是通过形态结构检查、分离培养、动物接种和直接或间接免疫荧光抗体染色法检查等方法。

(3)钩端螺旋体　钩端螺旋体是一大类菌体纤细、螺旋致密,一端或两端弯曲呈钩状的螺旋体,其中少部分寄生性和致病性的螺旋体,可引起人和动物的钩端螺旋体病。钩端螺旋体用暗视野观察,形似细长的串珠样形态。较好的染色方法是镀银染色法和刚果红负染,用暗视野显微镜较易观察其形态和运动力。

致病性钩端螺旋体能引起人和多种动物的钩端螺旋体病,是一种人畜共患传染病。急性病例的主要症状为发热、贫血、出血、黄疸、血红素尿及黏膜和皮肤的坏死;亚急性病例可表现为肾炎、肝炎、脑膜炎及产后泌乳缺乏症;慢性病例则可表现为虹膜睫状体炎、流产、死产及不育或不孕。

四、立克次氏体

立克次氏体是介于细菌和病毒之间的细胞内寄生的原核微生物,结构与细菌相似,以二等分裂方式繁殖,对广谱抗生素敏感。

1.形态与染色

细胞多形,可呈球形、球杆形、杆形,甚至呈丝状等,但以球杆状为主。大小介于细菌和病毒之间,球状菌直径为(0.2～0.7)μm,杆状菌大小为(0.3～0.6)μm×(0.8～2)μm。革兰氏染色阴性,姬姆萨染色呈紫色或蓝色,马基维罗氏法染色呈红色。

2.培养

立克次氏体酶系统不完整,缺乏合成核酸的能力,依赖宿主细胞提供三磷酸腺苷、辅酶Ⅰ和辅酶 A 等才能生长,并以二等分裂方式繁殖。多不能在普通培养基上生长繁殖,故常用动物接种、鸡胚卵黄囊接种以及细胞培养等方法培养立克次氏体。

3.抵抗力

立克次氏体对理化因素抵抗力不强,尤其对热敏感,56℃ 30 min 即被灭活。对低温及干燥抵抗力强,在干燥湿粪中能保持传染性达 1 年以上,于 50% 甘油生理盐水中 4℃ 可保存活力达数月之久。对广谱抗生素中的金霉素、四环素等敏感。青霉素一般无作用,而磺胺药物不仅不敏感,反有促进立克次氏体生长的作用。

4.致病性

立克次氏体主要寄生于虱、蚤、蜱、螨等节肢动物的肠壁上皮细胞中,并能进入唾液腺或生殖道内。人畜主要经这些节肢动物的叮咬或其粪便污染的伤口而感染立克次氏体。立克次氏体进入机体后,多在网状内皮系统、血管内皮细胞或红细胞内增殖,引起内皮细胞肿胀、增生、坏死、微循环障碍及血栓形成,呈现皮疹、脑症状和休克等。人和动物感染立克次氏体后,可产生特异性体液免疫和细胞免疫,病后可获得坚强的免疫力。

5. 检测方法

立克次氏体的检查可将病料制成血片或组织抹片,经适当方法染色后镜检。进一步检查可将病料处理后接种于鸡胚卵黄囊内或适宜的易感动物,用荧光抗体技术、血清中和试验或补体结合试验等法进行鉴定。

抗体检查可用已知抗原做凝集试验、补体结合试验或中和试验,以证实患病动物血清中是否有相应的抗体,从而诊断该病。凝集试验是利用某些能与立克次氏体多糖抗原的抗体发生交叉反应的变形杆菌株制成凝集抗原,检查某些立克次氏体病,这种凝集试验称为魏-斐二氏反应。中和试验可用豚鼠或鸡胚进行。

五、衣原体

衣原体是一群能通过细菌滤器、革兰氏阴性、具独特发育周期、以二等分裂方式繁殖并形成包涵体、专性真核细胞内寄生的原核微生物。

1. 形态与染色

衣原体在宿主细胞内生长繁殖时,早期为无感染性的始体亦称网状体期,后期为有感染性的原体期。原体颗粒呈球形,小而致密,直径 $0.2\sim0.4\ \mu m$,普通光学显微镜下勉强可见。电子显微镜下中央有致密的类核结构。原体是发育成熟了的衣原体,姬姆萨染色呈紫色,马基维罗氏染色为红色。原体主要存在细胞外,较为稳定,具有高度传染性。始体颗粒体积较原体大2至数倍,直径为 $0.7\sim1.5\ \mu m$,圆形或卵圆形,代谢活泼,以二等分裂方式繁殖。始体是衣原体在宿主细胞内发育周期的幼稚阶段,是繁殖型,不具有感染性,姬姆萨和马基维罗氏染色均呈蓝色。

包涵体是衣原体在细胞空泡内繁殖过程中形成的集落形态。它内含无数子代原体和正在分裂增殖的网状体。成熟的包涵体经姬姆萨染色呈深紫色,革兰氏阴性。细胞培养中衣原体的生活周期一般为 $48\sim72$ h,有些菌株或血清型可能更短些。在生活周期末包涵体破裂,导致大量原体进入胞质,引起宿主细胞的裂解死亡,从而原体得以释放。

2. 培养

衣原体具有严格的寄生性,能在鸡胚、细胞培养及动物体繁殖。可接种于 $5\sim7$ 日龄鸡胚卵黄囊,一般在接种 $3\sim5$ d 死亡,取死胚卵黄囊膜涂片染色,镜检可见有包涵体、原体和网状颗粒。动物接种多用于严重污染病料中衣原体的分离培养。常用动物为 $3\sim4$ 周龄小鼠,可进行腹腔接种或脑内接种。细胞培养可用鸡胚、小鼠、羔羊等易感动物组织的原代细胞,也可用HeLa 细胞、Vero 细胞、BHK21 等传代细胞系来增殖衣原体。由于衣原体对宿主细胞的穿入能力较弱,可于细胞管中加入二乙氨基乙基葡聚糖或预先用 X 射线照射细胞培养物,以提高细胞对衣原体的易感性。

3. 抵抗力

衣原体对外界环境抵抗力不强,耐冷怕热,$56\sim60$℃仅能存活 $5\sim10$ min,-50℃可保存一年以上。对脂溶剂、去污剂以及常用的消毒药液均十分敏感,但对煤酚类化合物及石炭酸等一般较能抵抗。衣原体对四环素类药物最敏感,红霉素、氯霉素及多黏菌素 B 等次之,青霉素、头孢霉素类作用较弱,而链霉素、庆大霉素及新霉素等则无抑制作用。对磺胺药物的敏感性,因衣原体种的不同而异。

4. 致病性

衣原体中鹦鹉热衣原体可感染多种动物,引起鸟疫、绵羊和山羊及牛的地方性流产、牛散发性脑脊髓炎、牛和绵羊多发性关节炎以及猫的肺炎。人和动物自然感染衣原体后,可产生一定的病后免疫力。用感染衣原体的卵黄囊制成灭活苗免疫动物,可产生较好的预防效果。

5. 检测方法

根据所致疾病的不同,选择采取肺、关节液、脑脊髓、胎盘等病料做触片或涂片,用姬姆萨、马基维罗氏染色时着色良好,还可用荧光抗体做特异染色。也可将上述病料处理后,接种鸡胚或鸭胚卵黄囊分离病原体,必要时可适当传代,分得病原后进行鉴定。动物试验可进行小鼠和豚鼠的腹腔接种。

对感染的人、牛、羊、家兔等血清中抗体可直接用补体结合试验检查,猪、鸭、鸡或其他禽血清抗体则必须用间接补体结合试验检查。此外,还可用琼脂扩散、间接血凝及 ELISA 等试验。对感染组织或细胞中抗原,可用荧光素标记或酶标记的衣原体属、种或型的特异单克隆抗体做免疫荧光或酶免疫法染色检查鉴定。

近年来,已采用核酸探针或 PCR 技术等来准确、灵敏地检测或鉴定鹦鹉热衣原体。

【测试】

一、选择题

1. 下列细菌中,( )是革兰氏阳性菌。
A. 布氏杆菌　　　　B. 沙门氏菌　　　　C. 大肠杆菌　　　　D. 分枝结核杆菌
2. 猪痢疾的病原体属于( )。
A. 细菌　　　　　　B. 真菌　　　　　　C. 螺旋体　　　　　D. 病毒
3. 典型的支原体菌落呈( )。
A. 光滑型　　　　　B. 荷包蛋样　　　　C. 无固定形状　　　D. 粗糙型

二、问答题

1. 阐述钩端螺旋体的致病性及微生物学诊断要点。
2. 阐述猪肺炎支原体的致病作用及微生物学诊断要点。
3. 阐述禽败血支原体的致病作用及微生物学诊断要点。

项目五　寄生虫检测技术

任务5-1　动物寄生虫病剖检技术

【目标】
1. 学会寄生虫病剖检技术,并能区别吸虫、绦虫、线虫等;
2. 学会固定和保存寄生虫的方法;
3. 熟悉寄生虫、宿主的类型及相互关系,了解寄生虫的生活史。

【技能】

一、器械与材料

多媒体设备、实体显微镜、解剖刀、剥皮刀、手术刀、眼科剪、镊子、解剖斧、解剖锯、骨剪、组织剪、盆或桶、玻皿、60目铜筛、纱布、玻璃棒、分离针(或毛笔)、牙签、放大镜、胶头滴管、载玻片、盖玻片、试管、酒精灯、标本瓶、记号笔、生理盐水、50%甘油生理盐水、动物(试验动物或养殖场动物)等。

二、方法与步骤

(一)剖检前的准备工作

(1)动物的准备　因病死亡的家畜进行剖检,死亡时间一般不能超过24 h(一般虫体在病畜死亡24~48 h崩解消失)。用于寄生虫的区系调查和动物驱虫效果评定时,所选动物应具有代表性,且应尽可能包括不同的年龄和性别,同时瘦弱或有临床症状的动物被视为主要的调查对象。选定做剖检的家畜(禽)在剖检前先绝食1~2 d,以减少胃肠内容物,便于寄生虫的检出。在登记表上详细填写每头动物种类、品种、年龄、性别、编号、营养状况、临床症状等。

(2)剖检前检查　畜禽死亡(或扑杀)后,首先制作血片,检查血液中有无锥虫、梨形虫、住白细胞虫、微丝蚴、边虫、附红细胞体等。然后仔细检查体表,观察皮肤有无淤痕、结痂、出血、皲裂、肥厚等病变,有皮肤可疑病变则刮取材料备检。并注意有无吸血虱、毛虱、羽虱、虱蝇(蜱蝇)、蚤、蜱、螨等外寄生虫,并收集之。

(二)宰杀与剥皮

剖检家畜进行放血处死,另外,家禽也可用舌动脉放血宰杀,宠物也可采用安乐死。如利用屠宰场的屠畜可按屠宰场的常规处理,但脏器的采集必须合乎寄生虫检查的要求。

按照一般解剖方法进行剥皮,观察皮下组织中有无副丝虫(马、牛)、盘尾丝虫、贝诺孢子虫、皮蝇幼虫等寄生虫的寄生。并观察身体各部位淋巴结、皮下组织有无病变。切开浅在淋巴结进行观察,或切取小块备检。剥皮后切开四肢的各关节腔,吸取滑液立即检查。

(三)腹腔脏器的采取与检查

1.腹腔脏器采取

按照一般解剖方法剖开腹腔,首先检查脏器表面的寄生虫和病变。然后吸取腹腔液体,用生理盐水稀释以防凝固,随后用实体显微镜检查或沉淀后检查沉淀物。脏器采取方法:结扎食管前端和直肠后端,切断食管、各部韧带、肠系膜根和直肠末端,小心取出整个消化系统(包括肝和胰);采出肾脏;最后收集腹腔内的血液混合物备检。盆腔脏器亦以同样方式全部取出。

2.腹腔脏器的检查

(1)消化系统检查　先将附在其上肝、胰取下,再将食管、胃(反刍动物的 4 个胃应分开)、小肠、大肠、盲肠分段做二重结扎后分离,分别进行检查。

①食管　先检查食管的浆膜面有无肉孢子虫。沿纵轴剪开食管,检查食管黏膜面有无筒线虫和纹皮蝇幼虫(牛)、毛细线虫(鸽子等鸟类)、狼尾旋线虫(犬、猫)寄生。用小刀或载玻片刮取黏膜表层,压在两块载玻片之间检查,置解剖镜下观察。必要时可取肌肉压片镜检,观察有无肉孢子虫(牛、羊)。

②胃　应先检查胃壁外面,然后将胃剪开,内容物冲洗入指定的容器内,并用生理盐水将胃壁洗净(洗下物一同倒入盛放胃内容物的容器),取出胃壁并刮取胃壁黏膜的表层,把刮下物放在两块玻片之间做成压片镜检。如有肿瘤时可切开检查。先挑出胃内容物中较大的虫体,然后加生理盐水,反复洗涤,沉淀,待上层液体清净透明后,弃去上清液,分批取少量沉渣,放入白色搪瓷盘仔细观察并检出所有虫体。也可将沉淀物放入大培养皿中,先后放在白色或黑色的背景上检查。

胃内寄生虫有蛔虫(猪、鸡、马、驼)、胃蝇蛆(马)等。对反刍动物可以先把第一、二、三、四胃分开,分别检查。检查第一胃时主要观察有无前后盘吸虫。对第三胃延伸到第四胃的相连处和第四胃要仔细检查。注意观察是否有捻转血矛线虫、奥斯特线虫、形长刺线虫、马歇尔线虫、古柏线虫等。

③肠系膜　分离前把肠系膜充分展开,然后对着光线检查,看静脉中有无虫体(主要是血吸虫)寄生,然后剖开肠系膜淋巴结,切成小块,压片镜检。最后在生理盐水内剪开肠系膜血管,冲洗物进行反复水洗沉淀后检查沉淀物。

④小肠　把小肠分为十二指肠、空肠、回肠 3 段,分别检查。先将每段内容物挤入指定的容器内,或由一端灌入清水,使肠内容物随水流出,再将肠管剪开,然后用生理盐水洗涤肠黏膜面后刮取黏膜表层,压薄镜检。洗下物和沉淀物的检查方法同胃内容物。注意观察是否有蛔虫、毛圆线虫、仰口线虫、细颈线虫、似细颈线虫、古柏线虫、莫尼茨绦虫、曲子宫绦虫、无卵黄腺绦虫、裸头绦虫、赖利绦虫、戴文绦虫、棘头虫。

⑤大肠　大肠分为盲肠、结肠和直肠 3 段,分段进行检查。先检查肠系膜淋巴结,肠壁浆

膜面有无病变,然后在肠系膜附着部的对侧沿纵轴剪开肠壁,倾出内容物,内容物和肠壁黏膜的检查同小肠。注意观察大肠中有无大小型圆线虫(马属动物)、蛲虫、结节虫、夏伯特线虫,盲肠有无毛尾线虫,网膜及肠系膜表面有无细颈囊尾蚴。

⑥肝脏、胰腺和脾脏　首先观察肝表面有无寄生虫结节,如有可做压片检查。分离胆囊,把胆汁挤入烧杯中,用生理盐水稀释,待自然沉淀后检查沉淀物,并将胆囊黏膜刮下物压片镜检。沿胆管剪开肝脏,检查其中虫体,而后将其撕成小块,用手挤压,反复淘洗,最后在沉淀物中寻找虫体。胰腺和脾脏的检查方法同肝脏。注意检查肝脏有无肝片吸虫、双腔吸虫、细粒棘球蚴,胰脏有无阔盘吸虫。

(2)泌尿系统检查　骨盆腔脏器采取方式与消化系统相同。切开肾,先对肾盂作肉眼检查,注意肾周围脂肪和输尿管壁有无肿瘤及包囊,再刮取肾盂黏膜检查;最后将肾实质切成薄片,压于两载玻片间,在放大镜或解剖镜下检查。膀胱检查方法与胆囊相同,并按检查肠黏膜的方法检查输尿管。收集尿液,用反复沉淀法处理。注意肾盂、肾周围脂肪和输尿管壁等处有无有齿冠尾线虫(猪肾虫)等。

(3)生殖器官的检查　切开,检查内腔,并刮下黏膜,压片检查。怀疑为马媾疫和牛胎儿毛滴虫时,应涂片染色后,用油镜检查。

(四)胸腔脏器的取出和检查

1. 胸腔脏器的取出

按一般解剖方法打开胸腔以后,观察脏器的自然位置和状态后,注意观察脏器表面有无细颈囊尾蚴和棘球蚴。连同食管和气管摘取胸腔内的全部脏器,再采集胸腔内的液体用水洗沉淀法检查。

2. 胸腔脏器的检查

(1)呼吸系统(肺脏和气管)　从喉头沿气管、支气管剪开,寻找虫体,发现虫体即应直接采取。然后用小刀或载玻片刮取黏液在解剖镜下检查。肺组织按肝脏处理方法。注意气管和支气管中有无大型肺线虫,支气管、细支气管和肺泡中有无小型肺线虫。

(2)心脏及大血管　先观察心脏表面,检查心外膜及冠状动脉沟。剖开心脏和大血管,注意观察心肌中是否有囊尾蚴(猪、牛),将内容物洗于生理盐水中,反复沉淀法处理,注意血液中有无血吸虫、盖头丝虫等。将心肌切成薄片压片镜检,观察有无旋毛虫和住肉孢子虫。

(五)头部各器官的检查

头部从枕骨后方切下,首先检查头部各个部位和感觉器官。然后沿鼻中隔的左或右约0.3 cm处的矢状面纵形锯开头骨,撬开鼻中隔,进行检查。

(1)眼部的检查　先将眼睑黏膜及结膜在水中刮取表层,沉淀后检查,最后剖开眼球将眼房液收集在培养皿内,在放大镜下检查是否有丝虫的幼虫、囊尾蚴、吸吮线虫寄生。

(2)口腔的检查　肉眼观察唇、颊、牙齿间、舌肌等,注意观察有无囊尾蚴、蝇蛆和筒线虫等。

(3)鼻腔和鼻窦的检查　沿两侧鼻翼和内眼角连线切开,再沿两眼内角连线锯开,然后在水中冲洗后检查沉淀物。注意观察有无羊鼻蝇蛆、水蛭(水牛)、疥癣、锯齿状舌形虫寄生。

(4)脑部和脊髓的检查　劈开颅骨和脊髓管,检查脑(大、小脑等)和脊髓。先用肉眼检查有无绦虫蚴(脑多头蚴或猪囊尾蚴)、羊鼻蝇蛆寄生,再切成薄片压薄镜检,检查有无微丝蚴寄生。

(六)肌肉的检查

采取全身有代表性的肌肉进行肉眼观察和压片镜检。如采取咬肌、腰肌和臀肌等检查囊尾蚴,采取膈肌脚检查旋毛虫和住肉孢子虫,采取牛、羊食道等肌肉检查住肉孢子虫。

(七)虫体收集

发现虫体后,用分离针挑出,用生理盐水洗净虫体表面附着物后,放入预先盛有生理盐水和记有编号与脏器名称标签的平皿内,然后进行待鉴定和固定。但应注意:寄生于肺部的线虫应在略为洗净后尽快投入固定液中,否则虫体易于破裂。当遇到绦虫以头部附着于肠壁上时,切勿用力猛拉,应将此段肠管连同虫体剪下浸入清水中,5～6 h后虫体会自行脱落,体节也会自然伸直。为了检获沉渣中小而纤细的虫体,可在沉渣中滴加浓碘液,使粪渣和虫体均染成棕黄色,然后用5%硫代硫酸钠溶液脱去其他物质的颜色,虫体着色后不脱色,仍保持棕黄,故棕色虫体易于辨认。

鉴定后的虫体放入容器中保存,并贴好标签。标签上应写明:动物的种类、性别、年龄、解剖编号、虫体寄生部位、初步鉴定结果、剖检日期、地点、解剖者姓名、虫体数目等。可用双标签,即投入容器中的内标签和贴在容器外的外标签,内标签可用普通铅笔书写。

(八)结果登记

剖检结果要记录在寄生虫病学剖检登记表中并统计寄生虫的总数、各种(属、科)寄生虫的感染率和感染强度(表5-1)。

表 5-1 畜禽寄生虫剖检记录表

剖检地点:　　　　　剖检者姓名:　　　　　剖检日期:　　年　　月　　日

动物编号		产地		畜禽类别		品种	
性别		年龄		死因		其他	
临床表现							
寄生虫 收集情况	寄生部位	虫名	数目(条)	瓶号	主要病变	备注	
备注							

(九)注意事项

(1)如果器官内容物中的虫体很多,短时间内不能挑取完时,可将器官放入3%福尔马林保存。

(2)在应用反复沉淀法时,应注意防止微小虫体随水倒掉。

（3）采取虫体时应避免将其损坏，病理组织或含虫组织标本用10％甲醛溶液固定保存。对有疑问的病理组织应做切片检查。

【知识】

一、寄生虫和宿主的类型与相互影响

自然界的一类低等动物，它们在全部或部分的生活过程中，必须短暂地或长时间地寄居在另一种动物的体内或体表，夺取对方的营养物质、体液或组织，维持自身的生命活动，同时以各种形式给对方造成不同程度的危害。这种生活方式称为寄生生活，简称寄生。营寄生生活的动物称为寄生虫。被寄生虫寄生的动物称为宿主。如寄生于犬、猫的弓首蛔虫，弓首蛔虫称为寄生虫，犬、猫等称为宿主。寄生的特点是共同生活的双方中一方受益，而另一方受害。

1. 寄生虫类型

由于寄生虫与宿主在形成寄生生活的长期演化适应过程中，各寄生虫和宿主间适应程度不同，以及特定的生态环境差别等因素，使它们之间的关系呈现多样性，如宿主的数目和种类、对于寄生的适应程度、寄生时间的长短、寄生部位、寄生期等，从而使寄生虫显示为不同类型。

（1）内寄生虫与外寄生虫　根据寄生部位来分，寄生在宿主体表的寄生虫称为外寄生虫，如虱和螨都属于外寄生虫。寄生于体液、组织和内脏的寄生虫称为内寄生虫，如蛔虫等。

（2）暂时性寄生虫与固定性寄生虫　根据寄生虫寄生于宿主的时间来分，有些寄生虫只在吸血时与宿主接触，吸血后很快离开宿主，称为暂时性寄生虫（也称间歇性寄生虫），此类寄生虫在整个生存期中，只短暂侵袭宿主、解除饥饿、获得营养，如吸血昆虫。有些寄生虫必须在宿主体内或体表经过一定发育期，这类寄生虫称固定性寄生虫。它又可分为永久性寄生虫和周期性寄生虫，前者是指整个生活史中的各个发育阶段都在宿主体上度过，终生不离开宿主的寄生虫，如螨、旋毛虫等；后者是指一生中只有一个或几个发育阶段在宿主的体表或体内完成的寄生虫，如蛔虫、肝片吸虫等。

（3）固需寄生虫与兼性寄生虫　固需寄生虫是指在寄生虫生活史中，寄生生活的那部分时间是必需的，没有这部分时间，寄生虫的生活史就不能完成，如绦虫、吸虫和大多数寄生线虫。有些自由生活的线虫和原虫，如遇到合适机会时，其生活史中的一个发育期也可以进入宿主体内营寄生生活，这类寄生虫称之为兼性寄生虫，如类圆线虫。

（4）单宿主寄生虫与多宿主寄生虫　寄生于一种特定宿主的寄生虫，即在寄生虫的全部发育过程中只需要一个宿主的寄生虫称为单宿主寄生虫（又叫专性寄生虫），如犬弓首蛔虫只寄生于犬等。能寄生于许多种宿主的寄生虫，即发育过程中需要多个宿主的寄生虫称为多宿主寄生虫，如肝片吸虫可以寄生于绵羊、山羊、牛和另外许多种反刍兽，还有猪、兔、海狸鼠、象、马、犬、猫、袋鼠和人等多种动物。多宿主寄生虫是一种复杂的生物学现象，它涉及多种脊椎动物，有时包括人，由此导出了人畜共患寄生虫病的概念。

（5）机会致病寄生虫和偶然寄生虫　有些寄生虫在宿主体内通常处于隐性感染状态，但当宿主免疫功能受损时，虫体出现大量的繁殖和强致病力，称为机会致病寄生虫，如隐孢子虫。有些寄生虫进入一个不是其正常宿主的体内或黏附于其体表，这样的寄生虫称为偶然寄生虫，如啮齿动物的虱偶然叮咬犬或人。

(6)假寄生现象 某些本来是自由生活的动物偶尔主动地侵入或被动地随食物带进宿主体内。发生这种情形时,有的"寄生虫"能在宿主体内生活一段时间。如粉螨科的某些螨类,正常生活于谷物、糖和乳制品中,误入人的肠道、泌尿道和呼吸道时,可能引起相应器官的一时性出血性炎症,当它们死亡以后,其躯壳便随分泌物排出。也有一些假寄生虫对宿主不引起任何危害,但当他们被发现时,可能被缺乏经验的化验人员误诊为某种无名的寄生虫。

2.宿主类型

寄生虫的发育过程是很复杂的,有的寄生虫只适应在一种动物体内生活,有的是幼虫和成虫阶段分别寄生于不同的宿主,有的甚至需要 3 个宿主。根据寄生虫的发育特性,将宿主分成以下类型:

(1)中间宿主 幼虫或无性繁殖阶段寄生的宿主称之为中间宿主。如姜片吸虫的幼虫寄生于扁卷螺,扁卷螺即为姜片吸虫的中间宿主;弓形虫的无性繁殖阶段(裂殖生殖)寄生于人、犬、猪、鼠等,人、犬、猪、鼠等即为弓形虫的中间宿主。

有的寄生虫,其幼虫有较多阶段,而不同阶段的幼虫又寄生于不同的宿主,这时便依其发育阶段的前后,分别称之为第一中间宿主和第二中间宿主,第二中间宿主也称为补充宿主。如华支睾吸虫其幼虫发育经过为毛蚴、胞蚴、雷蚴、尾蚴、囊蚴等阶段,其胞蚴、雷蚴阶段寄生于淡水螺,囊蚴阶段寄生于鱼,则淡水螺为华支睾吸虫第一中间宿主,鱼是它的第二中间宿主。

(2)终末宿主 成虫或有性繁殖阶段寄生的宿主称之为终末宿主。所谓成虫,一般是指性成熟阶段的虫体,也就是能产生幼虫或虫卵的虫体。如多头带绦虫的成虫寄生于犬的小肠,犬即为此绦虫的终末宿主;弓形虫的有性繁殖阶段(配子生殖)寄生于猫,猫即为弓形虫的终末宿主等。

(3)保虫宿主 在多宿主寄生虫所寄生的动物中,把那些不常被寄生的动物称为保虫宿主,如肝片吸虫可寄生于多种家畜和野生动物体内,那些野生动物就是肝片吸虫的保虫宿主。但在医学上,某些寄生虫既可寄生于人也可寄生于动物时,通常把动物称为保虫宿主。

(4)贮藏宿主 有时某些寄生虫的感染性幼虫转入一个并非它们生理上所需要的动物体内,并不发育繁殖,但保持着对宿主的感染力,这个动物被称作贮藏宿主(有些资料上将贮藏宿主称为传递宿主)。如犬弓首蛔虫的感染性虫卵既可以直接感染犬,也可以被啮齿动物或鸟类摄食,发育为具有感染性的第 2 期幼虫。犬摄食了啮齿动物或鸟类也可被感染,这些啮齿动物或鸟类称为犬弓首蛔虫的贮藏宿主。

(5)带虫宿主(带虫者) 有时一种寄生虫病在自行康复或治愈之后,或处于隐性感染之时,宿主对寄生虫保持着一定免疫力,临床上没有明显的症状,但也保留着一定量的虫体感染,这时称这种宿主为带虫者。如小牛感染双芽巴贝斯虫后,仅出现极轻微的症状即自行康复,但却可以成为带虫者,并成为传染源;当蜱吸此牛血液时,即可将此病传给健康的牛。

(6)传播媒介 通常是指在脊椎动物宿主之间传播寄生虫病的一种低等动物,更常指传播血液原虫的吸血节肢动物。根据其传播疾病的方式不同可分为生物性传播和机械性传播。前者是指虫体需要在媒介体内发育,如蜱在犬与犬之间传播巴贝斯虫,库蠓在鸡与鸡之间传播卡氏住白细胞虫等;后者是指虫体不在昆虫体内发育,媒介昆虫仅起搬运作用,如虻、螫蝇传播伊氏锥虫等。此外,某些吸虫的发育需要借助水生植物形成囊蚴,这种水生植物即称之为媒介物。

(7)超寄生宿主 许多寄生虫也是其他寄生虫的宿主,此种情况称为超寄生。如疟原虫寄生在蚊子体内,绦虫幼虫寄生于跳蚤体内等。

3.寄生虫与宿主的相互影响

寄生虫与宿主的关系,包括寄生虫对宿主的损害及宿主对寄生虫的抵抗两个方面。寄生虫与宿主之间的相互影响贯穿于寄生生活的全过程。

(1)寄生虫对宿主的影响　寄生虫对宿主的影响主要表现在以下4个方面:

①掠夺营养　寄生虫在宿主体内生长、发育及繁殖所需的营养物质均来自宿主,寄生的虫荷越多,对宿主营养的掠夺也越严重。有些肠道寄生虫,不仅可直接吸收宿主的营养物质,还可妨碍宿主吸收营养,致使宿主较易出现营养不良。

②机械性损伤　寄生虫在宿主体内移行和定居均可造成宿主组织损伤或破坏。如布氏姜片吸虫依靠强而有力的吸盘吸附在肠壁上,可造成肠壁损伤;并殖吸虫童虫在宿主体内移行可引起肝、肺等多个器官损伤;细粒棘球绦虫在宿主体内形成的棘球蚴除可破坏寄生的器官外还可压迫邻近组织,造成多器官或组织的损伤;蛔虫在肠道内相互缠绕可堵塞肠腔,引起肠梗阻。有些兼性或偶然寄生虫侵入人体或造成异位寄生,虫体在人体内的移行或定居引起宿主的组织损伤一般较专性寄生虫更为严重。如果寄生部位是脑、心、眼等重要器官,则预后相当严重,可致生活质量严重下降,甚至致命。

③毒性与免疫损伤　寄生虫的排泄物和分泌物、虫卵、死亡虫体的崩解物和蠕虫的蜕皮液等可能引起组织损害或免疫病理反应。如寄生于胆管系统的华支睾吸虫,其分泌物、代谢产物可引起胆管上皮增生,附近肝实质萎缩,胆管局限性扩张,管壁增厚,进一步发展可致上皮瘤样增生,血吸虫抗原与宿主抗体结合形成抗原抗体复合物可引起肾小球基底膜损伤;再如,钩虫成虫能分泌抗凝素,使受损肠组织伤口流血不止。

④引起继发感染　一些寄生虫侵袭或侵入宿主时,往往引起继发感染,一方面表现在寄生虫侵入宿主体内时常把多种病原体带入机体引起传染病和寄生虫病。如某些蚊虫传播日本乙型脑炎、某些蚤传播鼠疫杆菌,鸡异刺线虫传播火鸡组织滴虫、蠓和蚋传播鸡的住白细胞虫,某些蜱传播牛梨形虫病、森林脑炎、布鲁氏菌病和炭疽杆菌病等。另一方面表现在寄生虫的侵入、移行和寄生造成动物机体的损伤和免疫力的下降为其他病原的侵入创造了条件和促进了疫病的发生。如经皮肤或黏膜感染的寄生虫,常在宿主的皮肤或黏膜等处造成损伤,给其他病原的侵入创造条件。移行期的猪蛔虫幼虫,为猪霉形体进入猪肺脏创造了条件而发生气喘病。犬感染蛔虫、钩虫和绦虫时,比健康犬更易发生犬瘟热,鸡患球虫病时更易发鸡马立克氏病。

以上所述是寄生虫对宿主影响的一些主要方面。但寄生虫对宿主的影响常常是综合性的,表现为多方面的影响。由于寄生虫的种类、数量和致病作用的差别,各种寄生虫对宿主的影响也各不相同。

(2)宿主对寄生虫的影响　寄生虫一旦进入宿主,机体必然出现防御性生理反应,产生非特异性和特异性的免疫应答。通过免疫应答,宿主对寄生虫产生不同程度的抵抗,力图抑制或消灭侵入的虫体。还有其他一些因素如宿主的自然屏障、营养状况、年龄、种属等也对寄生虫产生不同程度的影响。如一般成年动物、营养状况良好的动物具有较强的抵抗力,或抑制虫体的生长发育,或降低其繁殖力,或缩短其生活期限,或能阻止虫体附着并促其排出体外,或以炎症反应包围虫体,或能沉淀及中和寄生虫的产物等,对寄生虫的寄生产生一定的影响。相反,幼龄动物和体弱的动物则很难抵抗寄生虫的侵入和寄生。

(3)寄生虫与宿主相互作用的结果　宿主与寄生虫相互作用,有3种不同结果:第一,完全清除。宿主将寄生虫全部清除,并具有抵御再感染的能力,但寄生虫感染中这种现象极为罕见。第二,带虫状态。宿主能清除部分寄生虫,并对再感染产生部分抵御能力,大多数寄生虫与宿主的关系属于此类型。第三,机体发病。宿主不能有效控制寄生虫,寄生虫在宿主体内发育甚至大量繁殖,引起寄生虫病,严重者可以致死。

寄生虫与宿主相互作用会出现何种结果则与宿主的遗传因素、营养状态、免疫功能、寄生虫种类、数量等因素有关,这些因素的综合作用决定了宿主的感染程度或疾病状态。

二、寄生虫对寄生生活的适应性

1.形态构造的适应性

寄生虫在向寄生生活演变过程中,为适应在宿主体内外寄生的生活环境,其形态构造发生了相适应的变化。

(1)附着器官的发展 普遍存在于各类寄生虫之中的适应性变化是附着器官的发展,寄生于动物体内的寄生虫为了不被宿主机体排出体外,产生了许多新器官(如吸虫和绦虫的吸盘、小棘、小钩等,线虫的唇、齿板、口囊等,消化道原虫的鞭毛、纤毛、伪足等)起附着作用。体外寄生虫为了能牢固吸附于宿主体表,其附着器官也很发达,如节肢动物末端的爪、吸盘等。

(2)体形的变化 为了适应寄生生活,有些寄生虫的体形也发生了变化。如虱子和臭虫的背腹扁平的身体,跳蚤的两侧扁平的身体和特别发达的适于跳跃的腿等;各种节肢动物寄生虫的口器都发生了适于吸血或啮食皮屑毛发的形态变化。

(3)运动器官的退化 寄生生活使许多寄生虫失去了运动器官。吸虫的第一个幼虫阶段——毛蚴,以纤毛作为运动器官,在水中游动并侵入螺体;最后一个幼虫阶段——尾蚴,游出螺体,以其尾部作为运动器官,此后,当它们侵入第二中间宿主或终末宿主体内之后,就不再有专门的运动器官了。属于双翅目昆虫的虱蝇,失去了双翅,但加强了足和爪,使更加适应于寄生生活。

(4)消化器官简化或消失 寄生虫易从宿主吸取丰富的营养物质,不再需要进行复杂的消化过程,其消化器官变得简单,甚至完全退化。某些以宿主组织、血液、淋巴等为主要营养的寄生虫,还长出新的器官(如线虫口腔中的齿、切板等),以利于在宿主机体采取食物。

(5)生殖器官特别发达 寄生虫最明显的变化是生殖器官特别发达。吸虫身体的1/3以上被生殖器官占据;线虫生殖器官的长度超过身体若干倍;绦虫由若干节片组成,每个节片几乎完全被生殖器官充满。

2.生理机能的适应性

由自由生活演化为寄生生活,这是生活方式的一个很大变化,虫体除形态结构的变化外,发育、营养、繁殖等生理机能也会发生很大的变化,以适应寄生生活。

(1)生殖能力的加强 寄生虫特点是具有强大的繁殖力,以适应在复杂的生活过程中,各种不利因素对其延续后代带来的不良影响。强大的繁殖力,一方面表现在虫卵变小,产卵或产幼虫数量增多,卵及幼虫的抵抗力增强;另一方面表现在某些寄生虫可在外界环境中继续繁殖,如吸虫的一个毛蚴,可在螺体内形成百余条尾蚴。

(2)对体内体外环境抵抗力的增强 蠕虫体表一般都有一层较厚的角质膜,具有抵抗宿主消化液的作用;线虫的感染性幼虫有一层外鞘膜,绝大多数蠕虫的虫卵和原虫的卵囊都具有特质的壁,能抵抗不良的外界环境。

（3）营养关系的变化　主要表现在消化器官的简单化,甚至完全消失。如吸虫仅有一根食道连接两根盲肠管,通常无肛门,不同的种类其简单程度又各不相同。而绦虫和棘头虫全然无消化器官,仅依靠体表直接从宿主吸取营养,营养物质的吸收主要靠具有微毛的皮层来进行。

（4）寄生虫代谢机能的适应　氧在寄生虫一些物质的合成如卵壳合成中起重要作用。寄生虫依靠扩散进行氧的吸收。虫体内的氧靠体液扩散,有的寄生虫可借助于血红蛋白、铁卟啉等化合物将氧扩散到虫体各部。二氧化碳对寄生虫起重要作用,如线虫虫卵的激活、吸虫囊蚴脱囊、线虫卵和幼虫的孵化和脱鞘等都需要二氧化碳的参与。

寄生虫合成蛋白质所需的氨基酸来源于分解食物或分解宿主组织,也可直接摄取宿主游离氨基酸。合成核酸的碱基、嘌呤需从宿主获取,嘧啶则可由自身合成。脂类主要来源于宿主,寄生虫可能只有加长脂肪链的功能。某些寄生虫因缺乏某些消化酶,因此还必须从消化道中获取。

三、寄生虫的分类和命名

1.分类

寄生虫分类的最基本的单位是种,是指具有一定形态学特征和遗传学特性的生物类群。近缘的种集合成属,近缘的属集合成科,依此类推为目、纲、门、界。与动物医学相关的寄生虫分类见图 5-1。

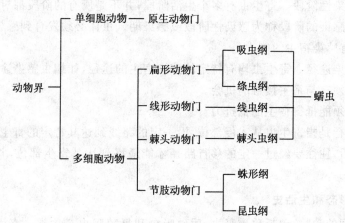

图 5-1　动物寄生虫分类示意图

为了表述方便,习惯上将吸虫纲、绦虫纲、线虫纲、棘头虫纲的寄生虫统称为蠕虫,昆虫纲的寄生虫称为昆虫,原生动物门的寄生虫称为原虫。由其所致的寄生虫病则分别称为动物蠕虫病、动物昆虫病、动物原虫病。蛛形纲的寄生虫主要为蜱和螨。

2.命名

采用双命名制法,用此方法为寄生虫规定的名称称为寄生虫的学名,即科学名。学名由两个不同的拉丁文或拉丁文字单词组成,属名在前,种名在后。如 *Schistosoma japonicum*,中译名全名为:日本分体吸虫,其中 *Schistosoma* 是分体属,属名第一个字母应大写;*japonicum* 是种名,即日本的,种名的第一个字母小写。

四、寄生虫的形态和生活史

(一)寄生虫生活史

寄生虫完成一代生长、发育和繁殖的整个过程称为生活史,也称发育史。寄生虫的生活史包括寄生虫侵入宿主的途径、虫体在宿主体内移行及定居、离开宿主的方式,以及发育过程中所需的宿主(包括传播媒介)种类和内外环境条件等。

1.寄生虫生活史的类型

依据寄生虫生活史中是否需要中间宿主,可大致分为以下两种类型:

(1)直接发育型　寄生虫完成生活史不需要中间宿主,虫卵或幼虫在外界发育到感染期后直接感染动物或人,称直接发育型。

(2)间接发育型　寄生虫完成生活史需要中间宿主,幼虫在中间宿主体内发育到感染期后经中间宿主才能感染动物或人。

在流行病学上,又将具有直接发育型的寄生虫称为土源性寄生虫,如蛔虫、钩虫等;将间接发育型的寄生虫称为生物源性寄生虫,如日本血吸虫、猪带绦虫等。

2.寄生虫完成生活史的条件

寄生虫完成生活史必须具备以下条件:

(1)适宜的宿主。适宜的甚至是特异性的宿主是寄生虫建立生活史的前提。

(2)发育到感染性阶段。寄生虫有多个生活阶段,并不是所有的阶段都对宿主具有感染能力,能使动物机体感染的阶段称为感染性阶段或感染期。虫体必须发育到感染性阶段(或叫侵袭性阶段),才具有感染宿主的能力。

(3)适宜的感染途径。寄生虫均有特定的感染宿主的途径,如蛔虫感染途径是经口感染。

(4)寄生虫必须有与宿主接触的机会。

(5)寄生虫必须能抵御宿主的抵抗力。

(6)移行。移行是指寄生虫从入侵部位,沿一定的路线到达其特定的寄生部位的过程。寄生虫进入宿主体后,往往要经过一定的移行路径才能最终到达其寄生部位,并在此生长、发育和繁殖。

(二)吸虫的形态和生活史

吸虫是吸虫纲的动物,包括单殖吸虫、盾殖吸虫和复殖吸虫 3 大类。寄生于畜、禽的吸虫以复殖吸虫为主,可寄生于畜禽肠道、结膜囊、肠系膜静脉、肾和输尿管、输卵管及皮下部位。兽医临床上常见的吸虫主要有肝片吸虫、姜片吸虫、日本分体吸虫、华支睾吸虫、并殖吸虫、阔盘吸虫、前殖吸虫、前后盘吸虫、棘口吸虫等。

1.吸虫的形态

(1)外部形态　虫体多背腹扁平(图 5-2),呈叶状、舌状;有的似圆形或圆柱状,只有分体属吸虫为线状。虫体随种类不同,大小在 0.3~75 mm。体表常由具皮棘的外皮层所覆盖,体色一般为乳白色、淡红色或棕色。通常具有两个肌肉质杯状吸盘,一为环绕口的口吸盘,另一为位于虫体腹部某处的腹吸盘。腹吸盘的位置前后不定或缺失。

(2)体壁　吸虫无表皮,体壁由皮层和肌层构成皮肌囊。无体腔,囊内含有大量的网状组织,各系统的器官位居其中。皮层从外向内包括 3 层:外质膜、基质和基质膜。外质膜成分为

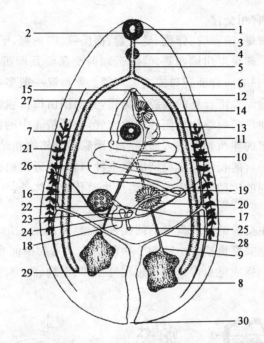

图 5-2 复殖吸虫成虫的形态(引自陈心陶，1985)

1.口　2.口吸盘　3.前咽　4.咽　5.食道　6.盲肠　7.复吸盘　8.睾丸　9.输出管
10.输精管　11.贮精囊　12.雄茎　13.雄茎囊　14.前列腺　15.生殖孔　16.卵巢　17.输卵管
18.受精囊　19.梅氏腺　20.卵膜　21.卵黄腺　22.卵黄管　23.卵黄囊　24.卵黄总管
25.劳氏管　26.子宫　27.子宫颈　28.排泄管　29.排泄囊　30.排泄孔

酸性黏多糖或糖蛋白，具有抗宿主消化酶及保护虫体的作用。皮层具有进行气体交换、吸收营养物质的功能。肌层是虫体伸缩活动的组织。

（3）消化系统　一般包括口、前咽、咽、食道及肠管。口位于虫体的前端，口吸盘的中央。前咽短小或缺，无前咽时，口后即为咽。咽后接食道，下分两条肠管，位于虫体的两侧，向后延伸至虫体后部，末端封闭为盲肠，没有肛门，废物可经口排出体外。

（4）排泄系统　由焰细胞、毛细管、集合管、排泄总管、排泄囊和排泄孔等部分组成。焰细胞布满虫体的各部分，位于毛细管的末端，为凹形细胞，在凹入处有一束纤毛，纤毛颤动时很像火焰跳动，因而得名。焰细胞收集的排泄物，经毛细管、集合管集中到排泄囊，最后由末端的排泄孔排出体外。焰细胞的数目与排列，在分类上具有重要意义。

（5）神经系统　在咽两侧各有一个神经节，相当于神经中枢。从两个神经节各发出前后 3 对神经干，分布于背、腹和侧面。向后延伸的神经干，在几个不同的水平上皆有神经环相连。由前后神经干发出的神经末梢分布于口吸盘、咽及腹吸盘等器官。

（6）生殖系统　生殖系统发达，除分体吸虫外，皆雌雄同体。

雄性生殖系统包括睾丸、输出管、输精管、贮精囊、射精管、前列腺、雄茎、雄茎囊和生殖孔等。通常有两个睾丸，圆形、椭圆形或分叶，左右排列或前后排列在腹吸盘下方或虫体的后半部。睾丸发出的输出管汇合为输精管，其远端可以膨大及弯曲成为贮精囊。贮精囊接射精管，其末端为雄茎，开口于生殖孔开。贮精囊、射精管、前列腺和雄茎可以一起被包围在雄茎囊内。贮精囊被包在雄茎囊内时，称为内贮精囊，在雄茎囊外时称为外贮精囊，交配时，雄茎可以伸出生殖孔外,与雌性生殖器官相交接。

雌性生殖系统包括卵巢、输卵管、卵膜、受精囊、梅氏腺、卵黄腺、子宫及生殖孔等。卵巢的位置常偏于虫体的一侧。卵巢发出输卵管,管的远端与受精囊及卵黄总管相接。劳氏管一端接着受精囊或输卵管,另一端向背面开口或成为盲管。卵黄腺一般多在虫体两侧,由许多卵黄滤泡组成。卵黄总管与输卵管汇合处的囊腔即卵膜,其周围由梅氏腺包围着。

成熟的卵细胞由于卵巢的收缩作用而移向输卵管,与受精囊中的精子相遇受精,受精卵向前移入卵膜。卵黄腺分泌的卵黄颗粒进入卵膜与梅氏腺的分泌物相结合形成卵壳。子宫起始处以子宫瓣膜为标志。子宫的长短与盘旋情况随虫种而异,接近生殖孔处多形成阴道,阴道与阴茎多数开口于一个共同的生殖窦或生殖腔,再经生殖孔通向体外。

2. 吸虫的生活史

吸虫生活史为需宿主交替的较为复杂的间接发育型,中间宿主的种类和数目因不同吸虫种类而异。其主要特征是需要更换一个或两个中间宿主。第一中间宿主为淡水螺或陆地螺,第二中间宿主多为鱼、蛙、螺或昆虫等。发育过程经虫卵、毛蚴、胞蚴、雷蚴、尾蚴、囊蚴各期(图5-3)。

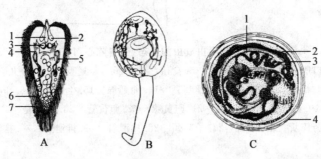

图5-3 复殖目吸虫的各期幼虫(引自孔繁瑶,1997)
A.毛蚴:1.头腺 2.穿刺腺 3.神经元 4.神经中枢 5.排泄管 6.排泄孔 7.胚细胞
B.尾蚴 C.囊蚴:1.盲肠 2.排泄管 3.侧排泄管 4.囊壁

(1)虫卵 多呈椭圆形或卵圆形,除分体吸虫外都有卵盖,颜色为灰白、淡黄至棕色。有的虫卵在产出时,仅含胚细胞和卵黄细胞;有的已有毛蚴;有的在子宫内已孵化;有的必须被中间宿主吞食后才孵化;但多数虫卵需在宿主体外孵化。

(2)毛蚴 当卵在水中完成发育,则成熟的毛蚴即破盖而出,游于水中;无卵盖的虫卵,毛蚴则破壳而出。毛蚴体形近似等边三角形,多被纤毛,运动活泼。前部宽,有头腺,后端狭小。体内有简单的消化道、胚细胞、神经与排泄系统。游于水中的毛蚴,在1~2 d内遇到适宜的中间宿主,即利用其吸盘,钻入螺体内,脱去纤毛,移行至淋巴腔内,发育为胞蚴。

(3)胞蚴 呈包囊状,营无性繁殖,内含胚细胞、胚团及简单的排泄器。逐渐发育,在体内生成雷蚴。

(4)雷蚴 呈包囊状,营无性繁殖,有咽和盲肠,还有胚细胞和排泄器,有的吸虫仅有一代雷蚴,有的则存在母雷蚴和子雷蚴两期。雷蚴逐渐发育为尾蚴,成熟后即逸出螺体,游于水中。

(5)尾蚴 由体部和尾部构成。不同种类吸虫尾蚴形态不完全一致。尾蚴能在水中活跃地运动。体表具棘,有1~2个吸盘。尾蚴可在某些物体上形成囊蚴而感染终末宿主;或直接经皮肤钻入终末宿主体内,脱去尾部,移行到寄生部位,发育为成虫。但有些吸虫尾蚴需进入第二中间宿主体内发育为囊蚴,才能感染终末宿主。

(6)囊蚴　系尾蚴脱去尾部,形成包囊后发育而成,体呈圆形或卵圆形。囊蚴是通过其附着物或第二中间宿主进入终末宿主的消化道内,囊壁被胃肠的消化液溶解,幼虫即破囊而出,经移行,到达寄生部位,发育为成虫。

(三)绦虫的形态和生活史

寄生于畜禽的绦虫隶属于扁形动物门绦虫纲,其中只有圆叶目和假叶目绦虫对畜禽和人具有感染性。绦虫的分布极其广泛,成虫和其幼虫期——绦虫蚴都能对人畜造成严重的危害。

1.绦虫的形态

(1)外部形态　绦虫呈背腹扁平的带状,白色或淡黄色。虫体大小随种类不同,小的仅有数毫米,如寄生于鸡小肠的少睾变带绦虫;大的可达 10 m 以上,如寄生在人小肠的牛带吻绦虫,最长可达 25 m 以上。一条完整的绦虫由头节、颈节和体节 3 部分组成。

①头节　位于虫体的最前端,为吸附和固着器官,种类不同,形态构造差别很大(图 5-4)。圆叶目绦虫的头节上有 4 个圆形或椭圆形的吸盘,如莫尼茨绦虫等。有的种类在头节顶端的中央有一个顶突,其上有一圈或数圈角质化的小钩,如寄生于人小肠的猪带绦虫、寄生于犬小肠的细粒棘球绦虫等。顶突的有无、顶突上钩的形态、排列和数目在分类定种上有重要的意义。假叶目绦虫的头节一般为指形,在其背腹面各具一沟样的吸槽。圆叶目头节为长形吸着器官,上有 4 个叶状结构。

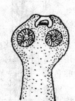

A.曼氏迭宫绦虫　　B.微小膜壳绦虫　　C.肥胖带吻绦虫　　D.链状带绦虫

图 5-4　各种绦虫头节

②颈节　颈节是头节后的纤细部位,和头节、体节的分界不甚明显,其功能是不断生长出体节。但亦有缺颈节者,其生长带则位于头节后缘。

③体节　体节由节片组成。节片数目因种类差别很大,少者仅有几个,多者可达数千个。绦虫的节片之间大多有明显的界线。节片按其前后位置和生殖器官发育程度的不同,可分为未成熟节片、成熟节片和孕卵节片。

未成熟节片又称幼节,紧接在颈节之后,生殖器官尚未发育成熟。成熟节片简称成节,在幼节之后,节片内的生殖器官逐渐发育成具有生殖能力的雄性和雌性两性生殖器官。孕卵节片简称孕节,随着成节的继续发育,节片的子宫内充满虫卵,而其他的生殖器官逐渐退化、消失。

因为绦虫的生长发育总是由前向后逐渐进行,因此,居于后部的节片依次比前部的节片成熟度高,越老的节片距离头端越远,达到孕节时,孕节最后的节片逐节或逐段脱落,而前部新的节片从颈节后部不断地生成。这样就使绦虫经常保持着各自固有的长度范围和相应的节片数目。

（2）体壁　绦虫体壁的最外层是皮层，皮层覆盖着链体各个节片，其下为肌肉系统，由皮下肌层和实质肌层组成。皮下肌层的外层为环肌，内层为纵肌。纵肌贯穿整个链体，唯在节片成熟后逐渐萎缩退化，越往后端退化越为显著，于是最后端孕节能自动从链体脱落。

（3）实质　绦虫无体腔，由体壁围成一个囊状结构，称为皮肤肌肉囊。囊内充满着海绵样的实质，也叫髓质区，各器官均埋藏在此区内。在发育过程中，形成的实质细胞膨胀产生空泡，空泡的泡壁互相联系而产生细胞内的网状结构；各细胞间也有空隙。通常节片内层实质细胞会失去细胞核，而每当生殖器官发育膨胀，便压迫这些无核的细胞，它们退化后可变为生殖器官的被膜。另外，在实质内常散在有许多球形的或椭圆形的石灰小体，具有调节酸度的作用。

（4）排泄系统　链体两侧有纵排泄管，每侧有背、腹两条，位于腹侧的较大，纵排泄管在头节内形成蹄系状联合；通常腹纵排泄管在每个节片中的后缘处有横管相连。一个总排泄孔开口于最早分化出现节片的游离边缘中部。当此头 1 个节片（成熟虫体的最早 1 个孕节）脱落后，就失去总排泄孔，而由排泄管各自向外开口。排泄系统起始于焰细胞，由焰细胞发出来的细管汇集成为较大的排泄管，再和纵管相连。

（5）生殖系统　除个别虫种外，绦虫均为雌雄同体。即每个节片都具有雄性和雌性生殖系统各一套或两套，故其生殖器官特别发达（图 5-5）。

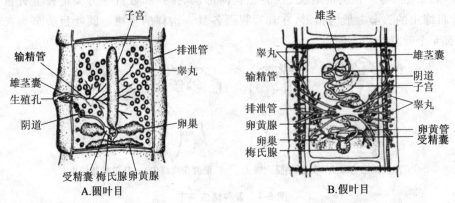

图 5-5　绦虫生殖系统构造模式

生殖器官的发育是从紧接颈节的幼节开始分化的，最初节片尚未出现雌、雄的性别特征，继后逐渐发育，开始先见到节片中出现雄性生殖系统，接着出现雌性生殖系统的发育，后形成成节。在圆叶目绦虫节片受精后，雄性生殖系统渐趋萎缩而后消失，雌性生殖系统至子宫扩大充满虫卵时，其他部分亦逐渐萎缩消失，至此即成为孕节，充满虫卵的子宫占有了整个节片。而在假叶目，由于虫卵成熟后可由子宫孔排出，子宫不如圆叶目绦虫发达。

①雄性生殖器官　有睾丸 1 个至数百个，呈圆形或椭圆形，连接着输出管。睾丸多时，输出管互相连接成网状，至节片中部附近汇合成为输精管，输精管曲折蜿蜒向边缘推进，并有两个膨大部：一个在未进入雄茎囊之前，称外贮精囊；一个在进入雄茎囊之后，称内贮精囊。与输精管末端相连的部分为射精管及雄茎。雄茎可自生殖腔向边缘伸出。雄茎囊多为圆囊状物，贮精囊、射精管、前列腺及雄茎的大部分都包含在雄茎囊内。雄茎与阴道分别在上下位置向生殖腔开口，生殖腔在节片边缘开口，称为生殖孔。

②雌性生殖器官　卵膜在雌性生殖器官的中心区域,卵巢、卵黄腺、子宫、阴道等均有管道(如输卵管、卵黄管)与之相连。卵巢位于节片的后半部,一般呈两瓣状,由许多细胞组成。各细胞有小管,最后汇合成一支输卵管,与卵膜相通。阴道(包括受精囊——阴道的膨大部分)末端开口于生殖腔,近端通卵膜。卵黄腺分为两叶或为一叶,在卵巢附近(圆叶目),或成泡状散布在髓质中(假叶目),由卵黄管通往卵膜。子宫一般为盲囊状,并且有袋状分枝,由于没有开口,虫卵不能自动排出,须孕卵节片脱落破裂时才散出虫卵。虫卵内含具有 3 对小钩的胚胎,称为六钩蚴。有些绦虫包围六钩蚴的内胚膜形成突起,似梨形而称为梨形器。有些绦虫的子宫退化消失,若干个虫卵被包围在称为副子宫的袋状腔内。

(6)神经系统　神经中枢在头节中,由几个神经节和神经联合构成;自中枢部分通出两条大的和几条小的纵神经干,贯穿各个体节,直达虫体后端。

2.绦虫的生活史

绦虫的发育比较复杂(图 5-6、图 5-7),绝大多数在其生活史中都需要一个或两个中间宿主。寄生于家畜体内的绦虫都需要中间宿主,才能完成其整个生活史。绦虫在其终末宿主体内的受精方式大多为自体受精,但也有异体受精或异体节受精的。

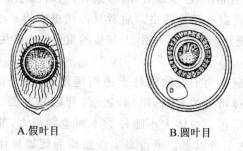

A.假叶目　　　　　　　　B.圆叶目

图 5-6　绦虫虫卵构造模式

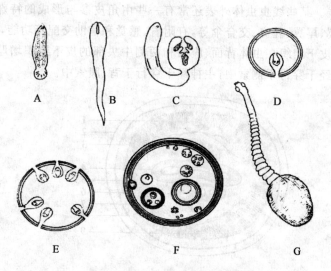

图 5-7　各种类型绦虫蚴模式构造
A.原尾蚴　B.裂头蚴　C.似囊尾蚴　D.囊尾蚴　E.多头蚴　F.棘球蚴　G.链尾蚴

(1)圆叶目绦虫的发育　圆叶目绦虫寄生于终末宿主的小肠内,孕卵节片(或孕卵节片先已破裂释放虫卵)随粪便排出体外,被中间宿主吞食后,卵内六钩蚴逸出,在寄生部位发育为绦虫蚴期,此期成为中绦期。如果以哺乳动物作为中间宿主,在其体内发育为囊尾蚴、多头蚴或棘球蚴等类型的幼虫;如果以节肢动物和软体动物等无脊椎动物作为中间宿主,则发育为似囊尾蚴。

当终末宿主吞食了含有幼虫的中间宿主或其组织后,在胃肠内经消化液作用,蚴体逸出,头节外翻,吸附在肠壁上,逐渐发育为成虫。

(2)假叶目绦虫的发育　假叶目绦虫的子宫向外开口,虫卵可从子宫孔排出孕节,随终末宿主粪便排出外界。在水中适宜条件下孵化为钩毛蚴(钩球蚴),被中间宿主(甲壳纲昆虫)吞食后发育为原尾蚴,含有原尾蚴的中间宿主被补充宿主(鱼、蛙类或其他脊椎动物)吞食后发育为实尾蚴(裂头蚴),终末宿主吞食带有实尾蚴的补充宿主而感染,在其消化道内经消化液的作用,蚴体吸附在肠壁上发育为成虫。

(四)线虫的形态和生活史

线虫数量大,种类多,分布广,已报道有50万余种;营自由生活者有海洋线虫、淡水线虫、土壤线虫,寄生者有植物线虫和动物线虫。后者只占线虫中的一小部分,且多数是土源性线虫,一般是混合寄生。据统计,牛、羊、马、猪、犬和猫的重要线虫寄生种数合计达300多种。

1. 线虫形态构造

(1)外部形态　线虫通常为细长的圆柱形或纺锤形,有的呈线状或毛发状。通常前端钝圆、后端较细。整个虫体可分为头端、尾端、腹面、背面和侧面。活体通常为乳白色或淡黄色,吸血的虫体常呈淡红色。虫体大小随种类不同差别很大,如旋毛虫雄虫仅1 mm长,而麦地那龙线虫雌虫长达1 m以上。家畜寄生线虫均为雌雄异体。雄虫一般较小,雌虫稍粗大。

(2)体壁　体壁由无色透明的角皮即角质层、皮下组织和肌层构成(图5-8、图5-9)。角皮光滑或有横纹、纵线。某些线虫虫体外表还常有一些由角皮参与形成的特殊构造,如头泡、唇片、叶冠、颈翼、侧翼、尾翼、乳突、交合伞等,有附着、感觉和辅助交配等功能,其位置、形状和排列是分类的依据。皮下组织在虫体背面、腹面和两侧中央部的皮下组织增厚,形成4条纵索。这些排泄管和侧神经干穿行于侧索中,主神经干穿行于背、腹索中。

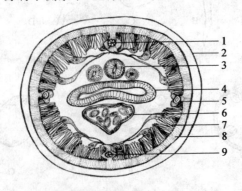

图5-8　线虫横切面示意图(引自 Urquhart 等,1996)

1.背神经　2.角皮　3.卵巢　4.肠道　5.排泄管　6.子宫　7.肌肉　8.皮下组织　9.腹神经

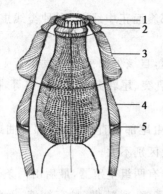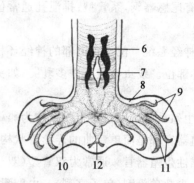

图 5-9 线虫角皮的分化构造(引自 Urquhart 等,1996)

1.叶冠 2.头泡 3.颈泡 4.颈翼 5.颈乳突 6.交合刺

7.引器 8.背叶 9.腹肋 10.外背肋 11.侧肋 12.背肋

(3)假体腔 体壁包围着一个充满液体的腔,此腔没有源于内胚层的浆膜作衬里,所以称为假体腔。内有液体和各种组织、器官、系统。假体腔液液压很高,维持着线虫的形态和强度。

(4)消化系统 消化系统包括口孔、口腔、食道、肠、直肠、肛门(图 5-10)。口孔位于头部顶端,常有唇片围绕。无唇片的寄生虫,有的在该部分发育为叶冠、角质环。有些线虫在口腔内形成硬质构造,称为口囊,有些在口腔中有齿和切板等。食道多为圆柱状、棒状或漏斗状。有些线虫食道后膨大为食道球。食道的形状在分类上具有重要意义。食道后为管状的肠、直肠,末端为肛门。雌虫肛门单独开口于尾部腹面;雄虫的直肠与射精管汇合成泄殖腔,开口尾部腹面,为泄殖孔。开口处附近常有乳突,其数目、形状和排列有分类意义。

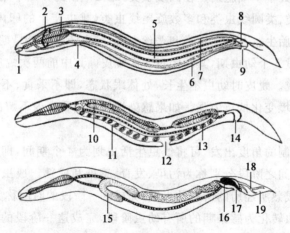

图 5-10 线虫纵切面示意图(引自 Urquhart 等,1996)

1～9.消化系统、分泌系统、神经系统:1.口腔 2.神经环 3.食道 4.排泄孔

5.肠 6.腹神经索 7.神经索 8.直肠 9.肛门

10～14.雌性生殖系统:10.卵巢 11.子宫 12.阴门 13.虫卵 14.肛门

15～19.雄性生殖系统:15.睾丸 16.交合刺 17.泄殖腔 18.肋 19.交合伞

(5)排泄系统 有腺型和管型两类。在无尾感器纲,系腺型,常见一个大的腺细胞位于体

腔内;在有尾感器纲,系管型;排泄孔通常位于食道部腹面正中线上,同种类线虫位置固定,具分类意义。

(6)神经系统　位于食道部的神经环相当于中枢,自该处向前后各发出若干神经干,分布于虫体各部位。线虫体表有许多乳突,如头乳突、唇乳突、尾乳突或生殖乳突等,都是神经感觉器官。

(7)生殖系统　家畜寄生线虫均为雌雄异体,雌虫尾部较直,雄虫尾部弯曲或卷曲。雌雄内部生殖器官都是简单弯曲的连续管状构造,形态上区别不大。

①雌性生殖器官　通常为双管型(双子宫型),即有两组生殖器,最后由两条子宫汇合成一条阴道。少数单管型(单子宫型)。由卵囊、输卵管、子宫、受精囊(贮存精液,无此构造的线虫其子宫末端行此功能)、阴道(有些线虫无阴道)和阴门(有些虫种尚有阴门盖)组成。阴门是阴道的开口,可能位于虫体腹面的前部、中部或后部,但均在肛门之前,其位置及其形态常具分类意义。

②雄性生殖器官　通常为单管型,由睾丸、输精管、贮精囊和射精管组成。睾丸产生的精子经输精管进入贮精囊,交配时,精液从射精管入泄殖腔,经泄殖孔射入雌虫阴门。雄性器官的末端部分常有交合刺、引器、副引器等辅助交配器官,其形态具分类意义。交合刺2根者多见包藏在位于泄殖腔背壁的交合刺鞘内,有肌肉牵引,故能伸缩,在交配时有掀开雌虫生殖孔的功能。交合刺、引器、副引器和交合伞有多种多样的形态,在分类上非常重要。

2.线虫的生活史

雌虫和雄虫交配受精。大部分为卵生,有的为卵胎生或胎生。在蛔虫类和毛首线虫类,雌虫产出的卵尚未卵裂,处于单细胞期。在圆线虫类,雌虫产出的卵处于桑葚期。此两种情况称为卵生。在后圆线虫类、类圆线虫类和多数旋尾线虫类,雌虫产出的卵内已处于蝌蚪期阶段,即已形成胚胎,称为卵胎生。在旋毛虫类和恶丝虫类,雌虫产出的是早期幼虫,称为胎生。

线虫的发育要经过5个幼虫期,其间经过4次蜕皮。其中前两次蜕皮在外界环境中完成,后两次在宿主体内完成。蜕皮时幼虫不生长,处休眠状态,即不采食、不活动。第三期幼虫是感染性幼虫,对外界环境变化抵抗力强。如果感染性幼虫在卵壳内不孵出,该虫卵称为感染性虫卵。

从诊断、治疗和控制的角度出发,可将线虫生活史划为4个期间,即成虫期、感染前期、感染期和成虫前期,各期间之阶段分别称为污染、发育、感染和成熟。成虫前期系指线虫从进入终末宿主至其性器官成熟所经历的所有幼虫期,完成这一阶段的时间称为成熟;感染前期系指线虫由虫卵或初期幼虫转化为感染期的所有幼虫阶段,完成这一阶段的时间称为发育。从侵入终末宿主至成虫排出虫卵或幼虫于宿主体外的时间称为潜在期。

根据线虫在发育过程中需不需要中间宿主,可分为无中间宿主的线虫和有中间宿主的线虫。前者系幼虫在外界环境中如粪便和土壤中直接发育到感染阶段,故又称直接发育型或土源性线虫;后者的幼虫需在中间宿主如昆虫和软体动物等的体内方能发育到感染阶段,故又称间接发育型或生物源性线虫。

(1)无中间宿主线虫的发育

①蛲虫型　雌虫在终末宿主的肛门周围和会阴部产卵,感染性虫卵在该处发育形成。宿

主经口感染后,幼虫在小肠内孵化,到大肠发育为成虫,如马尖尾线虫和人蛲虫。

②毛尾线虫型 虫卵随宿主粪便排至外界,在粪便或土壤中发育为感染性虫卵。宿主经口感染后,幼虫在小肠内孵化,到大肠发育为成虫,如毛尾线虫。

③蛔虫型 虫卵随宿主粪便排至外界,在粪便或土壤中发育为感染性虫卵。宿主经口感染后,幼虫在小肠内孵化,多数种类幼虫需在宿主体内经复杂移行,再到小肠内发育为成虫,如猪蛔虫。

④圆线虫型 虫卵随宿主粪便排出外界,从卵壳内第 1 期幼虫孵出,再经两次蜕皮发育为感染性幼虫,即第 3 期幼虫,其在土壤和牧草上活动。宿主经口感染后,幼虫在终末宿主体内经复杂移行或直接到达寄生部位发育为成虫,大部分圆线虫都属于这个类型。

⑤钩虫型 虫卵随宿主粪便排出,在外界发育孵化出第 1 期幼虫,之后,经两次蜕皮发育为感染性幼虫。主要是通过宿主的皮肤感染,幼虫随血流经复杂移行最后到小肠发育为成虫。但该类型虫体亦能经口感染,如犬钩虫。

(2)有中间宿主线虫的发育

①旋尾线虫型 雌虫产出含幼虫的卵或幼虫,排入外界环境中被中间宿主摄食,或当中间宿主舔食终末宿主的分泌物或渗出物时一同将卵或幼虫摄入体内,幼虫在中间宿主(节肢动物)体内发育到感染阶段。终末宿主因吞食带感染性幼虫的中间宿主或中间宿主将幼虫直接输入终末宿主体内而感染。以后随虫种的不同而在不同部位发育为成虫,如旋尾类的多种线虫。

②原圆线虫型 雌虫在终末宿主体内产含幼虫的卵,随即孵出第 1 期幼虫。第 1 期幼虫随粪便排至外界后,主动地钻入中间宿主——螺体内发育到感染阶段。终末宿主吞食了带有感染性幼虫的螺而受感染。幼虫在终末宿主肠内逸出,移行到寄生部位,发育为成虫,如寄生于绵羊呼吸道的原圆线虫。寄生于猪呼吸道的后圆线虫的生活史与此相似,中间宿主为蚯蚓。

③丝虫型 雌虫产幼虫,进入终末宿主的血液循环中,中间宿主吸血时将幼虫摄入;幼虫在中间宿主体内发育到感染阶段。当带有感染性幼虫的中间宿主吸食易感动物血液时,即将感染性幼虫注入健畜体内。幼虫移行到寄生部位,发育为成虫。

④龙线虫型 雌虫寄生在终末宿主的皮下结缔组织中,通过一个与外界相通的小孔将幼虫产入水中。幼虫以剑水蚤为中间宿主,在其体内发育到感染期。终末宿主吞食了带感染性幼虫的剑水蚤而感染;幼虫移行到皮下结缔组织中发育为成虫,如鸟蛇线虫。

⑤旋毛虫型 旋毛虫的生活史比较特殊,同一宿主既是(先是)终末宿主,又是(后是)中间宿主。旋毛虫的雌虫在宿主肠壁淋巴间隙中产幼虫;后者转入血液循环,其后进入横纹肌纤维中发育,形成幼虫包囊,此时被感染动物已由终末宿主转变为中间宿主。终末宿主是由于吞食了含有幼虫的肌肉而遭受感染的,肌肉被消化之后,释放出的幼虫在小肠中发育为成虫。

(五)棘头虫的形态和生活史

1.棘头虫的形态构造

(1)外形 虫体一般呈椭圆、纺锤或圆柱形等不同形态。大小为 1～65 cm,多数在 25 cm 左右。虫体由细短的前体和较粗长的躯干组成。体表常由于吸收宿主的营养,特别是脂类物质而呈现红、橙、褐、黄或乳白色。

(2)体壁 体壁由5层固有体壁和两层肌肉组成。体壁分别由上角皮、角皮、条纹层、覆盖层、辐射层组成,各层之间均由结缔组织支持和粘连。角皮具有从宿主肠腔吸收营养的功能。肌层里面是假体腔,无体腔膜。

(3)排泄器官 由一对位于生殖系统两侧的原肾组成。包含有许多焰细胞和收集管,收集管通过左右原肾管汇合成一个单管通入排泄囊,再连接于雄虫的输精管或雌虫的子宫而与外界相通。

(4)神经系统 中枢部分是位于吻鞘内收缩肌上的中央神经节,从这里发出能至各器官组织的神经。在颈部两侧有一对感觉器官,即颈乳突。雄虫的一对性神经节和由它们发出的神经分布在雄茎和交合伞内。雌虫没有性神经节。

(5)生殖系统

①雄性生殖系统 雄虫含两个前后排列的圆形或椭圆形睾丸,包裹在韧带囊中,附着于韧带索上。每个睾丸连接一条输出管,两条输出管汇合成一条输精管。睾丸的后方有黏液腺、黏液囊和黏液管;黏液管与射精管相连。再下为位于虫体后端的一肌质囊状交配器官,其中包括有一个雄茎和一个可以伸缩的交合伞。

②雌性生殖系统 雌虫的生殖器官由卵巢、子宫钟、子宫、阴道和阴门组成。卵巢在背韧带囊壁上发育,以后逐渐崩解为卵球或浮游卵巢。子宫钟呈倒置的钟形,前端为一大的开口,后端的窄口与子宫相连;在子宫钟的后端有侧孔开口于背韧带囊或假体腔。子宫后接阴道,末端为阴门。

2.棘头虫基本发育过程

棘头虫为雌雄异体,雌雄虫交配受精。交配时,雄虫以交合伞附着于雌虫后端,雄虫向阴门内射精后,黏液腺的分泌物在雌虫生殖孔部形成黏液栓,封住雌虫后部,以防止精子逸出。卵细胞从卵球破裂出来以后,进行受精;受精卵在韧带囊或假体腔内发育。虫卵被吸入子宫钟内,未成熟的虫卵,通过子宫钟的侧孔流回假体腔或韧带囊中;成熟的虫卵由子宫钟入子宫,经阴道,自阴门排出体外。成熟的卵中含有幼虫,称棘头蚴,其一端有一圈小钩,体表有小刺,中央部为有小核的团块。棘头虫的发育需要中间宿主,中间宿主为甲壳类动物和昆虫。排到自然界的虫卵被中间宿主吞咽后,在肠内孵化,其后幼虫钻出肠壁,固着于体腔内发育,先变为棘头体,而后变为感染性幼虫——棘头囊。终末宿主因摄食含有棘头囊的节肢动物而受感染。在某些情况下,棘头虫的生活史中可能有搬运宿主或储藏宿主,它们往往是蛙、蛇或蜥蜴等脊椎动物。

五、各种动物主要寄生性蠕虫的特征

(1)猪的寄生性蠕虫形态结构特征,见表5-2。

(2)牛羊的寄生性蠕虫形态结构特征,见表5-3。

(3)禽类的寄生性蠕虫形态结构特征,见表5-4。

(4)犬猫的寄生性蠕虫形态结构特征,见表5-5。

(5)其他动物的寄生性蠕虫形态结构特征,见表5-6。

表 5-2 猪的寄生性蠕虫形态结构特征

寄生虫	寄生部位	形态构造特征
猪囊尾蚴	肌肉	猪带绦虫的幼虫期,白色半透明,(6~10) mm×5 mm,椭圆形的囊泡,囊内充满液体。囊壁上有 1 个内嵌的头节,头节上有顶突、小钩和 4 个吸盘
细颈囊尾蚴	腹腔脏器	泡状带绦虫的幼虫期,呈乳白色,囊泡状,囊内充满液体,大小如鸡蛋或更大,囊壁上有 1 个乳白色具有长颈的头节。在肝、肺等脏器中的囊体,由宿主组织反应产生的厚膜包裹,故不透明,易与棘球蚴混淆
布氏姜片吸虫	小肠	形似斜切的生姜片,活体呈肉红色,固定后为灰白色。体表被有小棘,尤以腹吸盘周围为多。口吸盘位于虫体前端。腹吸盘较大,与口吸盘靠近。两条肠管呈波浪状弯曲,伸达虫体后端。生殖孔开口于腹吸盘前方。卵巢分支,位于虫体中部稍偏后方。卵黄腺呈颗粒状,分布在虫体两侧。子宫弯曲在虫体前半部,位于卵巢与腹吸盘之间
猪蛔虫	小肠	大型线虫,虫体近似圆柱形,两端稍细。活体呈淡红色或淡黄色。虫体前端有 3 个唇片,排列成"品"字形。唇之间为口腔。口腔后为呈圆柱形的大食道
食道口线虫	结肠	①有齿食道口线虫,虫体呈乳白色,口囊浅,头泡膨大。②长尾食道口线虫,虫体呈暗红色,口领膨大,口囊壁下部向外倾斜。③短尾食道口线虫,雄虫长 6.2~6.8 mm,雌虫长 6.4~8.5 mm
猪后圆线虫		又称"猪肺线虫"。虫体呈乳白色或灰色,口囊很小,口缘有 1 对分 3 叶的侧唇。雄虫交合伞一定程度地退化,有 1 对细长的交合刺。雌虫两条子宫并列,至后部合为阴道,阴门紧靠肛门,前方覆角质盖,虫体后端有时弯向腹侧
胃线虫	胃	圆形似蛔线虫、有齿似蛔线虫、六翼泡首线虫、奇异西蒙线虫、刚棘颚口线虫、陶氏颚口线虫
有齿冠尾线虫	肾盂、肾周围脂肪和输尿管	虫体粗壮,形似火柴杆。活体呈灰褐色,体壁薄而透明,可隐约看到内部器官;口囊呈杯状,壁厚,底部有 6~10 个圆锥状大小不等的小齿。口缘有 1 圈细小的叶冠和 6 个角质的隆起。雄虫长 20~30 mm,交合伞小,有 2 根等长或稍不等的交合刺,有引器和副引器。雌虫长 30~45 mm,阴门靠近肛门
猪毛首线虫	盲肠	又称"猪毛首线虫"。虫体呈乳白色,长 20~80 mm,前部为食道部,细长,内部由 1 串单细胞构成。后部为体部,短粗,内有肠道和生殖器官。整个虫体似"鞭子",又称"鞭虫"。雄虫尾端卷曲,有 1 根交合刺,交合鞘短而膨大呈钟形。雌虫后端钝圆,阴门位于粗细交界处
蛭形巨吻棘头虫	小肠	虫体呈乳白色或淡红色,长圆柱形,前部较粗,后部逐渐变细。体表有横皱纹。头端有 1 个可伸缩的吻突,上有 5~6 行小棘。雄虫长 7~15 cm,雌虫长 30~68 cm。棘头蚴的头端有 4 列小棘,前两列较大,后两列较小。棘头囊长 3.6~4.4 mm,体扁,白色,吻突常缩入吻囊,肉眼可见

表 5-3　牛羊的寄生性蠕虫形态结构特征

寄生虫	寄生部位	形态构造特征
食道口线虫	结肠	有些种类的幼虫可在肠壁形成结节,所以又称"结节虫"。口囊小而浅,其外周有明显的口领,口缘有叶冠,有或无颈沟,颈乳突位于食道附近两侧,其位置因种不同而异,有或无侧翼膜。雄虫的交合伞发达,有 1 对等长的交合刺。雌虫阴门位于肛门前方附近,排卵器发达,呈肾形
仰口线虫	小肠	头端向背面弯曲,口囊大,呈漏斗状,口孔腹缘有 1 对半月形切板。雄虫交合伞外背肋不对称。雌虫阴门在虫体中部之前。羊仰口线虫又称"羊钩虫",寄生于羊小肠。牛仰口线虫又称"牛钩虫",寄生于牛小肠,主要是十二指肠
毛首线虫	盲肠	虫体呈乳白色,前部细长呈毛发状,后部短粗,虫体粗细过度突然,外形似鞭子,故称"鞭虫"。雄虫尾部卷曲,有 1 根交合刺,有交合刺鞘。雌虫尾部稍弯曲,后端钝圆,阴门位于粗细交界处
丝状线虫	腹腔	呈乳白色。雄虫 1 对交合刺不等长,不同形。雌虫尾部常呈螺旋状卷曲,尾尖上常有小结或小刺,阴门在食道部。雌虫产出的微丝蚴带鞘,在宿主的血液中。鹿丝状线虫又称"唇乳突丝状线虫",寄生于牛、羚羊和鹿的腹腔。指形丝状线虫寄生于黄牛、水牛和牦牛的腹腔
片形吸虫	肝脏胆管	肝片形吸虫虫体呈扁平叶状,活体为棕褐色,固定后为灰白色。虫体前端有一个三角形的锥状突起,其底部较宽似"肩",从肩往后逐渐变窄。口吸盘位于锥状突起前端,腹吸盘位于肩水平线中央稍后方。肠管有许多外侧枝,内侧枝少而短。两个高度分枝状的睾丸前后排列于虫体的中后部。鹿角状的卵巢位于腹吸盘后右侧。卵膜位于睾丸前中央。子宫位于卵膜和腹吸盘之间,曲折重叠,内充满虫卵,一端通入卵膜,另一端通向口吸盘与腹吸盘之间的生殖孔。卵黄腺呈颗粒状分布于虫体两侧,与肠管重叠。无受精囊。体后部中央有纵行的排泄管
矛形双腔吸虫	胆管、胆囊	又称"枝双腔吸虫",虫体扁平,狭长呈"矛"形,活体呈棕红色,固定后为灰白色。长 6.7～8.3 mm,宽 1.6～2.2 mm。口吸盘位于前端,腹吸盘位于体前 1/5 处。2 个圆形或边缘有缺刻的睾丸,前后或斜列于腹吸盘后方,雄茎囊位于肠分叉与腹吸盘之间。生殖孔开口于肠分叉处。卵巢圆形,位于睾丸之后。卵黄腺呈细小颗粒状位于虫体中部两侧。子宫弯曲,充满虫体的后半部
阔盘吸虫	胰管	胰阔盘吸虫虫体扁平,呈长卵圆形,活体呈棕红色,固定后为灰白色。口吸盘明显大于腹吸盘。咽小,食道短,两条肠支简单。睾丸 2 个,圆形或略分叶,左右排列于腹吸盘稍后方。卵巢分 3～6 个叶瓣,位于睾丸之后。子宫有许多弯曲,位于虫体后半部。卵黄腺呈颗粒状,位于虫体中部两侧。另有腔阔盘吸虫和枝睾阔盘吸虫
前后盘吸虫	瘤胃	呈"鸭梨"形,活体呈粉红色,固定后为灰白色。口吸盘位于虫体前端,腹吸盘位于虫体后端,大小约为口吸盘的 2 倍。肠支经 3～4 个弯曲到达虫体后端。睾丸 2 个,呈横椭圆形,前后排列于中部。卵巢呈圆形,位于睾丸后方

续表 5-3

寄生虫	寄生部位	形态构造特征
日本分体吸虫	肠系膜静脉	雌雄异体，呈线状。雄虫为乳白色，长 10～20 mm，口吸盘在体前端，腹吸盘在其后方，具有短而粗的柄与虫体相连。从腹吸盘后至尾部，体壁两侧向腹面卷起形成抱雌沟，雌虫常居其中，二者呈合抱状态。睾丸 7 个，呈椭圆形，在腹吸盘后单行排列。雌虫呈暗褐色，长 15～26 mm。卵巢呈椭圆形，位于虫体中部偏后两肠管之间。子宫呈管状。卵黄腺呈规则分枝状，位于虫体后 1/4 处
棘球蚴	肝、肺等脏器	棘球蚴为包囊状结构，内含液体。圆形，直径多为 5～10 cm，小的仅有黄豆大，最大可达 50 cm。主要有以下 2 种类型：①单房型棘球蚴，是细粒棘球绦虫的幼虫。囊壁为两层，外层为角质层，无细胞结构。内层为胚层（生发层），胚层生有许多原头蚴。胚层还可生出子囊，子囊亦可生出孙囊，子囊和孙囊内均可生出许多原头蚴。子囊、孙囊和原头蚴可脱落游离于囊液中，统称为"棘球砂"。②多房型棘球蚴，是多房棘球绦虫的幼虫，又称"泡球蚴"，多寄生于鼠类。为许多 2～5 mm 的囊泡聚集而成，囊内多为胶质物，内含原头蚴。寄生于人、牛、绵羊和猪时，囊内不生出原头蚴，故不能发育至感染阶段
莫尼茨绦虫	小肠	莫尼茨绦虫头节小呈球形，有 4 个吸盘，无顶突和小钩，体节宽度大于长度。每个成熟节片内有 2 组生殖器官，生殖孔开口于节片两侧。睾丸数百个，呈颗粒状，分布于两条纵排泄管之间。卵巢呈扇形分叶状，与块状的卵黄腺共同组成花环状，卵膜在其中间，分布在节片两侧。子宫呈网状。主要有扩展莫尼茨绦虫和贝氏莫尼茨绦虫
曲子宫绦虫	小肠	盖氏曲子宫绦虫（*Helictometra giardi*），曲子宫属。大型绦虫，体长可达 4.3 m。主要特征是每个成熟节片内有 1 组生殖器官，左右不规则地交替排列；由于雄茎囊向节片外侧突出，使虫体两侧不整齐而呈锯齿状。睾丸呈颗粒状，分布于两侧纵排泄管的外侧。子宫呈波浪状弯曲，横列于两个纵排泄管之间
无卵黄腺绦虫	小肠	中点无卵黄腺绦虫无卵黄腺属，虫体长 2～3 m，宽 2～3 mm。因虫体窄细，所以外观分节不明显。每个成熟节片内有 1 组生殖器官，左右不规则交替排列。睾丸呈颗粒状，分布于两条纵排泄管的两侧。子宫呈囊状，位于节片中央，外观虫体在中央构成 1 条纵向白线。卵巢呈圆形，位于生殖孔与子宫之间。无卵黄腺
牛囊尾蚴	肌肉	为半透明的囊泡，大小为(5～9) mm×(3～6) mm，呈灰白色，囊内充满液体，囊内有 1 个乳白色的头节，头节上无顶突和小钩。成虫为肥胖带绦虫，又称"牛带吻绦虫"、"牛肉带绦虫"、"无钩绦虫"。呈乳白色，扁平带状。长 5～10 m，最长可达 25 m。由 1 000～2 000 个节片组成。头节上有 4 个吸盘，无顶突和小钩。成熟节片近似方形，睾丸 300～400 个。孕卵节片窄而长，其内子宫侧枝 15～30 对
脑多头蚴	脑、脊髓	脑多头蚴（*Coenurus cerebralis*），又称"脑共尾蚴"、"脑包虫"。呈乳白色半透明的囊泡，直径约 5 cm 或更大。囊壁由 2 层膜组成，外膜为角质层，内膜为生发层，其上有 100～250 个原头蚴

表 5-4　禽类的寄生性蠕虫形态结构特征

寄生虫	寄生部位	形态构造特征
前殖吸虫	输卵管、法氏囊、泄殖腔及直肠	①卵圆前殖吸虫,体表有小刺。口吸盘小椭圆形,腹吸盘位于虫体前1/3处。睾丸椭圆形,并列于虫体中部。卵巢分叶,位于腹吸盘的背面。子宫盘曲于睾丸和腹吸盘前后。②透明前殖吸虫,呈梨形,前端稍尖,后端钝圆,体表前半部有小刺。口吸盘呈球形,腹吸盘呈圆形,位于虫体前1/3处。睾丸卵圆形,并列于虫体中央两侧。卵巢多分叶,位于睾丸前缘与腹吸盘之间。子宫盘曲于腹吸盘和睾丸后,充满虫体大部。卵黄腺分布于腹吸盘后缘与睾丸后缘之间的虫体两侧。生殖孔开口于口吸盘的左前方
鸡绦虫	小肠	①四角赖利绦虫,长可达25 cm,宽3 mm,头节较小,顶突上有1~3圈小钩。吸盘椭圆形,上有8~10圈小钩。②棘沟赖利绦虫,长可达34 cm,宽4 mm,大小和形状颇似四角赖利绦虫。顶突上有200~240个小钩,排成2圈。吸盘圆形,上有8~10圈小钩。生殖孔位于节片一侧的边缘上。③有轮赖利绦虫,虫体较小,一般不超过4 cm。头节大,顶突宽而厚,形似轮状,突出于前端,有400~500个小钩排成2圈。吸盘上无小钩。生殖孔在体缘不规则交替开口。④节片戴文绦虫,虫体短小,仅有0.5~3 mm,由4~9个节片组成。头节小,顶突和吸盘均有小钩,但易脱落。成节内含1组生殖器官,生殖孔规则地交替开口于每个体节侧缘前部
鸡蛔虫	小肠	是鸡体的大型线虫,呈黄白色,头端有3个唇片。雄虫长26~70 mm,尾端有明显的尾翼和尾乳突,有1个圆形或椭圆形的肛前吸盘,交合刺近于等长。雌虫长65~110 mm,生殖孔开口于虫体中部
鸡异刺线虫	盲肠	呈白色,细小丝状。头端略向背面弯曲,有侧翼,向后延伸的距离较长;食道球发达。雄虫长7~13 mm,尾直,末端尖细,交合刺2根,不等长,有一个圆形的泄殖腔前吸盘。雌虫长10~15 mm,尾细长,生殖孔位于虫体中央稍后方
禽胃线虫	胃	主要有以下3种:①小钩锐形线虫,寄生于鸡和火鸡的肌胃。头端有4条饰带,两两并列,呈不整齐的波浪形,由前向后延伸,几达虫体后部,不折回也不相互吻合。雄虫长9~14 mm,肛前乳突4对,肛后乳突6对;交合刺1对,不等长,左侧纤细稍短,右侧扁平稍长。雌虫长16~19 mm,阴门位于虫体中部的稍后方。②旋锐形线虫(A. spiralis),寄生于鸡、火鸡、鸽子的腺胃和食道,偶见于肠。头端有4条饰带,由前向后,然后折回但不吻合。雄虫长7~8.3 mm,肛前乳突和肛后乳突各4对;两根交合刺不等长,左侧纤细稍短,右侧呈舟状稍长。雌虫长9~10.2 mm,阴门位于虫体后部。③美洲四棱线虫(Tetrameres americana),寄生于鸡和火鸡的腺胃。无饰带,雌雄异形。雄虫纤细,长5~5.5 mm,游离于腺胃腔中。雌虫长3.5~4.5 mm,宽约3 mm,呈亚球形,并在纵线部位形成4条深沟,其前端和后端自球体部突出。雌虫深藏于腺胃腺内

表 5-5　犬猫的寄生性蠕虫形态结构特征

寄生虫	寄生部位	形态构造特征
泡状带绦虫	犬、猫小肠	长可达 5 m。顶突上有 26～46 个小钩。孕卵节片内子宫侧枝 5～16 对
豆状带绦虫	犬小肠,偶见于猫	长 60～200 cm,顶突上有 36～48 个小钩。体节边缘呈锯齿状,故又称"锯齿带绦虫"。孕卵节片子宫侧枝 8～14 对。幼虫期为豆状囊尾蚴,寄生于兔肝脏和肠系膜等,呈葡萄状
带状带绦虫	鼠类肝脏	又称"带状泡尾带绦虫"。长 15～60 cm。头节粗壮,顶突肥大有小钩,4 个吸盘向外侧突出。孕卵节片子宫侧枝 16～18 对。寄生于猫小肠。幼虫期为链状囊尾蚴(链尾蚴、叶状囊尾蚴)
多头带绦虫	犬科动物小肠	多头带绦虫或称"多头绦虫"。长 40～100 cm,200～250 个节片,最宽为 5 mm。顶突上有 22～32 个小钩。孕卵节片子宫侧枝 14～26 对。幼虫期为脑多头蚴(脑共尾蚴、脑包虫),寄生于羊、牛等反刍动物大脑内,人偶尔感染
斯氏多头绦虫	犬科动物小肠	长 20 cm。顶突上有 32 个小钩。孕卵节片子宫侧枝 20～30 对。幼虫期为斯氏多头蚴(斯氏共尾蚴),与脑多头蚴同物异名,只是寄生部位不同。寄生于羊和骆驼的肌肉、皮下、胸腔和食道等
犬复孔绦虫	犬、猫小肠	活体为淡红色,固定后为乳白色。长 10～50 cm,约 200 个节片组成。头节有吸盘、顶突和小钩。体节呈黄瓜籽状。每个成熟节片有 2 组生殖器官,生殖孔位于两侧。睾丸 100～200 个,位于纵排泄管内侧。孕卵节片内子宫分为许多卵袋,每个卵袋内含有数个至 30 个以上虫卵。幼虫期为似囊尾蚴,寄生于犬、猫蚤和犬毛虱
曼氏迭宫绦虫	犬、猫和一些肉食动物小肠	长 40～60 cm,头节指状,背、腹各有一纵行的吸槽。体节的宽度大于长度。子宫有 3～5 个盘旋。幼虫期为曼氏裂头蚴。中间宿主为剑水蚤,补充宿主为蛙类、蛇类和鸟类
蛔虫	小肠	①犬弓首蛔虫(*Toxocara canis*),弓首属。头端有 3 片唇,虫体前端两侧有向后延展的颈翼膜。食道通过小胃与肠管相连。雄虫长 5～11 cm,尾端弯曲,有 1 小锥突,有尾翼。雌虫长 9～18 cm,尾端直,阴门开口于虫体前半部。②猫弓首蛔虫(*T. cati*),弓首属。外形与犬弓首蛔虫近似,颈翼前窄后宽。雄虫长 3～6 cm,尾部有指状突起。雌虫长 4～10 cm。③狮弓蛔虫(*Toxascaris leonina*),弓蛔属。头端向背侧弯曲,颈翼中间宽,两端窄,使头端呈矛尖形,无小胃。雄虫长 3～7 cm,雌虫长 3～10 cm,阴门开口于虫体前 1/3 处
钩虫	小肠	主要有以下 3 种:①犬钩口线虫,虫体呈淡红色,长 10～16 mm。前端向背面弯曲,口囊大,腹侧口缘上有 3 对大齿,深部有 2 对背齿和 1 对侧腹齿。②巴西钩口线虫,虫体头端腹侧口缘上有 1 对大齿和 1 对小齿。虫体长 6～10 mm。③狭首弯口线虫,虫体呈淡黄色,两端稍细,头端向背面弯曲,口囊发达,其腹面前缘有 1 对半月形切板,底部有 1 对亚腹侧齿。雄虫长 6～11 mm。雌虫长 7～12 mm

表 5-6　其他动物的寄生性蠕虫形态结构特征

寄生虫	寄生部位	形态构造特征
马裸头绦虫	马属动物的小肠	①叶状裸头绦虫,寄生于小肠后部和盲肠,最为常见。虫体短而厚,似叶状,长 2.5～5.2 cm,宽 0.8～1.4 cm。头节较小,4 个吸盘呈杯状向前突出,每个吸盘后方各有 1 个特征性的耳垂状附属物。节片短而宽,成熟节片有 1 组生殖器官,睾丸约 200 个。②大裸头绦虫,寄生于小肠,偶见于大肠和胃,较为常见。虫体可长达 1 m 以上,最宽处可达 2.8 cm。头节宽大,吸盘在顶部,发达,颈节短。节片短宽,有缘膜,前节缘膜覆盖后节约 1/3。③侏儒副裸头绦虫,寄生于十二指肠,偶见于胃中。虫体短小,长 6～50 mm,宽 4～6 mm,关节小,吸盘呈裂隙样
马副蛔虫	小肠	在家畜蛔虫中体形最大。近似圆柱形,两端较细,黄白色。口孔周围有 3 片唇,其中背唇较大,唇基部有明显的间唇,每个唇的中前部内侧面有 1 个横沟,将唇片分为前后两部分,唇片与体部之间有明显的横沟。雄虫长 15～28 cm,尾部向腹面弯曲。雌虫长 18～37 cm,尾部直,阴门开口于虫体前 1/4 部分的腹面
马尖尾线虫	马属动物的盲肠和结肠	头端有 6 个乳突,口孔呈六角形,有 6 个不明显的唇片,口囊小,食道中部狭窄。雌、雄虫的大小差异甚大。雄虫体形小,白色,体长 9～12 mm,尾端平截,有由 4 个长大乳突支撑的四角形的翼膜,交合刺 1 根,呈大头针状。雌虫长 40～150 mm,尾部细长而尖,最长者可达体部的 3 倍,未成熟时为白色,成熟后为灰褐色,阴门开口于体前部 1/4 处,附近的子宫为单管型
豆状囊尾蚴	兔的肝脏、肠系膜	呈卵圆形,包囊形如豌豆,大小为(6～12) mm×(4～6) mm,囊内含 1 个头节。一般由 5～15 个或更多成串地附着在寄生部位
鸭鸟蛇线虫	皮下组织	台湾鸟蛇线虫,虫体细长,角皮光滑,有细横纹,白色,稍透明。头端钝圆,口周围有角质环,有两个头感器和 14 个头乳突。食道肌质部前端膨大,中后部呈圆柱状,腺质部的前部具有 1 个球形膨大。雄虫长 6 mm,尾部弯向腹面,交合刺 1 对。雌虫长 10～24 cm,尾部逐渐变为尖细,并向腹面弯曲,末端有 1 个小圆锤状突起。胎生

【案例】

近日,多雨潮湿,天气闷热,某羊场羊群出现日渐消瘦,采食量下降现象,今日有一羊卧地不起。主诉:原体重为 75 kg,但现在触摸体表皮包骨头,用手抓病羊可提起,约重 25 kg。检查:体温 36.2℃,眼结膜、口色苍白,高度贫血,心悸,呼吸稍快,粪便稀薄有少量黏液,未见虫体,涂片镜检疑似线虫虫卵。请问如何进一步确诊该羊群患有何种疫病?并分析羊只出现消瘦、贫血和腹泻的原因。

【测试】

一、选择题

1.日本分体吸虫病的主要病理变化是（　　　）。

A.肝脏出现淤血 　　　　　　B.脑垂体前叶萎缩性病变和坏死

C.脾脏呈进行性肿大 　　　　D.肝脏和肠道出现虫卵结节 　　　　　　E.肝脏肿大

2.细粒棘球绦虫的成虫主要寄生在（　　　）的小肠内。

A.牛 　　　　　　B.羊 　　　　　　C.猪、人 　　　　　　D.犬科动物 　　　　　　E.猫

3.羊毛尾线虫病是由毛尾科毛尾属的线虫寄生于家畜所引起的疾病（　　　）。

A.大肠 　　　　　　B.小肠 　　　　　　C.胃 　　　　　　D.肝脏 　　　　　　E.肾脏

4.羊的莫尼茨绦虫、无卵黄腺绦虫与曲子宫绦虫主要区别是（　　　）。

A.莫尼茨绦虫有两套生殖器官,睾丸在纵排泄管外侧;后两者是一套生殖器官,睾丸在纵
　排泄管内侧

B.莫尼茨绦虫有一套生殖器官,睾丸在纵排泄管内侧;后两者有两套生殖器官,睾丸在纵
　排泄管两侧

C.莫尼茨绦虫有两套生殖器官,孕节子宫呈网状;后两者是一套生殖器官,孕节子宫呈
　囊状

D.莫尼茨绦虫有两套生殖器官,孕节子宫呈网状;后两者是一套生殖器官,无卵黄腺绦虫
　孕节子宫弯曲,而曲子宫绦虫孕节子宫呈囊状

E.莫尼茨绦虫有两套生殖器官,孕节子宫呈囊状;后两者是一套生殖器官,孕节子宫呈
　网状

5.捻转血矛线虫雌性成虫的长度范围为（　　　）。

A.1～2 mm 　　　　　　B.18～30 mm 　　　　　　C.50～70 mm

D.80～100 mm 　　　　　　E.100～300 mm

6.鞭虫雄虫的交合刺是（　　　）。

A.一根 　　　　　　B.两根 　　　　　　C.两根不等长 　　　　　　D.两根等长

7.棘球蚴的主要寄生部位是（　　　）。

A.肝和肺 　　　　　　B.肠系膜和大网膜 　　　　　　C.脑和椎管内 　　　　　　D.腹腔和肌肉

二、判断题

1.脑多头蚴的成虫是细粒棘球绦虫。（　　　）

2.牛囊尾蚴的头节上有顶突和小勾。（　　　）

3.猪囊尾蚴的头节上有顶突。（　　　）

4.犬复孔绦虫寄生于犬的脑组织中。（　　　）

5.细颈囊尾蚴的成虫是细粒棘球绦虫。（　　　）

6.日本血吸虫雌雄异体,雌虫位于抱雌沟中。（　　　）

7.前后盘吸虫雌雄异体,寄生于反刍兽的瘤胃中。（　　　）

8.中华双腔吸虫身体半透明,两个睾丸呈左右排列。（　　　）

9.鸡的前殖吸虫寄生于鸡的肝脏胆管内。（　　　）

10.蛔虫口缘有三片唇。（　　）

11.结节虫寄生在小肠部位,引起结节。（　　）

12.毛首线虫又称鞭虫,寄予生于宿主的小肠内。（　　）

三、综合题

1.进行寄生虫学剖检有何实践意义?

2.吸虫、绦虫、线虫和棘头虫的一般形态和基本构造分别是什么?认识它们对正确诊断寄生虫病有哪些帮助?

四、操作题

1.对所检测的寄生虫或老师所提供的虫体标本能进行识别。

2.填写剖检记录表,并提交剖检报告。

任务 5-2　粪便中寄生虫及其虫卵的检测技术

【目标】

1.学会粪便中寄生虫及其虫卵检查技术,在光学显微镜下区分虫卵、幼虫或虫体和异物,认识吸虫卵、绦虫卵、线虫卵;

2.了解吸虫卵、绦虫卵和线虫卵的一般特征及其计数方法。

【技能】

一、器械与材料

多媒体设备、光学显微镜、手套、采集粪便用的塑料袋和塑料链封袋、天平(100 g)、离心机、60 目铜筛、260 目尼龙筛兜、玻璃棒、铁针(或毛笔)、牙签、放大镜、勺子、胶头滴管、载玻片、盖玻片、试管、记号笔等仪器和用具;饱和盐水、50%甘油生理盐水等试剂。

二、方法与步骤

(一)粪便的采集、保存与送检方法

正确的采集、保存和送检被检粪便是准确诊断寄生虫病的前提。粪便中的虫卵被排到外界后,在适宜的条件下,可以自然孵化,甚至孵化出幼虫,另外,在土壤中存在有一些营自由生活的线虫,蝇、螨等寄生虫及其虫卵和幼虫,甚至含有其他非被检动物和人所排出的虫卵。因此,在采取被检粪便时,应保证是新鲜而未被污染的粪便。为了确保新鲜,无污染,可以采取动物刚刚自然排出的粪便或者直接由动物直肠采粪。对于动物自然排出的粪便,要采集粪堆的上部和中间的,未被污染部分的粪便。大动物可以按直肠检查的方法采集,犬、猫等小动物可将食指套上塑料指套,伸入直肠直接钩取粪便。

将采取的粪便装入清洁的容器内(采集用品最好一次性使用),尽快检查,若不能马上检查(超过 2 h),应放在冷暗处或冰箱中保存(4℃),以便抑制虫卵的发育。当地不能检查而需送检时,或保存时间较长时,可将粪便浸入加温至 50～60℃ 的 5％～10％ 的福尔马林液中,使粪便中的虫卵失去生活能力,起固定作用,又不改变形态,还可以防止微生物的繁殖。对含有血吸虫卵的粪便最好用福尔马林液或 70％～75％ 乙醇固定以防孵化。若需用 PCR 检测,要将粪便保存在 70％～75％ 乙醇中,而不能用福尔马林固定。在送检时,应贴好标签,并标明所采集的动物、采集日期和采集人等。

(二)粪便中寄生虫虫体的检查

在消化道内寄生的绦虫常以孕卵节片(孕节)排出体外;一些蠕虫的虫体由于受驱虫药的影响,或已老化或受超敏反应影响而随粪便排出体外;马胃蝇的成熟幼虫以及某些消化道内寄生原虫(隐孢子虫、结肠小袋纤毛虫、球虫)等都可以随粪便自然排出到体外。为此,可以直接检查粪便中的这些寄生虫虫体、节片和幼虫,从而达到确诊的目的。

1.粪便内蠕虫虫体检查法

(1)拣虫法 用于肉眼可见的较大型虫体的检查,如蛔虫、姜片吸虫成虫、某些绦虫成虫或孕节等。取出粪便后,先检查其表面,发现虫体后用镊子、挑虫针或竹签挑出粪便中的虫体,拣出的虫体先用清水洗净表面粪渣,立即移入生理盐水中,以待观察鉴定。

注意:动作要轻巧,若用镊子,最好是无齿镊。对于粪球和过硬的粪块,可用生理盐水软化后再拣虫。

(2)淘洗法 用于收集小型蠕虫,如钩虫、食道口线虫、鞭虫等。将经过肉眼检查过的粪便,置于较大的容器(玻璃缸或塑料杯)中,先加少量水搅拌成糊状,再加水至满。静置 10～20 min 后,倾去上层粪液,再重新加水搅匀静置,如此反复操作几次,直至上层液体清澈为止,弃上清液,将沉渣倒入大玻皿内,先后在白色和黑色背景上,以肉眼或借助于放大镜寻找虫体,必要时可用实体显微镜检查,发现的虫体和节片用挑虫针或毛笔挑出,以便进行鉴定。如对残渣一时检查不完,可移入 4～8℃ 冰箱中保存,或加入 3％～5％ 的福尔马林溶液防腐,待后检查(2～3 d 内)。

注意:滤过时间不能太长,以防线虫虫体崩解。为防虫体崩解,可用生理盐水代替清水。

2.粪便内蠕虫幼虫检查法

(1)幼虫分离法 主要用于生前诊断一些肺线虫病。反刍兽网尾线虫的虫卵在新排出的粪便中已变为幼虫;类圆线虫的虫卵随粪便排出后很快即孵出幼虫。对粪便中幼虫的检查最常用的方法是漏斗幼虫分离法即贝尔曼法和平皿法。

①贝尔曼氏法 贝尔曼氏幼虫分离装置如图 5-11 所示,操作方法:取粪便 15～20 g 放入漏斗(下端连接有乳胶管和一小试管)内的金属筛(直径约 10 cm)中。然后置漏斗架上,通过漏斗加入 40℃ 的温水,使粪便淹没为止(水量约达到漏斗中部)。静置 1～3 h 后(此时大部分幼虫游于水中,并沉于试管底部),取下小

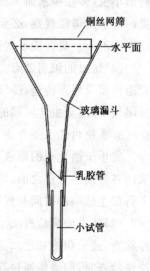

铜丝网筛

水平面

玻璃漏斗

乳胶管

小试管

图 5-11 贝尔曼氏幼虫分离装置

试管,吸弃掉上清液,取其沉渣滴于载玻片上镜检,可看到活动着的幼虫。该方法也可用于从粪便培养物中分离第 3 期幼虫或从被剖检畜禽的某些组织中分离幼虫。

注意:所检粪便(粪球)不必弄碎,以免渣子落入小试管底部,镜检时不易观察。小试管和乳胶管中间不得有气泡或空隙,温水必须充满整个小试管和乳胶管(可先通过漏斗加温水至试管和乳胶管充满,然后再加被检粪样,并使其浸泡住被检粪样)。

②平皿法 此法特别适用于球状粪便,其操作方法是:取粪球 3～10 个,置于放有少量热水(不超过 40℃)的表玻璃或平皿、培氏皿内,经 10～15 min 后,取出粪球,吸取皿内的液体,在显微镜下检查幼虫,看有无活动的幼虫存在。

用上述两种方法检查时,可见到运动活泼的幼虫。为了静态观察幼虫的详细形态构造,可在有幼虫的载玻片上滴入少量卢戈氏碘液或用酒精灯加热,则幼虫很快死亡,并染成棕黄色。将载片上的幼虫杀死后进行观察。为了快速地分离,也可在约 40℃培养箱中静置。

(2)粪便培养法 圆形科线虫种类很多,其虫卵在形态上很难区别,常将粪便中的虫卵培养为幼虫,再根据幼虫形态上的差异加以鉴别。

最常用的方法是在培养皿的底部加滤纸一张,将欲培养的粪便调成硬糊状,塑成半球形,放于皿内的纸上,并使粪球的顶部略高出平皿边沿,使加盖时与皿盖相接触。而后置 25℃温箱中培养 7 d,注意保持皿内湿度(应使底部的垫纸保持潮湿状态)。此时多数虫卵已发育为幼虫,并集中于皿盖上的水滴中。将幼虫吸出置载玻片上,镜检。

(3)毛蚴孵化法 本法专门用于诊断日本血吸虫病。当粪便中虫卵较少时,镜检不易查出;由于粪便中血吸虫虫卵内含有毛蚴,虫卵入水后毛蚴很快孵出,游于水面,便于观察。

操作方法:取新鲜牛粪 100 g,置 500 mL 容器内,加水调成糊状,通过 40～60 目铜筛过滤,收集滤液。将滤液倾入 500 mL 长颈烧瓶内,加至瓶颈中央处,在该处放入脱脂棉,小心加入清水至瓶口。孵化时水温以 22～26℃为宜,应有一定的光线。

孵化后 1 h、3 h、5 h 各观察 1 次,检查有无毛蚴在瓶内出现。毛蚴为灰白色,折光性强的菱形小虫,多在距水面 4 cm 以内的水中作水平或略倾斜的直线运动。应在光线明亮处,衬以黑色背景用肉眼观察,必要时可借助于放大镜。观察时应与水虫区别,毛蚴大小较一致,水虫则大小不一。显微镜下观察,毛蚴呈前宽后窄的三角形,而水虫多呈鞋底状。

(4)幼虫的识别要点 主要从以下几个方面来识别幼虫:幼虫的大小,口囊的大小和形状,食道长短及形态构造,肠细胞的数目、形状,幼虫有无外鞘,幼虫尾部的特点(尖、圆、有否结节)及尾长(肛门至虫体尾端的距离)、鞘尾长(肛门至鞘的末端距离)。

3.粪便内原虫检查法

寄生于消化道的原虫,如球虫、隐孢子虫、结肠小袋纤毛虫等都可以通过粪便检查来确诊。采用各种镜检方法之前,可以先对粪便进行观察,看其颜色、稠度、气味、有无血液等,以便初步了解宿主感染的时间和程度。

(1)球虫卵囊检查法 一般情况下,采取新排出的粪便,按蠕虫虫卵的检查方法,或直接涂片检查,或采用饱和盐水漂浮法检查粪便中的卵囊。应注意,由于卵囊较小,利用锦纶筛兜淘洗法检查时,卵囊能通过筛孔,故应留取滤下的液体,取沉渣检查。

(2)隐孢子虫卵囊检查法 隐孢子虫卵囊的采集与球虫相似,但其比球虫小,在采用饱和蔗糖溶液漂浮法收集粪便中的卵囊后,常需放大至 1 000 倍用油镜观察,还可采用沙黄-美蓝染色法加以染色后再油镜镜检。

①糖溶液漂浮法 取粪样 5～10 g,加 5 倍水搅匀,60 目筛网过滤,滤液以 2 000 r/min 离心 10 min,弃上清液,按粪样量的 10 倍体积加饱和蔗糖液(在 320 mL 蒸馏水中加入蔗糖 500 g 和石炭酸 9 mL 溶解配制而成),搅匀后以 1 500 r/min 离心 15 min,然后用小铁丝环蘸取漂浮液表层液膜涂片,以 10×100 倍油镜镜检。发现卵囊后再用碘液(碘 2 g,碘化钾 4 g,加蒸馏水 100 mL)染色,观察其染色情况。碘液染色后,发现卵囊呈暗淡的圆形小体,4～5 μm,内部有凹陷的呈单侧的实心小圆形,不着色,而粪便中的酵母菌及粪渣着棕黄色。

②沙黄-美蓝染色法 做粪便抹片,待干后火焰固定,滴加 30% 的盐酸甲醇溶液,3～5 min 后水洗;滴加 10% 的沙黄水溶液,在火焰上加热至发出蒸汽,2～3 min 冷后水洗;再滴加 10% 美蓝水溶液,30 s 后水洗,待干后镜检。卵囊染成橘红色,背景为蓝色。但应注意抹片中可出现染成橘红色的杂质。

③改良抗酸染色法 对于新鲜粪便或经 10% 福尔马林固定保存(4℃ 1 个月内)的含卵囊粪便都可用此法染色。方法步骤如下:取粪样 5～10 g,加 5 倍水搅匀,60 目尼龙筛过滤,将滤液涂片,自然干燥或 37℃ 下彻底干燥,在涂片区域滴加改良抗酸染色液第一液(石炭酸复红染色液:碱性复红 4 g,95% 酒精 20 mL,石炭酸 8 mL,蒸馏水 100 mL),以固定玻片上的滤液膜,5～10 min 后用水冲洗(注意:不能直接冲粪膜),再滴加第二液(10% 硫酸溶液:98% 浓硫酸 10 mL,蒸馏水 90 mL,边搅拌边将硫酸徐徐倾入水中),5～10 min 后用水冲洗,滴加第三液(0.2% 孔雀绿液:0.2 g 孔雀绿,蒸馏水 100 mL),1 min 水洗,自然干燥后以油镜观察。

结果判定:染色背景为蓝绿色,圆形或椭圆形的卵囊和 4 个月芽形的子孢子均染成玫瑰红色。子孢子排列多不规则,呈多种形态。其他非特异颗粒则染成蓝黑色,容易与卵囊区分。但有些杂质可能也染成橘红色,应加以区分。

(3)结肠小袋纤毛虫检查法 当动物患结肠小袋纤毛虫病时,在粪便中可查到活动的虫体(滋养体),但是粪便中的滋养体很快会变为包囊,因此需要检查滋养体和包囊两种形态。①滋养体检查:取新鲜的稀粪一小团,放在载玻片上加 1～2 滴温热的生理盐水混匀,挑去粗大的粪渣,盖上盖玻片,在低倍镜下检查时即可见到活动的虫体。②包囊的碘液染色检查:检测时直接涂片方法同上,以一滴碘液(碘 2 g,碘化钾 4 g,蒸馏水 1 000 mL)代替生理盐水进行染色。如碘液过多,可用吸水纸从盖片边缘吸去过多的液体。

若同时需检查活滋养体,可在用生理盐水涂匀的粪滴附近滴一滴碘液,取少许粪便在碘液中涂匀,再盖上盖片。涂片染色的一半查包囊;未染色的一半查活滋养体。结果可看到细胞质染成淡黄色,虫体内的含有的肝糖呈暗褐色,核则透明。

注意:活滋养体检查时,涂片应较薄,气温愈接近体温,滋养体的活动愈明显。必要时可用保温台保持温度。

(三)粪便中寄生虫虫卵的检查

根据所采取的方法不同,可将粪便内蠕虫虫卵的检查法分为直接涂片法、漂浮法、沉淀法以及锦纶筛兜淘洗法。

1.直接涂片法

首先在洁净的载玻片中央滴 1～3 滴 50% 甘油生理盐水溶液或生理盐水(缺少甘油生理

盐水时可以用常水代替,但不如甘油盐水清晰,因为加甘油能使标本清晰,并防止过快蒸发变干,若检查原虫的包囊应加碘液代替生理盐水),以牙签挑取绿豆粒大小的粪便与之混匀,用镊子剔除粗大粪渣,涂开呈薄膜状,其厚度以放在书上能透过薄层粪液模糊地看出书上字迹为宜。然后在粪膜上加盖玻片,置于光学显微镜下观察(图 5-12)。检查虫卵时,先用低倍镜顺序查盖玻片下所有部分,发现疑似虫卵物时,再用高倍镜仔细观察。

注意:因一般虫卵(特别是线虫卵)色彩较淡,镜检时视野宜稍暗一些(聚光器下移);用过的竹签、玻片、粪便等要放在指定的容器内,以防污染。

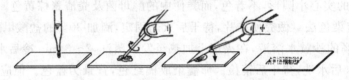

图 5-12　直接涂片法操作流程图

这种方法简单易行,但检出率不高,尤其在轻度感染时,往往得不到可靠的结果,所以为了提高检出率,每个粪样应连续涂至少 3 张片。

2.沉淀检查法

利用某些虫卵比重比水大的特点,让虫卵在重力的作用下,自然沉于容器底部或在离心力作用下沉于离心管底部,然后取沉淀物进行检查。因此此法多用于比重较大的虫卵检查,如吸虫卵、棘头虫虫卵和裂头绦虫卵等的检查。沉淀法可分为直接水洗沉淀法和离心沉淀。

①直接水洗沉淀法　取粪便 5～10 g 置于烧杯中,先加少量的水,将粪便调成糊状,再加 10～20 倍量水充分搅匀成粪液,然后用 60 目金属筛或 2～3 层湿纱布滤过入另塑料杯或烧杯中,滤液静置 20～30 min 后小心倾去上清液,保留沉渣再加水与沉淀物重新混匀,以后每隔 15～20 min 换水一次,如此反复水洗沉淀物多次,直至上层液透明为止,最后倾去上清液,用吸管吸取沉淀物滴于载玻片上,加盖片镜检(图 5-13)。

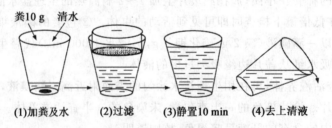

(1)加粪及水　　(2)过滤　　(3)静置10 min　　(4)去上清液

图 5-13　直接水洗沉淀法操作流程图

直接水洗沉淀法所需时间较长,但是不需要离心机,操作方便,因而在基层工作中适用。

②离心机沉淀法　采用离心机进行离心,使虫卵加速集中沉淀在离心管底,然后镜检沉淀物。具体步骤:取 3 g 粪便置于小杯中,加 10～15 倍水搅拌混匀;将粪液用金属筛或纱布滤入离心管中(或将直接水洗沉淀法时,滤去粗渣的粪液直接倒入离心管中);在离心机以 2 000～2 300 r/min 的速度离心沉淀 1～2 min;取出后倾去上清液,再加水搅和,按上述条件重复操作离心沉淀,如此离心沉淀 2～3 次,直至上清液清亮为止。倾去上清液,用吸管吸取沉淀物滴于

载片上,加盖片镜检。

注意:此法粪量少,一次粪检最好多看几片,以提高检出率。

3.漂浮检查法

本法是利用比重比虫卵大的溶液稀释粪便,将粪便中的虫卵浮集于液体表面,然后取液膜进行检查。常用饱和食盐水(食盐盐水的配制一定要饱和,100 mL 水中溶解食盐 35～40 g,即将食盐慢慢加入盛有沸水的容器内,不断搅动,直至食盐不再溶解为止)做漂浮液,用以检查线虫和绦虫虫卵。此外,尚可采用其他饱和溶液如硫酸镁溶液、硫代硫酸钠和硝酸铅等饱和溶液作漂浮液,大大提高了检出效果,甚至可用于吸虫卵的检查。现将常见的虫卵及漂浮液的比重列于表 5-7。

表 5-7　常见的虫卵及漂浮液的比重

寄生虫卵		漂浮液		
虫卵的种类	比重	漂浮液的种类	试剂/(g/1 000 mL 水)	比重
猪蛔虫卵	1.145	饱和盐水	380	1.170～1.190
钩虫卵	1.085～1.090	硫酸锌溶液	330	1.140
毛圆线虫卵	1.115～1.130	氯化钙溶液	440	1.250
猪后圆线虫卵	1.20 以上	硫代硫酸钠溶液	1 750	1.370～1.390
肝片吸虫卵	1.20 以上	硫酸镁溶液	920	1.26
姜片吸虫卵	1.20 以上	硝酸铅溶液	650	1.30～1.40
华支睾吸虫卵	1.20 以上	硝酸钠溶液	1 000	1.20～1.40
双腔吸虫卵	1.20 以上	甘油		1.226

漂浮法分为饱和盐水漂浮法和浮聚法。

(1)饱和盐水漂浮法　取 5～10 g 粪便置于 100～200 mL 烧杯(或塑料杯)中,加入少量漂浮液搅拌混合后,继续加入约 20 倍的漂浮液。然后将粪液用 60 目金属筛或纱布滤入另一杯中,舍去粪渣。静置滤液,经 30 min 左右,用直径 0.5～1 cm 的金属圈平着接触滤液面,提起后将黏着在金属圈上的液膜抖落于载玻片上,如此多次蘸取不同部位的液面后,加盖玻片镜检,盖玻片应与液面完全接触,不应留有气泡(图 5-14)。

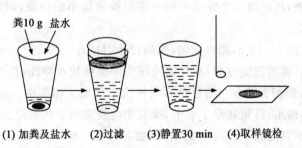

(1) 加粪及盐水　(2)过滤　(3)静置30 min　(4)取样镜检

图 5-14　饱和盐水浮卵法操作流程图

(2)试管浮聚法　取 2 g 粪便置于烧杯中或塑料杯中,加入 10～15 倍漂浮液进行搅拌混合,然后将粪液用 60 目金属筛或纱布通过滤斗滤入到试管中,然后用滴管吸取漂浮液加入试管,至液面凸出管口为止。静置 30 min 后,用清洁盖玻片轻轻接触液面,提起后放入载片上镜检(图 5-15)。静置滤液的试管可用经济实惠的青链霉素瓶代替。

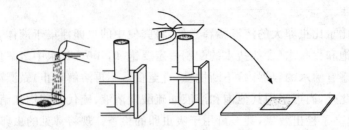

图 5-15　饱和盐水浮卵法操作流程图

　　注意:①漂浮时间为 30 min 左右,时间过短(少于 10 min)漂浮不完全;时间过长(大于 1 h)易造成虫卵变形、破裂,难以识别。②检查时速度要快,以防虫卵变形,必要时可在制片时加上一滴清水,以防标本干燥和盐结晶析出,妨碍镜检。③用比重较大漂浮液会使虫卵漂浮加快,但除特殊需要外,采用相对密度过大的溶液是不适宜的。因为选用的浓度太大一方面会使虫卵变形而很难鉴定,另一方面随溶液相对密度加大,粪渣浮起增多而影响检出,而且由于液体黏度增加,虫卵浮起速度减慢。④检查多例粪便时,用铁丝圈蘸取一例后,再蘸取另一例时,需先在酒精灯上烧过后再用之,以免相互污染,影响结果的准确性。⑤玻片要清洁无油,防止玻片与液面间有气泡或漂浮的粪渣,若有气泡不要用力压盖玻片,可用牙签轻轻敲击赶出。

　　漂浮法适用于多种线虫卵、绦虫卵的检查,其检出率较高。当检查某些比重较大的虫卵如猪肺丝虫卵、棘头虫卵时,可用比重较大的漂浮液代替饱和盐水。另外,也可将离心沉淀法和漂浮法结合起来应用。如可先用漂浮法将虫卵和比虫卵轻的物质漂起来,再用离心沉淀法将虫卵沉下去;或者选用沉淀法使虫卵及比虫卵重的物质沉下去,再用漂浮法使虫卵浮起来,以获得更高的检出率。

　　4.尼龙(锦纶)筛兜集卵法

　　由于虫卵的直径多在 60～260 μm,因此可制作两个不同孔径的筛子,过滤掉较大的粗粪渣和较小的杂质,最后将虫卵收集起来,以提高检出率。即将较多量的粪便,即经第一个孔径较大的粗筛去除粪渣,再经第二个锦纶筛兜去细粪渣和较小的杂质,以达到快速浓集虫卵,提高虫卵检出率的目的。

　　操作方法:取粪便 5～10 g,加水搅匀,先通过 40 目(孔径约 260 μm)或 60 目金属筛过滤;滤下液再通过 260 目锦纶筛兜过滤,并在锦纶筛兜中继续加水冲洗,直至洗出液体清澈透明为止,直径小于 60 μm 的细粪渣和可溶性色素均被洗去而使虫卵集中。最后用流水将粪渣冲于筛底,而后取一烧杯清水,将筛底浸入水中,吸取兜内粪渣滴于载玻片上,加盖片镜检。此法操作迅速,简便,适用于宽度大于 60 μm 的虫卵(如肝片吸虫卵)的检查。

　　也可将金属筛直接置于尼龙筛内,将粪液通过两筛,然后将两筛一起在清水中冲洗,直至流出的液体清澈透明,取下金属筛,最后取尼龙筛内粪渣进行检查。

　　5.粪便中蠕虫卵的鉴定

　　要检查粪便中的虫卵,主要依据虫卵的大小、形状、颜色、卵壳(包括卵盖等)和内容物的典型特征来加以鉴别。因此首先要将那些易与虫卵混淆的物质与虫卵区分开来（粪检中镜下常见杂质见图 5-16）；其次应了解各纲虫卵的基本特征，识别出吸虫卵、绦虫卵、线虫卵和棘头虫卵；最后根据每种虫卵的特征鉴别出具体虫种的虫卵。

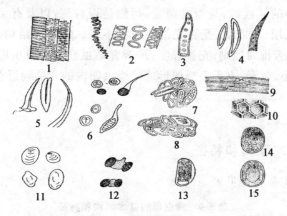

图 5-16　粪检中镜下常见杂质

1～10.植物细胞和孢子：1.植物导管：梯纹、网纹、孔纹　2.螺纹和环纹　3.管胞　4.植物纤维
5.小麦的颖毛　6.真菌的孢子　7.谷壳的一些部分　8.稻米胚乳　9、10.植物的薄皮细胞
11.淀粉粒　12.花粉粒　13.植物线虫的一些虫卵　14.螨的卵（未发育）　15.螨的卵（已发育）

（1）虫卵和其他杂质的区别　虫卵的特征：①多数虫卵轮廓清楚、光滑。②卵内有一定明确而规则的构造。③通常是多个形状和结构相同或相似的虫卵同时出现在一张标本片中，只有一个的情况很少；并且，若只有一个时，即使是寄生虫，也属于轻度感染，临床意义不大。易与虫卵混淆的物质见表 5-8。

表 5-8　易与虫卵混淆的物质及特征

易与虫卵混淆的物质	特　征
气泡	圆形无色、大小不一，折光性强，内部无胚胎结构
花粉颗粒	无卵壳构造，表面常呈网状，内部无胚胎结构
植物细胞	螺旋形或双层环状物，有的为铺石状上皮，均有明显的细胞壁
淀粉粒	颇似绦虫卵，可滴加卢戈尔氏碘液染色加以区分，未消化前呈蓝色，略经消化后呈红色
霉菌	霉菌的孢子常易误认为蛔虫卵或鞭虫卵；霉菌内部无明显的胚胎构造，折光性强
结晶	在粪便中常常看到草酸钙、磷酸盐、碳酸钙的结晶，多呈方形、针形或斜方形等
其他	某些动物常有食粪癖（如犬、猪），它们的粪便中，除寄生于其本身的寄生虫和虫卵以外，还可能有被吞食的其他寄生虫卵，慎勿误认为是由寄生于其本身的寄生虫所产生的。患螨病时，在粪便中还可能有一些毛发、螨和它们的卵。有时还可以在粪便中找到纤毛虫，易误认为吸虫卵

在用显微镜检查粪便时，若对某些物体和虫卵分辨不清，可用解剖针轻轻推动盖玻片，使盖玻片下的物体转动，这样常常可以把虫卵和其他物体区分开来。

(2)识别蠕虫卵的方法和要点　在粪便检查过程中,观察蠕虫虫卵时,应从以下几个方面去进行观察比较:①卵的大小,要注意比较各种虫卵的大小,必要时可用测微尺进行测量。②卵的颜色和形状,色彩是黄色还是灰白、淡黑、黑或灰色;形状是圆的、椭圆的、卵圆的或其他形状;看两端是否同等的锐或钝;是否有卵盖;两侧是否对称;以及有无附属物等。③卵壳厚薄,一般在镜下可见几层,厚或薄;是否光滑或粗糙不平。④卵内结构,线虫卵内卵细胞的大小、多少、颜色深浅,是否排列规则;充盈程度;是否有幼虫胚胎。吸虫卵内卵黄细胞的充满程度;胚细胞的位置、大小、色彩;有无毛蚴的形成。绦虫卵内的六钩蚴形态及有无梨形器等。

【知识】

一、蠕虫卵的基本结构和特征

蠕虫卵的基本结构和特征见表 5-9。

表 5-9　蠕虫卵的基本结构和特征

虫卵	特征	图示
吸虫卵	多为黄色、黄褐色或灰褐色,呈卵圆形或椭圆形,卵壳厚而坚实。大部分吸虫卵的一端有卵盖,卵盖和卵壳之间有一条不明显的缝(新鲜虫卵在高倍镜下时可看见),也有的吸虫卵无卵盖。有的吸虫卵卵壳表面光滑;也有的有各种突出物(如结节、小刺、丝等)。新排出的吸虫卵内,有的含有卵黄细胞所包围的胚细胞(有的则含有成形的毛蚴	
绦虫卵	绦虫卵大多数无色或灰色,少数呈黄色、黄褐色。圆叶目绦虫卵与假叶目绦虫卵构造不同。绦虫卵圆叶目虫卵形状不一,卵壳的厚度和构造也不同,多数虫卵中央有一椭圆形具 3 对胚钩的六钩蚴,其被包在内胚膜里,内胚膜之外为外胚膜,内外胚膜之间呈分离状态。有的绦虫卵的内层胚膜上形成突起,被称之为梨形器(灯泡样结构),六钩蚴被包围在其中,有的几个虫卵被包在卵袋中。假叶目绦虫卵则非常近似于吸虫卵,虫卵椭圆形,有卵盖,内含卵细胞及卵黄细胞	
线虫卵	各种线虫卵的大小和形状不同,常见椭圆形、卵形或近于圆形。一般的线虫卵有 4 层膜(光学显微镜下只能看见 2 层)所组成的卵壳,卵壳光滑,或有结节、凹陷等。卵内含未分裂的胚细胞或分裂着的胚细胞,或为一个幼虫。各种线虫卵的色泽也不尽相同,从无色到黑褐色。不同线虫卵卵壳的薄厚不同,蛔虫卵卵壳最厚;其他多数卵壳较薄	
棘头虫卵	多为椭圆或长椭圆形。卵壳 3 层,内层薄,中间层厚,多数有压痕,外层变化较大,并有蜂窝状构造。内含长圆形棘头蚴,其一端有 3 对胚钩	

二、各种动物粪便中的蠕虫卵的形态结构

(一)家禽体内蠕虫卵的形态特征

家禽主要蠕虫虫卵的形态特征和鉴别分别见图 5-17 和表 5-10。

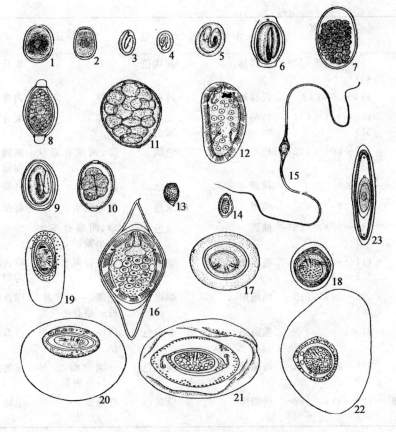

图 5-17　家禽体内蠕虫卵的形态特征

1.鸡蛔虫卵　2.鸡异刺线虫卵　3.类圆线虫卵　4.孟氏眼线虫卵　5.旋华首线虫卵

6.四棱线虫卵　7.鹅裂口线虫卵　8.毛细线虫卵　9.鸭束首线虫卵　10.比翼线虫卵

11.卷棘口吸虫卵　12.嗜眼吸虫卵　13.前殖吸虫卵　14.次睾吸虫卵　15.背孔吸虫卵

16.毛毕吸虫卵　17.楔形变带绦虫卵　18.有轮瑞利绦虫卵　19.鸭单睾绦虫卵

20.膜壳绦虫卵　21.矛形剑带绦虫卵　22.片形皱褶绦虫卵　23.鸭多型棘头虫卵

表 5-10　禽主要蠕虫卵鉴别表

虫卵名称	长×宽/μm	形　状	颜　色	卵壳特征	内容物特征
有轮赖利绦虫卵	直径 75~88	椭圆形	灰白色	厚	椭圆形六钩蚴
四角和棘沟赖利绦虫卵	直径 25~50	椭圆形	灰白色	厚	椭圆形六钩蚴
剑带绦虫卵	(46~106)×(77~103)	椭圆形	无色	4 层膜,第三层一端有突起,其上有卵丝	椭圆形六钩蚴
冠状双盔绦虫卵	直径 30~70	圆形或似椭圆形	无色	4 层膜	圆形或椭圆形六钩蚴
鸡蛔虫卵	(70~90)×(47~51)	椭圆形	深灰色	较厚,光滑	未分裂的卵细胞

续表 5-10

虫卵名称	长×宽/μm	形 状	颜 色	卵壳特征	内容物特征
异刺线虫卵	(65~80)×(35~46)	椭圆形	灰褐色	较厚	未分裂的卵细胞
咽饰带线虫卵	(33~40)×18	长椭圆	浅黄色	较厚	内含"U"形幼虫
同刺线虫卵	(68~74)×(37~51)	椭圆形	无色或灰白色	较厚	未分裂卵细胞
毛细线虫	(42~60)×(22~28)	桶形	色淡	厚,两端有塞状物	椭圆形未分裂卵细胞
裂口线虫卵	100×60	椭圆	灰色	较厚	分裂的卵细胞
囊首线虫卵	38×19	椭圆	灰色	厚而坚实	卷曲的幼虫
四棱线虫卵	(43~57)×(25~32)	椭圆	灰色	厚,两端有不大的小盖	卷曲的幼虫
卷棘口吸虫卵	(114~126)×(68~72)	椭圆形	淡黄色	卵盖较明显	卵黄细胞分布均匀
前殖吸虫卵	(22~24)×(13~16)	椭圆形	棕褐色	壳薄,一端有盖,另一端有小突起	卵黄细胞充满
背孔吸虫卵	21×15	椭圆形	金黄色	两端各有一长卵丝	卵黄细胞充满
鸭对体吸虫卵	(25~28)×(13~14)	卵圆形	淡灰色	一端有卵盖,另一端有突起	卵黄细胞充满
东方次睾吸虫卵	(28~31)×(12~15)	椭圆形	淡灰色	有卵盖	毛蚴

(二)反刍动物体内蠕虫卵的形态特征

反刍动物主要蠕虫虫卵的形态特征和鉴别分别见图 5-18、图 5-19 和表 5-11。

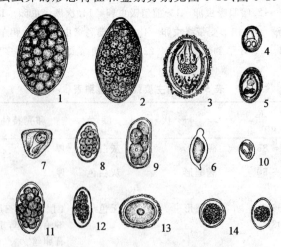

图 5-18　牛体内蠕虫卵的形态特征

1.大片吸虫卵　2.前后盘吸虫卵　3.日本分体吸虫卵　4.双腔吸虫卵　5.胰阔盘吸虫卵

6.鸟毕吸虫卵　7.莫尼茨绦虫卵　8.食道口线虫卵　9.仰口线虫卵　10.吸吮线虫卵

11.指形长刺线虫卵　12.古柏线虫卵　13.犊新蛔虫卵　14.牛艾美球虫卵囊

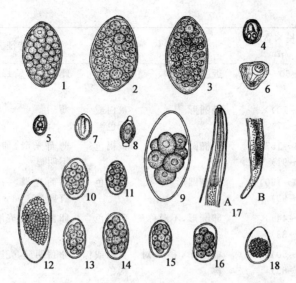

图 5-19 羊体内蠕虫卵的形态特征

1.肝片吸虫卵 2.大片吸虫卵 3.前后盘吸虫卵 4.双腔吸虫卵 5.胰阔盘吸虫卵 6.莫尼茨绦虫卵
7.乳突类圆线虫卵 8.毛首线虫卵 9.钝刺细颈线虫卵 10.奥斯特线虫卵 11.捻转血矛线虫卵
12.马歇尔线虫卵 13.毛圆形线虫卵 14.夏伯特线虫卵 15.食道口线虫卵 16.仰口线虫卵
17.丝状网尾线虫幼虫(A 前端,B 尾端) 18.小型艾美耳球虫卵囊

表 5-11　反刍动物主要蠕虫卵鉴别表

虫卵名称	长×宽/μm	形 状	颜 色	卵壳特征	内容物特征
扩展莫尼茨绦虫卵	直径56~67	近圆形或近三角形	灰白色	厚	六钩蚴在梨形器内
贝氏莫尼茨绦虫卵	直径56~67	近方形	灰白色	厚	六钩蚴在梨形器内
曲子宫绦虫卵	直径18~27	近圆形	灰白色	薄	无梨形器,3~8个虫卵在副子宫器内
网尾线虫卵	(120~130)×(80~90)	椭圆形	灰白色	薄	第1期幼虫
细颈线虫卵	(150~230)×(80~110)	长椭圆形	灰白或无色	一端较尖	6~8个胚细胞
血矛线虫卵	(66~82)×(39~46)	短椭圆形	灰白或无色	薄,两端较钝	十多个胚细胞
仰口线虫卵	(82~97)×(47~57)	钝椭圆形	灰白或无色	薄,两端钝,两侧直	8~16个深色胚细胞
食道口线虫卵	(70~74)×(45~57)	椭圆形	灰白或无色	较厚	8~16个深色胚细胞
毛尾线虫卵	(70~75)×(31~35)	腰鼓形	褐色或棕色	厚,两端有塞状物	近圆形卵细胞

续表 5-11

虫卵名称	长×宽 /μm	形状	颜色	卵壳特征	内容物特征
犊新蛔虫卵	直径 60～66	近圆形	淡黄色	厚,双层呈蜂窝状	1 个胚细胞
筒线虫卵	(50～70)×(25～37)	椭圆形	灰白或无色	薄	内含幼虫
肝片形吸虫卵	(133～157)×(74～91)	长椭圆形	黄褐色	薄而光滑,卵盖不明显	卵黄细胞充满
大片形吸虫卵	(150～190)×(70～90)	长椭圆形	黄褐色	薄而光滑,一端有卵盖	卵黄细胞充满
双腔吸虫卵	(34～44)×(29～33)	卵圆形,不对称	黄褐色	卵盖明显,壳厚	毛蚴
阔盘吸虫卵	(42～50)×(26～33)	椭圆形,稍不对称	黄棕或棕褐色	卵盖明显,壳厚	毛蚴
前后盘吸虫卵	(125～132)×(70～80)	椭圆形	淡灰色	薄而光滑,一端有卵盖	卵黄细胞不充满
日本分体吸虫卵	(70～100)×(50～65)	椭圆形	浅黄色	一端有一小刺,无卵盖	毛蚴
东毕吸虫卵	(72～74)×(22～26)	长椭圆形	浅黄色或无色	一端有小刺,另一端有钮状物	毛蚴

(三)猪体内蠕虫卵的形态特征

猪体内主要蠕虫虫卵的形态特征和鉴别分别见图 5-20 和表 5-12。

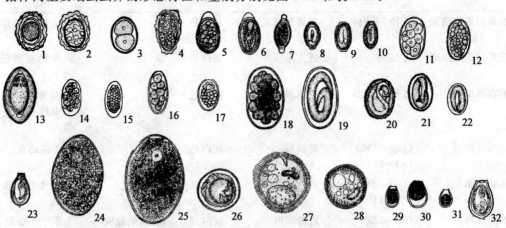

图 5-20　猪体内蠕虫卵的形态特征

1.猪蛔虫卵　2.猪蛔虫卵表面观　3.蛋白质膜脱落的猪蛔虫卵　4.未受精猪蛔虫卵　5.新鲜的刚刺颚口线虫
6.已发育刚刺颚口线虫卵　7.猪毛首线虫卵　8.未成熟圆形似蛔线虫卵　9.成熟的圆形似蛔线虫卵
10.六翼泡首线虫卵　11.新鲜的食道口线虫卵　12.已发育食道口线虫卵　13.蛭形巨吻棘头虫卵
14.新鲜球首线虫卵　15.已发育的球首线虫卵　16.红色猪圆线虫卵　17.鲍杰线虫卵　18.新鲜猪肾虫卵
19.已发育猪肾虫　20.野猪后圆线虫卵　21.复阴后圆线虫卵　22.兰氏类圆线虫卵　23.华支睾吸虫卵
24.姜片吸虫卵　25.肝片吸虫卵　26.长膜壳绦虫卵　27.小袋虫滋养体　28.小袋虫包囊
29、30、31.猪球虫卵囊　32.截形微口吸虫卵

表 5-12 猪主要绦虫卵和线虫卵鉴别表

虫卵名称	长×宽/μm	形状	颜色	卵壳特征	内容物特征
伪裸头绦虫卵	直径 90	圆形	棕褐色	厚	圆形六钩蚴
猪蛔虫卵	直径 60	近圆形	黄褐色	厚,有波浪式整齐蛋白膜	近圆形卵细胞
毛尾线虫卵	(70~80)×(30~40)	腰鼓形	黄褐色	厚,光滑,两端有塞状物	近圆形卵细胞
冠尾线虫卵	(99~170)×(56~63)	椭圆形	灰白色	壳薄,两端钝圆	32~64 个胚细胞
圆形似蛔线虫卵	(34~39)×(15~20)	椭圆形	淡黄色	壳较厚	幼虫
后圆线虫卵	(40~60)×(32~45)	近圆形或钝椭圆形	淡黄色	壳厚,表面不平滑	幼虫
食道口线虫卵	(70~74)×(40~42)	椭圆形	无色或灰白色	壳薄	8~16 个胚细胞
刚棘颚口线虫卵	70×41	椭圆形	黄褐色	表面颗粒状,一端有帽状结构	近圆形卵细胞
类圆线虫卵	53×32	长椭圆形	无色	壳薄	幼虫
棘头虫卵	(89~100)×(42~56)	长椭圆形	深褐色	壳厚,两端稍尖	棘头蚴
姜片吸虫卵	(130~150)×(85~97)	椭圆形	棕黄或浅黄色	卵壳薄,不明显	卵黄细胞分布均匀
华支睾吸虫卵	(27~35)×(12~20)	似灯泡形	黄褐色	卵盖较明显,壳厚	毛蚴

(四)犬猫体内蠕虫卵的形态特征

犬、猫寄生蠕虫虫卵形态特征和主要鉴别分别见图 5-21 和表 5-13。

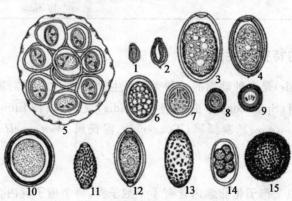

图 5-21 犬、猫寄生蠕虫卵形态

1.后睾吸虫卵 2.华支睾吸虫卵 3.棘隙吸虫卵 4.并殖吸虫卵 5.犬复孔绦虫卵 6.裂头绦虫卵
7.中线绦虫卵 8.细粒棘球绦虫卵 9.泡状带绦虫卵 10.狮弓蛔虫卵 11.毛细线虫卵
12.毛首线虫卵 13.肾膨结线虫卵 14.犬钩口线虫卵 15.犬弓首蛔虫卵

表 5-13 犬、猫寄生蠕虫卵鉴别表

虫卵名称	长×宽/μm	形状	颜色	卵壳特征	内容物特征
带科绦虫卵	直径 20～39	圆形或近似圆形	黄褐色或无色	厚,有辐射状条纹	六钩蚴
犬复孔绦虫卵	直径 35～50	圆形	无色透明	2 层薄膜	六钩蚴
中线绦虫卵	(40～60)×(35～43)	长椭圆形		2 层薄膜	六钩蚴
曼氏迭宫绦虫卵	(52～68)×(32～43)	椭圆形,两端稍尖	浅灰褐色	薄,有卵盖	1 个胚细胞和多个卵黄细胞
犬弓首蛔虫卵	(68～85)×(64～72)	近圆形	灰白色不透明	厚,有许多凹陷	圆形卵细胞
猫弓首蛔虫卵	直径 65～70	近圆形	灰白色不透明	较厚,点状凹陷	圆形卵细胞
狮弓蛔虫卵	(74～86)×(44～61)	钝椭圆形	无色透明	厚,光滑	圆形卵细胞
犬钩口线虫卵	(80～40)×(37～42)	椭圆形	无色	2 层,薄而光滑	8 个胚细胞
毛细线虫卵	(48～67)×(28～37)	椭圆形	无色	两端有塞状物	卵细胞
棘颚口线虫卵	(65～70)×(38～40)	椭圆形	黄褐色	较厚,前端有帽状突起,表面有颗粒	1～2 个卵细胞
犬毛尾线虫卵	(70～89)×(37～41)	腰鼓状	棕色	两端有塞状物	卵细胞
肾膨结线虫卵	(72～80)×(40～48)	椭圆形	棕黄色	厚,有许多凹陷,两端有塞状物	分裂为二的卵细胞
并殖吸虫卵	(75～118)×(48～67)	椭圆形	金黄色	卵盖大,卵壳薄厚不均	卵黄细胞分布均匀

三、球虫卵囊的特征和生活史

球虫病(coccidiosis)是多种动物的一种重要寄生原虫病,尤其是对家禽和兔危害较大。本病的病原为孢子虫纲(Sporozoa)球虫亚纲(Coccidia)艾美耳科(Eimeriidae)中的艾美耳属(Eimeria)、等孢属(Isospora)、泰泽属(Tyzzeria)、温扬属(Wenyonella)的球虫,每种动物都有各自特有的球虫虫种。

1.病原体特征

(1)艾美耳属球虫　孢子化卵囊内含有 4 个孢子囊,每个孢子囊内含有 2 个子孢子。常见虫种特征如下:

①柔嫩艾美耳球虫(Eimeria tenella)　卵囊多为宽卵圆形,少数为椭圆形。大小为(19.5～26) μm×(16.5～22.8) μm,平均为 22 μm×19 μm。原生质呈淡褐色,卵囊壁为淡黄绿色。主要寄生于鸡盲肠及其附近区域,致病力最强。

②毒害艾美耳球虫（E. necatriic） 卵囊为卵圆形，大小为（13.2～22.7）μm×（11.3～18.3）μm，平均为 20.4 μm×17.2 μm。卵囊壁光滑、无色。其裂殖生殖阶段主要寄生于鸡小肠中 1/3 段，严重时可扩展到整个小肠，在小肠球虫中致病性最强，其致病性仅次于盲肠球虫。

③堆形艾美耳球虫（E. acervulina） 卵囊卵圆形，大小为（17.7～20.2）μm×（13.7～16.3）μm，平均为 18.3 μm×14.6 μm。卵囊壁淡黄绿色。主要寄生于鸡十二指肠和空肠，偶尔延及小肠后段，有较强的致病性。

④布氏艾美耳球虫（E. brunetti） 卵囊大小为（20.7～30.3）μm×（18.1～24.2）μm，平均为 18.8 μm×24.6 μm。寄生于鸡小肠后部、盲肠近端和直肠，具有较强的致病性。

⑤巨型艾美耳球虫（E. maxima） 卵囊大，在所有鸡球虫中最大。卵圆形，一端圆钝，一端较窄，大小为（21.75～40.5）μm×（17.5～33.0）μm，平均为 30.76 μm×23.9 μm。卵囊黄褐色，囊壁浅黄色。寄生于鸡小肠，以中段为主，具有中等程度的致病力。

⑥和缓艾美耳球虫（E. mitis） 卵囊近球形，大小为（11.7～18.7）μm×（11.0～18.0）μm，平均为 15.6 μm×14.2 μm。卵囊壁为淡黄绿色，初排出时的卵囊，原生质团呈球形，几乎充满卵囊。寄生于鸡小肠前半段，有较轻的致病性。

⑦早熟艾美耳球虫（E. praecox） 卵囊呈卵圆形或椭圆形，大小为（19.8～24.7）μm×（15.7～19.8）μm，平均为 21.3 μm×17.1 μm。原生质无色，囊壁呈淡绿色。寄生于鸡小肠前 1/3 部位，致病性不强。

⑧截形艾美耳球虫（E. truncata） 卵囊呈卵圆形，具有截锥形的一端有卵膜孔和极帽，通常具有卵囊残体和孢子囊残体。寄生于鹅肾小管上皮细胞。致病性最强。

（2）等孢属（Isospora）球虫 卵囊内有 2 个孢子囊，每个孢子囊含 4 个子孢子。

①猪等孢球虫（Isospora suis） 猪等孢球虫卵囊呈球形或亚球形，大小为（18.7～23.9）μm×（16.9～20.7）μm，囊壁光滑，无色，无卵膜孔。寄生于猪小肠。

②犬等孢球虫（I. canis） 卵囊呈椭圆形或卵圆形，大小为（32～42）μm×（27～33）μm（图 5-22）。寄生于犬的小肠和大肠，具有轻度和中度致病力。

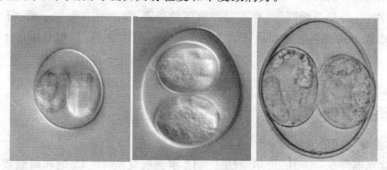

图 5-22 犬等孢球虫卵囊（左）、猫等孢球虫卵囊（中）及芮氏等孢球虫卵囊（右）

③俄亥俄等孢球虫（I. ohioensis） 卵囊呈椭圆形至卵圆形，大小为（20～27）μm×（15～24）μm，囊壁光滑，无卵膜孔。寄生于犬小肠，通常无致病性。

④猫等孢球虫（I. felis） 卵囊呈卵圆形，大小为（38～51）μm×（27～39）μm，是猫体内最大的球虫卵囊，新排出的卵囊内有残体，囊壁光滑，无卵膜孔（图 5-22）。寄生于猫的小肠，有时在盲肠，主要在回肠的绒毛上皮细胞内，具有轻微致病性。

⑤芮氏等孢球虫(I. rivolta)　卵囊呈椭圆形至卵圆形,大小为(21~28)μm×(18~23) μm,囊壁光滑,无卵膜孔(图 5-22)。寄生于猫的小肠大肠,具有轻微致病性。

(3)泰泽属(Tyzzeria)球虫　卵囊内没有孢子囊,内含 8 个子孢子。

毁灭泰泽球虫(Tyzzeria pernicioca),致病性较强。寄生于鸭卵囊椭圆形,浅绿色,无卵膜孔。孢子化卵囊内无孢子囊,8 个裸露的子孢子游离于卵囊内。寄生于鸭小肠。

(4)温扬属(Wenyonella)球虫　卵囊内有 4 个孢子囊,每个孢子囊含 4 个子孢子。

菲莱氏温扬球虫(Wenyonella philiplevinei),致病性较轻。卵囊大,卵圆形,浅蓝绿色。孢子化卵囊内含 4 个孢子囊,每个孢子囊内含 4 个子孢子。寄生于鸭小肠。

2.生活史

球虫整个发育过程分 2 个阶段,3 种繁殖方式:在鸡体内进行裂殖生殖和配子生殖;在外界环境中进行孢子生殖。卵囊随粪便排到体外,在适宜的条件下,很快发育为孢子化卵囊,动物吞食后感染。孢子化卵囊在胃肠道内释放出子孢子,子孢子侵入肠上皮细胞进行裂殖生殖,产生第 1 代裂殖子,裂殖子再侵入上皮细胞进行裂殖生殖,产生第 2 代裂殖子。第 2 代裂殖子侵入上皮细胞后,其中一部分不再进行裂殖生殖,而进入配子生殖阶段,即形成大配子体和小配子体,继而分别发育为大、小配子,结合成为合子。合子周围形成厚壁即变为卵囊,卵囊一经产生即随粪便排出体外。

【案例】

1.广西灵川某猪场饲养的纯种杜约克仔猪多数出现拉血样稀便、生长停滞、体重在 15 kg左右,经抗生素治疗不见症状减轻。采集不同体况病猪的粪便,漂浮法收集虫卵,可在显微镜下观察到大量棕黄色腰鼓样、两头有透明结节的虫卵,请判断该猪群可能感染有何种寄生虫。

2.河北某猪场的 20 日龄仔猪突然出现腹泻,排土灰色、黄色胶冻状或水样稀便,混有大量黏液和未消化饲料,味恶臭,很快脱水死亡。小肠、空肠及回肠呈卡他性炎症,黏膜糜烂,肠黏膜绒毛萎缩。未从病死猪的肝、脾和肠系膜分离到细菌。用饱和盐水漂浮法检查粪便,在粪便中发现表面光滑、呈圆形或椭圆形、有 2 层卵囊壁的卵囊,囊内有 2 个孢子囊,每个孢子囊内有4 个子孢子。由此请初步判断此猪场仔猪发生的是什么寄生虫病,判断依据是什么。

【测试】

一、选择题

1.检查线虫卵常用的方法是(　　)。

A. 饱和盐水漂浮法　　B. 贝尔曼法　　C. 水洗沉淀法　　D. 饱和硫酸镁漂浮法

2.贝氏莫尼茨绦虫虫卵的鉴别特征是(　　)。

A.卵圆形,卵壳薄,内含幼虫　　　　B. 似圆形,无梨形器,有六钩蚴

C.卵圆形,无卵盖,内含多个胚细胞　D. 近似四角形,卵内有梨形器,内含六钩蚴

E.近于球形,卵壳呈蜂窝状,内含一个卵细胞

3.鸡球虫孢子化卵囊的长度范围在(　　)。

A.10~35 μm　　　　B.50~100 μm　　　　C.100~150 μm

D.150~200 μm　　　E.200~350 μm

4.某地区于 2009 年春节期间,突然发生 20 头犊牛死亡。经调查,病畜多为 2～4 个月的犊牛。临床表现:精神沉郁,嗜睡,不愿行动,吮乳无力或停止吮乳,虚弱消瘦,腹部膨大,多数牛拉稀粪或糊样灰白色腥臭粪便,手指捻粪有油腻状感觉,严重者出现肠炎,排多量黏液或血便。有疝痛症状。呼出气体常有刺鼻的酸臭味。采用粪便学检查时,发现有虫卵存在。根据以上材料,你认为所检查到的虫卵形状为(   )。

A.近球形,壳厚,外层呈蜂窝状   B.椭圆形,卵壳薄,表面光滑

C.椭圆形,壳厚,外层呈蜂窝状   D.近球形,壳厚,表面光滑

E.近球形,壳薄,表面光滑

二、判断题

1.所有蛔虫卵(受精卵)的表面都是粗糙,高低不平的。(   )

2.绦虫卵内皆有六钩蚴。(   )

3.吸虫病生前诊断粪检虫卵时,多采用沉淀法。(   )

4.吸虫的卵都有卵盖。(   )

5.绦虫卵内皆有六钩蚴和梨形器。(   )

三、问答题

1.粪便检查对于寄生虫病生前诊断的意义是什么?

2.粪便检查技术适于哪些寄生虫的检测?应分别采用哪种方法?

四、操作题

1.对所提供的粪便用不同的检测方法检测到相应的寄生虫虫卵或虫体。

2.对所检测的寄生虫虫体和虫卵或标本能够正确地识别。

任务 5-3　动物体表寄生虫检测技术

【目标】

1.学会体表寄生虫(主要是螨虫)的实验室检测方法;

2.认识蜱、螨、虱、蝇、蚊、蚋等节肢动物,并了解它们的危害。

【技能】

一、器械与材料

显微镜、放大镜、平皿、试管、试管夹、手术刀、镊子、载玻片、盖玻片、温度计、胶头滴管、离心机、污物缸、纱布、10%氢氧化钠溶液、甘油、50%甘油水溶液、60%亚硫酸钠溶液等。

二、方法与步骤

(一)病料的采集

各种家畜都可发生螨病,主要表现皮肤增厚、结痂、脱毛、痒感。在螨的检查中,病料采集的正确与否是螨病诊断的关键。其采集部位在动物健康皮肤和病变皮肤的交界处,因为这里的螨最多。采集时剪去该部的被毛,用经过火焰消毒的钝口外科刀,使刀刃和皮肤垂直用力刮取病料,一直刮到微微出血为止(此点对检查寄生于皮内的疥螨尤为重要)。刮取的病料置于消毒的小瓶或带塞的试管中。刮取的皮屑应不少于 1 g,刮取病料处用碘酒消毒。

为防止皮屑被风吹走,尤其在室外进行工作时,可在刀刃上蘸取少量 50%的甘油水溶液或甘油,这样可使皮屑黏附在刀上。

(二)检测方法

1.肉眼直接检查法

将病料置于培养皿中,将培养皿底部在酒精灯上或用热水加热至 37～40℃后,将培养皿放于黑色衬景上用肉眼观察,可见白色虫体在黑色背景上移动。此方法适用于检查体型较大的痒螨。

2.显微镜直接检查法

取供试品先用肉眼观察,有无疑似活螨的白点或其他颜色的点状物,再用 5～10 倍放大镜检查,有螨者,用解剖针或发丝针或小毛笔挑取活螨放在滴有一滴甘油水的载玻片上,置显微镜下观察。也可以直接把刮下的皮屑,放在载玻片上,加一滴甘油、10%氢氧化钠溶液或煤油,用牙签调匀或盖上另一载玻片搓压使病料散开,再将载玻片分开,盖上盖玻片在低倍镜下检查,发现螨虫体可确诊。煤油对皮屑有透明作用,但虫体在煤油中容易死亡,如欲观察活螨,可用 50%甘油水溶液或 10%氢氧化钠溶液滴于皮屑上,虫体短期内不会死亡。

3.加热检查法

(1)温水检查法 将病料浸入 40～45℃的温水中,置恒温箱内 1～2 h,用解剖镜观察,活螨在温热作用下,由皮屑内爬出,集结成团,沉于水底部。

(2)培养皿内加热法 将刮取到的干的病料放于培养皿内,加盖。将培养皿放入盛有 40～45℃温水的杯上,经 10～15 min 后,将皿翻转,则虫体与少量皮屑黏附在皿底,大量皮屑则落于盖上。取皿底以放大镜或解剖镜检查;皿盖可继续放在温水上,再过 15 min,作同样处理。由于螨在温暖的情况下开始活动而离开痂皮,但因螨足上具有吸盘,因此不会和痂皮一块倒去。加热检查法适用于对活螨的检查。

4.虫体浓集法

(1)漂浮法 将供试品放在盛有饱和食盐水的扁形称量瓶或适宜的容器内,加饱和食盐水至容器的 2/3 处,搅拌均匀,置 10 倍放大镜或双筒实体显微镜下检查,或继续加饱和食盐水至瓶口处(为防止盐水和样品溢出污染桌面,宜将上述容器放在装有适量甘油水的培养皿中),用洁净的载玻片盖在瓶口上,使玻片与液面接触,蘸取液面上的漂浮物,置显微镜下检查。

(2)皮屑溶解法 将病料浸入盛有 5%～10%苛性钠(或苛性钾)溶液的试管中,经 1～2 min 痂皮软化溶解,弃去上层液后,用吸管吸取沉淀物,滴于载玻片上加盖片检查。为加速皮屑溶解,可将病料浸入 10%苛性钾溶液的试管中,在酒精灯上加热煮沸数分钟,痂皮全部溶解后将其倒入离心管中,用离心机以 2 000 r/min,离心 1～2 min 后,虫体沉于管底,倒去上层液,吸取沉淀物制片镜检。也可以向沉淀中加入 60％亚硫酸钠溶液(60％硫代硫酸钠溶液)至满,然后加上盖玻片,半小时后轻轻取下盖玻片覆盖在载玻片上镜检。

【知识】

节肢动物大多数是营自由生活,只有少数营寄生生活,通过叮咬、吸血等方式直接危害寄生动物,或通过传播疾病间接危害动物,严重时可致动物大批发病、死亡。

一、节肢动物的形态、结构与功能

节肢动物身体一般左右两侧对称,不同部位的体节相互愈合而形成头部、胸部和腹部。某些种类的头部和胸部进一步愈合形成头部,或胸部与腹部结合成躯干部。头部趋于摄食和感觉;胸部趋于运动和支持;腹部趋于代谢和生殖。除身体分节外,附肢也分节,节肢动物因此而得名。

1.体表

节肢动物的体表是由几丁质(高分子含氮的多糖化合物)及其他无机盐沉着变硬而成,不仅有保护内部器官及防止水分蒸发的功能,而且与其内壁所附着的肌肉一起完成各种活动并支持体躯;其功能与脊椎动物的内骨骼十分相似,因此称为外骨骼。由于表皮坚硬而不膨胀,所以,每当虫体发育长大时必须蜕去旧表皮,这种现象称为蜕皮。

2.体腔

节肢动物的体腔为混合体腔,因其常充满血液,又称为血腔。心脏呈管状,位于消化管的背侧;循环系统为开管式,血液自心脏流出,向前行至头部,再由前向后,进入血腔,又经心孔流入心脏。

3.呼吸系统

节肢动物除螨类直接用体表进行呼吸外,多数种类则利用鳃、气管或书肺来进行气体交换。鳃是体壁外突的构造,常呈薄膜状,其中富含血管,因此能保证血液与周围环境交换气体。气管是体壁向内凹陷形成,气管不分支或分支成网状,贯穿全身而以气门开口于体外。书肺也是体壁内陷形成,气管不分支或分支成网状,贯穿全身而以气门开口于体外。书肺也是体壁内陷而成,内有书页状突起,在书页状突起中有血管分布,因此可进行气体交换。

4.感觉系统

节肢动物神经主干位于消化管腹侧,许多神经节随着体节的愈合而合并。感觉器官特别发达,具有触觉、味觉、嗅觉、听觉及平衡器官。昆虫有复眼和单眼。复眼由许多小眼构成,能感受外界运动中的物体。单眼用于感光。

5.消化系统

节肢动物消化系统分为前肠、中肠和后肠 3 部分。前肠包括口、咽、食道和前胃,是贮存和研磨食物的地方;中肠又称胃,是消化和吸收的重要部位;后肠包括小肠、直肠和肛门,能吸收肠腔中的水分及排出粪便。

6.排泄系统

节肢动物通过马氏管行使排泄功能。马氏管是在中、后肠交界处的肠管管壁向血腔突出的一些盲管,它从血液中收集废物,排入后肠,在那里把多余的水分重新吸收入体内,剩余的尿酸再随粪便排出体外。

7. 生殖系统

节肢动物都是雌雄异体,有卵生和卵胎生两种生殖方式。卵通常含有很多卵黄,原生质分布在卵的表面,形成很薄的一层,卵裂也仅限于卵表面的原生质部分,这种不完全方式的卵裂称为表面卵裂。

二、节肢动物的发育

节肢动物在发育过程中都有变态和蜕皮现象,其变态可分为完全变态和不完全变态两种(图 5-23,图 5-24)。

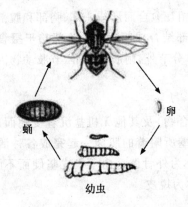

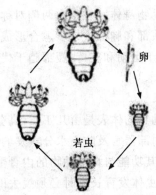

图 5-23　节肢动物完全变态生活史　　　　图 5-24　节肢动物不完全变态生活史

完全变态,即从卵孵出幼虫,幼虫生长发育完成后,要经过一个不动不食的蛹期,才能变为有翅的成虫,这几个时期在形态上和生活习性上彼此不同,如蚊、蝇等昆虫。不完全变态,即从卵孵出幼虫,经过若干次蜕皮变为若虫,若虫再经过蜕皮变为成虫,这几个时期在形态上和生活习性上比较相似,如蜱、螨和虱等。

三、节肢动物的危害

1. 直接危害

节肢动物有的本身作为病原体,永久寄生在动物体内或体表,致使动物发病,如疥螨、蠕形螨等引起的螨病。有的是不断地反复侵袭骚扰使动物不安,影响采食和休息,如蚊、刺蝇等吸血性昆虫和蜱类、虱类。它们吸食动物的血液和组织液,并分泌毒素,引起局部皮肤红肿、损伤和炎症,致使动物消瘦、贫血、生长缓慢,严重者还可引起死亡。

2. 间接危害

有些节肢动物除直接危害宿主之外,还间接地传播某些疾病的病原体,包括细菌、病毒、立克次氏体、原虫和蠕虫的幼虫等。它们可能通过唾液分泌、反吐、排粪、污染等不同方式传播。传播方式还取决于病原体和节肢动物之间的生物学关系。有些节肢动物通过吸血吸入病原体后,在体内经过一定时间的发育繁殖后才具有感染力,如蜱传播巴贝斯虫病,中华白蛉传播利什曼原虫病;有些节肢动物可充当寄生蠕虫的中间宿主,如中华按蚊传播犬心丝虫病。上述两种情况称为生物性传播。机械性传播是指病原体在昆虫体内,不经过发育繁殖,只是机械携带病原,只起运载传递作用,如虻传播锥虫病。

四、节肢动物的分类

节肢动物属节肢动物门的蛛形纲和昆虫纲。其形态及分类系统如下:

(一)蛛形纲(Arachnida)

体分头胸部和腹部或不分部,成虫有足 4 对,没有触角和翅;有眼或无眼,头胸部有 6 对附肢,前 2 对是头部附肢,第 1 对为螯肢,是采食器官,第 2 对为须肢,位于口器两侧,能协助采食、交配和感觉。其余 4 对属胸部附肢,称为步足,由 7 节组成。蛛形纲共分 8 个目,但与动物有关的主要是蜱螨目。

1. 蜱螨目(Acarina)

虫体头胸腹通常融合为一整体。分节不明显,体呈圆形或椭圆形,一般雄虫小于雌虫。成虫及若虫有 4 对足,幼虫有 3 对足。虫体前端有一个假头,由口器和假头基组成。口器包括一个居中的口下板和两侧成对的螯肢和须肢。体壁有的呈膜状,有的呈坚厚的盾板状。蜱螨目分为 5 个亚目,即蜱亚目、疥螨亚目、恙螨亚目、中门亚目和钩须亚目。其中,蜱亚目、疥螨亚目、中门亚目的某些种类可寄生在动物体内。

(1)蜱亚目(Ixodides) 虫体中部外侧有 1 对气门板,呈圆形或椭圆形。足的第一跗节上有感觉窝,即哈氏器(Haller's organ);口下板有倒刺,为穿刺工具。螯肢尖端具有位于内侧的定趾和位于外侧的动趾。本亚目与动物有关的有硬蜱科和软蜱科。

硬蜱科(Ixodidae):体形卵圆,背面有盾板,雄虫盾板覆盖背面全部,而雌虫的只达前半部,眼 1 对或无,气门板 1 对,位于第 4 对足基节的后外侧。须肢各节不能转动,第 4 节退化并嵌入第 3 节腹面。

软蜱科(Argasidae):体形扁平,背面无背板,体表革状,有皱纹或颗粒状结构;假头位于体前端腹面,基部小,无孔区。须肢游离不紧贴螯肢两侧。气门 1 对,居于第 4 对足基节之前。大多数无眼,如有眼,则位于基节上褶。

(2)疥螨亚目(Sarcoptiformes) 虫体无气门板,各足基节在体面表皮上形成"Y"状的支柱。咀嚼式口器,螯肢粗大,须肢简单,雄虫常有肛吸盘。本亚目与动物有关的有疥螨科和蠕形螨科。

疥螨科(Sarcoptidae):体呈圆形,假头背面后方有 1 对粗短的垂直刺。体表有皱纹,足粗短,无性吸盘。

蠕形螨科(Demodicidae):虫体狭长呈蠕虫状。足 4 对,粗短呈圆锥状,位于体前端腹面。假头位于前端,呈半月状凸出。雌虫阴门为一狭长纵裂,位于腹面第 4 对足的后方。寄生于毛囊或皮脂腺。

2. 中门亚目(Mesostigmata)

躯体中部外侧有 1 对气门,气门缘为长形;如无气门则寄生于脊椎动物的呼吸道内,足上无哈氏器。口下板无穿刺功能。此亚目中的喘螨科的犬肺壁虱寄生于犬鼻腔和鼻窦。

(二)昆虫纲(Insecta)

体分头、胸、腹 3 部。头部有复眼、单眼、触角和口器。胸部由前胸、中胸和后胸 3 节组成,每节有足 1 对。中胸和后胸各有翅 1 对,但寄生性昆虫中,有的翅很不发达,甚至完全消失。

腹部由 11 节组成,但多数只可见 8 节,末端数节变为外生殖器。肛门和生殖孔位于腹部末端。

昆虫纲的种类很多,但与动物有关的主要有 4 个目,即双翅目、虱目、食毛目和蚤目。

1. 双翅目(Diptera)

本目的主要特征为:只有 1 对前翅,后翅退化为平衡棍,前胸与后胸小,而中胸大。属完全变态。可分为长角亚目、短角亚目和环裂亚目,与动物有关的是长角亚目。

(1)长角亚目(Nematocera) 成虫触角细长多节,幼虫头部完整,头、胸、腹清晰。与动物有关的有蚊科和毛蠓科。

蚊科(Culicidae):口器细长,刺吸式。翅窄长,端部钝圆,翅脉有鳞片,静止时翅扎叠在背上。

毛蠓科(Psychodidae):口器刺吸式,短于头部。胸部背面隆起。翅无鳞片或色斑,但有很多长毛,静止时竖立于背面。

2. 虱目(Anoplura)

体扁无翅,口器刺吸式,触角 3~5 节,复眼退化或无眼,也无单眼。胸部 3 节融合。足粗短。不完全变态。此目寄生于动物体表的有颚虱科和血虱科。

颚虱科(Linognathidae):有眼或无眼。腹部全为膜状,腹部的背腹面每节至少有 1 行毛,一般有多行毛。中、后腿比前腿大。

血虱科(Haematopinidae):无眼,仅在触角后方有一眼点。头缩入胸部。

3. 食毛目(Mallophaga)

体扁无翅,头宽大。咀嚼式口器。触角 3~5 节。不完全变态。此目寄生于动物毛上的是毛虱科。

毛虱科(Trichodectidae):触角 3 节。各足跗节具 1 爪。

4. 蚤目(Siphonaptera)

无翅。体左右扁平。头小,与胸部紧密相连。触角 3 节,短而粗。刺吸式口器。足粗长。完全变态。

蚤科(Pulicidae):眼完整。眼后有触角沟,触角斜卧于沟中。具 1 或 2 支臂前鬃。腹部末端有臀板和毛。肛板每侧具 14 个窝孔。

五、各种动物寄生节肢动物特征(表 5-14)

表 5-14 各种动物寄生节肢动物特征

寄生虫	宿主	特征
硬蜱	哺乳动物、鸟类和爬虫类	蜱呈红褐色,背腹扁平,背面有几丁质的盾板,眼 1 对或缺,气门板 1 对。吸饱血后膨胀如赤豆或花生米大。头、胸、腹融合,不易分辨。虫体分假头和躯体。假头位于前端,由假头基和口器组成,口器由 1 对须肢、1 对螯肢和 1 个口下板组成。躯体体部由盾板、缘垛、眼、足、生殖孔、气门板、肛沟、腹板等组成
软蜱	人、家畜、家禽及其他野生动物体表	虫体扁平,卵圆形或长卵圆形,前端较窄。与硬蜱的主要区别是假头在前部腹面头窝内,从背面不易见到,无孔区;背面无盾板,腹面无腹板

续表 5-14

寄生虫	宿主	特 征
疥螨	哺乳动物表皮	虫体微黄色,大小为 0.2~0.5 mm。呈龟形,背面隆起,腹面扁平。口器呈蹄铁形,为咀嚼式。肢粗而短,第 3、4 对不突出体缘。雄虫第 1、2、4 对肢末端有吸盘,第 3 对肢末端有刚毛。雌虫第 1、2 对肢端有吸盘,第 3、4 对肢有刚毛。吸盘柄长,不分节
痒螨	多种哺乳动物,寄生于皮肤表面	大小为 0.5~0.8 mm。椭圆形,口器呈长圆锥状,为刺吸式;4 对肢均突出虫体边缘。雌虫第 1、2、4 对肢末端有吸盘。雄虫第 1、2、3 对肢的末端有吸盘,腹面后部有 1 对交合吸盘,尾端有 2 个尾突,其上各有 5 根刚毛
蠕形螨	多寄生于犬、羊、猪、马等动物及人。以犬最多,寄生于毛囊和皮脂腺内	呈半透明乳白色,体长 0.25~0.3 mm,宽约 0.04 mm。身体细长,外形上可分为头、胸、腹 3 个部分。胸部有 4 对很短的足;腹部长,有横纹;口器由 1 对须肢、1 对螯肢和 1 个口下板组成。主要有犬蠕形螨、牛蠕形螨、山羊蠕形螨、绵羊蠕形螨、猪蠕形螨、马蠕形螨、人毛囊蠕形螨、皮脂蠕形螨等
牛皮蝇蛆	牛,有时也可感染人、马、驴及野生动物。寄生于皮下结缔组织	①牛皮蝇(*Hypoderma bovis*),外形似蜂,全身被有绒毛,成蝇长约 15 mm,口器退化,不能采食,也不叮咬牛。虫卵为橙黄色,长圆形,大小为 0.8 mm×0.3 mm。第 1 期幼虫长约 0.5 mm。第 2 期幼虫长 3~13 mm。第 3 期幼虫体粗壮,颜色随着体的成熟程度而呈现淡黄、黄褐及棕褐色,长可达 28 mm,最后 2 节背、腹均无刺,背面较平,腹面凸而且有很多结节,有两个后气孔,气门板呈漏斗状。②纹皮蝇(*H. lineatum*),成蝇、虫卵及各个时期幼虫的形态与牛皮蝇基本相似。第 3 期幼虫体长约 26 mm,最后 1 节无刺
羊鼻蝇蛆	羊鼻腔和鼻窦	羊鼻蝇又称"羊狂蝇",外形似蜜蜂,淡灰色,头大呈黄色,口器退化。第 3 期幼虫体长 28~30 mm。前端尖,有两个黑色口前钩,背面隆起。成熟的第 3 期幼虫每节背面具有深褐色的横带,腹面扁平,各节前缘具有数列小刺,后端平齐,有两个气门板
绵羊虱蝇	绵羊体表	虫体长 4~6 mm,翅退化,体表呈革质,遍身短毛,头短而宽,与胸部紧密相连,头胸均为深褐色,口器为刺吸式,腹呈卵圆形,肢粗壮,末端有爪。幼虫呈白色,圆形或卵圆形,不活动,黏附于绵羊被毛上。蛹呈棕红色,椭圆形,长 3~4 mm
鸡皮刺螨	鸡,寄生于体表	鸡皮刺螨背腹扁平,体长为 0.5~1.5 mm。头盖骨呈前端尖的长舌状,螯肢长呈鞭状
鸡恙螨	鸡,寄生于体表	以幼虫形态为鉴定依据。主要有新棒螨属的鸡新棒恙螨,其幼虫很小,0.4 mm×0.3 mm,饱食后呈橘黄色。有 3 对短足。背面盾板呈梯形,其上有 5 根刚毛,中央有感觉毛 1 对。盾板是鉴定属和种的重要特征
禽羽虱	禽类,寄生于体表	羽虱体长 0.5~1 mm,体型扁而宽或细长形。头端钝圆,头部宽度大于胸部。咀嚼式口器。触角分节。雄性尾端钝圆,雌性尾端分两叉
猪血虱	猪,寄生于体表	扁平而宽,灰黄色。雌虱长 4~6 mm,雄虱长 3.5~4 mm。身体由头、胸、腹 3 部分组成。头部狭长,前端是刺吸式口器。有触角 1 对,分 5 节。胸部稍宽,分为 3 节,无明显界限。每一胸节的腹面有 1 对足,末端有坚强的爪。腹部卵圆形,比胸部宽,分为 9 节。虫体胸、腹每节两侧各有 1 个气孔

【案例】

2010年2月初,某猪场育肥舍有100多头猪皮肤上密布红色小疙瘩,皮肤又红又黄,局部脱毛,皮肤增厚,并形成干痂,患猪常在墙壁、猪栏、圈槽等处蹭痒,到了出售日龄却达不到出栏体重。用抗真菌药治疗无效,请根据以上资料,分析该批猪可能主要患有何种疾病,应如何确诊。

【测试】

一、选择题

某猪群病猪出现剧痒,皮肤损伤,脱毛,结痂,增厚乃至龟裂以及消瘦等症状。

1.该病最可能的诊断是( )。

A. 蜱感染 　　B. 疥螨病 　　C. 痒螨病 　　D. 蠕形螨病 　　E. 血虱感染

2.确诊时,采集病料应该选择( )。

A. 健康皮肤 　　　　B. 病灶中央 　　　　　C. 病灶边缘

D. 皮肤龟裂处 　　　E. 病—健皮肤交界处

3.治疗该病可用( )。

A. 吡喹酮 　　B. 盐霉素 　　C. 阿苯达唑 　　D. 左旋咪唑 　　E. 阿维菌素

二、判断题

1.有些种类的蜱可传播巴贝斯虫病。( )

2.疥螨生活史为不完全变态型。( )

3.雄性疥螨的前两对足有吸盘,后两对足无吸盘。( )

4.雌性疥螨的1、2、4对足上有吸盘。( )

三、问答题

1.对于蠕形螨的检测是否和疥螨的检测方法相同?为什么?

2.谈谈疥螨和痒螨的区别。

四、操作题

1.能正确采集螨病诊断的病料,并用恰当的方法检测出螨虫。

2.对检测的节肢动物或节肢动物标本能够正确地识别。

任务5-4　血液中寄生虫检测技术

【目标】

1.学会血液中原虫的检测技术;

2.掌握各种血液原虫的特征、寄生部位和宿主。

【技能】

一、器械与材料

多媒体设备、显微镜、载玻片、盖玻片、离心机、离心管、移液管、平皿、采血针头、烧杯、染色缸、污物缸、手术刀、剪刀、镊子、剪毛剪、1mL 注射器、酒精棉球、组织捣碎机、研钵、生理盐水、饱和盐水、2%枸橼酸钠溶液、甲醇、姬姆萨染色液、瑞氏染色液、青霉素、链霉素等。

二、方法与步骤

(一)鲜血压滴检查法

牛、羊、猪、犬、猫和兔选用耳静脉,禽类取翅静脉采集血液,滴在洁净的载玻片上,加等量生理盐水混合(不加生理盐水也可以,但易干燥),加上盖玻片,立即放显微镜下用低倍镜检查,发现有运动的可疑虫体时,可再换高倍镜检查。为增加血液中虫体活动性,可以将载玻片在火焰上方略加温。由于虫体未被染色,检查时应使视野中的光线弱一些;可借助虫体运动时撞开的血细胞移动作为目标进行搜索。此法简单,虫体在运动时较易检出,若为阳性可在血细胞间见有活动的虫体。本法适用于检查伊氏锥虫。

(二)涂片染色镜检法

1. 采血

方法同鲜血压滴检查法。

2. 涂片

将采集的血液滴于洁净的载玻片一端距端线约 1 cm 处的中央;另取一块边缘光滑的载玻片,作为推片。先将此推片的一端置于血滴的前方,然后稍向后移动,触及血滴,使血液均匀分布于两玻片之间,形成一线;推片与载玻片形成 30°~45°角,平稳快速向前推进,使血液沿接触面散布均匀,即形成血薄片。

3. 染色

(1)瑞氏染色 取已干燥的血涂片(不需用甲醇固定),滴加瑞氏染液覆盖血膜,静置 2 min,加入等量缓冲液,用吸球轻轻吹动,使染液与缓冲液充分混匀,放置 5~10 min。倾去染液,然后用水冲洗,血片自然干燥或用吸水纸吸干后即可镜检。

(2)姬姆萨染色 血膜上滴加甲醇数滴,固定 2~3 min,血膜自然干燥;在血膜上滴染色液,染色 30 min 或过夜,用水冲走多余的染色液,再让血膜自然干燥或用吸水纸吸干;置显微镜下用油镜观察。

检验染色效果:核呈紫蓝色或深紫色,酸性颗粒粉红色,盐基性颗粒紫蓝色或深蓝色,红细胞橙黄色或浅红色,淋巴细胞紫蓝色。涂片染色镜检法适用于各种血液原虫。

(三)离心集虫法

当血液中的虫体较少时,可先进行离心集虫,再行制片检查。其操作方法是:颈静脉采血,置于预先备有 2%柠檬酸钠溶液的试管内(血液和柠檬酸钠溶液的比例为 4:1),混匀后,以 500~700 r/min 离心 5 min,使其中大部分红细胞沉降;将含有少量红细胞、白细胞和虫体的上层血浆,用吸管移入另一离心管中,补加一些生理盐水,以 2 500 r/min 的速度离心 10 min,

则红细胞下沉于管底(由于白细胞和虫体比红细胞轻),然后以吸管吸取白细胞层,作压滴标本或染色检查。此法适用于检查各种血液原虫。

【知识】

一、原虫的形态结构

原虫为单细胞真核动物(图 5-25),体积微小,一般在 $10\sim100\ \mu m$。原虫的形态随种类或不同发育阶段而异,有的呈柳叶状、长圆形或梨形等,有的无一定形状或经常变形。绝大部分原虫的身体为无色、半透明的,但也有一部分原虫的身体是有颜色的。

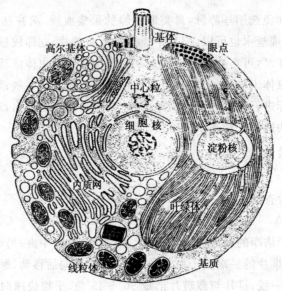

图 5-25 原虫细胞结构(仿 Grell,1973)

(一)胞膜

包裹虫体,也称表膜或质膜。原虫表膜的功能除具有分隔与沟通作用外,还可以其动态结构参与营养、排泄、运动、感觉、侵袭、隐匿等多种生理活动。

(二)胞质

主要由基质、细胞器和内含物组成。

1. 基质

基质的主要成分是蛋白质,蛋白质分子相互联结成网,网眼中贮存水分及其他分子。大多数原虫有内质与外质,外质均匀透明,呈凝胶状,并有不同程度的硬性,决定原虫的形状;外质与运动、摄食、营养、排泄、呼吸、感觉以及保护等功能有关。内质呈溶胶状,位于内层,为细胞代谢和营养存贮的主要场所,含有胞核及食物泡、空泡、储存物质,有时有伸缩泡,各种细胞器多在内质中。

2. 细胞器

有内质网、线粒体、高尔基复合体、核糖体、溶酶体、纤丝、动基体和副基体等。细胞器可因虫种而不同。有的原虫因生理机能的分化而形成运动、保护、附着、消化等细胞器,其中以运动细胞器较为突出,也是分类的主要特征。

3. 内含物

原虫胞质内有时可见多种内含物,包括各种食物泡,营养贮存小体(淀粉泡、拟染色体等),代谢产物(色素等)和共生物(病毒颗粒)等。特殊的内含物也可作为虫种的鉴别标志。

(三)胞核

为原虫得以生存、繁衍的主要结构。由核膜、核质、核仁和染色质组成。经染色后的细胞核形态特征是医学原虫病原学诊断的重要依据。

二、原虫的发育

一个原虫个体,发育到一定大小和一定时间后,就开始繁殖。原虫的繁殖方式包括有性繁殖和无性繁殖两种类型。

1. 无性繁殖

(1)双分裂 即一个虫体的核,先分为二,继之整个虫体也沿核分裂的垂直面而分为两个新个体。在鞭毛虫多沿虫体的纵轴分裂,而纤毛虫则多沿横轴分裂,其中泡状核和小核是有丝分裂,而大核是无丝分裂。如布氏锥虫的纵双分裂。

(2)裂体生殖 亦称复分裂。这多见于顶复门的原虫,以这种方式繁殖时,核先经过多次分裂,分成若干小核,分布于整个母细胞内,而后每个核与周围的细胞质构成新的个体,母细胞称为裂殖体,而分裂后的子体称为裂殖子,核的分裂是有丝分裂,间或无丝分裂。

(3)出芽生殖 这是由母体中分裂出一个较母体稍小的子体,并形成于母体的一侧面而后脱离,然后子体再长大到与母体同大小。如旋漏斗虫的外出芽生殖。这种形式的芽生,很少见于寄生原虫。在寄生原虫则仅见有内出芽生殖。内出芽生殖又根据母细胞中芽体的数量可分为内双芽生和多元内出芽,前者在一个母细胞中形成两个芽体,而后母体崩解,两个芽体走出,成为新个体。后者母体内产生的芽体在两个以上。

此外,在外出芽生殖时,产生的芽体在两个以上,则称多元外出芽。

2. 有性繁殖

(1)接合生殖 这种繁殖方式,见于纤毛虫,开始两个虫体相互接合后合并成一个虫体,其中大核变质,小核则分裂,分裂后单倍体小核相互交换并再重新组合成新核。其后再重新分开成两个新个体。这一过程虫体数量没有增加,但虫体却得到了更新。

(2)配子生殖 当某些种寄生原虫,裂体生殖发育到一定阶段后,产生的裂殖子长大成配子母细胞,不同的配子母细胞分别产生大配子细胞和小配子细胞,再由其产生大配子和小配子。由配子母细胞发育成大小配子这一阶段称为配子生殖。

在配子形成后,大小配子相结合而形成合子,有些合子有运动性称为动合子,有些合子排出体外并形成较厚的有抵抗力的外膜,则称这种被有较厚外膜的合子为卵囊。

随着合子形成以后,常紧跟着一个孢子生殖,在此时合子中形成多数孢子囊,每个孢子囊中再含有不等量的子孢子。含有成熟子孢子的合子即具有感染和繁殖能力。这一孢子形成的过程本身是一种无性繁殖,但多在配子生殖过程后出现,故常作为配子生殖后续部分。

　　除了上述原虫的各种繁殖方式外,有一些原虫在其生活过程中,常由虫体本身形成一层较厚的外膜,使虫体具有较强的抵抗力,这即可谓包囊。这种处于包裹内的虫体,其生理上处于一暂时的休止阶段,常成为可传播(感染)阶段。有时这些虫体在宿主体内,其外膜并非虫体自身所形成,而得自宿主,则称为假包囊。包囊中多数含有1个虫体,但也可包含多个虫体。有时包囊内的虫体,尚可进行缓慢的增殖。

　　在生活期或运动期的虫体,特别是不断吸取外界营养而生长的虫体,则称为滋养体。

三、原虫的分类

　　随着分子生物学技术在原生动物分类上的应用,为从基因水平上建立理想的分类系统提供了依据。在此根据原虫分类学家推荐的分类系统,列出与动物医学有关的部分。

(一)肉足鞭毛门(Sarcomastigophora)

　　该门只有一个类型(有孔目(Fora miniferorida)除外),如果是有性生殖,则主要是配子生殖,有鞭毛或伪足,或二者兼有。

　　1. 动鞭毛纲(Zoomastigphorasida)

　　(1)动基体目(Kinetoplastorida)　有1或2根鞭毛。通常除轴线外,还有副基杆(paraxial rod),线粒体沿身体的长轴延伸,通常具有福氏染色阳性(Feulgen-positive)含DNA的动基体,位于毛基体附近,高尔基复合体位于鞭毛的陷窝处。

　　锥体亚目(Trypanosomatorina):1根鞭毛,游离或以波动膜与身体相连。动基体较小而致密。

　　锥体科(Trypanosomatidae):包括锥体属(*Trypanosoma*)及利什曼属(*Leishmania*)。

　　(2)双滴虫目(Diplomonadorida)　2个核鞭毛复合物,虫体呈双旋式对称或呈照镜式对称,每个鞭毛体有1~4根鞭毛,无线粒体或高尔基复合体;核内分裂为有丝分裂;有包囊。

　　六鞭原虫科(Hexamifidae):包括贾第属(*Giardia*)。

　　(3)毛滴目(Trichomonadorida)　具有0~6根鞭毛(典型的是4~6根),由高尔基复合体形成一副基体;无线粒体,核外有丝分裂。通常没有包囊。有性繁殖不详。

　　单尾滴虫科(Monocercomonadidae):包括组织滴虫属(*Histomonas*)。

　　毛滴虫科(Trichomonadoidae):包括毛滴虫属(*Trichomonas*)。

　　2. 叶足纲(Lobosasida)

　　伪足叶片状,或多或少呈丝状并由宽大的透明叶片上伸出;多核型不扁平或为很多分枝的原生体。

　　(1)阿米巴目(Amoebidorida)　典型的呈单核;有线粒体;没有鞭毛期。

　　(2)管足亚目(Tubulinorina)　虫体为分枝或不分枝的柱状。细胞质不呈双向流动,核为核内有丝分裂,包括内阿米巴属(*Entamoeba*)。

(二)顶复门(Apicomplexa)

　　有顶器,电镜下观察,一般包括极环、棒状体、微丝体、类锥体和膜下微管等结构。核泡状。无纤毛。以配子生殖为有性繁殖。全部种均寄生。

1. 孢子虫纲（Sporozoasida）

如有类锥体则为完全截形的锥体状。繁殖具有有性的和无性的。卵囊中含有经孢子生殖产生的子孢子。以身体的弯曲、滑行、纵脊的波动或鞭毛的挥动而运动。常常在一些群居的小配子中具有鞭毛；一般没有伪足，如有则常用于摄取食物，而不是运动；单宿主或异宿主。

（1）真球虫目（Eucoccidiorida） 有裂体生殖。

（2）艾美耳亚目（Eimeriorina） 大配子和小配子母细胞分别发育，无融合。小配子母细胞典型者生出许多小配子。合子不运动。有类锥体。典型者子孢子位于孢子囊内。

隐孢子虫科（Cryptosporidae）：包括隐孢子虫属（*Cryptosporidium*）。

艾美耳科（Eimeriidae）：包括艾美耳属（*Eimeria*）、等孢属（*Isospora*）、泰泽属（*Tyzzeria*）和温扬属（*Wenyonella*）。

肉孢子虫科（Sarcocystidae）：包括贝诺属（*Besnoitia*）、肉孢子虫属（*Sarcocystia*）、弓形虫属（*Toxoplasma*）、新孢子虫属（*Neospora*）。

（3）血孢子虫亚目（Haemospororina） 大配子和小配子母细胞单独发育。无类锥体，无融合；小配子母细胞产生约 8 根鞭毛的小配子；合子运动（动合子）；子孢子囊有 3 层膜；异宿主寄生；裂体生殖在脊椎动物宿主，而孢子生殖在无脊椎动物寄主；以吸血昆虫传染。

疟原虫科（Plasmodiiadae）：包括住白（细胞）虫属（*Leucocytozoon*）和血变虫属（*Haemoproteus*）。

（4）梨形虫亚目（Piroplasmorina） 梨形、圆形、杆状或阿米巴形，没有类锥体，无卵囊、孢子或假包囊；无鞭毛；有极环和棒状体；寄生在红细胞，有时也在其他细胞里；异宿主寄生，在脊椎动物内裂体生殖，在无脊椎动物内孢子生殖；蜱为媒介。

巴贝斯科（Babesiidae）：包括巴贝斯属（*Babesia*）。

泰勒科（Theileriidae）：包括泰勒属（*Theileria*）。

（三）微孢子门（Microspora）

孢子为单细胞。有 1 个卡管极丝。

微孢子纲（Microsporea）

微孢子目（Microsporida）

微粒子虫科（Nosematidae）

（四）纤毛虫门（Ciliophora）

至少在生活史中的一个阶段里有纤毛或复合纤毛的细胞器；有表膜下的纤毛结构（infraciliature）；有两个类型的细胞核（大核和小核）；横的二分裂；有性繁殖包括接合生殖、自体交合（autogamy）和细胞交合（cytogamy）。

动基裂纲（Kinetofrag minophorea） 口部的表膜下纤毛结构与体上的表膜下纤毛结构稍有不同。

毛口目（Trichostomatorida）

毛口亚目（Trichostomatorina）：体部纤毛未退化。

小袋科（Balantidiidae）：包括小袋属（*Balantidium*）。

四、各种动物常见原虫的特征

(一)牛羊常见原虫特征(表5-15)

表 5-15　牛羊常见原虫特征

寄生虫	寄生部位	特　征
巴贝斯虫	红细胞	虫体大小、排列方式、在红细胞中的位置、染色质团块数与位置及典型虫体的形态等,都是鉴定虫种的依据。典型虫体的形态具有诊断意义。主要有双芽巴贝斯虫、牛巴贝斯虫、卵形巴贝斯虫和莫氏巴贝斯虫
泰勒虫	红细胞、巨噬细胞和淋巴细胞	主要有环形泰勒虫、瑟氏泰勒虫、山羊泰勒虫
隐孢子虫	胃、肠黏膜上皮细胞绒毛层	牛、羊的隐孢子虫主要有小鼠隐孢子虫,寄生于胃黏膜上皮细胞绒毛层内;小隐孢子虫,寄生于小肠黏膜上皮细胞绒毛层内。隐孢子虫的卵囊呈圆形或椭圆形,卵囊壁薄而光滑,无色。孢子化卵囊内无孢子囊,内含 4 个裸露的子孢子和 1 个残体。小鼠隐孢子虫卵囊大小 7.5 $\mu m \times$ 6.5 μm,小隐孢子虫卵囊大小约 4.5 $\mu m \times$ 4.5 μm
胎儿三毛滴虫	生殖器官	胎儿三毛滴虫,虫体呈纺锤形、梨形,长 10～25 μm,宽 3～15 μm。悬滴标本中可见其运动性。虫体前半部有核,有波动膜,有前鞭毛 3 根,后鞭毛 1 根;中部有一个轴柱,贯穿虫体前后,并突于虫体尾端

(二)猪常见原虫特征(表5-16)

表 5-16　猪常见原虫特征

寄生虫	寄生部位	特　征
猪球虫	肠	猪等孢球虫卵囊呈球形或亚球形,大小为(18.7～23.9) $\mu m \times$ (16.9～20.7) μm,囊壁光滑,无色,无卵膜孔。囊内有 2 个椭圆形或亚球形的孢子囊,每个孢子囊内有 4 个子孢子
结肠小袋虫	大肠(主要是结肠)	发育过程中有滋养体和包囊两个阶段。滋养体呈不对称的卵圆形或梨形,体表有许多纤毛,沿斜线排列成行,其摆动可使虫体运动。胞口与胞咽处亦有许多纤毛。虫体中部和后部各有 1 个伸缩泡。大核多在虫体中央,呈肾形,小核呈球形,常位于大核的凹陷处。包囊呈圆形或椭圆形,囊壁较厚而透明。在新形成的包囊内,可见到滋养体在囊内活动,但不久即变成一团颗粒状的细胞质。包囊内有核、伸缩泡,甚至食物泡
肉孢子虫	肌肉	有 100 余种,无严格的宿主特异性,可以相互感染。同种虫体寄生于不同宿主时,其形态和大小有显著差异。寄生于牛的主要有 3 种,羊有 2 种,猪有 3 种,马有 2 种,骆驼有 1 种。 肉孢子虫在中间宿主肌纤维和心肌以包囊形态存在,在终末宿主小肠上皮细胞内或肠腔中以卵囊或孢子囊形态存在

续表 5-16

寄生虫	寄生部位	特征
弓形虫	动物和人的有核细胞	龚地弓形虫全部发育过程有 5 个阶段,即 5 种虫型: 1. 滋养体(速殖子),见于中间宿主。呈月牙形或香蕉形,一端较尖,一端钝圆,平均大小为 $(4\sim7)\ \mu m \times (2\sim4)\ \mu m$。经姬姆萨氏或瑞氏染色后,胞浆呈淡蓝色,有颗粒,核呈深蓝色,位于钝圆一端。滋养体主要出现在急性病例的腹水中,可见到游离(细胞外)的单个虫体。在有核细胞(单核细胞、内皮细胞、淋巴细胞等)内可见到正在进行双芽增殖的虫体。 2. 慢殖子(缓殖子),见于中间宿主。在慢性病例的脑、骨骼肌、心肌和视网膜等处,被包围在包囊(又称组织囊)内。囊内的虫体以缓慢的方式增殖,故称"慢殖子",有数十个至数千个。包囊呈卵圆形,有较厚的囊壁,可随虫体的繁殖而增大至 1 倍。包囊在某些情况下可破裂,慢殖子从包囊中逸出,重新侵入新的细胞内形成新的包囊。包囊是弓形虫在中间宿主体内的最终形式,可存在数月甚至终生。脑组织的包囊数可占包囊总数的 58%～86%。 3. 裂殖体,见于终末宿主肠上皮细胞内。呈圆形,内含 4～20 个裂殖子。游离的裂殖子前端尖,后端钝圆,核呈卵圆形,常位于后端。 4. 配子体,见于终末宿主。裂殖子经过数代裂殖生殖后变为配子体,大配子体形成 1 个大配子,小配子体形成若干小配子,大、小配子结合形成合子,最后发育为卵囊。 5. 卵囊,随猫的粪便排出的卵囊呈椭圆形,大小为 $(11\sim14)\ \mu m \times (9\sim11)\ \mu m$,含有 2 个椭圆形孢子囊,每个孢子囊内有 4 个子孢子

(三)禽原虫特征(表 5-17)

表 5-17　禽常见原虫特征

寄生虫	寄生部位	特征
鸭球虫	小肠上皮细胞	1. 毁灭泰泽球虫,致病性较强。卵囊椭圆形,浅绿色,无卵膜孔。孢子化卵囊内无孢子囊,8 个裸露的子孢子游离于卵囊内。 2. 菲莱氏温扬球虫,致病性较轻。卵囊大,卵圆形,浅蓝绿色。孢子化卵囊内含 4 个孢子囊,每个孢子囊内含 4 个子孢子
鹅球虫	肾脏和肠道上皮细胞	艾美耳属球虫孢子化卵囊含有 4 个孢子囊,每个孢子囊内含有 2 个子孢子。主要有以下 3 种: 1. 截形艾美耳球虫,寄生于肾小管上皮细胞。致病性最强。卵囊呈卵圆形,具有截锥形的一端有卵膜孔和极帽,通常具有卵囊残体和孢子囊残体。 2. 鹅艾美耳球虫,寄生于小肠。卵囊近似圆形或梨形,卵囊壁光滑,无色,一端削平,卵膜孔有的明显。有外残体,内残体模糊不清。 3. 柯氏艾美耳球虫,寄生于小肠后段及直肠,严重时可寄生于盲肠及小肠中段。卵囊呈长椭圆形,淡黄色,顶端截平,内有一唇状结构,有卵膜孔,有 1 个极粒,无外残体,内残体呈散在颗粒状

续表 5-17

寄生虫	寄生部位	特 征
火鸡组织滴虫	禽类盲肠和肝脏	火鸡组织滴虫,是多形性虫体,随寄生部位和发育阶段的不同,形态变化很大。非阿米巴阶段的虫体近似球形,直径为 3～16 μm,在组织细胞中单个或成堆存在,有动基体,但无鞭毛。阿米巴阶段虫体高度多样性,常伸出 1 个或数个伪足,有 1 根粗壮的鞭毛,细胞核呈球形、椭圆形。肠腔中的阿米巴形虫体细胞外质透明,内质呈颗粒状并含有吞噬细胞、淀粉颗粒等的空泡
住白细胞虫病	血液	不同发育阶段的住白细胞虫形态各异,在鸡体内发育的最终状态是成熟的配子体。主要有以下 2 种: 1.沙氏住白细胞虫,配子体见于白细胞内。大配子体呈长圆形,大小为 22 μm×6.5 μm,胞质深蓝色,核较小。小配子体为 20 μm×6 μm,胞质浅蓝色,核较大。宿主细胞呈纺锤形,胞核被挤压呈狭长带状,围绕于虫体一侧。 2.卡氏住白细胞虫,配子体可见于白细胞和红细胞内。大配子体近于圆形,大小为 12～13 μm,胞质较多,呈深蓝色,核呈红色,居中较透明。小配子体呈不规则圆形,大小为 9～11 μm,胞质少,呈浅蓝色,核呈浅红色,占有虫体大部分。被寄生的宿主细胞膨大为圆形,细胞核被挤压成狭带状围绕虫体,有时消失

(四)其他动物原虫特征(表 5-18)

表 5-18 其他动物常见原虫特征

寄生虫	寄生部位	特 征
犬猫球虫	犬、猫小肠(有时在盲肠和结肠)黏膜上皮细胞	等孢球虫的孢子化卵囊内含有 2 个孢子囊,每个孢子囊内含 4 个子孢子。寄生于犬的主要有犬等孢球虫、二联等孢球虫。寄生于猫的主要有芮氏等孢球虫、猫等孢球虫
兔球虫	兔的肝脏和肠道黏膜上皮细胞	孢子化呈椭圆形,淡黄色,含 4 个孢子囊,每个孢子囊内含 2 个子孢子。有 16 种,其中危害较严重的有: 1.斯氏艾美耳球虫(*Eimeria stiedai*),寄生于肝脏胆管,致病力最强。 2.中型艾美耳球虫(*E. media*),寄生于空肠和十二指肠,致病力很强。 3.大型艾美耳球虫(*E. magna*),寄生于大肠和小肠,致病力很强。 4.黄色艾美耳球虫(*E. flavescens*),寄生于小肠、盲肠及大肠,致病力强。 5.无残艾美耳球虫(*E. irresidua*),寄生于小肠中部,致病力较强。 6.肠艾美耳球虫(*E. intestinalis*),寄生于除十二指肠外的小肠,致病力较强
马梨形虫	血液	主要有以下 2 种: 1.驽巴贝斯虫,梨籽形虫体长 2.8～4.8 μm,属大型虫体。多数位于红细胞中央。 2.马巴贝斯虫,属小型虫体,典型虫体排列为"十"字形
伊氏锥虫	马属动物和其他动物的血液	伊氏锥虫,虫体细长,长 18～34 μm,宽 1～2 μm。呈弯曲的柳叶状,前端尖,后端钝。泡状胞核椭圆形,位于虫体中央。虫体后端有点状基体和毛基体,由毛基体生出 1 根鞭毛,长约 6 μm,沿虫体边缘的波动膜向前延伸,最后游离出体外

【案例】

1.广西贺州市某规模牛场的牛群中牛蜱呈现暴发状态,感染率达100%,牛只出现了高热、食欲废绝、反刍迟缓、精神沉郁、喜卧、结膜苍白等症状。曾用青霉素、链霉素等治疗,出现了体温的反复,疗效不佳。先后出现13头牛发病,治疗期间1头体弱病牛死亡,1头孕牛流产。病牛典型症状有高热、贫血、黄疸和血红蛋白尿。该牛群可能患有何种疫病?如何确诊?

2.某猪场40日龄商品猪发生了一种以高温稽留、耳部皮肤发绀、体表淋巴结肿大、呼吸困难为特征的疾病,病死猪剖检可见淋巴结肿胀出血和坏死,肺水肿、间质增宽、表面有灰白色坏死灶,肝肿大、表面有灰白色坏死灶和出血。该猪场猪最可能患的是什么寄生虫?如何确诊?如何治疗?

【测试】

一、选择题

1.牛环形泰勒虫的典型虫体为( )。

A.梨子形,小于红细胞半径　　　　　B.呈环形大于红细胞半径

C.尖端相连呈锐角　　　　　　　　　D.呈环形小于红细胞半径

2.弓形虫慢性病例可在脑、骨骼肌等部位形成( )。

A.裂殖体　　　　B.卵囊　　　　C.速殖子　　　　D.包囊

3.双芽巴贝斯虫典型形状是( )。

A.虫体长度大于红细胞半径,成对梨籽形锐角相连,每个虫体2团染色质

B.虫体长度小于红细胞半径,成对梨籽形钝角相连,每个虫体1团染色质

C.虫体长度小于红细胞半径,4个虫体尖端相连构成十字形

D.虫体很小,圆环形、椭圆形、圆点形、杆形、逗点形

4.弓形虫特有的诊断方法是( )。

A.饱和盐水浮集法　　B.水洗沉淀法　　C.毛蚴孵化法　　D.染色试验

5.一头放牧的黄牛出现体温升高,达40～41.5℃,稽留热。病牛精神沉郁,食欲下降,迅速消瘦。贫血,黄疸,出现血红蛋白尿。就诊时牛体表查见有硬蜱叮咬吸血。该病最可能的诊断是( )。

A.伊氏锥虫病　　　　　B.口蹄疫　　　　　C.双芽巴贝斯虫病

D.隐孢子虫病　　　　　E.环形泰勒虫病

6.一头2岁水牛进入9月份后开始发病,体温升高到40～41.6℃,持续2 d后下降,以后又上升。眼睛充血潮红流泪,结膜外翻,内眼角有黄白色分泌物。病牛逐渐消瘦,可视黏膜苍白,四肢水肿,皮肤龟裂,流出黄色或血色液体,结成痂皮而后脱落。耳、尾干枯。该病牛就诊时实验室诊断首先应该进行的是( )。

A.粪便虫卵检查　　　　B.粪便毛蚴孵化检查　　　　C.血液涂片检查

D.血液生化检查　　　　E.X光片检查

二、判断题

1.原虫都是单细胞动物。( )

2.梨形虫通过硬蜱传播。（　　）

3.鸡的住白细胞原虫有两种,即卡氏住白细胞原虫和沙氏住白细胞虫。前者的传播媒介为蠓,后者的为蚋。（　　）

4.巴贝斯虫的长度小于红细胞的半径。（　　）

5.伊氏锥虫病由虻及吸血蝇类(螫蝇和血蝇)在吸血时进行传播。（　　）

6.伊氏锥虫可寄生于马属动物和牛等家畜。（　　）

三、问答题

1.常见血液原虫引起的症状和病变可能有哪些?

2.进行血液原虫检测时的注意事项有哪些?

3.任务中所提到的方法还可用于哪些寄生虫的检测?

四、操作题

1.能用正确的方法检测相应的血液原虫。

2.能正确识别常见血液原虫。

任务5-5　旋毛虫检测技术

【目标】

1.学会肌肉压片检查旋毛虫的方法,了解肌肉消化检查旋毛虫的方法;

2.掌握旋毛虫病的公共卫生学意义。

【技能】

一、器械与材料

多媒体设备、20%甘油透明液、20%盐酸水溶液、5%美蓝溶液、显微镜、旋毛虫夹压玻片(或厚玻片)、剪刀、盐酸、胃蛋白酶、80目铜网、漏斗、分液漏斗、凹面皿、组织捣碎机、温度计、加热磁力搅拌器、待检肉样或膈肌。

二、方法与步骤

(一)压片检查法

1.采样

自取新鲜胴体两侧的横膈膜肌脚部各采样一块,记为一份肉样,其质量不少于50~100 g,与胴体编成相同号码。如果是部分胴体,可从肋间肌、腰肌、咬肌、舌肌等处采样。

2.目检

撕去膈肌的肌膜,将膈肌肉缠在检验者左手食指第二指节上,使肌纤维垂直于手指伸展方向,再将左手握成半握拳式,借助于拇指的第一节和中指的第二节将肉块固定在食指上面,随即使左手掌心转向检验者,右手拇指拨动肌纤维,在充足的光线下,仔细视检肉样的表面有无针尖大半透明乳白色或灰白色隆起的小点。检完一面后再将膈肌翻转,用同样方法检验膈肌的另一面。凡发现上述小点可怀疑为虫体。

3.压片

先将旋毛虫夹压玻片放在检验台的边沿,靠近检验者;然后用剪刀顺肌纤维方向,自肉上剪取燕麦粒大小的肉样 24 粒,使肉粒均匀地在玻片上排成一排(或用载玻片,每片 12 粒);再将另一夹压片重叠在放有肉粒的夹压片上,并旋动螺丝,使肉粒压成薄片。

4.镜检

将制好的压片放在低倍显微镜下,从压片一端的边沿开始观察,直到另一端为止。

5.结果判定

(1)没有形成包囊期的旋毛虫　在肌纤维之间呈直杆状或逐渐蜷曲状态,或虫体被挤于压出的肌浆中。

(2)包囊形成期的旋毛虫　在淡蔷薇色背景上,可看到发光透明的圆形或椭圆形物,囊中央是蜷曲的虫体。成熟的包囊位于相邻肌细胞所形成的梭形肌腔内。

(3)钙化的旋毛虫　在包囊内可见数量不等、浓淡不均的黑色钙化物,或可见到模糊不清的虫体,此时启开压玻片,向肉片稍加 10% 的盐酸溶液,待 1～2 min 后,再行观察。

(4)机化的旋毛虫　此时压玻片启开平放桌上,滴加数滴甘油透明剂于肉片上,待肉片变得透明时,再覆盖夹压玻片,置低倍镜下观察,虫体被肉芽组织包围、变大,形成纺锤形、椭圆形或圆形的肉芽肿。被包围的虫体结构完整或破碎,乃至完全消失。

如果是冻肉的检验,可用美蓝染色法或盐酸透明法,制片方法同上。只是要在肉片上滴加 1～2 滴美蓝或盐酸水溶液,浸渍 1 min,盖上夹压玻片,然后镜检。美蓝染色法:可看到肌纤维呈淡青色,脂肪组织不着染或周围很淡。旋毛虫包囊呈淡紫色、蔷薇色或蓝色。虫体完全不着染。盐酸透明法:肌纤维呈淡灰色且透明,包囊膨大具有明显轮廓,虫体清楚。

(二)集样消化法

(1)配制消化液　取胃蛋白酶(3 000 IU) 10 g;盐酸(相对密度 1.19) 10 mL;加蒸馏水至 1 000 mL,加温 40℃搅拌溶解。

(2)采样　采集胴体横膈肌脚和舌肌,去除脂肪、肌膜或腱膜。每头猪取 1 个肉样 (100 g),再从每个肉样上剪取 1 g 小样,集中 100 个小样(个别旋毛虫病高发地区以 15～20 个小样为一组)进行检验。

(3)绞碎肉样　将 100 个肉样(重 100 g)放入组织捣碎机内以 2 000 r/min,捣碎时间 30～60 s,以无肉眼可见细碎肉块为度。

(4)加温搅拌　将已绞碎的肉样放入置有消化液的烧杯中,肉样与消化液的比例为 1∶20,置烧杯于加热磁力搅拌器上,启动开关,消化液逐渐搅成一漩涡,液温控制在 40～43℃之间,加温搅拌 30～60 min,以无肉眼可见沉淀物为度。

(5)过滤　取 80 目的筛子,置于漏斗上。漏斗下再接一分液漏斗,将加温后的消化液徐徐倒入篮子。滤液滤入分液漏斗中,待滤干后,弃去筛子上的残渣。

(6)沉淀　滤液在分液漏斗内沉淀 10～20 min,旋毛虫逐渐沉到底层,此时轻轻分几次放出底层沉淀物于凹面皿中。

(7)漂洗　沿凹面皿边缘,用带乳头的 10 mL 吸管徐徐加入 37℃温自来水,然后沉淀 1～2 min,并沿凹面皿边缘再轻轻多次吸出其中的液体,如此反复多次,加入或吸出凹面皿中的液体均以不冲起其沉淀物为度,直至沉淀于凹面皿中心的沉淀物上清透明(或用量筒自然沉淀,反复吸取上清的方法进行漂洗)。

(8)镜检　将带有沉淀物的凹面皿放入倒置显微镜或在 80～100 倍的普通显微镜下,调节好光源,将凹面皿左右或来回晃动,镜下捕捉虫体、包囊等,发现虫体时再对这一样品采用分组消化法进一步复检(或压片镜检),直到确定病猪为止。

【知识】

一、旋毛虫的形态结构和生活史

(一)形态构造

1.成虫

旋毛虫属胎生,通常将寄生于小肠的成虫称为肠旋毛虫,寄生于横纹肌的幼虫称为肌旋毛虫。旋毛虫成虫细小(图 5-26),呈毛发状,虫体前细后粗,无色透明,雌雄异体。雄虫大小为(1.4～1.6) mm×(0.04～0.05) mm。雌虫为(3.0～4.0) mm×(0.05～0.06) mm。消化道为一简单管道,由口、食道、中肠、直肠及肛门组成。雄虫尾端有直肠开口的泄殖孔,泄殖孔外侧具有 1 对呈耳状悬垂的交配叶,内侧有 2 对性乳突。无交合刺及刺鞘。雌虫肛门位于尾端,阴门开口于食道中部,卵巢位于虫体的后部,呈管状。在子宫内可以观察到早期的幼虫。

2.幼虫

成熟幼虫长约 1 mm,尾端钝圆,头端较细,卷曲于梭形或近圆形的包囊之中,也称包囊幼虫(图 5-27)。包囊多呈梭形,其纵轴与肌纤维平行。

图 5-26　旋毛虫形态构造模式图
A.成虫　B.雌虫　C.幼虫

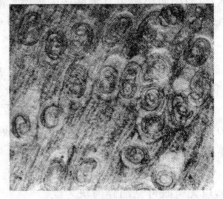

图 5-27　肌组织中的旋毛虫包囊幼虫
(引自朱兴全等,1993)

(二)生活史

旋毛虫的发育不需要在外界进行,成虫和幼虫寄生于同一宿主,其先为终末宿主后为中间宿主,但要延续生活史必须更换宿主。人、猪、犬、猫、鼠类、熊、狼等均可感染。

　　宿主因摄食了含有包囊幼虫的动物肌肉而感染,包囊在宿主胃蛋白酶作用下,肌组织及包囊被溶解,释放出幼虫。之后幼虫进入十二指肠和空肠的黏膜细胞内,在 48 h 时内,经 4 次蜕皮即可发育为性成熟的肠旋毛虫。雌雄成虫交配后,雄虫大多死亡并由肠道排出。雌虫受精后虫体钻入肠腺或肠黏膜中继续发育,于感染后第 5~10 天,子宫内受精卵经过典型的胚胎发生期而发育为新生幼虫,并从阴门排出。雌虫的产幼虫期可持续 4~16 周。在此期间,一条雌虫可以产 1 000~2 000 条新生幼虫,最多可达 10 000 条。雌虫的寿命一般为 1~4 个月,其死亡后随宿主粪排出体外(图 5-28)。

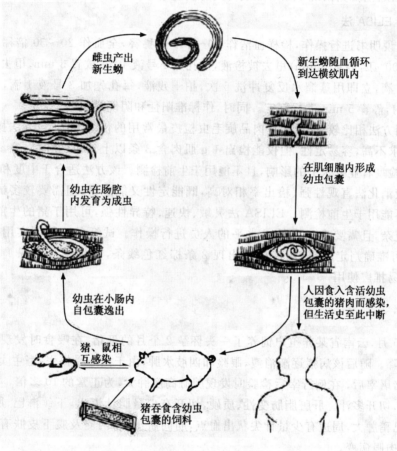

图 5-28　旋毛虫的生活史

　　少数新生幼虫可自肠黏膜表面或随脱落的黏膜排出体外。绝大多数产于黏膜内的幼虫侵入局部淋巴管或小静脉,随淋巴和血循环到达宿主各组织器官,但只有移行到横纹肌内的幼虫才能继续发育。幼虫在活动量较大、血液供应丰富的肋间肌、膈肌、舌肌和嚼肌中较多。进入肌肉内的幼虫随即穿破微血管,侵入肌细胞内迅速发育,并开始卷曲。由于幼虫的机械和代谢产物的刺激,使肌细胞受损,出现炎性细胞浸润和纤维组织增生,从而在虫体周围形成包囊。包囊呈梭形,其中一般含有 1 条幼虫,多的可达 2~7 条。幼虫在包囊内充分卷曲,只要宿主不死亡,含幼虫的包囊则可一直持续有感染性。即使在包囊钙化后,幼虫仍可存活数年,甚至长达 30 年。包囊幼虫若被另一宿主食入,则幼虫又可在新宿主体内发育为成虫,开始其新的生活史。

二、旋毛虫检查方法

(一)快速试纸条法

检样血清作 50～100 倍稀释,全血作 20～50 倍稀释。检验时将试纸条测试端按箭头所指方向浸入装有样品(血清或全血)的小管中,使测试端吸水部分完全被样品液浸湿,10～20 s 取出平放,经 3～5 min 即可判定结果。凡在试纸条显色区出现 2 条棕红色反应线,即阳性线和对照线时判为阳性,如只出现 1 条对照线时判为阴性结果。

(二)快速 ELISA 法

按试剂盒说明书进行操作,检样血清作 50～100 倍稀释,全血作 20～50 倍稀释。检验时每孔加检样 100 μL,静置 3 min,甩去被检液,每孔加 1 号液 1 滴,放置 3 min,甩去 1 号液后每孔加 2 号液 1 滴,立即用蒸馏水反复冲洗 5 次,拍干残液,每孔先加 3 号液 1 滴,再加 4 号液 1 滴,轻轻混匀,静置 5 min 进行判定。同时,作标准阳性和阴性对照。

几种检测方法相比较,镜检法是肉品旋毛虫检疫最常用的传统方法,该方法操作简单、快速、对设备要求不高,容易定性,但仅能检出 1 g 肌肉含 3 条以上幼虫的样品,容易漏检,检出率的高低,受检疫者业务水平的影响,且不能用于生前检测。该方法适合于中度和重度感染的猪。人工胃液消化法直观性强、检出率相对高,既能定性又能定量;但需要较多试剂,操作繁琐、耗时,也不能用于生前检测。ELISA 法灵敏、快速、特异性强,可用于猪的生前检测;但操作过程仍然复杂,且需要有一定技术水平的人员进行操作。试纸条法简便实用、快速、直观(5 min 内即可准确判定结果;阳性样品出现 2 条棕红色线条,阴性样品出现 1 条棕红色线条)、灵敏、容易推广使用。

【案例】

2009 年 5 月,云南省某养殖户饲养了一头怀孕 2 个月的母猪,在喂食时发现不能站立和走动,食欲下降。随后该病猪逐渐消瘦,眼睑和四肢水肿,由于担心受损失,畜主卖给屠宰商作肉用。该母猪屠宰后,在例行宰后检验时发现脾脏高度肿大,为正常的 10 多倍,类似圆柱形、黑色、质易碎,切开多汁。肝脏脂肪变性、质硬,切开有少量胆汁流出,下颌淋巴、肠系膜淋巴、腹股沟浅淋巴稍肿大,周边有少量针尖状出血点,肋间肌出血,两侧及腹下皮肤有许多出血斑点,胎儿未见肉眼病变。

采膈肌脚左右两侧各 20 g、左右腰肌各 20 g,撕去肌膜和脂肪对阳光观察,发现有几粒针尖状灰白色斑点,在此处剪 24 粒肉样在低倍镜下观察发现有 17 粒圆形和椭圆形的包囊。

请分析案例中猪感染了何种寄生虫,依据是什么。

【测试】

一、选择题

1. 用压片法检查旋毛虫肌肉包囊型幼虫时,应将肉样剪成麦粒大小的( )。

A.4 块   B.8 块   C.12 块   D.16 块   E.24 块

(2～4 题共用题干)检疫人员在屠宰场取某猪场送宰的猪膈肌,剪碎后压片,可在显微镜下观察到滴露状、半透明针尖大小的包囊。

2.该猪肉中被检为阳性的寄生虫是(   )。

A.猪囊虫　　　B.旋毛虫　　　C.猪蛔虫　　　D.猪球虫　　　E.隐孢子虫

3.被检出阳性的寄生虫成虫寄生于(   )。

A.肌肉中　　　B.肠道中　　　C.血液中　　　D.肝脏　　　E.肺脏

4.此类寄生虫的生殖方式是(   )。

A.分裂生殖　　　B.卵生　　　C.出芽生殖　　　D.胎生　　　E.卵胎生

二、判断题

1.旋毛虫病是人畜共患寄生虫病。(   )

2.旋毛虫的成虫寄生在宿主的肌肉组织。(   )

3.旋毛虫生活史只需一个宿主。(   )

4.吞食了含肌旋毛虫的肉而感染旋毛虫。(   )

5.旋毛虫不能感染草食动物。(   )

三、问答题

1.目前,我国在生猪屠宰检疫中常用哪种方法检测旋毛虫？请分析一下原因。

2.分析压片检查法和集样消化法的优缺点。

四、操作题

1.掌握旋毛虫的检测方法——压片检查法。

2.认识旋毛虫幼虫。

项目六　免疫学检测技术

任务 6-1　认识免疫器官及抗原和抗体

【目标】

1. 通过解剖认识动物免疫器官并能区别病变免疫器官;
2. 掌握免疫细胞和免疫分子的种类和功能;
3. 理解抗原的概念、条件和常用抗原;
4. 理解抗体的概念、结构、种类和抗体产生规律。

【技能】

一、器械与材料

家禽、家畜、解剖刀、剪、骨钳、镊、解剖盘、Hank's 液、新洁尔灭溶液等。

二、方法与步骤

(一)家禽的免疫器官剖检

1. 致死和消毒

将家禽采用头颅脱离颈椎方式致死,并浸泡于一定浓度新洁尔灭溶液中进行消毒处理。

2. 剖开胸腹腔

将腹腔及股部连接处的皮肤剪开,用力将其按下,使髋关节脱臼,将两股部向外展开,从而固定尸体。再于胸骨末端后方将皮肤横切,与两侧股部竖切口相连,然后在胸骨后腹部横切穿透腹壁,从腹壁两侧肋骨头关节处向前方剪断肋骨和胸肌,握住胸骨向前向上牵拉,去掉胸骨露出体腔,进行器官观察。从口角处剪开口腔、食道、嗉囊、喉头和气管,检查颈部器官。

3. 剖检

找出免疫器官,取出并置于盛有 Hank's 液的平皿中进行剖检。

(1)胸腺　家禽的胸腺位于颈部气管皮下两侧,沿颈静脉直到胸腔入口的甲状腺处。呈淡黄色或黄红色,每侧有 7 叶(鸡)或者 5 叶(鸭、鹅),呈一长链状。幼禽发达,接近性成熟时最大,后逐渐萎缩。例如,白洛克公鸡在 17 周龄时,胸腺长到最大,两则多叶胸腺总重量可达 15.7 g,此后即开始萎缩。

(2)法氏囊 法氏囊是位于大肠和泄殖腔连接处背面的一个淋巴组织性质的憩室样囊状器官,鸡的呈圆形,鸭、鹅的呈长椭圆形,并以一很短的管道与泄殖腔相连。通常母鸡的法氏囊较公鸡大。在出壳后,鸡的法氏囊一直发育到 8 周龄左右时为最大,其体积可长达 3 cm,宽 2 cm,背腹间厚 1 cm。法氏囊在家禽性成熟后逐渐萎缩,一般到 5～6 月龄时就几乎完全萎缩了。

(3)脾脏 脾脏位于腺胃的右侧,红褐色。鸡的脾脏是一个直径约 1.5 cm 的圆形棕红色器官。成年公鸡脾脏重约 4.5 g,母鸡约 3.0 g,火鸡脾脏的形态位置类似于鸡。鸭和鹅的脾脏呈三角形,其背侧平坦而腹侧呈现凸状曲线,鹅的脾脏相对较小,成年鹅脾脏也只有 2.5 g 重。外部包有薄的结缔组织膜,红髓与白髓的界限不清。

(4)淋巴结和淋巴细胞集结 鸡没有真正意义上的淋巴结,鸭和鹅有一对颈胸淋巴结及一对腰淋巴结。其颈胸淋巴结呈长菱形,位于颈静脉和椎静脉相交形成的夹角间,并紧贴着颈静脉,其大小变异很大,一般说来,可长达 1.5～3.0 cm,粗 2～5 mm。腰淋巴结亦是呈一长带沿主动脉两侧延伸于肾脏和荐骨连接间,其尾端可达坐骨动脉,前端稍超过外髂动脉,典型的腰淋巴结可长达 2.5 cm。

鸡的几乎所有实质器官及其导管中,均无规则地散布着一些淋巴样小结,在有些部位出现得比较大,即称之为扁桃体。盲肠扁桃体是位于回盲连接处盲肠壁上的一个增厚区,这是一种含有小淋巴细胞和浆细胞及生发中心的致密淋巴样组织,在鸡、鸭、鹅、鹬科鸟及水禽类特别发达。

(5)哈德氏腺 哈德氏腺又称副泪腺,鸡的副泪腺淡红色或褐红色,带状,位于眼眶内眼球的腹侧和后内侧。

(6)黏膜免疫系统 是黏膜部位的淋巴组织,虽然这些淋巴组织在形态学方面不具备完整的淋巴结结构,但它们却构成了机体重要的黏膜免疫系统。通常把消化道、呼吸道、泌尿生殖道等黏膜下层的许多淋巴小结和弥散淋巴组织,统称为黏膜相关淋巴组织。

(二)家畜的免疫器官剖检观察

1.胸腺

胸腺位于胸腔纵隔内和颈部。牛的胸腺为粉红色的分叶状器官,质地柔软。犊牛胸腺发达,分为颈、胸两部分。颈部分左、右两叶,自胸前口沿气管、食管向前延伸至甲状腺的附近;胸部位于心前纵隔内。胸腺在性成熟后逐渐退化,并不完全消失。

2.淋巴结

淋巴结位于淋巴管循环通路上,大小不一,大的几厘米,小的只有 1 mm,多成群分布,形态有球形、卵圆形、扁圆形等。淋巴结在活体上为淡粉红色,肉尸上为灰白色。淋巴结外有覆盖于表面的结缔组织膜为其外膜,实质可分为外周色深的皮质区和中央色浅的髓质区。

下颌淋巴结,位于下颌间隙中,在下颌骨支后内侧,常有 1～2 个;肩前淋巴结,位于肩关节的前上方,颈斜方肌和肩胛横突肌之间的深面,有 1～2 个;腹股沟深淋巴结,位于髂外侧动脉起始部的稍后方;肠系膜淋巴结,位于肠系膜动脉起始部和肠系膜中,数量较多;纵隔淋巴结,位于纵隔中;气管支气管淋巴结,位于支气管分支附近,数量较多。

3. 脾脏

牛的脾脏呈长而扁的椭圆形,呈灰蓝色,质地稍硬,贴于瘤胃背囊的左前方。羊的脾脏呈扁的钝角三角形,红紫色,质地柔软,附于瘤胃背囊的前上方。猪脾脏长而狭窄,质地较硬,呈暗红色,位于胃大弯的左侧。脾脏的大小因含血量的多少而有不同。

4. 其他免疫器官

黏膜免疫系统同于家禽。扁桃体位于咽峡和鼻咽部的黏膜内,分为咽扁桃体和腭扁桃体,呈卵圆形隆起,表面有很多清晰的隐窝。

【知识】

一、免疫的功能与类型

免疫(immune)一词原出于拉丁语"immunis",意思是"免除赋税",被引用到医学上,即为"免除感染"。现代免疫的概念是指机体识别自身与非自身的大分子物质,并清除非自身的大分子物质,从而保持机体内外平衡和稳定的生理学反应。免疫具有高度的特异性和记忆功能。正常情况下,这种生理功能对机体有益,可产生抗感染、抗肿瘤等维持机体生理平衡和稳定的免疫保护作用。免疫功能是动物长期进化过程中形成,当这一功能失调时,也会对机体产生有害的反应和结果,如引发超敏反应、自身免疫病和肿瘤等。

(一)免疫的功能

1. 抵抗感染

抵抗感染又称免疫防御,是指动物机体抗御病原微生物感染的能力。免疫功能正常时,动物能将入侵的微生物消灭清除,从而免除感染;当免疫功能异常亢进时,会造成组织损伤和功能障碍,导致传染性变态反应;而免疫功能低下时,可引起机体的反复感染。

2. 自身稳定

由于新陈代谢动物每天都要产生大量衰老和死亡的细胞,它的积累会影响正常细胞的功能活动。自身稳定具有清除自身机体衰老死亡及变性损伤的细胞、保持机体正常细胞的生理活动、维护机体生理平衡的功能。此功能失调,会将正常的自身细胞误认为异物而被排斥和清除,导致自身免疫病。

3. 免疫监视

机体细胞常因病毒或理化等致癌因素诱导,突变成肿瘤细胞。正常机体具有监视和及时清除体内出现的肿瘤细胞的功能。此功能降低或抑制,会使肿瘤细胞大量增殖而形成肿瘤。

(二)免疫的类型

机体免疫分为两大类:一类是非特异性免疫,即先天性免疫;另一类是特异性免疫,即获得性免疫或后天性免疫。特异性免疫又分为体液免疫和细胞免疫。在抗传染免疫过程中,非特异性免疫发挥作用最快,起着第一线的防御作用,是特异性免疫的基础。

1. 非特异性免疫

非特异性免疫是动物生来就已具备的对某种病原微生物及其有毒产物的不感受性。它是动物在种族进化过程中,机体与微生物长期斗争的过程中建立起来的天然防御机能,是一种可以遗传的生物学特性。

先天性免疫可以表现在动物的种间，称为种免疫，例如牛不患猪瘟，马不患牛瘟，猪不患鸡新城疫等。对于某种病原微生物易感的动物，个别的品种或个别动物对其却具有特殊的抵抗力，即品种免疫或个体免疫。例如某些品种的小鼠能抵抗肠炎沙门氏菌的感染，有些个体对于某种病原微生物较其他同种动物具有坚强得多的抵抗力。

2.特异性免疫

特异性免疫是动物在出生后获得的对某种病原微生物及其有毒产物的不感受性。获得性免疫具有特异性，即动物机体只是对一定的病原微生物或其毒素的抵抗力，而对其他的病原微生物或其毒素仍有感受性。获得性免疫可分为天然自动免疫、天然被动免疫、人工自动免疫、人工被动免疫4个类型。

（1）天然自动免疫　动物自然感染了某种传染病痊愈后或经过隐性感染后，常能获得对该病的免疫力，称为天然自动免疫。如猪感染猪瘟耐过后可以获得较长时间的对猪瘟的免疫力。

（2）天然被动免疫　动物在胚胎发育时期通过胎盘、卵黄或出生后通过初乳从免疫母体获得抗体而形成的免疫，称为天然被动免疫。抗体能否由母体的血液循环传递给胎儿，除了取决于免疫球蛋白的理化性质以外，也与胎盘的构造和通透性有关。

（3）人工自动免疫　动物由于接受了某种疫苗或类毒素等生物制品刺激以后所产生的免疫，称为人工自动免疫。免疫持续时间因生物制品的性质、机体的反应性等因素的不同而不同。因此，为了预防和控制传染病，除了按规定定期地给动物注射疫苗或类毒素等生物制品外，还要注意提高机体的非特异性免疫力。

（4）人工被动免疫　动物注射了高免血清、免疫球蛋白、康复动物的血清或高免卵黄抗体后所获得的免疫。这种免疫产生迅速，注射免疫血清数小时后，机体即可建立免疫力。但其持续时间很短，一般仅为2～3周。这种免疫多用于紧急预防或治疗。

为了预防初生动物的某些传染病，可先给妊娠母畜注射疫苗，使其获得或加强抗该病的免疫力，待分娩后，仔畜经初乳被动获得特异性抗体，从而建立相应的免疫力。这种方法是人工自动免疫和天然被动免疫的综合应用。

二、免疫系统

免疫系统是指动物机体内执行免疫功能的一系列器官、细胞和分子的总称。该系统由免疫器官、免疫细胞和免疫因子组成。

（一）免疫器官

免疫器官是淋巴细胞和其他免疫细胞发生、分化成熟、定居和增殖以及产生免疫应答的场所。根据发生和作用的不同，免疫器官分为中枢免疫器官和外周免疫器官两大类。

1.中枢免疫器官

中枢免疫器官又称初级免疫器官或一级免疫器官，是免疫细胞发生、分化和成熟的场所。包括骨髓、胸腺和法氏囊（图6-1）。

（1）骨髓　骨髓是机体重要的造血器官和免疫器官。骨髓中的多能干细胞首先分化成髓样干细胞和淋巴样干细胞。一部分淋巴样干细胞分化为T细胞的前体细胞，随血流进入胸腺后，被诱导并分化为成熟的T细胞，又称胸腺依赖性淋巴细胞，参与细胞免疫。另一部分淋巴样干细胞分化为B细胞的前体细胞。在鸟类，这些前体细胞随血流进入法氏囊发育为成熟的B细胞，又称囊依赖性淋巴细胞，参与体液免疫。在哺乳动物，这些前体细胞则在骨髓内进一

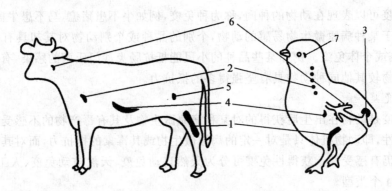

图 6-1 畜禽免疫器官示意图
1.骨髓 2.胸腺 3.法氏囊 4.脾脏 5.淋巴结 6.扁桃体 7.哈德尔氏腺

步分化发育为成熟的 B 细胞。

(2)胸腺 哺乳动物的胸腺位于胸腔前纵隔内,鸟类的胸腺位于两侧颈沟中。胸腺是胚胎期发生最早的淋巴组织,出生后逐渐长大,青春期后开始逐渐缩小,以后缓慢退化,逐渐被脂肪组织代替,但仍残留一定的功能。胸腺是 T 细胞分化、成熟的场所。另外,胸腺能产生胸腺激素,可诱导 T 细胞分化、增殖、成熟为 T 细胞。

(3)法氏囊 法氏囊位于禽类泄殖腔上方,故又称腔上囊,是禽类特有的淋巴器官。雏鸡 1 日龄时,法氏囊重 50~80 mg,3~4 月龄时达 3~4 g,性成熟后逐渐退化萎缩。鸭、鹅的法氏囊退化较慢,7 月龄开始逐渐退化,大约 12 个月后完全消失。法氏囊是诱导 B 细胞分化成熟的场所,还兼有外周免疫器官的功能(禽的擦肛免疫基于此原理)。雏鸡法氏囊被切除或破坏,B 细胞成熟受到影响,接种抗原不能产生抗体。

2.外周免疫器官

外周免疫器官又称次级免疫器官或二级免疫器官,是免疫活性细胞(如 T 细胞、B 细胞等)分布、增殖及进行免疫应答的场所。包括淋巴结、脾脏、禽哈德氏腺、黏膜免疫系统等。

(1)淋巴结 淋巴结分布于全身各部位淋巴管的径路上,定居着大量巨噬细胞、T 细胞和 B 细胞,其中 T 细胞占 75%,B 细胞占 25%。淋巴结起过滤捕捉淋巴液中的抗原,并在其中进行免疫应答的作用。鸡无淋巴结,但淋巴组织广泛分布于体内。鹅、鸭等水禽类主要有两对淋巴结,即颈胸淋巴结和腰淋巴结。

(2)脾脏 脾脏是动物体内造血、贮血、滤血和淋巴细胞分布及进行免疫应答的器官,脾脏中 T 细胞占 35%~50%,B 细胞占 50%~65%。血流中的部分抗原在脾脏中被巨噬细胞吞噬,加工并传递给 B 细胞,刺激 B 细胞分化增殖成浆细胞,产生抗体。

(3)哈德氏腺 又称瞬膜腺,位于眼窝中腹部,眼球后中央。它能分泌泪液润滑瞬膜,对眼睛具有机械保护作用。分布 T 细胞和 B 细胞,能接受抗原刺激,分泌特异性抗体,通过泪液带入上呼吸道黏膜,是口腔、上呼吸道的抗体来源之一,在上呼吸道免疫上起着非常重要的作用。故鸡新城疫弱毒疫苗等可通过滴眼接种免疫。哈德氏腺不仅可在局部形成坚实的屏障,而且能激发全身免疫系统,协调体液免疫。在雏鸡免疫时,它对疫苗发生应答反应,不受母源抗体的干扰,对免疫效果的提高,起着非常重要的作用。

(4)黏膜免疫系统 黏膜免疫系统包括肠黏膜、气管黏膜、肠系膜淋巴结、阑尾、腮腺、泪腺和乳腺管黏膜等的淋巴组织,共同组成一个黏膜免疫应答网络,故称为黏膜免疫系统。据研究,这一系统中分布的淋巴细胞总量比脾脏和淋巴结中分布的还要多,疫苗抗原到达黏膜淋巴组织,引起免疫应答,大量产生分泌性 IgA 抗体,分泌在黏膜表面,形成第一道特异性免疫保护防线,尤其对经呼吸道、消化道感染的病原微生物,黏膜免疫作用至关重要。

(二)免疫细胞

凡参与免疫应答的细胞或与免疫应答有关的细胞通称为免疫细胞。根据其功能差异可划分为免疫活性细胞、免疫辅佐细胞和其他免疫细胞。免疫活性细胞是免疫细胞中接受抗原刺激后能分化增殖,产生特异性免疫应答的细胞,主要是 T 细胞和 B 细胞,还有自然杀伤细胞、杀伤细胞等,在免疫应答中起核心作用。免疫辅佐细胞是在免疫应答过程中起重要辅佐作用的细胞,如单核吞噬细胞系统、树突状细胞,能捕获和处理抗原并能将抗原递呈给免疫活性细胞。其他免疫细胞是以其他方式参与免疫应答以及与免疫应答有关的细胞,如各种粒细胞和肥大细胞等。

1. T 细胞与 B 细胞

T 细胞与 B 细胞在光学显微镜下均为小淋巴细胞,从形态上难以区别。但它们表面存在着大量不同种类的蛋白质分子,这些表面分子又称为表面标志。T 细胞和 B 细胞的表面标志包括表面受体和表面抗原。

(1)T 细胞

①来源与分布　前 T 细胞进入胸腺后,在胸腺激素的诱导下,发育成 T 细胞(图 6-2)。成熟的 T 细胞经血流分布到外周免疫器官,并经血液→组织→淋巴→血液再循环分布于全身。T 细胞接受抗原刺激后活化、增殖和分化为效应 T 细胞,主导细胞免疫。效应 T 细胞大多数寿命较短,一般只存活 4～6 d,少部分转变为长寿的免疫记忆细胞,它们可存活几个月到几年。

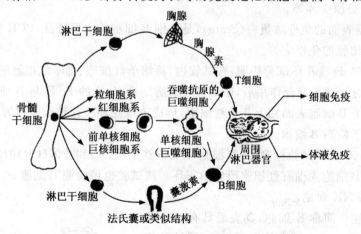

图 6-2 T 细胞和 B 细胞的来源、演化及迁移

②T 细胞的表面标志　T 细胞的表面标志包括表面受体和表面抗原。

T 细胞的表面受体包括 T 细胞抗原受体(TCR)、有丝分裂原受体、白细胞介素受体等。TCR 是指 T 细胞表面具有识别和结合特异性抗原的分子结构。

T 细胞表面抗原又称 T 细胞分化抗原(CD),如 CD2、CD3、CD4、CD8 等。CD2 即红细胞

(erythrocyte,E)受体,主要分布于猪、牛、羊、马、骡等家畜成熟的 T 细胞表面,这些动物的 T 细胞在体外通过 E 受体能与绵羊红细胞结合形成玫瑰花样花环(E 花环)。B 细胞没有 E 受体,因此可用 E 花环试验区分 T 细胞和 B 细胞。

③T 细胞的亚群及其功能　目前对 T 细胞亚群的划分是根据其 CD 抗原的不同而分为 CD4 和 CD8 两大亚群,然后再根据其在免疫应答中的功能不同进一步划分为不同的亚群。

CD4$^+$T 细胞是指具有 CD2$^+$、CD3$^+$、CD4$^+$、CD8$^-$ 的 T 细胞,按功能分至少包括 3 个亚群:辅助性 T 细胞(T$_H$)是体内免疫应答所不可缺少的亚群,其主要功能为协助其他细胞发挥免疫功能;诱导性 T 细胞(T$_I$)能诱导 T$_H$ 和 T$_S$ 细胞的成熟;迟发型超敏反应性 T 细胞(T$_D$)在免疫应答的效应阶段和 IV 型超敏反应中能释放多种淋巴因子导致炎症反应,发挥清除抗原的功能。

CD8$^+$ T 细胞是指具有 CD2$^+$、CD3$^+$、CD4$^-$、CD8$^+$ 的 T 细胞,根据功能可分为两个亚群:抑制性 T 细胞(suppressor T cell,Ts),能抑制 B 细胞产生抗体和其他 T 细胞分化增殖,从而调节体液免疫和细胞免疫;细胞毒性或杀伤性 T 细胞（CTL 或 T$_k$）,在免疫效应阶段识别并结合带抗原的靶细胞(如被病毒感染的细胞和癌细胞等),释放穿孔素和通过其他机理使靶细胞溶解。

(2)B 细胞

①来源与分布　前 B 细胞在法氏囊或骨髓中分化发育成 B 细胞。B 细胞分布于外周淋巴器官的非胸腺依赖区。B 细胞接受抗原刺激后,少数变为长寿的记忆细胞,参与淋巴细胞再循环,记忆细胞可存活 100 d 以上;多数进一步增殖分化为浆细胞,由浆细胞产生特异性抗体,发挥体液免疫功能。浆细胞寿命较短,一般只存活 2 d。

②B 细胞表面标志　B 细胞表面标志包括 B 细胞抗原受体(BCR)、Fc 受体(FcR)、补体受体(CR)、有丝分裂原受体等。

BCR 即细胞表面的免疫球蛋白(SmIg),是鉴别 B 细胞的主要特征,BCR 的作用是识别结合抗原,引起 B 细胞的免疫应答。

FcR 常用 EA 玫瑰花环试验检测:在试管内,将绵羊红细胞、绵羊红细胞的免疫血清(含大量 IgG)及家畜的 B 细胞混合作用后,IgG 与红细胞结合,IgG 的 Fc 段与 B 细胞膜上的 Fc 受体结合,可在 1 个 B 细胞表面粘上几个红细胞,形成玫瑰花环。这种试验称为 EA 玫瑰花环试验,该试验可用于检测 B 细胞。

CR 常用 EAC 花环试验检测:将红细胞(E)、抗红细胞(A)和补体(CR)的复合物与淋巴细胞混合后,可见 B 细胞周围有红细胞形成的花环。该试验也可检测 B 细胞。

2.K 细胞与 NK 细胞

(1)杀伤细胞　简称 K 细胞,其表面具有 IgG 的 Fc 受体。当靶细胞(病毒感染的宿主细胞、恶性肿瘤细胞、移植物中的异体细胞以及某些较大的病原体如寄生虫等)与相应的 IgG 结合后,K 细胞可与结合在靶细胞上的 IgG 的 Fc 结合,从而使自身活化,释放细胞毒,裂解靶细胞,这种作用称为抗体依赖性细胞介导的细胞毒作用(ADCC)(图 6-3)。K 细胞主要存在腹腔渗出液、血液和脾脏中。K 细胞在抗肿瘤免疫、

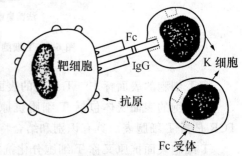

图 6-3　抗体依赖性细胞介导的细胞毒作用

抗感染免疫和移植物排斥反应,清除自身的凋亡细胞等方面有一定的意义。

(2)自然杀伤细胞　简称 NK 细胞,是一群既不依赖抗体参与,也不需要抗原刺激和致敏就能杀伤靶细胞的淋巴细胞。NK 细胞表面存在着识别靶细胞表面分子的受体结构,通过此受体与靶细胞结合而发挥杀伤作用。NK 细胞表面也有 IgG 的 Fc 受体,即 NK 细胞也具有 ADCC 作用。NK 细胞主要存在于外周血和脾脏中。NK 细胞的主要生物学功能为非特异性地杀伤肿瘤细胞、抵抗多种微生物感染及排斥骨髓细胞的移植。

3.辅佐细胞

机体的免疫应答主要由 T 细胞和 B 细胞介导完成,但免疫应答的完成,还需单核吞噬细胞、树突状细胞和朗罕氏细胞等的协助参与,对抗原进行捕捉、加工和处理,这些细胞称为辅佐细胞,简称 A 细胞。辅佐细胞是免疫应答中将抗原递呈给抗原特异性淋巴细胞的一类免疫细胞,故又称为抗原递呈细胞(APC)。

(三)细胞因子

细胞因子(CK)是指一类由免疫细胞(淋巴细胞、单核-巨噬细胞等)和相关细胞(成纤维细胞、血管内皮细胞、上皮细胞、某些肿瘤细胞等)产生的具有诱导、调节细胞发育及功能的高活性多功能多肽或蛋白质分子。CK 不包括免疫球蛋白、补体和一般生理性细胞产物。

细胞因子可分为白细胞介素、干扰素、肿瘤坏死因子、集落刺激因子、生长因子和趋化性细胞因子等 6 类。这几类细胞因子具有多种共同特性:为糖蛋白,产生细胞与作用细胞多样性,生物学功能的多样性,生物学活力的高效性,合成分泌快,生物学作用的双重性。20 世纪 80 年代以来,应用分子生物学技术研究发现的细胞因子越来越多,对其结构与功能、在机体免疫中的作用及其临床应用的研究正迅速发展。

三、抗原与抗体

(一)抗原

凡是能刺激机体产生抗体和致敏淋巴细胞并能与之结合引起特异性反应的物质称为抗原(Ag)。抗原具有抗原性,抗原性包括免疫原性与反应原性两个方面。免疫原性是指抗原刺激机体产生抗体和致敏淋巴细胞的特性。反应原性是指抗原与相应的抗体或致敏淋巴细胞发生反应的特性。既具有免疫原性又有反应原性的物质称为完全抗原,又称免疫原,如微生物和异种蛋白。只具有反应原性而缺乏免疫原性的物质称为不完全抗原,又称半抗原,如多糖和某些药物。

1.构成抗原的基本条件

(1)异源性　又称异物性。在正常情况下,动物机体能识别自身与非自身物质,只有非自身物质进入机体内才具有免疫原性。异源性包括以下几个方面:

①异种物质　异种动物之间的组织、细胞及蛋白质均是良好的抗原。通常动物之间的亲缘关系相距越远,生物种系差异越大,免疫原性越好,此类抗原称为异种抗原。

②同种异体物质　同种动物不同个体之间某些组织成分的化学结构也有差异,因此也具有一定的抗原性,如血型抗原、组织移植抗原,此类抗原称为同种异体抗原。

③自身抗原　动物自身组织细胞通常情况下不具有免疫原性,但在下列情况下可显示抗原性成为自身抗原:组织蛋白的结构发生改变,如机体组织遭受烧伤、感染及电离辐射等作用,

使原有的结构发生改变而具有抗原性;机体的免疫识别功能紊乱,将自身组织视为异物,可导致自身免疫病;某些组织成分,如眼球晶状体蛋白、精子蛋白、甲状腺球蛋白等因外伤或感染而进入血液循环系统,机体视之为异物引起免疫反应。

(2)大分子物质　抗原物质的免疫原性与其分子大小有直接关系。在一定条件下,相对分子质量越大,免疫原性越强。相对分子质量在 1 000 以下的物质为半抗原,没有免疫原性,但与大分子蛋白质载体结合后可获得免疫原性。因此,蛋白质分子、复杂的多糖是常见的良好抗原,例如,细菌、病毒、外毒素、异种动物的血清都是抗原性很强的物质。

(3)分子结构与立体构象的复杂性　相同大小的分子若化学组成,分子结构和空间构象不同,其免疫原性也有一定的差异。一般而言,分子结构和空间构象愈复杂的物质免疫原性愈强,譬如含芳香族氨基酸的蛋白质比含非芳香族氨基酸的蛋白质免疫原性强。同一分子不同的光学异构体之间免疫原性也有差异。

(4)物理状态　免疫原性的强弱也与抗原物质的物理性状有关。如球形蛋白质分子的免疫原性较纤维形蛋白质分子强;聚合状态的蛋白质较单体状态的蛋白质免疫原性强;颗粒性抗原比可溶性抗原的免疫原性强。

2.抗原决定簇

抗原的活性和特异性决定于抗原分子表面的特殊立体构型和具有免疫活性的化学基团,这小部分抗原区域称抗原决定簇。抗原决定簇由 5～7 个氨基酸残基、单糖残基、核苷酸残基组成。不同抗原物质之间、不同种属的微生物间、微生物与其他抗原物质间,难免有相同或相似的抗原组成或结构,也可能存在共同的抗原决定簇,这种现象称为抗原的交叉性或类属性。

3.抗原的分类

(1)根据抗原加入和递呈的关系分类

①外源性抗原　被单核巨噬细胞等自细胞外吞噬、捕获或与 B 细胞特异性结合,而后进入细胞内的抗原均称为外源性抗原,包括所有自体外进入的微生物、疫苗、异种蛋白等,以及自身合成而释放于细胞外的非自身物质,如肿瘤相关抗原、口蹄疫病毒的 VIA 抗原等。

②内源性抗原　自身细胞内合成的抗原,如胞内菌和病毒感染细胞所合成的细菌抗原、病毒抗原,肿瘤细胞合成的肿瘤抗原,称为内源性抗原。

(2)根据对胸腺(T 细胞)的依赖性分类　在免疫应答过程中,依据是否有 T 细胞参加,将抗原分为胸腺依赖性抗原和非胸腺依赖性抗原。胸腺依赖性抗原如异种组织与细胞、异种蛋白、微生物及人工复合抗原等。非胸腺依赖性抗原如大肠杆菌脂多糖(LPS)、肺炎链球菌荚膜多糖(SSS)、聚合鞭毛素(POL)和聚乙烯吡咯烷酮(PVP)等。

(3)根据抗原来源分类

①异种抗原　来自与免疫动物不同种属的抗原性物质称为异种抗原。如各种微生物及其代谢产物对畜禽来说都是异种抗原,猪的血清对兔来说是异种抗原。

②同种异型抗原　与免疫动物同种而基因型不同的个体的抗原性物质称为同种异型抗原,如血型抗原、同种移植物抗原。

③自身抗原　能引起自身免疫应答的自身组织成分称为自身抗原。如动物的自身组织细胞、蛋白质在特定条件下形成的抗原,对自身免疫系统具有抗原性。

④异嗜性抗原　与种属特异性无关,存在于人、动物、植物及微生物之间的共同抗原称为异嗜性抗原,它们之间有广泛的交叉反应性。

4. 主要的微生物抗原

(1)细菌抗原 细菌的每种结构都由若干抗原组成,因此细菌是多种抗原成分的复合体。根据细菌的结构,抗原组成可分为菌体抗原、鞭毛抗原、荚膜抗原和菌毛抗原等。菌体抗原又称 O 抗原,是革兰氏阴性菌细胞壁脂多糖(LPS)的多糖侧链;鞭毛抗原又称 H 抗原,可刺激机体产生 IgG 和 IgM,用其制备抗鞭毛因子血清,可用于沙门氏菌和大肠杆菌的免疫诊断;荚膜抗原又称 K 抗原,是细菌主要的表面抗原;菌毛抗原又称 F 抗原,是某些革兰氏阴性菌表面的菌毛抗原,如大肠杆菌的 $F4(K_{88})$、$F5(K_{99})$ 抗原。

(2)病毒抗原 病毒一般有 V 抗原、VC 抗原、S 抗原(可溶性抗原)和 NP 抗原(核蛋白抗原)。V 抗原又称为囊膜抗原,有囊膜的病毒均具有 V 抗原,其抗原特异性主要是囊膜上的纤突所决定的。如流感病毒囊膜上的血凝素和神经氨酸酶都是 V 抗原。V 抗原具有型和亚型的特异性。VC 抗原又称衣壳抗原。无囊膜的病毒,其抗原特异性决定于病毒颗粒表面的衣壳结构蛋白,如口蹄疫病毒的结构蛋白 VP1、VP2、VP3 和 VP4 即为此类抗原。

(3)毒素抗原 细菌外毒素具有很强的抗原性,能刺激机体产生抗体(即抗毒素)。外毒素经甲醛或其他方法处理后,毒力减弱或完全丧失,但仍保持其免疫原性,称类毒素。

(4)保护性抗原 微生物具有多种抗原成分,但其中只有 1~2 种抗原成分刺激机体产生的抗体具有免疫保护作用,因此将这些抗原称为保护性抗原,或功能抗原,如口蹄疫病毒的 VP1、鸡传染性法氏囊病病毒的 VP2、肠致病性大肠杆菌的菌毛抗原 K_{88}、K_{99} 等和肠毒素抗原 ST、LT 等。

(二) 抗体

1. 免疫球蛋白与抗体的概念

免疫球蛋白(Ig)是指存在于人和动物血液、组织液及其他外分泌液中具有相似结构及抗体活性的球蛋白。依据化学结构和抗原性差异,免疫球蛋白可分为 IgG、IgM、IgA、IgD 和 IgE 五类。抗体(Ab)是指动物机体受到抗原物质刺激后,由 B 淋巴细胞转化为浆细胞产生的,能与相应抗原发生特异性结合反应的免疫球蛋白。抗体的本质是免疫球蛋白,它是机体对抗原物质产生免疫应答的重要产物,具有各种免疫功能,主要存在于动物的血液、淋巴液、组织液及其他外分泌液中。

2. 免疫球蛋白的分子结构

(1)免疫球蛋白的单体分子结构 所有的抗体分子都有相似的基本结构,称为单体。免疫球蛋白分子是由两条相同的重链和两条相同的轻链通过链间二硫键连接而成的对称四肽链结构。每条重链和轻链都分为氨基端(N 端)和羧基端(C 端),排列形似"Y"分子,称为 Ig 分子的单体,是构成 Ig 分子的基本单位(图 6-4)。

组成免疫球蛋白 4 条对称肽链中的两条相同长链,称为重链(H 链),由 420~440 个氨基酸组成。组成免疫球蛋白 4 条对称肽链中的两条相同短链,称为轻链(L 链),由 213~214 个氨基酸组成,以二硫键连接于 H 链的上端外侧。

在 Ig 四条肽链的 N 端(上端),L 链的 1/2 和 H 链的 1/4 区,其氨基酸种类、排列顺序和构型随抗体特异性的不同而变化较大,称为可变区(V 区),V 区包括轻链可变区(V_L 区)和重链可变区(V_H 区)。V 区是抗体结合抗原的部位。在 Ig 四条肽链的 C 端(下端),L 链的 1/2 和 H 链的 3/4 区,氨基酸种类、排列顺序和构型相对稳定,称为稳定区(C 区)。C 区包括轻链

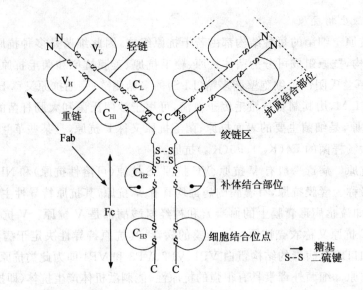

图 6-4　免疫球蛋白分子的基本结构

V_H.重链可变区段　V_L.轻链可变区段　C_H.重链恒定区段

C_L.轻链恒定区段　C.羧基末端　N.氨基末端

稳定区(C_L 区)和重链稳定区(C_H 区)。

Ig 两条重链之间二硫键连接处附近的重链稳定区,有一个可转动的区域,称为绞链区。当 Ig 与抗原结合时,绞链区可发生转动,一方面利于抗原和抗体之间构型的更好匹配,另一方面使 Ig 变构、暴露出补体结合位点。

(2)免疫球蛋白的功能区　Ig 分子的多肽链因链内二硫键连接而将肽链折叠成几个球形结构,并与相应功能有关,故称为免疫球蛋白的功能区。每条 L 链有两个功能区:可变区(V_L 区)和稳定区(C_L 区)。IgG、IgA 和 IgD 的每条 H 链有 4 个功能区:1 个可变区(V_H 区)和 3 个稳定区(CH1、CH2、CH3 区)。IgM 和 IgE 多一个恒定区 CH4。功能区的作用:①V_L 和 V_H 是抗原结合的部位;②C_L 和 CH1 上具有同种异型的遗传标记;③CH2 具有补体结合位点;④CH3具有结合单核细胞、巨噬细胞、粒细胞、B 细胞、NK 细胞、Fc 段受体的功能。

(3)免疫球蛋白酶水解片段　用木瓜蛋白酶水解免疫球蛋白,其裂解部位位于 H 链铰链区链间二硫键近 N 端(上端),形成 3 个大小相似的片段:两个 Fab 段,一个 Fc 段。抗体结合抗原的活性由 Fab 段所呈现,由 V_H 和 V_L 所组成的抗原结合部位,除了结合抗原而外,还是决定抗体分子特异性的部位。Fc 段无结合抗原活性,但可结晶,具有各类免疫球蛋白的抗原决定簇,与抗体分子的其他生物学活性有密切关系并有结合动物细胞的功能。

用胃蛋白酶消化免疫球蛋白后,其裂解部位位于 H 链铰链区链间二硫键近 C 端(下端),可得到 2 个大小不同的片段(图 6-5):一个具有双价抗体活性的 F(ab')$_2$ 段,其特性与 Fab 段完全相同;另一个为无活性的 pFc' 段片段,无生物学活性。

3.免疫球蛋白的抗原性

抗体(Ab)是一种动物针对某种抗原产生的效应分子。但是,由于它是免疫球蛋白,结构复杂,分子质量又大,对另一种动物来说就能构成抗原。所以说,抗体具有双重性。用一种动物的免疫球蛋白免疫异种动物,就能获得抗这种 Ig 的抗体,这种抗体称为抗抗体或二级抗体。

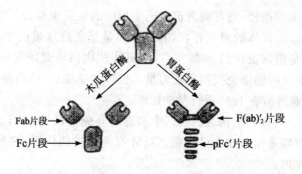

图 6-5 Ig 水解片段

抗抗体能与抗原-抗体复合物中的抗体结合,形成抗原-抗体-抗抗体复合物。免疫标记技术中的间接法就是利用标记抗抗体来进行的。

4.免疫球蛋白的主要特性与功能

5 类免疫球蛋白(IgG、IgM、IgA、IgD、IgE)的结构、主要特性和功能均不相同。分泌型 IgA 为二聚体,IgM 为五聚体(图 6-6)。

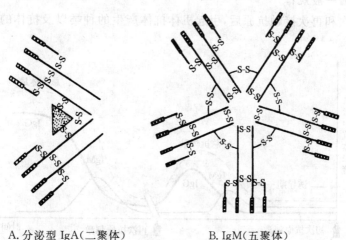

A.分泌型 IgA(二聚体)　　　　B.IgM(五聚体)

图 6-6 多聚体免疫球蛋白示意图

(1)IgG IgG 是人和动物血清中含量最高的球蛋白,占血清免疫球蛋白总量的 75%~80%。IgG 能通过人和兔的胎盘,是介导体液免疫的主要抗体,以单体形式存在。在血液中产生稍迟,但含量高,维持时间长,对构成机体的免疫力有重要的作用,可发挥抗菌、抗病毒和抗毒素以及抗肿瘤等免疫学活性,能调理、凝集和沉淀抗原,同时也是血清学诊断和疫苗免疫后检测的主要抗体。IgG 是引起Ⅱ型、Ⅲ型变态反应及自身免疫病的抗体。

(2)IgA IgA 以单体和二聚体两种形式存在。单体存在于血清中,称为血清型 IgA,占血清免疫球蛋白的 10%~20%,具有抗菌、抗病毒、抗毒素作用。二聚体主要存在于呼吸道、消化道、生殖道外分泌液中,以及初乳、唾液、泪液等分泌液中,称为分泌型 IgA(S IgA)。分泌型 IgA 对机体呼吸道、消化道等局部黏膜起着重要的保护作用。

对一些经黏膜感染的病原微生物,动物机体的分泌型 IgA 尤其重要。若动物呼吸道、消化道分泌液中存在这些病原体的相应的分泌型 IgA,则可抵抗其感染。在传染病的预防接种中,经滴鼻、点眼、饮水等途径,均可刺激机体产生相应的黏膜免疫力。

（3）IgM　IgM 以五聚体的形式存在,其分子质量是免疫球蛋白中最大的,又称为巨球蛋白,其含量仅占血清免疫球蛋白的 10% 左右,是机体初次体液免疫反应最早出现的抗体。但持续时间短,因此,不是抗感染免疫的主要力量。机体被感染后,体内最早出现的是 IgM,后出现的是 IgG,因此可通过检查 IgM 进行早期诊断。

IgM 是高效能抗体,具有抗菌、抗病毒、中和毒素等免疫活性,由于其抗原结合位点多,因此杀菌、溶菌、促进吞噬等作用比 IgG 要强。IgM 有免疫损伤作用,它参与 II、III 型变态反应。同时也具有抗肿瘤作用。

（4）IgE　IgE 又称为皮肤致敏性抗体或亲细胞抗体,在血清中含量极微,参与 I 型变态反应,在抗寄生虫感染中起重要作用。IgE 是由呼吸道、消化道黏膜固有层中的浆细胞产生。当发生过敏疾病或寄生虫特别是蠕虫感染时,IgE 抗体活性最强,而且能介导 ADCC 作用,杀死蠕虫。

（5）IgD　IgD 是以单体分子形式存在,分子质量小,在血清中含量极低,不稳定,易被降解。有报道认为,IgD 与某些过敏反应有关。

5.抗体产生的一般规律

动物机体初次和再次接触抗原后,引起机体抗体产生的种类以及抗体的水平等都有差异（图 6-7）。

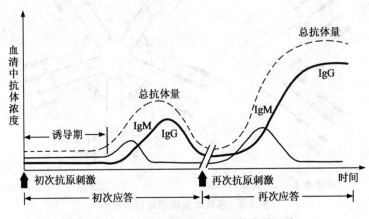

图 6-7　初次应答与再次应答抗体产生规律

（1）初次应答　某种抗原首次进入机体内引起的抗体产生过程,称为初次应答。初次应答的主要特点为:

①抗体产生的潜伏期比较长,细菌抗原一般经过 5～7 d 血液中出现抗体,病毒抗原为 3～4 d,而毒素则需经 2～3 周才出现抗体。潜伏期之后为抗体的对数上升期,抗体含量直线上升。此后为高峰持续期,抗体产生和排出相对平衡。最后为下降期。

②初次应答最早出现的抗体是 IgM,几天内达到高峰,然后下降;接着产生 IgG,IgA 产生最迟,常在 IgG 产生后 2 周至 1～2 个月才能在血液中检出;产生的抗体中以 IgM 为主。

③初次应答产生的抗体总量较低,维持时间也较短,与抗原的亲和力较弱。其中 IgM 的维持时间最短,IgG 可在较长时间内维持较高水平,其含量也比 IgM 高。

（2）再次应答　动物机体第二次接触相同的抗原时,体内产生的抗体过程,称为再次应答。

再次应答的特点为：

①抗体产生的潜伏期显著缩短，约为初次应答的一半。

②再次应答可产生高水平的抗体。机体再次接触与第一次相同的抗原时，起初原有抗体水平略有降低，接着抗体水平很快上升，比初次应答多几倍到几十倍，且维持时间较长，对抗原的亲和力更强。

③再次应答中产生抗体的顺序与初次应答相同，但以 IgG 为主，再次应答间隔时间越长，机体越倾向于只产生 IgG，经消化道等黏膜途径进入机体的抗原可诱导产生分泌型 IgA。

再次应答在抗体产生的速度、数量、质量以及维持时间等方面均优于初次应答，因此在预防接种时，间隔一定时间进行疫苗的再次接种，可起到强化免疫的作用。

(3)回忆应答　抗原刺激机体产生的抗体经一定时间后，在体内逐渐消失，此时若机体再次接触相同的抗原物质，可使已消失的抗体快速回升，这称为抗体的回忆应答。

再次应答和回忆应答取决于体内记忆性 T 细胞和 B 细胞的存在，记忆性 T 细胞可很快增殖分化成 T_H 细胞，对 B 细胞的增殖和产生抗体起辅助作用；记忆性 B 细胞与抗原再次接触时，可被活化，增殖分化成浆细胞产生抗体。

6.影响抗体产生的因素

抗体是机体免疫系统受到抗原的刺激后产生的，因此抗体产生的水平取决于抗原和机体两个方面的因素。

(1)抗原方面

①抗原的性质　由于抗原的物理性状、化学结构和毒力的不同，对机体刺激的强度也不一样，因此机体产生抗体的速度和持续的时间也不同。给机体注射颗粒性抗原(如细菌)，经过 2~5 d 血液中就出现抗体。如果给机体注射可溶性抗原，如注射破伤风类毒素，需 3 周左右的时间血液中才出现抗毒素。

②抗原的用量　在一定的限度内，抗体的产量随抗原用量的增加而相应地增加。但抗原量过多，超过了一定的限度，抗体的形成反而受到抑制，这种现象称为"免疫麻痹"。呈现"免疫麻痹"的动物，经过一定时间，待大量抗原被分解清除后，麻痹现象可以解除。反之，如果抗原量太少，则不能刺激机体产生抗体。因此，在进行免疫接种时，必须严格按照规定使用，严禁随意加大或减少疫苗的量。

③免疫途径　由于抗原免疫途径的不同，抗原在体内停留的时间和接触的组织也不同，因而产生的结果也不同。在实践中，免疫途径的选择应以能刺激机体产生良好的免疫反应为原则，一般按疫苗说明书推荐的免疫途径进行免疫接种。

④免疫的次数和间隔时间　一般菌苗需间隔 7~10 d，注射 2~3 次，类毒素 2 次注射间隔 6 周。

⑤佐剂　与抗原配合使用，有利于增强抗体的产生，以及延长抗体的持续期。

(2)机体方面

①遗传因素　除先天性免疫功能低下的个体外，大多数机体只要营养良好，都能产生足够的抗体。

②年龄因素　初生或出生不久的动物，免疫应答能力较差，主要因为其免疫系统还未发育

健全,其次也与母源抗体的影响有关。老龄动物免疫功能逐渐下降,也可影响抗体的产生。

③其他因素 营养不良的机体免疫系统发育不良、处于感染状态的动物免疫系统受到损害等,都可影响抗体的产生。

7.抗体的人工制备

(1)多克隆抗体 通常抗原如细菌、病毒、异种血清等具有多个抗原决定簇,可刺激机体多个具有相应抗原受体的 B 细胞发生免疫应答,产生多种针对不同抗原决定簇的抗体。这些混合的由多种不同克隆 B 细胞产生的抗体称为多克隆抗体。用抗原免疫动物后获得的免疫血清均为多克隆抗体。

(2)单克隆抗体 单克隆抗体指由一株 B 淋巴细胞杂交瘤增生而成的单一克隆细胞产生的高度均一(其血清型完全一致)、只针对一种抗原决定簇的抗体。与多克隆抗体相比单克隆抗体有下列优点:与抗原分子上特定抗原决定簇反应,具有单一特异性,可以测定抗原分子上用常规抗体无法测定的微细差异;用不纯的抗原可以制备出针对特定靶抗原甚至微量存在的靶抗原的抗体,无需通过吸收来提高其特异性;分泌特异单克隆抗体的杂交瘤细胞系一旦建立,即可根据需要生产,长期无限量供应完全同质的抗体。

【案例】

1.某猪场发生疾病。剖检病猪见全身淋巴结较大,呈暗红色,整个切面呈红白相间的大理石样纹理;脾脏稍大,表面及边缘可见红黑色出血性梗死,大小不一,突出于被膜表面;盲肠、回盲瓣口及结肠黏膜出现大小不一的圆形纽扣状溃疡;肾脏一般不肿大,表面有密集的出血点或斑;喉头、会厌软骨、膀胱黏膜以及心外膜、肺膜、胸膜等浆膜上有大小不一的出血点或出血斑。请问剖检对象的免疫器官是否正常?

2.怀疑鸡群发生传染性法氏囊病,剖检见胸肌、腿肌有条片状出血斑或出血点,腺胃与肌胃交界处的黏膜有条状出血带。肾肿大,呈斑纹状花肾,肾小管、输尿管充满白色的尿酸盐。部分鸡法氏囊肿胀、黏膜水肿、充血、出血、坏死,有奶油样或棕色的渗出物;部分鸡法氏囊色暗,体积增大 2 倍,重量增加;个别鸡法氏囊体积较小,请问以上剖检对象免疫器官是否正常?

【测试】

一、选择题

1.免疫监视功能低下时易发生( )。

A.自身免疫病　　B.超敏反应　　C.肿瘤　　D.免疫缺陷病　　E.移植排斥反应

2.下列组织器官中,属于外周免疫器官的是( )。

A.淋巴结　　B.胸腺　　C.法氏囊　　D.骨髓

3.与种属无关性质相同的抗原称为( )。

A.共同抗原　　B.类属抗原　　C.异嗜性抗原　　D.同种异型抗原

4.外周免疫器官是( )。

A.T、B 细胞发生的场所　　　　B.发生免疫应答的重要部位

C. T、B 细胞定居和增殖的场所　　　D. B+C

5.自身抗原的出现是由于（　　）。

A.隐蔽自身抗原的释放

B.自身成分受理化、生物因素的影响,结构改变

C.禁忌细胞复活,产生对自身组织的免疫反应

D.以上都对

6.免疫学中的"非己物质"不包括（　　）。

A.异种物质　　　　　　　　B.同种异体物质

C.结构发生改变的自身物质　　　D.胚胎期机体免疫细胞接触过的自身物质

7.抗体分子与抗原结合的部分是（　　）。

A.Fc 段　　　　　B.Fab　　　　C.绞链区　　　　　D. H 链的 C 区

8.唾液中主要的抗体是（　　）。

A.SigA　　　　　B.IgG　　　　C.IgM　　　　　D.IgD　　　　　E.IgE

9.IgM 的主要特征是（　　）。

A.在生物进化过程中最先出现　　　　B.分子质量最大

C.主要存在血管内　　　　　　　D.A+B+C

10.抗体在机体内的抗感染作用（　　）。

A.IgG 是主要中和抗体　　　　　　B.在血管中主要靠 IgM

C.在黏膜表面主要靠 SigA　　　　　D.以上都对

二、判断题

1.胸腺、骨髓、脾脏均为中枢免疫器官。（　　）

2.抗原抗体的反应是非特异性的。（　　）

3.完全抗原具有免疫原性与反应原性。（　　）

4.蛋白质抗原的抗原性与分子质量有关。（　　）

5.一种物质是否具有抗原性,与其进入机体的途径也有关系。（　　）

6.抗体不具有抗原性。（　　）

7.抗体上与抗原进行特异性结合的部位是抗体的可变区。（　　）

8.在血清中 IgG 的含量比 IgM 少,维持时间也较短。（　　）

三、问答题

1.家禽的免疫器官有哪些?

2.家禽与家畜免疫器官的区别有哪些?

四、操作题

1.进行活体体表淋巴结的触检。

2.能准确识别并正确描述免疫器官。

任务 6-2　变态反应检测技术

【目标】

1. 以结核菌素为例,学会变态反应检测技术,并正确判定结果;
2. 理解免疫应答的概念、类型及作用;
3. 理解变态反应的概念、类型及防治。

【技能】

一、器械与材料

牛型提纯结核菌素、酒精棉、游标卡尺、1～2.5 mL 注射器、针头、工作服、帽、口罩、胶鞋、记录表、手套等。如果冻干菌素,还需准备稀释用注射用水或灭菌的生理盐水,带胶塞的灭菌小瓶。

二、方法与步骤

(一)提纯结核菌素(PPD)皮内反应

1. 注射部位及术前处理

将牛只编号后在颈侧中部上 1/3 处剪毛(或提前 1 d 剃毛),3 个月以内的犊牛,也可在肩胛部进行,直径约 10 cm,用卡尺测量术部中央皮皱厚度,做好记录。如术部有变化时,应另选部位或在对侧进行。

2. 注射剂量

不论牛只大小,一律皮内注射 10 000 IU。即将牛型提纯结核菌素稀释成每毫升含 100 000 IU 后,皮内注射 0.1 mL。冻干提纯结核菌素稀释后应当天用完。

3. 注射方法

先以 75% 酒精消毒术部,然后皮内注入定量的牛型提纯结核菌素,注射后局部应出现小泡,如注射有疑问时,应另选 15 cm 以外的部位或对侧重做。

4. 注射次数和观察反应

皮内注射后经 72 h 时判定,仔细观察局部有无热痛、肿胀等炎性反应,并以卡尺测量皮皱厚度,做好详细记录。对疑似反应牛应即在另一侧以同一批菌素同一剂量进行第二回皮内注射,再经 72 h 后观察反应。如有可能,对阴性和疑似反应牛,于注射后 96 h、120 h 再分别观察一次,以防个别牛出现较迟的迟发型变态反应。

5. 结果判定

(1)阳性反应　局部有明显的炎性反应。皮厚差等于或大于 4 mm 以上者,其记录符号为(十)。对进出口牛的检疫,凡皮厚差大于 2 mm 者,均判为阳性。

(2)疑似反应　局部炎性反应不明显,皮厚差在 2.1～3.9 mm 间,其记录符号为(±)。

(3)阴性反应　无炎性反应。皮厚差在 2 mm 以下,其记录符号为(一)。

凡判定为疑似反应的牛只,于第一次检疫 30 d 后进行复检,其结果仍为可疑反应时,经 30~45 d 后再重检,如仍为疑似反应,应判为阳性。

(二)PPD 点眼法

1.点眼前检查

点眼前,对两眼作具体检查,正常时方可点眼,有眼病或结膜不正常者,不可作点眼检疫。

2.点眼

将每毫升 50 000 IU 的 PPD,以注射用水或无菌蒸馏水稀释 2 倍(1∶1)2~3 滴点眼。结核菌素一般点于左眼,左眼有眼病时可点于右眼,但须在记录上注明,点眼后留意。将牛拴好,防止风沙进入眼内,避免阳光直射牛头部以及牛与四周物体摩擦。

3.点眼后观察

点眼后,于 3 h、6 h、9 h 各观察 1 次,必要时可观察 24 h 的反应。观察时,留意两眼的结膜与眼睑肿胀的状态,流泪及分泌物的性质和量的多少,由于结核菌素而引起的食欲减少或停止以及全身战栗、呻吟、不安等其他变态反应,均应具体记录。阴性和可疑的牛 72 h 后,于同一眼内再滴 1 次结核菌素,观察记录同上。

4.结果判断

(1)阳性反应　有两个大米粒大或 2 mm×10 mm 以上的呈黄白色的脓性分泌物自眼角流出,或散布在眼的四周,或积聚在结膜囊及其眼角内,或上述反应较轻,但有明显的结膜充血、水肿、流泪并有其他全身反应者,为阳性反应,其记录符号为(十)。

(2)疑似反应　有两个大米粒大或 2 mm×10 mm 以上的灰白色,半透明的黏液性分泌物积聚在结膜囊内或眼角处,无明显的眼睑水肿及其他全身症状者,判为疑似反应,其记录符号为(±)。

(3)阴性反应　无反应或仅有结膜稍微充血,流出透明浆液性分泌物者,为阴性反应,其记录符号为(一)。

5.综合判定

结核菌素皮内注射与点眼反应两种方法中的任何一种呈阳性反应者,即判为结核菌素阳性反应牛;两种方法中任何方法为疑似反应时,判定为疑似反应牛。

6.复检

在健康牛群中(即无一头变态反应阳性的牛群)经第 2 次检疫判定为可疑的牛,要单独隔离饲养,1 个月后作第 2 次检疫,仍为可疑时,经半个月作第 3 次检疫,如仍为可疑,可继续观察一定时间后再进行检疫,根据检疫结果做出适当处理。假如在牛群中发现有开放性结核病牛,同群牛如有可疑反应的牛只,也应视为被感染。通过二次检疫都为可疑者,即可判为结核菌素阳性牛。

(三)其他家畜结核病结核菌素诊断法

马、绵羊、山羊和猪仅使用牛结核菌素皮内注射法进行检疫。

1.注射部位及剂量

马位于左颈中部上 1/3 处,猪和绵羊在左耳根外侧,山羊在肩胛部。剂量:成年家畜为 0.2 mL,3 个月至 1 年的幼畜为 0.15 mL,3 个月以下的幼畜为 0.1 mL。除猪用结核菌素原液外,马、绵羊和山羊则用稀释的结核菌素(结核菌素 1 份,加灭菌 0.5% 石炭酸蒸馏水 3 份)。

2. 观察反应时间及判定标准

于注射后 48 h,72 h 进行再次观察。猪、绵羊或山羊,可按牛的判定标准进行判定。

判定为疑似反应的马、绵羊、山羊和猪经 25~30 d 后于第一次注射后的对侧再作一次复检,如仍为疑似反应时,可参照对疑似反应牛只办法处理。

【知识】

一、免疫应答

免疫应答是指动物机体的免疫系统受到抗原刺激后,免疫细胞对抗原分子识别并产生一系列的反应以清除异物的过程。

(一)免疫应答的场所与特点

免疫应答的主要场所是外周免疫器官及淋巴组织,其中淋巴结和脾脏是免疫应答的主要场所。参与机体免疫应答的主要细胞是 T 细胞和 B 细胞,表现为细胞免疫和体液免疫。巨噬细胞、树突状细胞、朗罕氏细胞等是免疫应答的辅佐细胞。

免疫应答具有三大特点:一是特异性,即免疫应答是针对某种特异性抗原物质而发生的;二是具有免疫记忆性,当机体再次接触到同样抗原时,能迅速大量增殖、分化成致敏淋巴细胞和浆细胞;三是具有一定的免疫期,免疫期的长短与抗原性质、免疫次数、机体的反应性有关,短则数月,长则数年,甚至终身。

(二)免疫应答的基本过程

免疫应答的主要过程包括抗原递呈细胞(APC)对抗原的处理、加工和递呈;T、B 淋巴细胞对抗原的识别、活化、增殖、分化;最后产生免疫效应分子——抗体、细胞因子,以及免疫效应细胞——细胞毒性 T 细胞(CTL)和迟发型变态反应 T 细胞,并最终将进入机体内的抗原物质清除(图 6-8)。免疫应答的过程可人为地分为以下 3 个阶段。

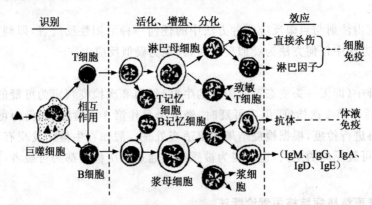

图 6-8 免疫应答基本过程示意图

1. 致敏阶段

致敏阶段又称感应阶段、识别阶段,即处理和识别抗原阶段。抗原递呈细胞(APC)对进入体内的抗原捕获、加工处理和提呈,以及抗原特异性淋巴细胞(T 细胞和 B 细胞)对抗原的识别阶段。外源性抗原进入机体后,首先被巨噬细胞吞噬,并通过巨噬细胞内溶酶体的作用,将大分子抗原颗粒消化、降解,而保留其具有免疫原性的抗原部分。这部分抗原多浓集于巨噬细胞表面,通过细胞直接接触的方式将抗原信息传递给 T 细胞;或者再经 T 细胞将抗原信息传递给 B 细胞,T 细胞、B 细胞对抗原进行识别后引起细胞免疫或体液免疫。

2.反应阶段

即增殖与分化阶段。反应阶段是 T 细胞或 B 细胞受抗原刺激后活化、增殖、分化,并产生效应性淋巴细胞和效应分子的过程。T 淋巴细胞增殖分化为淋巴母细胞,最终成为效应性淋巴细胞,并产生多种细胞因子;B 细胞增殖分化为能够合成与分泌抗体的浆细胞。少数 T、B 淋巴细胞分化为长寿的记忆细胞(Tm 和 Bm)。记忆细胞贮存着抗原的信息,可在体内存活数月、数年或更长的时间,以后再次接触同样抗原时,便能迅速大量增殖、分化成致敏淋巴细胞或浆细胞。

3.效应阶段

效应阶段是免疫效应细胞(细胞毒性 T 细胞和迟发型变态反应 T 细胞)和效应分子(细胞因子和抗体)发挥细胞免疫效应和体液免疫效应,最终清除抗原物质的过程。

(三)免疫应答的类型

1.体液免疫

体液免疫是指由 B 细胞介导的免疫应答。抗原进入机体后,经过加工处理,刺激 B 细胞转化为浆母细胞,浆母细胞再增殖发育成浆细胞,浆细胞针对抗原的特性,合成及分泌抗体。抗体不断排出细胞外,分布于体液中,发挥特异性的体液免疫作用。因此,抗体是介导体液免疫效应的效应分子。

2.细胞免疫

细胞免疫是指由 T 细胞介导的特异性免疫应答。T 细胞在抗原的刺激下,增殖分化为效应性 T 淋巴细胞并产生细胞因子,直接杀伤或激活其他细胞杀伤、破坏抗原或靶细胞,从而发挥免疫效应过程。

在细胞免疫应答中最终发挥免疫效应的是效应性 T 淋巴细胞和细胞因子。效应性 T 淋巴细胞主要包括细胞毒性 T 细胞和迟发型变态反应性 T 细胞;细胞因子是细胞免疫的效应因子,对细胞性抗原的清除作用较抗体明显。

广义的细胞免疫包括巨噬细胞的吞噬作用,K 细胞、NK 细胞等介导的细胞毒作用和 T 细胞介导的特异性免疫。

二、特异性免疫的抗感染作用

一般情况下,机体内的体液免疫和细胞免疫是同时存在的,它们在抗微生物感染中相互配合和调节,以清除入侵的病原微生物,保持机体内环境的平衡。

(一)体液免疫的抗感染作用

(1)中和作用　抗毒素与外毒素结合后,可阻碍外毒素与动物细胞的结合,使之不能发挥毒性作用。抗体与病毒结合后,可阻止病毒侵入易感细胞,保护细胞免受感染。

(2)免疫溶解作用　一些革兰氏阴性菌(如霍乱弧菌)和某些原虫(如锥虫)与体内的抗体结合后,可激活补体,从而导致菌体或虫体溶解或死亡。

(3)调理作用 抗原抗体复合物与补体结合后,可以增强吞噬细胞的吞噬作用,称为调理作用。近年发现,红细胞除具有携氧功能外,也能结合补体,从而增强嗜中性粒细胞的吞噬作用。

(4)局部黏膜免疫作用 黏膜固有层中浆细胞产生的分泌型 IgA,是机体抵抗呼吸道、消化道及泌尿生殖道感染病原体的主要力量。

(5)抗体依赖性细胞介导的细胞毒作用(ADCC) IgG 与靶细胞结合后,可通过 Fc 段与效应细胞(NK 细胞、巨噬细胞、中性粒细胞)表面 Fc 受体结合,增强效应细胞对靶细胞的杀伤作用。

(6)对病原微生物生长的抑制作用 一般来说,细菌的抗体与细菌结合后,不会影响细菌的生长和代谢,仅表现为凝集和制动现象。而支原体和钩端螺旋体的抗体与之结合后,表现出生长抑制作用。

(二)细胞免疫的抗感染作用

(1)抗胞内菌感染 胞内菌有结核杆菌、布氏杆菌、鼻疽杆菌等。抗胞内菌感染主要是细胞免疫。致敏淋巴细胞释放出一系列淋巴因子,与细胞一起参加细胞免疫,以清除抗原和携带抗原的靶细胞,使机体得到抗感染的能力。

(2)抗真菌感染 深部感染的真菌,如白色念珠菌、球孢子菌等,可刺激机体产生特异性抗体和细胞免疫,其中以细胞免疫更为重要。

(3)抗病毒感染 某些病毒病的免疫主要以细胞免疫为主。致敏淋巴细胞可直接破坏被病毒感染的靶细胞,另外,淋巴因子可激活吞噬细胞,增强其吞噬功能,以及合成干扰素抑制病毒的增殖。

三、变态反应

(一)变态反应的概念

免疫系统对再次进入机体的同种抗原做出过于强烈或不适当的异常反应,从而导致组织器官的炎症、损伤和机能紊乱,称为变态反应。由于变态反应主要表现为对特定抗原的反应异常增强,故又称超敏感性反应。除炎症反应、组织损伤和机能紊乱外,变态反应与维持机体正常功能的免疫反应并无实质性的区别。

引起变态反应的抗原称为过敏原或变应原。完全抗原、半抗原或小分子的化学物质均可成为变应原,如异种动物血清、异种动物组织细胞、病原微生物、寄生虫、动物皮毛、药物等,可通过消化道、呼吸道、皮肤、黏膜等途径进入动物体内,导致机体出现变态反应。

变态反应发生的过程可分为两个阶段:第一阶段为致敏阶段,当机体初次接触变应原后,产生相应的抗体(主要是 IgE,其次是 IgG、IgM)或致敏淋巴细胞及淋巴因子,经过一个潜伏期(一般为 2～3 周)动物进入致敏状态;第二阶段为反应阶段,当致敏状态的机体再次接触同一种变应原时,机体被激发产生变态反应。

(二)变态反应的类型

根据变态反应原理和临床特点,将变态反应分为 4 个型:即过敏反应(Ⅰ型)、细胞毒型变态反应(Ⅱ型)、免疫复合物型变态反应(Ⅲ型)和迟发型变态反应(Ⅳ型)。其中前三型是由抗体介导的,反应发生较快,称速发型变态反应;Ⅳ型则是 T 细胞介导的,与抗体无关,反应发生较慢,至少12 h以后发生,故称迟发型变态反应。

1.Ⅰ型变态反应(过敏反应)

(1)发生机制 过敏原首次进入机体,刺激机体产生亲细胞的抗体IgE。IgE吸附于皮肤、呼吸道和消化道黏膜组织中的肥大细胞、血液中的嗜碱性粒细胞等细胞表面,使机体呈致敏状态。当敏感机体再次接触同种过敏原时,过敏原与吸附在细胞表面上的IgE结合,导致细胞内的分泌颗粒迅速释放出各种生物活性物质,如组织胺、5-羟色胺、缓激肽、过敏毒素等,这些活性物质作用于相应器官,导致毛细血管扩张,通透性增加,血压下降,腺体分泌增多,呼吸道和消化道平滑肌痉挛等反应。若反应发生在皮肤,则引起荨麻疹、皮肤红肿等反应;发生在肠胃道,则引起腹痛、腹泻等反应;发生在呼吸道,则引起支气管痉挛、呼吸困难和哮喘;若全身受影响,则表现为血压下降,引起过敏性休克,甚至死亡。

(2)临床类型 过敏性休克是最严重的一种Ⅰ型变态反应性疾病,主要由药物(如青霉素)或异种血清引起,其他药物如普鲁卡因、链霉素、有机碘等偶尔也可引起过敏性休克。少数机体吸入植物花粉、细菌、动物皮屑、尘螨等抗原物质时,可出现发热、鼻部发痒、喷嚏、流涕等过敏性鼻炎及气喘、呼吸困难等外源性支气管哮喘等。

2.Ⅱ型变态反应(细胞毒型变态反应)

(1)发生机制 本型变态反应的变应原可以是受侵害细胞本身的表面抗原如血型抗原,也可以是吸附在细胞表面的相应抗原,如药物半抗原、荚膜多糖、细菌内毒素脂多糖等。这些变应原能刺激机体产生抗体IgG或IgM。当IgG或IgM与细胞上的相应抗原或吸附于细胞表面的相应抗原、半抗原发生特异性反应时,形成抗原-抗体-细胞复合物,可激活补体系统,引起细胞溶解或被吞噬细胞吞噬,导致组织损伤及功能障碍。

(2)临床类型 由沙门氏菌引起的传染病常伴发溶血,就是细菌脂多糖吸附在患者红细胞表面而造成Ⅱ型变态反应的结果。另外,不同血型输血引起的溶血反应、初生幼畜溶血性贫血、马传染性贫血病毒引起马溶血性贫血、细小病毒引起水貂阿留申氏病、某些药物引起的粒细胞减少症也属于这一类型。

3.Ⅲ型变态反应(免疫复合物型变态反应)

(1)发生机制 抗原如某些病原微生物、异种血清进入机体,产生相应的抗体(IgG、IgM或IgA),抗原与相应抗体结合形成抗原-抗体复合物,即称免疫复合物。由于抗原与抗体比例不同,所形成的免疫复合物的大小和溶解性也不同。当抗体量大于抗原量或两者比例相当时,可形成分子较大的不溶性免疫复合物,易被吞噬细胞吞噬而清除;当抗原量过多时,则形成较小的可溶性免疫复合物,它能通过肾小球滤过,随尿液排出体外。所以,以上两种情况对机体都没有损害。只有当抗原略多于抗体时,可形成中等大小的免疫复合物,它既不易被吞噬细胞吞噬,又不能通过肾小球滤过随尿液排出体外,故会较长时间地存留在血流中,当血管壁通透性增高时,可沉积于血管壁、肾小球、关节滑膜和皮肤等组织上,激活补体,引起相应组织器官的水肿、出血、炎症和局部组织坏死等一系列反应。

(2)临床类型 兽医临床上常见的免疫复合物疾病有急性血清病、肾小球肾炎、关节炎、过敏性肺炎等。

4.Ⅳ型变态反应(迟发型变态反应)

(1)发生机制 机体在某些抗原如结核分枝杆菌、副结核分枝杆菌、布氏杆菌、鼻疽杆菌等初次刺激下,体内T细胞分化为致敏淋巴细胞和记忆细胞,使机体进入致敏状态,这一时期需要1～2周。当机体再次与相同抗原接触时,致敏淋巴细胞释放出多种淋巴因子,吸引和激活吞噬细胞向抗原集中,并加强吞噬,形成以单核细胞、淋巴细胞等为主的局部浸润,导致局部组织肿胀、化脓甚至坏死等炎性变化。抗原被消除后,炎症消退,组织即恢复正常。

(2)临床类型　在兽医诊断中,如检疫牛群是否有结核病,可用结核菌素(OT),给牛皮内注射或滴眼,观察局部是否发生炎症反应,以做出诊断。同理,也可用鼻疽菌素点眼检测马鼻疽。接触性皮炎、器官移植排斥反应、结核分枝杆菌或布氏杆菌对动物的感染等过程中都伴随着Ⅳ型变态反应。

(三)变态反应的防治

为防止变态反应的发生,应确定变应原,以避免动物与之接触。出现变态反应后,应及时治疗,促使损伤组织结构和机能的恢复。

1.确定变应原

一定剂量的变应原可引起明显的局部变态反应,而对动物整体功能无影响,利用这一原理进行过敏试验,可确定变应原,如人的青霉素皮内试验等。

2.脱敏疗法

在用高免血清、抗毒素进行治疗时,为防止异种蛋白引起变态反应,可采用少量、多次注射的方法,称脱敏疗法。如给动物首次皮下注射0.2～2.0 mL,间隔15～30 min后,再注射10～100 mL,若无严重反应,15～30 min后再注射至全量。

3.药物疗法

肾上腺素、麻黄素、氨茶碱等药物能抑制粒细胞释放活性物质,缓解平滑肌痉挛,可用于过敏性休克的抢救。苯海拉明、扑尔敏等具有抗组织胺的作用,乙酰水杨酸为缓激肽的拮抗剂,这些药物均可用于消除或缓解过敏症状。此外,维生素C和钙制剂不仅可解痉,而且能降低毛细血管的通透性。另外,还可采取强心、补液等辅助疗法。

【案例】

1.某牛场对牛群进行结核菌素筛查时,其中一头牛结核菌素皮内注射检测结果为可疑性,而结核菌素点眼检测结果为阳性,则其最终判定结果是什么?

2.对牛群进行结核菌素筛查,其中有3头牛有瘤胃积食的症状,还有5头牛有口蹄疫的表现,请问这几只牛是否能进行结核菌素筛查?为什么?

【测试】

一、选择题

1.在再次免疫应答中产生的抗体主要是(　　)。

A.IgG　　　　B.IgA　　　　C.IgE　　　　D.IgM

2.关于Tc细胞杀伤靶细胞,下列哪项叙述是错误的?(　　)。

A.杀伤作用具有特异性　　　　　　B.Tc细胞必须与靶细胞直接接触

C.靶细胞被溶解时,Tc细胞完好无损　　D.一个Tc细胞只能杀伤一个靶细胞

3.在无抗体存在时仍可发生的免疫作用是( )。

A. ADCC 作用　　　　　　B. 补体经典途径激活

C. 中和病毒作用　　　　　D. NK 细胞对靶细胞的杀伤作用

4.异体器官移植排斥反应属于( )型超敏反应。

A. Ⅰ型　　　　B. Ⅱ型　　　　C. Ⅲ型　　　　D. Ⅳ型

5.有关Ⅱ型变态反应不正确者为( )。

A.参与的抗体为 IgG、IgM、IgA

B.激活补体引起细胞溶解

C.抗体促进巨噬细胞的吞噬作用

D.补体吸引中性粒细胞,释放溶酶体酶引起炎症反应

6.下列疾病不属Ⅱ型变态反应的是( )。

A.输血反应　　B.接触性皮炎　　C.新生儿溶血症　　D.药物过敏性血细胞减少症

7.有关Ⅲ型变态反应的特点不正确者为( )。

A.参与的抗体为 IgG、IgM、IgA　　　　B.有补体参与

C.有致敏 T 细胞参与　　　　　　　　D.有生物活性物质的释放

8.Ⅳ型超敏反应的特征是( )。

A.反应局部以单核细胞浸润为主　　　B.反应高峰常发生在抗原注入后 12 h

C.能通过抗体被动转移给正常人　　　D. 补体的激活在反应中起主要作用

二、问答题

1.在进行牛结核病的变态反应诊断时,为什么要同时用皮内和点眼两种方法?

2.为何对两次检测结果均为疑似的牛只,最终判为结核菌素结果阳性?

三、操作题

1.正确使用游标卡尺,并会准确读数。

2.会正确选择检测部位,并会皮内注射。

任务 6-3　凝集试验法检测技术

【目标】

1.学会利用凝集试验进行免疫学检测;

2.理解血清学试验的概念、规律及影响因素等。

【技能】

一、器械与材料

(1)平板凝集试验　鸡白痢全血平板凝集原、鸡白痢阳性血清、鸡白痢阴性血清,均来自兽医生物制品厂。待检鸡血清或全血、微量移液器、微量滴头(或毛细滴管)、铂金耳(或火柴棍)、平板(或玻板、白瓷板、载玻片)。

(2)试管凝集试验　布氏杆菌试管凝集抗原、布氏杆菌阳性血清、布氏杆菌阴性血清、被检血清(新鲜、无明显蛋白凝固,无溶血现象和腐败气味)、0.5%灭菌石炭酸生理盐水、试管架、小试管(口径8~10 mm)、灭菌吸管等。

二、方法与步骤

(一)鸡白痢全血平板凝集反应

1.操作方法

(1)取洁净玻板1块,用玻璃铅笔划成3 cm×3 cm方格若干,并注明待检血清号码。

(2)取0.2 mL吸管分别吸取0.08 mL、0.04 mL、0.02 mL和0.01 mL各放入一方格内。大规模检验时,可只做2个血清量,大动物用0.04 mL和0.02 mL,中小动物用0.08 mL和0.04 mL。每检1个样品需换1只吸管。

(3)每格内加布氏杆菌平板凝集抗原0.03 mL,滴在血清附近,而不要与血清接触。用牙签(或火柴杆)自血清量最小的一格起,将血清与抗原混匀,每份血清用1根牙签。

(4)混合完毕,将玻板置凝集反应箱上均匀加温或采用别的办法适当加温,使温度达到30℃左右。3~5 min内记录结果。

2.结果判定

＋＋＋＋:出现大的凝集块,液体完全清亮透明,即100%凝集;＋＋＋:有明显的凝集片,液体几乎完全透明,即75%凝集;＋＋:有可见的凝集片,液体不甚透明,即50%凝集;＋:液体混浊,有小的颗粒状物,即25%的凝集;—:液体均匀浑浊,即不凝集。

以出现"＋＋"凝集的血清最高稀释倍数作为该份血清的凝集价。大动物(牛、马、骆驼等)以0.02 mL出现凝集判为布氏杆菌病血清阳性,0.04 mL出现凝集判为可疑。中小动物(猪、山羊、绵羊等)以0.04 mL出现凝集判为该份血清为布氏杆菌病阳性血清,0.08 mL出现凝集判为可疑。

(二)布氏杆菌病试管凝集试验

1.操作方法

(1)取试管4支,另取对照管3支,共7支试管,置于试管架上。如检多份血清,则对照只需做一份。

(2)按表6-1加入0.5%石炭酸生理盐水,另用1 mL的刻度吸管吸取0.2 mL待检血清加入第一试管中。反复吹吸5次混匀。

表 6-1　布氏杆菌试管凝集试验术式表

要素	试验组				对照组		
					抗原对照	阳性对照	阴性对照
试管号	1	2	3	4	5	6	7
血清稀释度/mL	1:25	1:50	1:100	1:200		1:25	1:25
0.5%石炭酸生理盐水/mL	2.3	0.5	0.5	0.5	0.5		
被检血清/mL	0.2	0.5	0.5	0.5			
阳性血清(1:25)/mL	弃1.5				弃0.5	0.5	
阴性血清(1:25)/mL							0.5

（3）以第 1 试管中吸取 1.5 mL 弃之，再吸取 0.5 mL 加入第 2 试管中，第 1 试管尚剩 0.5 mL。按第 1 管的办法吹吸混匀第 2 管，再从第 2 管吸取 0.5 mL 放入第 3 管，依此类推，将第 4 管混匀后，弃去 0.5 mL。第 5 管只加 0.5％石炭酸生理盐水 0.5 mL，第 6 管加 1：25 稀释的布氏杆菌病标准阳性血清，第 7 管加 1：25 稀释的布氏杆菌病标准阴性血清 0.5 mL。

（4）将购买的布氏杆菌凝集抗原以 0.5％石炭酸生理盐水做 1：20 稀释，使每毫升含菌为 8 亿个，每管加 0.5 mL。

（5）全部加毕后，一起振摇，混匀，放入 37℃ 温箱 12～14 h，取出后置室温 2～4 h，观察并记录结果。

2.结果判定

结果用"＋"表示反应强度。＋＋＋＋：液体完全透明，菌体完全被凝集呈伞状沉于管底；＋＋＋：液体透明，菌体基本被凝集沉于管底；＋＋：液体不甚透明，管底有明显的凝集沉淀；＋：液体透明度不明显或不透明，有不明显的沉淀或有沉淀的痕迹；－：液体不透明，呈均匀混浊，管底无凝集。有时有少量菌体集中于管底中心，呈脐状，但振摇时，立即散开呈均匀混浊。

以出现"＋＋"的最高血清稀释倍数即为该份血清的效价，又叫凝集价。大动物（马、牛、骆驼等）以凝集价 1：100 以上判为阳性，1：50 的凝集价判为可疑。中小动物（猪、羊、犬等）以凝集价 1：50 以上判为阳性，1：25 的凝集价判为可疑。

如对照管不符合要求时，试管须废弃重做。

【知识】

一、血清学试验

抗原与相应的抗体无论在动物体内还是体外均能发生特异性结合反应，并表现出特定的现象。因抗体主要存在于血清中，通常将体外发生的抗原抗体反应统称为血清学反应或血清学试验。现代的抗原抗体反应早已突破了血清学反应的概念。抗原和抗体的体外反应是应用最为广泛的一种免疫学技术，为疾病的诊断、抗原和抗体的鉴定及定量提供了良好的方法。因此广泛应用于微生物的鉴定、传染病和寄生虫病的监测和诊断。

（一）血清学试验的特点

1.特异性和交叉性

血清学试验具有高度的特异性。由于抗原决定簇的组成、结构不同，所诱导产生的抗体也不同。一种抗原只能与相应抗体结合，表现出高度的特异性。如抗猪瘟抗体只能与猪瘟病毒结合而不能与口蹄疫病毒或者其他病毒相结合；同样，抗口蹄疫抗体也只能与口蹄疫病毒结合而不能与其他病毒相结合。这种特异性可用于分析、鉴别各种抗原和进行疾病的诊断。但若两种抗原之间含有部分共同抗原时，则发生交叉反应。如肠炎沙门氏菌的血清能凝集鼠伤寒沙门氏菌。一般亲缘关系越近，交叉反应的程度也越高。交叉反应是区分血清型和亚型的重要依据。

2.敏感性

抗原抗体的结合具有高度敏感性的特点，不仅可定性检测，还可以定量检测微量、极微量的抗原或抗体，其敏感度大大超过化学分析方法。血清学试验的敏感性视其种类而异。

3.可逆性

抗原与抗体的结合是分子表面的结合,这种结合是可逆的,结合条件为 0～40℃、pH 4～9。如温度超过 60℃或 pH 降到 3 以下,或加入解离剂(如硫氰化钾、尿素等)时,则抗原抗体复合物又可重新解离,并且分离后抗原或抗体的性质仍不改变。利用这一特性,可进行免疫亲和层析,以提取免疫纯的抗原或抗体。

4.反应的二阶段性

第一阶段为抗原与抗体的特异性结合阶段,此阶段反应快,仅数秒至数分钟,但不出现可见反应。第二阶段为可见阶段,这一阶段抗原抗体复合物在环境因素(如电解质、pH、温度、补体)的影响下出现各种可见反应,如表现为凝集、沉淀、补体结合等。此阶段反应慢,需数分钟、数十分钟或更久。第二阶段受电解质、pH、温度等因素的影响。

5.最适比例与带现象

大多数抗体为二价,抗原为多价,因此只有两者比例合适时,才能形成彼此连接的大复合物,血清学反应才出现凝集、沉淀等可见的反应现象。如果抗原过多或抗体过多,则抗原与抗体的结合不能形成大复合物,抑制可见反应的出现,称为带现象。当抗体过量时,称为前带;抗原过多时,称为后带。为克服带现象,在进行血清学反应时,需将抗原或抗体作适当稀释,通常是固定一种成分,稀释另一种成分。

6.用已知测未知

所有的血清学试验都是用已知抗原测定未知抗体,或用已知抗体测定未知抗原。在反应中只能有一种材料是未知的,但可以用两种或两种以上的已知材料检测一种未知抗原或抗体。

(二)影响血清学试验的因素

1.电解质

抗原与抗体发生结合后,由亲水胶体变为疏水胶体的过程中,必须有电解质参与才能进一步使抗原抗体复合物表面失去电荷,水化层破坏,复合物相互靠拢聚集形成大块的凝集或沉淀。若无电解质参加,则不出现可见反应。为了促使沉淀物或凝集物的形成,常用 0.85%～0.9%(人、畜)或 8%～10%(禽)的氯化钠或各种缓冲液(免疫标记技术)作为抗原和抗体的稀释液或反应液。但电解质的浓度不宜过高,否则会出现盐析现象。

2.温度

较高的温度可以增加抗原和抗体的活性及接触的机会,从而加速反应的出现。因此,将抗原、抗体充分混合后,通常在 37℃水浴中保温一定时间,可促使第二阶段反应的出现。亦可用 56℃水浴,则反应更快。但有的抗原和抗体需在低温下长时间结合,反应才能更充分。如补体结合试验在 0～4℃冰箱结合效果更好。

3.酸碱度

血清学试验要求在一定的 pH 下进行,常用的 pH 为 6～8,过高或过低,均可使已结合的抗原抗体复合物重新解离。若 pH 降至抗原或抗体的等电点时,会发生非特异性的酸凝集,造成假象。

4.振荡

适当的机械振荡能增加分子或颗粒间的相互碰撞,加速抗原抗体的结合反应,但强烈的振荡可使抗原抗体复合物解离。

5. 杂质和异物

试验介质中如有与反应无关的杂质、异物(如蛋白质、类脂质、多糖等物质)存在时,会抑制反应的进行或引起非特异性反应,故每批血清学试验都应设阳性对照和阴性对照试验。

(三)血清学反应的类型

免疫血清学技术按抗原抗体反应性质不同可分为凝聚性反应(包括凝集试验和沉淀试验)、标记抗体技术(包括荧光抗体、酶标抗体、放射性同位素标记抗体、化学发光标记抗体技术等)、有补体参与的反应(补体结合试验、免疫黏附血凝试验等)、中和反应(病毒中和试验等)等已普遍应用的技术,以及免疫复合物散射反应(激光散射免疫测定)、电免疫反应(免疫传感器技术)、免疫转印以及建立在抗原抗体反应基础上的免疫蛋白芯片技术等新技术。

近年来,血清学试验由于与现代科学技术相结合,发展很快。加上半抗原连接技术的发展,几乎所有小分子活性物质均能制成人工复合抗原,以制备相应的抗体,从而建立血清学检测技术,使血清学技术的应用面愈来愈广,涉及生命科学的各个领域,成为生命科学进入分子水平不可缺少的检测手段。

在医学和兽医学领域已广泛应用血清学试验,直接或间接从传染病、寄生虫病、肿瘤、自身免疫病和变态反应性疾病的感染组织或血清、体液中检出相应抗原或抗体,从而做出确切诊断。对传染病来说,几乎没有不能用血清学试验诊断的。在群体检疫、疫苗免疫效果监测和流行病学调查中,也已大规模地应用检测抗体的血清学试验。此外,生物活性物质的超微定量、物种及微生物鉴定和分型等方面,也广泛应用血清学试验。

血清学试验方法的研究,正向着高度特异性、高度敏感性、精密的分辨能力、高水平的定位、试验电脑化、反应微量化、方法标准化、试剂商品化和方法简便快速等方面发展。

二、凝集试验

细菌、红细胞等颗粒性抗原或吸附在红细胞、乳胶等颗粒性载体表面的可溶性抗原,与相应抗体结合,在有适量电解质存在下,经过一定时间,复合物互相凝聚形成肉眼可见的凝集团块,称为凝集试验。参与凝集试验的抗原称凝集原,抗体称凝集素。

1. 直接凝集试验

颗粒性抗原与相应抗体直接结合并出现凝集现象的试验称直接凝集试验。按操作方法可分为玻片法和试管法两种。

(1)玻片法 一种定性试验,可在玻璃板或载玻片上进行。将诊断血清(或诊断抗原)与待检悬液(或待检血清)各一滴在玻片上混合均匀,数分钟后,如出现颗粒状或絮状凝集,即为阳性反应。此法简便快速,适用于新分离细菌的鉴定或分型及抗体的定性检测。如大肠杆菌和沙门氏菌等的鉴定,布氏杆菌病、鸡白痢、禽伤寒和败血支原体病的检疫等。

(2)试管法 一种既可定性也可定量的试验,可在小试管中进行。操作时将待检血清用生理盐水或其他稀释液做倍比稀释,然后每管加入一定浓度等量抗原,混匀,37℃水浴或放入恒温箱中数小时,观察液体澄清度及沉淀物,视不同凝集程度记录为"＋＋＋＋"(100％凝集)、"＋＋＋"(75％凝集)、"＋＋"(50％)、"＋"(25％凝集)和"－"(不凝集)。根据每管内细菌的凝集程度判定血清中抗体的含量。以出现50％以上凝集的血清最高稀释倍数为该血清的凝集价,也称效价或滴度。本试验主要用于检测待检血清中是否存在相应的抗体及其效价,如布氏杆菌病的诊断与检疫。

2.间接凝集试验

将可溶性抗原（或抗体）先吸附于一种与免疫无关、一定大小的不溶性颗粒的表面,然后与相应的抗体（或抗原）作用,在有电解质存在的适宜条件下,所发生的特异性凝集反应,称为间接凝集试验（图 6-9）。用于吸附抗原（或抗体）的颗粒称为载体,常用的载体有红细胞、聚苯乙烯乳胶,其次是活性炭、白陶土、离子交换树脂等。以红细胞为载体的间接凝集试验,称为间接血凝试验。由于红细胞几乎能吸附任何抗原,而且红细胞是否凝集容易观察,故间接血凝试验已广泛应用于血清学诊断的各个方面,如多种病毒性传染病、支原体病、衣原体病、弓形体病等的诊断和检疫。

此外间接凝集试验还包括乳胶凝集试验和协同凝集试验。

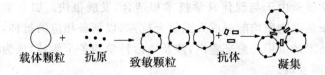

载体颗粒 ＋ 抗原 → 致敏颗粒 ＋ 抗体 → 凝集

图 6-9　间接凝集反应原理示意图

（陆承平,兽医微生物学,2001）

【案例】

1.养殖场对牛群进行布氏杆菌筛查,实验室工作人员在第一批次平板凝集后对检测结果为阴性者在检测报告单上确认其布氏杆菌检测结果为阴性,对平板凝集检测结果为阳性者进行试管凝集检查。请问其做法是否正确？为什么？

2.实验室工作人员在进行牛布氏杆菌实验凝集后 24 h 进行结果判定。抗原对照组为均匀浑浊,标准阳性对照及标准阴性对照组均为液体完全透明,菌体完全被凝集呈伞状沉于管底,振荡时,沉淀物呈片状、块状或颗粒状。对实验组进行凝集价判定,发现其为 1：100。请给出相关检测结论。

【测试】

一、选择题

1.参与直接凝集反应的抗原是（　　　）。

A.颗粒性抗原　　　B.可溶性抗原　　　C.任何物理状态的抗原　　　D.半抗原

2.下列不是血清学试验特点的是（　　　）。

A.不可逆性　　　B.二阶段性　　　C.特异性　　　D.交叉性

3.下列因素会对血清学试验结果造成影响的是（　　　）。

A.反应 pH　　　B.血清质量　　　C.离子浓度　　　D.以上因素都会影响

4.机体对抗胞内菌感染主要依靠（　　　）。

A.抗体对细菌繁殖的抑制　　　　　　B.抗体对细菌毒素的中和

C.补体对细菌溶解　　　　　　　　　D.致敏 T 细胞杀伤

(二)判断题

1.血清学试验具有特异性和灵敏性,因此血清学试验不能交叉反应。(　　)

2.血清学试验是采用已知测定未知。(　　)

3.只有颗粒型抗原才能进行凝集试验。(　　)

4.机体对抗胞外菌感染主要是依靠 T 细胞的杀菌作用。(　　)

5.抗原抗体结合的最佳温度为 37℃,血清学试验一般采用 37℃反应。(　　)

三、问答题

1.影响血清学试验的因素有哪些?

2.为什么每批次血清学试验均需设定阳性血清、阴性血清和抗原 3 种对照?

四、操作题

1.训练鸡白痢平板凝集实验并判断结果。

2.训练布氏杆菌试管凝集实验并判断结果。

任务 6-4　沉淀试验检测技术

【目标】

1.学会环状沉淀试验和琼脂扩散试验的操作方法及其结果判断;

2.理解沉淀试验的概念和类型,熟悉沉淀试验在生产中的应用;

3.理解补体结合试验和中和试验的概念和应用。

【技能】

一、器械与材料

(1)环状沉淀反应管(4 mm×50 mm)、毛细滴管或 1 mL 带长针头注射器、已知炭疽沉淀素血清(沉淀素)及炭疽标准抗原(均购自相应的生物制品厂)、待测疑似炭疽病料、0.5%石炭酸生理盐水。

(2)硫柳汞溶液、pH 7.2 的 0.01 mol/L PBS 溶液、琼脂糖、1%硫柳汞溶液、氯化钠、禽流感琼脂凝胶免疫扩散抗原、标准阴性和阳性血清。

二、内容与方法

(一)环状沉淀试验

炭疽环状沉淀反应(又称 Ascoli 氏反应)是将抗原液叠加于抗体液之上,若二者相对应,可在抗原抗体两液接触界面出现乳白色的沉淀环。环状沉淀反应一般是利用已知抗体检测未知的抗原以达到鉴定抗原、诊断疾病的目的。

1. 待检抗原的制备

(1)取疑为炭疽死亡动物的实质脏器 1 g（或取疑为炭疽动物的血液、渗出液数毫升）放入试管或小三角烧瓶中剪碎，加生理盐水 5～10 mL，煮沸 30 min 冷却后用滤纸过滤使之呈清澈透明的液体，即为待测抗原。

(2)如待检材料是皮张、兽毛等，可采用冷浸法。先将样品高压灭活 30 min 后，皮张剪为小块并称重，加 5～10 倍的 0.5% 生理盐水，室温或 4℃ 冰箱中浸泡 18～24 h，滤纸过滤，滤液即为待检抗原。

注意：在操作疑似炭疽病料时一定要注意个人防护，要戴手套。操作后所有用品应高压灭菌。

2. 操作方法

(1)取环状沉淀反应管 3 支置于试管架上，编号。用毛细滴管（或 1 mL 带长针头的注射器代替）吸取炭疽沉淀素血清，加入反应管底部，每管约 0.1 mL（达试管 1/3 处），勿使血清产生气泡或沾染上部管壁。

(2)取其中 1 支反应管，用另一毛细滴管吸取被检抗原，将反应管略倾斜沿管壁缓缓把被检抗原液叠加（层积）到沉淀素血清上，加至反应管 2/3 处，使两液接触处形成一整齐的界面（注意：不要产生气泡，不可摇动），轻轻直立放置。

(3)其余 2 支反应管，按上法分别加入炭疽标准抗原和生理盐水，作为对照。将 3 支反应管静置试管架上数分钟，观察结果。

3. 结果判定

抗原加入后 5～10 min，加炭疽标准抗原管应出现乳白色沉淀环，而加生理盐水管应无沉淀环出现。若被检管上下重叠的两液界面出现清晰、致密的乳白色沉淀环则判为阳性反应，证明被检病料来自患炭疽动物。

4. 注意事项

(1)反应物必须清澈，如不清澈，可离心，取上清液或冷藏后使脂类物质上浮，用吸管吸取底层的液体。

(2)必须进行对照观察，以免出现假阳性。

(二)琼脂扩散试验(禽流感)

1. 操作方法

(1)制板　称量琼脂糖 1.0 g，加入 100 mL 的 pH 7.2 的 0.01 mol/L PBS 液中在水浴中煮沸充分融化，加入 8 g 氯化钠，充分溶解后加入 1% 硫柳汞溶液 1 mL。冷至 45～50℃，将洁净干热灭菌直径为 90 mm 的平皿置于平台上，每个平皿加入 18～20 mL，加盖待凝固后，把平皿倒置以防水分蒸发，放普通冰箱中保存备用（时间不超过 2 周）。

(2)打孔　在制备的琼脂板上按 7 孔一组的梅花形打孔（中间 1 孔，周围 6 孔），孔径约 5 mm，孔距 2～5 mm，将孔中的琼脂用 8 号针头斜面向上从右侧边缘插入，轻轻向左侧方向将琼脂挑出，勿伤边缘或使琼脂层脱离皿底。

(3)封底　用酒精灯轻烤平皿底部至琼脂刚刚要溶化为止，封闭孔的底部，以防侧漏。

(4)加样　用微量移液器或带有 6～7 号针头的 0.25 mL 注射器，吸取抗原悬液滴入中间孔（图 6-10 的⑦号），标准阳性血清分别加入外周的①和④孔中，被检血清按编号顺序分别加入另外 4 个外周孔（图 6-10 的②、③、⑤、⑥号）。每孔均以加满不溢出为度，每加一个样品应换一个滴头。

（5）反应 加样完毕后，静止 5～10 min，然后将平皿轻轻倒置放入湿盒内，37℃温箱中作用，分别在 24 h、48 h 和 72 h 观察并记录结果。

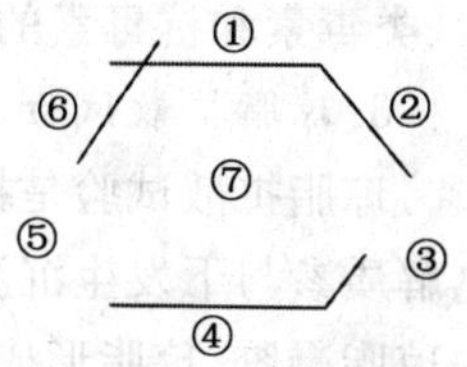

2.结果判定

（1）判定方法 将琼脂板置日光灯或侧强光下观察，若标准阳性血清（图 6-10 的①和④号孔）与抗原孔之间出现一条清晰的白色沉淀线，则试验成立。

图 6-10 双向双扩散沉淀线

（2）判定标准

①若被检血清孔（如图 6-10 中的②号）与中心抗原孔之间出现清晰致密的沉淀线，且该线与抗原与标准阳性血清之间沉淀线的末端相吻合，则被检血清判为阳性。

②被检血清孔（如图 6-10 中的③号）与中心孔之间虽不出现沉淀线，但标准阳性血清（如图 6-5 中④）的沉淀线一端向被检血清孔内侧弯曲，则此孔的被检样品判为弱阳性（凡弱阳性者应重复试验，仍为弱阳性者，判为阳性）。

③若被检血清孔（如图 6-10 中的⑤号）中心孔之间不出现沉淀线，且标准阳性血清沉淀线直向被检血清孔，则被检血清判为阴性。

④被检血清孔（图 6-10 中的⑥号）与中心抗原孔之间沉淀线粗而混浊或标准阳性血清与抗原孔之间的沉淀线交叉并直伸，被检血清孔为非特异反应，应重做，若仍出现非特异反应则判为阴性。

【知识】

一、沉淀试验

可溶性抗原与其相应的抗体结合，在电解质参与下，抗原抗体结合形成白色絮状沉淀，出现白色沉淀线，称为沉淀试验。沉淀试验的抗原称为沉淀原，如细菌浸出液、含菌病料浸出液、血清以及其他来源的蛋白质、多糖、类脂体等；沉淀试验的抗体称为沉淀素。

沉淀试验可分为液相沉淀试验和固相沉淀试验，液相沉淀试验有环状沉淀试验和絮状沉淀试验，以前者应用较多；固相沉淀试验有琼脂凝胶扩散试验和免疫电泳技术。

1.环状沉淀试验

一种在两种液体界面上进行的试验，是最简单、最古老的一种沉淀试验，目前仍广泛应用。方法为在小口径试管中加入已知沉淀素血清，然后小心沿管壁加入等量待检抗原于血清表面，使之成为分界清晰的两层。数分钟后，两层液面交界处出现白色环状沉淀，即为阳性反应，否则为阴性。试验中要设阴性、阳性对照。本法主要用于抗原的定性试验，如诊断炭疽的 Ascoli 试验、链球菌的血清型鉴定、血迹鉴定和沉淀素的效价滴定等。

2.絮状沉淀试验

抗原与抗体在试管内混合，在电解质存在下，抗原抗体复合物可形成絮状物。在最适比例时，出现反应最快和絮状物最多。相反，抗原或抗体过剩均会抑制沉淀的出现。例如用 4～5 列试管，先将抗原从 1：10 开始对倍稀释，每管 0.5 mL；抗血清用 1：（5～40）四个稀释度，每管 0.5 mL。振荡混匀后放置室温，在黑暗背景下观察记录较早出现反应的试管，数小时后比较各管浑浊度。以反应出现最早且浑浊度最大的试管定为抗原抗体的最适比。本法常用于毒素、类毒素和抗毒素的定量测定。

3. 琼脂扩散试验

琼脂扩散试验是指抗原抗体在琼脂凝胶内扩散。特异性的抗原抗体相遇后，在凝胶内的电解质参与下发生沉淀，形成可见的沉淀线，这种反应简称琼扩。本试验中使用的 1%～2% 的琼脂凝胶，琼脂形成网状构架，空隙中是 98%～99% 的水，扩散就在此水中进行。1%～2% 琼脂所形成的构架网孔较大，允许分子质量在 20 万 u 以下甚至更大些的大分子物质通过，绝大多数可溶性抗原和抗体的分子质量在 20 万 u 以下，因此可以在琼脂凝胶中自由扩散，所受阻力甚小。二者在琼脂凝胶中相遇，在最适比例处发生沉淀，此沉淀物因颗粒较大而不扩散，故形成沉淀带。

一种抗原抗体系统只出现一条沉淀带，复合物抗原中的多种抗原抗体系统均可根据自己的浓度、扩散系数、最适比等因素形成自己的沉淀带。本法的主要优点是能将复合的抗原成分加以区分，根据沉淀带出现的数目、位置以及相邻两条沉淀带之间的融合、交叉、分支等情况，就可了解该复合抗原的组成。

琼脂扩散试验有多种类型，如单向单扩散、单向双扩散、双向单扩散、双向双扩散，其中的双向单扩散、双向双扩散最为常用。

(1) 双向单扩散　又称辐射扩散，试验在玻璃板或平皿上进行，用 1.6%～2.0% 琼脂加一定浓度的等量抗血清浇成琼脂凝胶板，厚度为 2～3 mm，在其上打直径为 2 mm 的小孔，孔内滴加相应抗原液，放入密闭湿盒中扩散 24～48 h。抗原在孔内向四周辐射扩散，在比例适当处与凝胶中的抗体结合形成白色沉淀环。此白色沉淀环的大小随扩散时间的延长而增大，直至平衡为止。沉淀环面积与抗原浓度成正比，因此可用已知浓度抗原制成标准曲线，即可用以测定抗原的量。

此法在兽医临床已广泛用于传染病的诊断，如鸡马立克氏病的诊断。即将马立克氏病高免血清浇成血清琼脂平板，拔取病鸡新换的羽毛数根，自毛根尖端 1 cm 处剪下插入琼脂凝胶板上，阳性者毛囊中病毒抗原向周围扩散，形成白色沉淀环。

(2) 双向双扩散　此法以 1% 琼脂浇成厚 2～3 mm 的凝胶板，在其上按设计图形打圆孔或长方形槽，封底后在相邻孔（槽）内滴加抗原和抗体，饱和湿度下扩散 24～96 h，观察沉淀带。抗原抗体在琼脂凝胶中相向扩散，在两孔间比例最适的位置上形成沉淀带，如抗原抗体的浓度基本平衡时，沉淀带的位置主要决定于两者的扩散系数。但若抗原过多，则沉淀带向抗体孔增厚或偏移；若抗体过多，则沉淀带向抗原孔偏移。

双扩散主要用于抗原的比较和鉴定，两个相邻的抗原孔（槽）与其相对的抗体孔之间，各自形成自己的沉淀带。此沉淀带一经形成，就像一道特异性屏障一样，继续扩散而来的相同抗原抗体，只能使沉淀带加浓加厚，而不能再向外扩散，但对其他抗原抗体系统则无屏障作用，它们可以继续扩散。沉淀带的基本形式有以下 3 种：两相邻孔为同一抗原时，两条沉淀带完全融合，如二者在分子结构上有部分相同抗原决定簇，则两条沉淀带不完全融合并出现一个叉角；两种完全不同的抗原，则形成两条交叉的沉淀带；不同分子的抗原抗体系统可各自形成两条或更多的沉淀带（图 6-11）。

双扩散也可用于抗体的检测，测抗体时，加待检血清的相邻孔应加入标准阳性血清作为对照，以资比较。测定抗体效价时可倍比稀释血清，以出现沉淀带的血清最大稀释度为抗体效价

（图 6-12）。

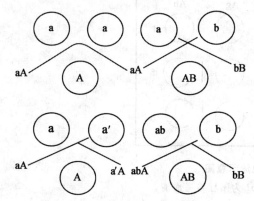

图 6-11 琼脂扩散的基本类型

a、b 为单一抗原，ab 为同一分子上 2 个决定簇，A、B 为抗 a、抗 b 抗体，a′ 为与 a 部分相同的抗原。

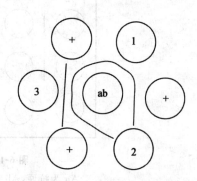

图 6-12 双向双扩散用于检测抗体结果判定

ab 为两种抗原的混合物，＋为抗 b 的标准阳性血清，1、2、3 为待检血清。

结果：1 为抗 b 阳性，2 为阴性，3 为抗 a 抗 b 双阳性。

目前此法在兽医临床上广泛用于细菌、病毒的鉴定和传染病的诊断。如检测马传贫、口蹄疫、禽白血病、马立克氏病、禽流感、传染性法氏囊病的琼脂扩散方法，已列入国家的检疫规程，成为上述几种疾病的重要检疫方法之一。

4. 免疫电泳

免疫电泳技术是把凝胶扩散试验与电泳技术相结合的免疫检测技术。即将琼脂扩散置于直流电场中进行，让电流来加速抗原与抗体的扩散并规定其扩散方向，在比例合适处形成可见的沉淀带。此技术在琼脂扩散的基础上，提高了反应速度、反应灵敏度和分辨率。在临床上应用比较广泛的有对流免疫电泳和火箭免疫电泳等。

（1）对流免疫电泳 是将双向双扩散与电泳技术相结合的免疫检测技术。大部分抗原在碱性溶液（pH＞8.2）中带负电荷，在电场中向正极移动；而抗体球蛋白带电荷弱，在琼脂电泳时，由于电渗作用，向相反的负极移动。如果将抗体置于正极端，抗原置负极端，则电泳时抗原抗体相向泳动，在两孔之间形成沉淀带。

试验时在凝胶板上打孔，两孔为一组，并排打孔两组，然后加样。抗原滴入负极端孔内，抗体滴入正极端孔内，进行电泳。泳动 30～90 min，观察结果。在两孔之间出现沉淀带，为阳性反应（图 6-13）。

对流免疫电泳比双向双扩散敏感 10～16 倍，并大大缩短了沉淀带出现的时间，简易快速，现已用于多种传染病的快速诊断。如口蹄疫、猪传染性水疱病等病毒病的诊断。

（2）火箭免疫电泳 是将辐射扩散与电泳技术相结合的一项检测技术，简称火箭电泳。将 pH 8.2～8.6 的巴比妥缓冲液琼脂融化后，冷至 56℃左右，加入一定量的已知抗血清，浇成含有抗体的琼脂凝胶板。在板的负极端打一列孔，孔径 3 mm，孔距 8 mm，滴加待检抗原和已知抗原，电泳 2～10 h。电泳时，抗原在含抗血清的凝胶板中向正极迁移，其前锋与抗体接触，形成火箭状沉淀弧，随抗原继续向前移动，此火箭状锋亦不断向前推移，原来的沉淀弧由于抗原过量而重新溶解。最后抗原抗体达到平衡时，即形成稳定的火箭状沉淀弧（图 6-14）。在试验中由于抗体浓度保持不变，因而火箭沉淀弧的高度与抗原浓度呈正比，本法多用于检测抗原的

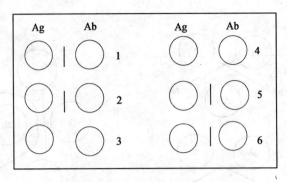

图 6-13　对流电泳示意图

Ag 为抗原,Ab 为抗体,Ab1 为阳性参考血清,
Ab4 为阴性参考血清,Ab2、3、5、6 为待检血清。

量(用已知浓度抗原作对比)。

已知蛋白(mg/mL)

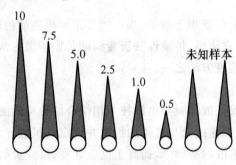

图 6-14　火箭免疫电泳

二、补体结合试验

可溶性抗原(如蛋白质、多糖、类脂质和病毒等)与相应抗体结合后,抗原抗体复合物可以结合补体,但这一反应肉眼不能察觉,如再加入红细胞和溶血素,即可根据是否出现溶血反应来判定反应系统中是否存在相应的抗原或抗体,这个反应就是补体结合反应。

将红细胞多次注射于异种动物(如将绵羊红细胞多次免疫家兔)可使之产生相应的抗体(溶血素),这种抗体与红细胞结合,若有补体存在时,则红细胞被溶解,这种现象称为溶血反应(或叫溶血系统),常在补体结合反应中用作测定有无补体游离存在的指示剂。可溶性抗原与相应抗体结合后,能结合补体,但往往不出现可见反应,这一过程称为溶菌反应(或称反应系统),如加入一定量的补体,则在反应系统作用过程中补体全部被结合,无游离补体存在,此时再加入红细胞和溶血素(即溶血系统或指示系统)则不发生溶血反应。若溶菌系统中的抗原与抗体是不相对应的,则补体不参与作用,而游离于溶液中,加入溶血系统后则发生溶血。即如果反应系统中存在待测抗体(或抗原),则抗原抗体发生反应后可结合补体;再加入指示系统时,由于反应液中已没有游离的补体而不出现溶血,为补体结合试验阳性。如果反应系统中不存在待测的抗体(或抗原),则在液体中仍有游离的补体存在,当加入指示系统时会出现溶血,为补体结合试验阴性(图6-15)。

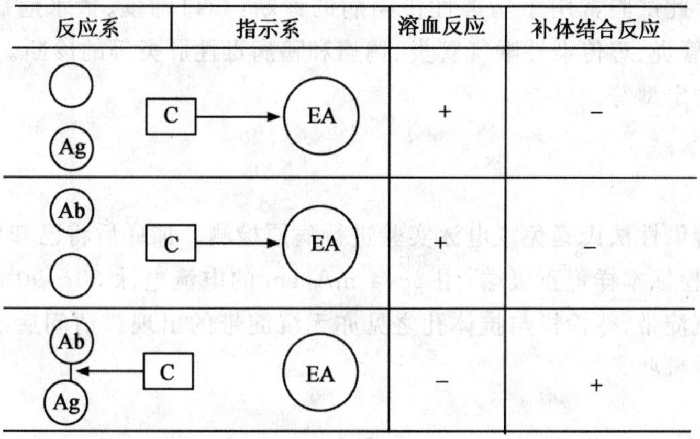

反应系	指示系	溶血反应	补体结合反应
○ ／ Ag	C → EA	+	−
Ab ／ ○	C → EA	+	−
Ab ／ Ag	C ← ／ EA	−	+

图6-15　补体结合反应原理

Ab为抗体,Ag为抗原,C为补体,EA为致敏红细胞。

补体结合反应不仅可用于诊断传染病,如鼻疽、牛肺疫、马传染性贫血、乙型脑炎、布氏杆菌病、钩端螺旋体病、血锥虫病等,也可用于鉴定病原体,如对马流行性乙型脑炎病毒的鉴定和口蹄疫病毒的定型等。

三、中和试验

病毒或毒素与相应抗体结合后,丧失了对易感动物、鸡胚和易感细胞的致病力,称为中和试验。本试验具有高度的特异性和敏感性,并有严格量的要求。

1. 毒素和抗毒素中和试验

由外毒素或类毒素刺激机体产生的抗体,称为抗毒素。抗毒素能中和相应的毒素,使其失去致病力。主要有以下两种方法:

一种是体内中和试验,是将一定量的抗毒素与致死量的毒素混合,在恒温下作用一定时间后,接种实验动物,同时设不加抗毒素的对照组。如果试验组的动物被保护,而对照组的动物死亡,即证明毒素被相应抗毒素中和。在兽医临床上,常用于魏氏梭菌和肉毒梭菌毒素的定型。进行此试验时,首先要测定毒素的最小致死量或半数致死量。

另一种是在细胞培养上进行的毒素中和试验和溶血毒素中和试验,方法同上。

2. 病毒中和试验

病毒免疫动物所产生的抗体,能与相应病毒结合,使其感染性降低或消失,从而丧失致病力。应该注意,抗体只能在细胞外中和病毒,对已进入细胞的病毒,则无作用;而且抗体并不都有中和活性,有些抗体与病毒结合后不能使其失活,如马传染性贫血病毒与相应抗体结合后,仍保持高度的感染力。试验有体内和体外两种方法。

(1)体内中和试验　也称保护试验,即先给实验动物接种疫苗或抗血清,间隔一定时间后,再用一定量病毒攻击,视动物是否得到保护来判定结果。常用于疫苗免疫原性的评价和抗血清的质量评价。

(2)体外中和试验　是将病毒悬液与抗病毒血清按一定比例混合,在一定条件下作用一段时间,然后接种易感动物、鸡胚或易感细胞,根据接种后动物、鸡胚是否得到保护,细胞是否有病变来判定结果。此试验常用于病毒性传染病的诊断,如口蹄疫、猪水疱病、蓝舌病、牛黏膜病、牛传染性鼻气管炎、鸡传染性喉气管炎、鸭瘟和鸭病毒性肝炎等的诊断。此外,还可用于新分离病毒的鉴定和定型等。

【案例】

对病鸡进行传染性法氏囊免疫电泳实验进行病原检测。加样后将已知传染性法氏囊抗体置于负极极端,待检标本样置正极端,用 2~4 mA/cm 的电流电泳 30~90 min 观察结果。不仅对照孔之间无沉淀带,待检样与抗体孔之见亦无沉淀带的出现。请问后期处理措施并分析发生的原因可能有哪些。

【测试】

一、选择题

1. 干扰素的化学本质是(　　)。
A. 糖蛋白　　　　　　B. RNA　　　　　　C. DNA　　　　　　D. 脂肪
2. 干扰素通常对(　　)的复制有干扰作用。
A. 细菌　　　　　B. 真菌　　　　　C. 放线菌　　　　　D. 病毒
3. 下列作用中,属于特异性免疫的是(　　)。
A. 血脑屏障作用　　　B. 胎盘屏障作用　　　C. 皮肤黏膜屏障　　　D. 疫苗接种

二、判断题

1. 参与沉淀试验的抗原为可溶性抗原。(　　　)
2. 沉淀环试验既可以定性测定也可以定量测定。(　　　)

任务 6-5　酶联免疫吸附检测技术

【目标】

1. 以猪瘟病毒检测为例,学会酶联免疫吸附测定技术;
2. 理解酶联免疫吸附测定技术的原理和类型。

【技能】

一、器械与材料

酶联检测仪、酶标板、微量加样器(配带滴头)、猪瘟病毒、酶标 SPA、猪瘟阴性血清、猪瘟阳性血清、待检血清、pH 9.6 碳酸盐缓冲液、洗涤液(PBS-T)、BSA(牛血清白蛋白)、封闭液、稀释液、底物溶液、30%H_2O_2、2 mol/L H_2SO_4 溶液、邻苯二胺(OPD)。

二、常用试剂的配制

(1)包被液(0.05 mol pH 9.6 碳酸盐缓冲液) Na_2CO_3 1.59 g $NaHCO_3$ 2.93 g,蒸馏水 1 000 mL。

(2)缓冲液(0.01 mol pH 7.4 PBS) NaCl 8.0 g,KH_2PO_4 0.2 g,Na_2HPO_4 2.9 g,KCl 0.2 g,蒸馏水 1 000 mL。

(3)洗涤液(0.01 mol pH 7.4 PBS-T) 吐温-20 0.5 mL,0.01 mol/L pH 7.4 PBS;蒸馏水 1 000 mL。

(4)封闭液(1%BSA-PBS-T) BSA 1.0 g,PBS-T 100 mL。

(5)底物缓冲液(pH5.0 磷酸盐-柠檬酸盐缓冲液) 柠檬酸 4.665 6 g,Na_2HPO_4 7.298 8 g,蒸馏水 1 000 mL。

(6)底物溶液(临用前新鲜配制,配后立即使用) 邻苯二胺(OPD) 40 mg,30%H_2O_2 0.15 mL,底物缓冲液 100 mL。

(7)终止剂(2 mol/L H_2SO_4) H_2SO_4 22.2 mL,蒸馏水 177.8 mL。

三、PPA-ELISA 检测猪瘟抗体效价

(1)包被 用 pH9.6 碳酸盐缓冲液稀释猪瘟病毒抗原至 1 μg/mL,以微量加样器每孔加样 100 μL,置湿盒内 37℃包被 2~3 h。

(2)洗涤 用洗涤液(PBS-T)将反应板洗涤 3 次,每次 5 min,甩干。

(3)封闭 以微量加样器在每孔内加封闭液 200 μL,置湿盒内 37℃封闭 3 h。

(4)洗涤 重复第 2 步。

(5)加待检血清 以微量加样器在每孔内加 100 μL 稀释液,然后在酶标板的第 1 孔加 100 μL 待检血清,以微量加样器反复吹吸几次混匀后,吸 100 μL 加至第 2 孔,依次倍比稀释至第 12 孔,剩余的 100 μL 弃去,置湿盒内 37℃作用 2 h。

(6)洗涤 重复第 2 步。

(7)加酶标 SPA 以稀释液将酶标 SPA 稀释至工作浓度,以微量加样器每孔加 100 μL,置湿盒内 37℃作用 2 h。

(8)洗涤 重复第 2 步。

(9)加底物溶液显色 每孔加入新配制的底物溶液 100 μL,37℃避光显色 10 min。

(10)终止反应 加 2 mol/L H_2SO_4 溶液终止反应,每孔 50 μL。

(11)结果判定 以酶标仪检测样品的 A_{490},检测之前,先以空白孔调零,当 P/N≥2.1 即判为阳性。

注意:每块 ELISA 板均需在最后一排的后 3 孔设立阳性对照、阴性对照和空白对照。

【知识】

一、免疫酶标记技术的基本原理

免疫酶标记技术是通过化学方法将酶与抗体结合。酶标记后的抗体仍然保持与相应抗原

特异性结合的特性及酶的催化活性。酶标记抗体与抗原结合后,形成酶标记抗体-抗原复合物。复合物上的酶,遇到相应底物时,催化底物分解,使底物中的供氢体呈现颜色反应。

用于标记的酶有辣根过氧化物酶(HRP)、碱性磷酸酶、葡萄糖氧化酶等,其中以 HRP 应用最广泛,其次是碱性磷酸酶。HRP 的作用底物是过氧化氢,常用的供氢体有邻苯二胺(OPD)和 3,3-二氨基联苯胺(DAB),二者作为显色剂。因为它们能在 HRP 催化 H_2O_2 生成 H_2O 过程中提供氢,而自己生成有色产物。3,3-二氨基联苯胺(DAB),适用做免疫组化法;邻苯二胺(OPD)适用于免疫酶测定法。

二、免疫酶标记技术分类

(一)免疫酶组化法

免疫酶组化法是检测组织细胞中的抗原、抗体及其他成分,常用的有直接法及间接法。

1. 直接法

首先把待检组织制成冰冻切片或触片,干燥后用甲醇固定。然后加入酶标抗体,作用后充分冲洗组织片。再加入底物(H_2O_2+DAB),置 37℃作用 25~30 min 后冲洗干净,晾干,在显微镜下观察。阳性者可见细胞内有棕褐色沉淀颗粒(图 6-16)。

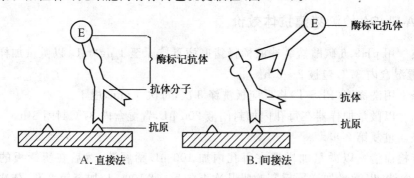

A.直接法　　　　　　　B.间接法

图 6-16　免疫酶组化染色法

直接法主要应用于细菌、病毒、寄生虫感染后在细胞水平上定性定位。

2. 间接法

将酶标记在抗抗体(二抗)上,制成酶标二抗,检测时,将被检物固定于载玻片上,加入已知相应抗体,作用后洗去多余的抗体,再加入酶标记的抗抗体作用,加底物显色(图 6-16)。

(二)酶联免疫吸附法

1. 基本原理

基本原理是:①将已知抗原结合到某种固相载体表面,并保持其免疫活性。②使抗原与某种酶连接成酶标抗原,这种酶标记物既保留其免疫活性,又保留酶的活性。在测定时,把受检标本(测定其中的抗体)和酶标抗原按不同的步骤与固相载体表面的抗原起反应。用洗涤的方法使固相载体上形成的抗原抗体复合物与其他物质分开,最后结合在固相载体上的酶量与标本中受检物质的量成一定的比例。加入酶反应的底物后,底物被酶催化变为有色产物,产物的量与标本中受检物质的量直接相关,故可根据颜色反应的深浅进行定性或定量分析。由于酶的催化频率很高,故可极大地放大反应效果,从而使测定方法达到很高的敏感度。也可以用酶标记已知抗体来检测相应抗原的有无,方法同上。

ELISA 测定方法中有 3 种必要的试剂：①固相的抗原或抗体；②酶标记的抗原或抗体；③酶作用的底物。根据试剂的来源和标本的性状以及检测的具备条件，可设计出各种不同类型的检测方法。

2.方法类型和操作步骤

(1)间接法 用于测定抗体。将特异性抗原与固相载体连接，形成固相抗原，洗涤除去未结合的抗原及杂质。加稀释的受检血清，其中的特异抗体与抗原结合，形成固相抗原抗体复合物。经洗涤后，固相载体上只留下特异性抗体。其他免疫球蛋白及血清中的杂质由于不能与固相抗原结合，在洗涤过程中被洗去。加酶标抗抗体，与固相复合物中的抗体结合，从而使该抗体间接地标记上酶。洗涤后，固相载体上的酶量就代表特异性抗体的量。加底物显色，颜色深度代表标本中受检抗体的量。

本法只要更换不同的固相抗原，可以用一种酶标抗抗体检测各种与抗原相应的抗体。

(2)夹心法 又称双抗体法，用于检测大分子抗原。将特异性抗体与固相载体连接，形成固相抗体，洗涤除去未结合的抗体及杂质。加受检标本，使之与固相抗体接触反应一段时间，让标本中的抗原与固相载体上的抗体结合，形成固相抗原复合物。洗涤除去其他未结合的物质。加酶标抗体，使固相免疫复合物上的抗原与酶标抗体结合。彻底洗涤未结合的酶标抗体。此时固相载体上带有的酶量与标本中受检物质的量正相关。加底物，夹心式复合物中的酶催化底物成为有色产物。根据颜色反应的程度进行该抗原的定性或定量分析。

根据同样原理，将大分子抗原分别制备固相抗原和酶标抗原结合物，即可用双抗原夹心法测定标本中的抗体。

(3)双夹心法 用于测定大分子抗原。此法是采用酶标抗抗体检测多种大分子抗原，它不仅不必标记每种抗体，还可提高试验的敏感性。将抗体（如豚鼠免疫血清 Ab1）吸附在固相载体上，洗涤除去未吸附的抗体，加入待测抗原（Ag）样品，使之与固相载体上的抗体结合，洗涤除去未结合的抗原，加入不同种动物制备的特异性相同的抗体（如兔免疫血清 Ab2），使之与固相载体上的抗原结合，洗涤后加入酶标记的抗 Ab2 抗体（如羊抗兔球蛋白 Ab3），使之结合在Ab2 上。结果形成 Ab1-Ag-Ab2-Ab3-HRP 复合物。洗涤后加底物显色，呈色反应的深浅与样品中的抗原量呈正比。

(4)酶标抗原竞争法 竞争法可用于测定抗原，也可用于测定抗体。以测定抗原为例，受检抗原和酶标抗原竞争与固相抗体结合，因此结合于固相的酶标抗原量与受检抗原的量呈反比。操作步骤如下：将特异抗体与固相载体连接，形成固相抗体。洗涤。待测中加受检标本和一定量酶标抗原的混合溶液，使之与固相抗体反应。如受检标本中无抗原，则酶标抗原能顺利地与固相抗体结合。如受检标本中含有抗原，则与酶标抗原以同样的机会与固相抗体结合，竞争性地占去了酶标抗原与固相载体结合的机会，使酶标抗原与固相载体的结合量减少。参考中只加酶标抗原，保温后，酶标抗原与固相抗体的结合可达最充分的量。洗涤。加底物显色，参考中由于结合的酶标抗原最多，故颜色最深。参考中颜色深度与待测中颜色深度之差，代表受检标本抗原的量。待测中颜色越淡，表示标本中抗原含量越多。可用不同浓度的标准抗原进行反应绘制出标准曲线，根据样品的 OD 值求出检测样品中抗原的含量。

(5)PPA-ELISA 法 以 HRP 标记 SPA 代替间接法中的酶标抗抗体进行的 ELISA。因SPA（葡萄球菌蛋白 A）能与多种动物的 IgG F_c 片段结合，可用 HRP 标记制成酶标记 SPA，而代替多种动物的酶标抗抗体。

(三)斑点-酶联免疫吸附法

该试验是近几年创建的一项新技术,不仅保留了常规 ELISA 的优点,而且还弥补了抗原或抗体对载体包被不牢的缺点。此法的原理及其步骤与 ELISA 基本相同,不同之处在于:一是将固相载体以硝酸纤维素滤膜、硝酸醋酸混合纤维素滤膜、重氮苄氧甲基化纸等固相化基质膜代替,用以吸附抗原或抗体;二是显色底物的供氢体为不溶性的。结果以在基质膜上出现有色斑点来判定。

【案例】

对未免疫猪繁殖与呼吸综合征的猪场进行该病的检查。抽取待检猪只的血液 3~5 mL 置于离心管中冷冻保存,2 h 后进行离心收集其红色上清液,作为待检血清样进行 ELISA 间接法测定。用酶标仪在规定波长进行 OD 值测定,结果判定为阳性。请问该批次检测结果是否可信,为什么?

【测试】

一、选择题

1.下列哪种试验是测定抗原抗体最敏感的试验?(　　　)

A.直接凝集反应　　　　　　　B.对流免疫电泳

C.酶联免疫吸附试验　　　　　D.协同凝集反应

2.不属于抗原抗体反应的是(　　　)。

A.酶联免疫吸附试验(ELISA)　　　　　B.E 花环试验

C. 抗球蛋白试验　　　　　　　　　　D.放射免疫分析法(RIA)

3.适于检测抗体的方法是(　　　)。

A.直接荧光法　　　　　　　B.ELISA 间接法

C.ELISA 双抗体夹心法　　　D.间接凝集抑制试验

4.用 ELISA 双抗体夹心法检测血清中甲胎蛋白(AFP),应选择的固相包被物是(　　　)。

A.已知 AFP　　　B.酶标记 AFP　　　C.抗 AFP 抗体　　　D.酶标记抗 AFP 抗体

二、问答题

1.ELISA 试验的关键技术点分别有哪些?

2.ELISA 试验的操作方法有哪些?

任务 6-6　免疫金检测技术

【目标】

1.以检测禽流感病毒为例,学会胶体金检测技术;

2.理解胶体金免疫技术的原理和应用。

【技能】

一、器械与材料

禽流感病毒抗原检测试剂盒、非健康鸡或禽类泄殖腔内容物、气管内黏液和粪便。

二、方法与步骤

(1)用泄殖腔拭子从直肠采集粪便组织作为样品。如果采集的样品不马上检测,应该放置在2～8℃冰箱中保存,如果超出48 h,以−20℃以下冰冻保存。

(2)把采集到粪便的拭子放入到样品管,充分混合,使粪便样品溶解。将试管静置,使大颗粒沉降到试管底部。

(3)把密封的试剂板(试纸条)从密封箔袋中取出,放到干燥平稳的桌面。

(4)用一次性滴管,从试管萃取液的上层吸取样品,加4～5滴样品到样品孔,20～30 min内判定结果。

(5)结果判断。禽流感试纸条:一条检测线 T,一条质控线 C。

①只有 C,没有 T,阴性结果,没有捕捉到病毒。

②既有 C,又有 T,阳性结果,捕捉到活病毒。

③无 C,试纸失效。

(6)注意事项

①检测样本需为新鲜样本,不易放置时间过长,否则影响检测结果。检测样本于样品管中溶解后小心吸取其澄清部分,保证标本无混浊、沉淀,以免阻塞反应板滤膜孔影响试验。

②试剂盒置于2～8℃冷藏保存,勿要冷冻。使用前从冰箱取出后应恢复至室温才能使用。

③收集、处理、储存、丢弃样品和使用试剂盒中的试剂应采用适当的预防措施。

【知识】

一、免疫金技术概述

免疫胶体金标记技术是以胶体金颗粒为示踪标记物或显色剂,应用于抗原抗体反应的一种新型免疫标记技术。胶体金(colloidalgold)也称金溶胶(goldsol),是由金盐被还原成原金后形成的带负电荷的金颗粒疏水胶体悬液。可通过柠檬酸、抗坏血酸钠和白磷等还原氯金酸或四氯化金而制备胶体金。胶体金可以和蛋白质等各种大分子物质结合,在免疫组织化学技术中,习惯上将胶体金结合蛋白质的复合物称为金探针。用于免疫测定时胶体金多与免疫活性物质(抗原或抗体)结合,以检测相应物质(抗体或抗原),这类胶体金结合物常称为免疫金复合物,或简称免疫金(immunogold)。

二、常用的免疫胶体金检测技术

1.免疫胶体金光镜染色法

细胞悬液涂片或组织切片,可用胶体金标记抗体进行染色。也可以在胶体金标记的基础上增加银显影标记,使还原的银原子沉积于已标记的金颗粒表面,形成一色泽更深的黑色层,因而增强了免疫金技术的敏感性。

2.免疫胶体金电镜染色法

可用胶体金标记的抗体或抗抗体与负染病毒样本或组织超薄切片结合,然后进行负染,电镜下观察。可用于病毒的形态观察和病毒检测。

3.斑点免疫金渗滤法(DIGFA)

将特异性的抗原或者抗体以条带状固定在硝酸纤维素膜上,胶体金标记试剂(抗体或单克隆抗体)吸附在结合垫上,当待检样本加到试纸条一端的样本垫以后,因毛细作用向前移动,溶解结合垫上的胶体金标记试剂后相互反应,再移动至固定的抗原或抗体区域,待检物与金标试剂的结合物与之发生特异性结合被截留,聚集在检测带上,通过肉眼即可观察到显色结果。该法敏感性和特异性与 ELISA 法相比具有良好的相符性,且具有反应快、操作简便、结果易于观察等优点,标记好的诊断试剂盒可以长期保存,随时使用,更适合于基层推广应用。

4.胶体金免疫层析法

斑点免疫层析试验(DICA)简称免疫层析试验(ICA)。该技术主要是将特异性的抗原或抗体以条带状固定在 NC 膜上,胶体金标记试剂吸附在结合垫上,当待测样品加到试纸条一端的样品垫上后,通过毛细作用向前移动,溶解结合垫上的胶体金标记试剂后相互反应,再移动至固定的抗原或抗体的区域时,待测物和金标试剂的复合物又与之发生特异性结合而被截留,聚集在检测带上,通过可目测的胶体金标记物得到直观的显色结果。而流离标记物则越过检测带,达到与结合标记物自动分离的目的。

免疫层析试验以单克隆双抗体夹心法为例。试验所用试剂全部为干试剂,多个试剂被组合在一个约 6 mm×70 mm 的塑料板条上,成为单一试剂条(图 6-17),试剂条上端(A)和下端(B)分别粘贴吸水材料,免疫金复合物干片粘贴在下端(C)处,紧贴其上为硝酸纤维素膜条。硝酸纤维素膜条上有两个反应区域,测试区(T)包被有特异抗体,参照区(R)包被有抗小鼠 IgG。

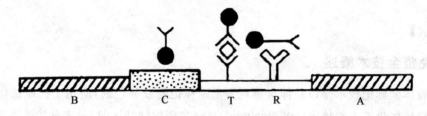

图 6-17 免疫层析试验原理示意图

测定时将试纸条下端浸入液体标本,下端吸水材料即吸取液体向上端移动,流经 C 处时使干片上的免疫金复合物复溶,并带动其向膜条渗移。如标本中有待测特异原,其时可与免疫金复合物之抗体结合,此抗原抗体复合物流至测试区即被固相抗体所获,在膜上显出红色反应线条(T)。过剩的免疫金复合物继续前行,至参照区与固相小鼠 IgG 结合(免疫金复合物中的单克隆抗体为小鼠 IgG),而显出红色质控线条(R)。反之,阴性标本则无反应线条,而仅显示质控线条。

斑点免疫层析试验快速简便、准确,具有高度特异性和高敏感性,结果直观可靠,而且试剂和样品用量极少,每个样品只需 1~2 μL,无需仪器设备,简化了烦琐的常规操作过程,同时也减小了因操作引起的误差,是一种目前发展最快的复合型免疫层析技术。

【案例】

用泄殖腔拭子从直肠采集粪便组织作为样品,把采集到粪便的拭子放入到样品管,充分混合,使粪便样品溶解。取其均匀浑浊液加 4~5 滴样品到样品孔,20~30 min 内判定结果。禽流感试纸条中,质控线(C)与检测线(T)均未出现。请分析检测失败的原因。

【测试】

1.使用禽流感胶体金检测试剂盒能不能检测新城疫,为什么?

2.胶体金检测试剂盒检测病原有哪些优点?

项目七 分子生物学检测技术

任务 7-1 反转录聚合酶链式反应检测猪瘟病毒

【目标】

1. 以检测猪瘟病毒为例,学会反转录聚合酶链式反应(RT-PCR)的操作方法;
2. 掌握反转录聚合酶链式反应(RT-PCR)的原理、构成、特点等。

【技能】

一、器械与材料

(1)仪器　分析天平、离心机、PCR扩增仪、电泳仪、电泳槽、紫外凝胶成像仪(或紫外分析仪)、微波炉、组织研磨器、-20℃冰箱、可调移液器(2 μL、20 μL、200 μL、1 000 μL)。

(2)材料　眼科剪、眼科镊、称量纸、20 mL一次性注射器、生理盐水、琼脂、500 mL量筒、500 mL锥形瓶、经焦碳酸二乙酯(DEPC)水处理的灭菌1.5 mL离心管和吸头(10 μL、200 μL、1 000 μL)、灭菌双蒸水、猪瘟PCR诊断试剂盒(组成见表7-1)。

表 7-1　猪瘟 PCR 诊断试剂盒成分表

名　称	10头份	50头份	贮藏条件
0.2 mL薄壁PCR管	15个	60个	
吸附柱和收集管	10套	50套	
裂解液	6 mL	30 mL	
洗液	12 mL	60 mL	
洗脱液	1 mL	10 mL	
矿物油	300 μL	1.2 mL	
50倍TAE电泳缓冲液	20 mL	100 mL	室温(A盒)
染色液	20 μL	50 μL	
上样缓冲液	50 μL	250 μL	
阴性对照	350 μL	1 mL	
阳性对照	350 μL	1 mL	
RT-PCR反应液	200 μL	1 mL	-20℃(B盒)
酶混合液	15 μL	65 μL	

二、方法与步骤

(一)样品制备

1.样品采集

病死或扑杀的猪,取扁桃体、淋巴结等组织病变部与健康部交界处组织;待检活猪,用注射器无菌采血 5 mL,2~8℃保存,送实验室检测。

2.样品处理

每份样品分别处理。

(1)组织样品处理 每份组织分别从 3 个不同的位置称取样品约 1 g,用手术剪剪碎混匀后取 0.05 g 于研磨器中研磨,加入 1.5 mL 生理盐水继续研磨,待匀浆后转至 1.5 mL 灭菌离心管中,以 8 000 r/min 离心 2 min,取上清液 100 μL 于 1.5 mL 灭菌离心管中。

(2)全血样品处理 待血凝后取血清 100 μL,置 1.5 mL 灭菌离心管中。

(3)阳性对照处理 取阳性对照 100 μL,置 1.5 mL 灭菌离心管中。

(4)阴性对照处理 取阴性对照 100 μL,置 1.5 mL 灭菌离心管中。

(二)病毒 RNA 的提取

(1)取已处理的样品、阴性对照和阳性对照,分别加入裂解液 600 μL,充分颠倒混匀,室温静置 3~5 min。

(2)将液体吸入吸附柱中(吸附柱要套上收集管,吸取液体时尽量不要吸到悬浮杂质,以免离心时堵塞吸附柱),13 000 r/min 离心 30 s,弃去收集管中液体,套上收集管。

(3)向吸附柱中加入 600 μL 洗液,13 000 r/min 离心 30 s,弃去收集管中液体,套上收集管。

(4)重复步骤(3)。

(5)再将空柱 13 000 r/min 离心 2 min。

(6)将吸附柱移入新的 1.5 mL 离心管中,在膜中央加入洗脱液 25 μL,室温静置 1 min,13 000 r/min 离心 30 s,获得总 RNA。

(三)RT-PCR 操作程序

每份总体积 20 μL,含 16.8 μL RT-PCR 反应液(用前混匀),1.2 μL 酶混合液,2 μL 模板 RNA。

例如:n 份样品(n<10),配制 n+1 份,16.8×(n+1)RT-PCR 反应液,再加入 1.2×(n+1)酶混合液混匀,取 18 μL 分装成 n 份,分别加入 2 μL 模板 RNA,加入矿物油 20 μL 覆盖(有热盖的 PCR 扩增仪不用加矿物油),做好标记。

在 PCR 扩增仪上进行以下循环:42℃ 45 min,95℃ 3 min;扩增条件为 95℃ 30 s,60℃ 30 s,72℃ 25 s,35 个循环;72℃延伸 10 min。

(四)电泳

称 4 g 琼脂糖放于 500 mL 锥形瓶中,加入 50 倍稀释的 TAE 电泳缓冲液 200 mL(取 4 mL 50 倍 TAE 电泳缓冲液,用双蒸水稀释至 200 mL),于微波炉中溶解,再加入 10 μL 染色液混匀。在电泳槽内放好梳子,倒入琼脂糖凝胶,待凝固后将 PCR 扩增产物 10 μL 混合 2 μL 上样缓冲液,点样于琼脂糖凝胶孔中,以 110~120 V 电压于 50 倍稀释的 TAE 电泳缓冲液中电泳,紫外灯下观察结果。

(五)结果判定

阳性对照出现 272 bp 扩增带、阴性对照无带出现(引物带除外)时,实验结果成立。被检样品出现 272 bp 扩增带为猪瘟病毒阳性,否则为阴性。

(六)注意事项

(1)所有接触病料的物品均应合理处理,以免污染实验室。

(2)PCR 整个试验分配液区、模板提取区、扩增区、电泳区。流程顺序为配液区模板提取区扩增区电泳区。严禁器材和试剂倒流。

(3)所有试剂应在规定的温度储存,−20℃保存的各试剂使用前应放于室温完全融化,使用后立即放回 −20℃。

(4)染色液低毒,应于室温条件避光保存,操作时应戴上手套。

(5)注意防止试剂盒组分受污染。使用前将红盖管 8 000 r/min 离心 15 s,使液体全部沉于管底,放于冰盒中,吸取液体时移液器吸头尽量在液体表面层吸取。

(6)不要使用超过有效期限的试剂,试剂盒之间的成分不要混用。

(7)在 RNA 提取过程中,避免 RNA 酶污染,尽量缩短操作时间。

(8)严格遵守操作说明可以获得最好的结果。操作过程中移液、定时等全部过程必须精确。

(9)反复冻融试剂将减低检测灵敏度,建议在 3 次内用完,请严格按试剂盒说明书操作。

【知识】

PCR 是一种具有高敏感性、且特异性好的靶 DNA 快速检测方法,能对前病毒或潜伏期低复制的病原体特异性靶 DNA 片段进行扩增检测,只要标本中含有很微量的 DNA 就可检出。可检出经核酸分子杂交呈阴性的许多标本,而且对标本要求不高,经简单处理后就能得到满意扩增。PCR 技术在微生物检测上具有以下优势:①在对形态和生化反应不典型的微生物鉴定上,常规方法常难以准确检测,而 PCR 即使出现大量死菌,也能做出准确的鉴定;②不受混合标本的影响,可轻易从含有大量正常菌群的标本中鉴定病原菌;③对于生长缓慢或难于培养的微生物鉴定,如分枝杆菌、幽门螺杆菌、支原体、衣原体、螺旋体、大多数病毒等,目前其他方法阳性检出率很低,PCR 技术对这类菌株的鉴定有重要意义

一、聚合酶链式反应(PCR)的基本构成

PCR 是聚合酶链式反应的简称,指在引物指导下由酶催化的对特定模板(克隆或基因组 DNA)的扩增反应,是模拟体内 DNA 复制过程,在体外特异性扩增 DNA 片段的一种技术,在分子生物学中有广泛的应用,包括用于 DNA 作图、DNA 测序、分子系统遗传学等。

PCR 基本原理是以单链 DNA 为模板,4 种 dNTP 为底物,在模板 3′ 末端有引物存在的情况下,用酶进行互补链的延伸,多次反复的循环能使微量的模板 DNA 得到极大程度的扩增。在微量离心管中,加入与待扩增的 DNA 片段两端已知序列分别互补的两个引物、适量的缓冲液、微量的 DNA 膜板、4 种 dNTP 溶液、耐热 Taq DNA 聚合酶、Mg^{2+} 等。反应时先将上述溶液加热,使模板 DNA 在高温下变性,双链解开为单链状态;然后降低溶液温度,使合成引物在

低温下与其靶序列配对,形成部分双链,称为退火;再将温度升至合适温度,在 Taq DNA 聚合酶的催化下,以 dNTP 为原料,引物沿 5′→3′方向延伸,形成新的 DNA 片段,该片段又可作为下一轮反应的模板,如此重复改变温度,由高温变性、低温复性和适温延伸组成一个周期,反复循环,使目的基因得以迅速扩增。因此 PCR 循环过程由 3 部分构成:模板变性、引物退火、热稳定 DNA 聚合酶在适当温度下催化 DNA 链延伸合成(图 7-1)。

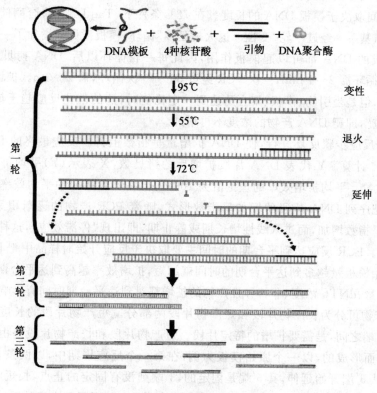

图 7-1 PCR 循环示意图

(一)模板 DNA 的变性

模板 DNA 加热到 90~95℃时,双螺旋结构的氢键断裂,双链解开成为单链,称为 DNA 的变性,以便它与引物结合,为下轮反应作准备。变性温度与 DNA 中 G—C 含量有关,G—C 间由 3 个氢键连接,而 A—T 间只有两个氢键相连,所以 G—C 含量较高的模板,其解链温度相对要高些。故 PCR 中 DNA 变性需要的温度和时间与模板 DNA 的二级结构的复杂性、G—C 含量高低等均有关。对于高 G—C 含量的模板 DNA 在实验中需添加一定量二甲基亚砜(DMSO),并且在 PCR 循环中起始阶段热变性温度可以采用 97℃,时间适当延长,即所谓的热启动。

(二)模板 DNA 与引物的退火

将反应混合物温度降低至 37~65℃时,寡核苷酸引物与单链模板杂交,形成 DNA 模板-引物复合物。退火所需要的温度和时间取决于引物与靶序列的同源性程度及寡核苷酸的碱基组成。一般要求引物的浓度大大高于模板 DNA 的浓度,并由于引物的长度显著短于模板的长度,因此在退火时,引物与模板中的互补序列的配对速度比模板之间重新配对成双链的速度要快得多,退火时间一般为 1~2 min。

(三)引物的延伸

DNA 模板-引物复合物在 Taq DNA 聚合酶的作用下,以 dNTP 为反应原料,靶序列为模板,按碱基配对与半保留复制原理,合成一条与模板 DNA 链互补的新链。重复循环变性—退火—延伸三过程,就可获得更多的"半保留复制链",而且这种新链又可成为下次循环的模板。延伸所需要的时间取决于模板 DNA 的长度。在 72℃条件下,Taq DNA 聚合酶催化的合成速度为 40~60 个碱基/s。经过一轮"变性—退火—延伸"循环,模板拷贝数增加了一倍。在以后的循环中,新合成的 DNA 都可以起模板作用,因此每一轮循环以后,DNA 拷贝数就增加一倍。每完成一个循环需 2~4 min,一次 PCR 经过 30~40 次循环,需 2~3 h。扩增初期,扩增的量呈直线上升,但是当引物、模板、聚合酶达到一定比值时,酶的催化反应趋于饱和,便出现所谓的"平台效应",即靶 DNA 产物的浓度不再增加。

PCR 的 3 个反应步骤反复进行,使 DNA 扩增量呈指数上升。反应最终的 DNA 扩增量可用 $Y=(1+X)^n$ 计算。Y 代表 DNA 片段扩增后的拷贝数,X 表示(Y)平均每次的扩增效率,n 代表循环次数。平均扩增效率的理论值为 100%,但在实际反应中平均效率达不到理论值。反应初期,靶序列 DNA 片段的增加呈指数形式,随着 PCR 产物的逐渐积累,被扩增的 DNA 片段不再呈指数增加,而进入线性增长期或静止期,即出现"停滞效应",这种效应称为平台效应(平台期)。PCR 反应达到平台期的时间主要取决于反应开始时样品中靶 DNA 的含量和扩增效率,起始模板量越多到达平台期的时间就越短,扩增效率越高到达平台期的时间也越短。另外酶的含量、dNTp 浓度、非特异性产物的扩增都对到达平台期时间有影响。

PCR 扩增产物可分为长产物片段和短产物片段两部分。短产物片段的长度严格地限定在两个引物链 5′端之间,是需要扩增的特定片段。短产物片段和长产物片段是由于引物所结合的模板不一样而形成的,以一个原始模板为例,在第一个反应周期中,以两条互补的 DNA 为模板,引物是从 3′端开始延伸,其 5′端是固定的,3′端则没有固定的止点,长短不一,这就是"长产物片段"。进入第二周期后,引物除与原始模板结合外,还要同新合成的链(即"长产物片段")结合。引物在与新链结合时,由于新链模板的 5′端序列是固定的,这就等于这次延伸的片段 3′端被固定了止点,保证了新片段的起点和止点都限定于引物扩增序列以内、形成长短一致的"短产物片段"。不难看出"短产物片段"是按指数倍数增加,而"长产物片段"则以算术倍数增加,几乎可以忽略不计,这使得 PCR 的反应产物不需要再纯化,就能保证足够纯 DNA 片段供分析与检测用。

二、PCR 反应的 5 个元素

参与 PCR 反应的物质主要为 5 种:引物、酶、dNTP、模板和 Mg^{2+}。

1.引物

PCR 反应的特异性及成功与否将与引物设计的好坏直接相关,PCR 引物的设计又是立足于模板序列,而模板序列必须是已知的。PCR 作为一个体外酶促反应,其效率和特异性取决于两个方面,一是引物与模板的特异结合,二是聚合酶对引物的有效延伸。引物设计的总原则就是提高扩增的效率和特异性。

设计引物应遵循以下原则:

（1）引物长度：15～30 bp,常用为 20 bp 左右。

（2）引物扩增跨度：以 200～500 bp 为宜,特定条件下可扩增长至 10 kb 的片段。

（3）引物碱基:G＋C 含量以 40%～60% 为宜,G＋C 太少扩增效果不佳,G＋C 过多易出现非特异条带。ATGC 最好随机分布,避免 5 个以上的嘌呤或嘧啶核苷酸的成串排列。

（4）避免引物内部出现二级结构,避免两条引物间互补,特别是 3′ 端的互补,否则会形成引物二聚体,产生非特异的扩增条带。

（5）引物 3′ 端的碱基,特别是最末及倒数第二个碱基,应严格要求配对,以避免因末端碱基不配对而导致 PCR 失败。

（6）引物中有或能加上合适的酶切位点,被扩增的靶序列最好有适宜的酶切位点,这对酶切分析或分子克隆很有好处。

（7）引物的特异性:引物应与核酸序列数据库的其他序列无明显同源性。引物量：每条引物的浓度 0.1～1 μmol 或 10～100 pmol,以最低引物量产生所需要的结果为好,引物浓度偏高会引起错配和非特异性扩增,且可增加引物之间形成二聚体的机会。

常用引物设计的方法：①手工设计。以基因或 cDNA 的 5′→3′ 方向的单链为标准,确定待扩增片段两侧的引物序列。按 5′→3′ 方向,照抄模板的序列,先写下 5′ 端引物的序列;然后根据模板 3′ 的序列,写下由 5′→3′ 方向的互补链的碱基序列,即为 3′ 引物的序列。②计算机软件设计引物。目前在 Internet 网上提供很多免费在线引物设计程序,根据 PCR 引物设计的基本原则,输入诸如模板序列、扩增区域、扩增子长度、引物长度等限定参数时,便可得到有关引物最佳序列、引物起始碱基位置、引物的 T_m 值、引物 GC 含量、引物的二级结构(如自身二聚体形成的发夹结构、引物间二聚体)、模板和引物结合的热函、自由能等热力学参数。能提供 PCR 引物设计程序的网站比较多,不同的程序都有自己的特色,但都能满足设计引物的基本需要。此外还可以与有些生物技术公司联系,购买商品化的引物设计软件。

2.酶及其浓度

Taq DNA 聚合酶是从一种水生栖热菌($Thermusaquaticus$)yT1 株分离提取的酶。该酶基因全长 2 496 个碱基,编码 832 个氨基酸,酶蛋白分子质量为 94 ku。其比活性为 200 000 单位/mg。75～80℃时每个酶分子每秒钟可延伸约 150 个核苷酸,70℃延伸率大于 60 个核苷酸/s,55℃时为 24 个核苷酸/s。温度过高(90℃以上)或过低(22℃)都可影响 Taq DNA 聚合酶的活性,该酶虽然在 90℃以上几乎无 DNA 合成,但确有良好的热稳定性,在 PCR 循环的高温条件下仍能保持较高的活性。在 92.5℃、95℃、97.5℃时,PCR 混合物中的 Taq DNA 聚合酶分别经 130 min,40 min 和 5～6 min 后,仍可保持 50% 的活性。实验表明:PCR 反应时变性温度为 95℃ 20 s,50 个循环后,Taq DNA 聚合酶仍有 65% 的活性。Taq DNA 聚合酶的热稳定性是该酶用于 PCR 反应的前提条件,也是 PCR 反应能迅速发展和广泛应用的原因。Taq DNA 聚合酶还具有逆转录活性,其作用类似逆转录酶。此活性温度一般为 65～68℃,有 Mn^{2+} 存在时,其逆转录活性更高。此酶的发现使 PCR 被广泛应用。

此酶具有以下特点：

（1）耐高温,在 70℃下反应 2 h 后其残留活性在 90% 以上,在 93℃下反应 2 h 后其残留活性是仍能保持 60%,而在 95℃下反应 2 h 后为原来的 40%。

（2）在热变性时不会被钝化,故不必在扩增反应的每轮循环完成后再加新酶。

（3）一般扩增的 PCR 产物长度可达 2.0 kb,且特异性也较高。

PCR 的广泛应用得益于此酶,目前各试剂公司中开发了多种类型的 Taq 酶,有用于长片段扩增的酶,扩增长度极端可达 40 kb;有在常温条件下即可应用的常温 PCR 聚合酶;还有针对不同实验对象的酶等。

一典型的 PCR 反应约需的酶量为 2.5 U(总反应体积为 50 μL 时),浓度过高可引起非特异性扩增,浓度过低则合成产物量减少。

3. dNTP 的质量与浓度

dNTP 的质量与浓度和 PCR 扩增效率有密切关系,dNTP 粉呈颗粒状,如保存不当易变性失去生物学活性。dNTP 溶液呈酸性,使用时应配成高浓度后,以 1 mol/L NaOH 或 1 mol/L Tris。HCl 的缓冲液将其 pH 调节到 7.0～7.5,小量分装,—20℃冰冻保存。多次冻融会使 dNTP 降解。在 PCR 反应中,dNTP 应为 50～200 μmol/L,尤其是注意 4 种 dNTP 的浓度要相等(等摩尔配制),如其中任何一种浓度不同于其他几种时(偏高或偏低),就会引起错配。浓度过低又会降低 PCR 产物的产量。dNTP 能与 Mg^{2+} 结合,使游离的 Mg^{2+} 浓度降低。

4. 模板(靶基因)核酸

模板核酸的量与纯化程度是 PCR 成败与否的关键环节之一,传统的 DNA 纯化方法通常采用 SDS 和蛋白酶 K 来消化处理标本。SDS 的主要功能是:溶解细胞膜上的脂类与蛋白质,因而溶解膜蛋白而破坏细胞膜,并解离细胞中的核蛋白,SDS 还能与蛋白质结合而沉淀;蛋白酶 K 能水解消化蛋白质,特别是与 DNA 结合的组蛋白,再用有机溶剂(酚与氯仿)抽提除去蛋白质和其他细胞组分,用乙醇或异丙醇沉淀核酸,该核酸即可作为模板用于 PCR 反应。一般临床检测标本,可采用快速简便的方法溶解细胞,裂解病原体,消化除去染色体的蛋白质使靶基因游离,直接用于 PCR 扩增。

模板 DNA 投入量对于细菌基因组 DNA 一般为 1～10 ng/L,实验中模板浓度常常需要优化,一般可选择几个浓度梯度(浓度差以 10 倍为一个梯度)。在 PCR 反应中,过高的模板投入量往往会导致 PCR 实验的失败。

5. Mg^{2+} 浓度

Mg^{2+} 对 PCR 扩增的特异性和产量有显著的影响,在一般的 PCR 反应中,各种 dNTP 浓度为 200 mol/L 时,Mg^{2+} 浓度以 1.5～2.0 mmol/L 为宜。Mg^{2+} 浓度过高,反应特异性降低,出现非特异扩增,浓度过低会降低 Taq DNA 聚合酶的活性,使反应产物减少。一般厂商提供的 Taq DNA 聚合酶均有相应的缓冲液,而 Mg^{2+} 也已添加,如果特殊实验应采用无 Mg^{2+} 的缓冲液,在 PCR 反应体系中添加一定量的 Mg^{2+}。

三、PCR 反应特点

1. 强特异性

PCR 反应的特异性决定因素为:①引物与模板 DNA 特异性的结合;②碱基配对原则;③Taq DNA 聚合酶合成反应的忠实性;④靶基因的特异性与保守性。其中引物与模板的正确结合是关键,引物与模板的结合及引物链的延伸是遵循碱基配对原则的。聚合酶合成反应的忠实性及 Taq DNA 聚合酶耐高温性,使反应中模板与引物的结合(复性)可以在较高的温度下进行,结合的特异性大大增加,被扩增的靶基因片段也就能保持很高的正确度。再通过选择特异性和保守性高的靶基因区,其特异性程度就更高。

2.高灵敏度

PCR 产物的生成量是以指数方式增加的,能将皮克($pg=10^{-12}$ g)量级的起始待测模板扩增到微克($\mu g=10^{-6}$g)水平。能从 100 万个细胞中检出一个靶细胞;在病毒的检测中,PCR 的灵敏度可达 3 个 pfu(空斑形成单位);在细菌学中最小检出率为 3 个细菌。

3.快速简便

PCR 反应用耐高温的 Taq DNA 聚合酶,一次性地将反应液加好后,即在 PCR 仪上进行变性—退火—延伸反应,反应一般在 2~4 h 完成。扩增产物常用电泳分析,操作简单易推广,如采用特殊 PCR 仪(荧光实时定量 PCR 仪)则可全程监测 PCR 反应的结果,故耗时将更短。

4.低纯度模板

不需要分离病毒或细菌及培养细胞,DNA 粗制品及总 RNA 等均可作为扩增模板。可直接用临床标本如血液、体腔液、洗漱液、毛发、细胞、活组织等粗制的 DNA 扩增检测。

四、PCR 反应的条件

1.温度与时间的设置

基于 PCR 原理三步骤而设置变性—退火—延伸 3 个温度点。在标准反应中采用三温度点法,双链 DNA 在 90~95℃变性,再迅速冷却至 40~60℃,引物退火并结合到靶序列上,然后快速升温至 70~75℃,在 Taq DNA 聚合酶的作用下,使引物链沿模板延伸。对于较短靶基因(长度为 100~300 bp 时)可采用二温度点法,除变性温度外,退火与延伸温度可合二为一,一般采用 94℃变性,65℃左右退火与延伸(此温度 Taq DNA 酶仍有较高的催化活性)。

(1)变性温度与时间　变性温度低,解链不完全是导致 PCR 失败的最主要原因。一般情况下,93~94℃ 1 min 足以使模板 DNA 变性,若低于 93℃则需延长时间,但温度不能过高,因为高温环境对酶的活性有影响。此步若不能使靶基因模板或 PCR 产物完全变性,就会导致 PCR 失败。

(2)退火(复性)温度与时间　退火温度是影响 PCR 特异性的较重要因素。变性后温度快速冷却至 40~60℃,可使引物和模板发生结合。由于模板 DNA 比引物复杂得多,引物和模板之间的碰撞结合机会远远高于模板互补链之间的碰撞。退火温度与时间,取决于引物的长度、碱基组成及其浓度,还有靶基序列的长度。对于 20 个核苷酸,G+C 含量约 50%的引物,55℃为选择最适退火温度的起点较为理想。引物的复性温度可通过以下公式帮助选择合适的温度:

T_m 值(解链温度)$=4(G+C)+2(A+T)$

复性温度$=T_m$ 值$-(5\sim10℃)$

在 T_m 值允许范围内,选择较高的复性温度可大大减少引物和模板间的非特异性结合,提高 PCR 反应的特异性。复性时间一般为 30~60 s,足以使引物与模板之间完全结合。

(3)延伸温度与时间　Taq DNA 聚合酶的生物学活性:70~80℃,每个酶分子每秒钟可延伸 150 个核苷酸;70℃,60 个核苷酸/s;55℃,24 个核苷酸/s;高于 90℃时,DNA 合成几乎不能进行。

PCR 反应的延伸温度一般选择在 70~75℃之间,常用温度为 72℃,过高的延伸温度不利于引物和模板的结合。PCR 延伸反应的时间,可根据待扩增片段的长度而定,一般 1 kb 以内的 DNA 片段,延伸时间 1 min 是足够的。3~4 kb 的靶序列需 3~4 min;扩增 10 kb 需延伸至

15 min。延伸时间过长会导致非特异性扩增带的出现。对低浓度模板的扩增,延伸时间要稍长些。

2. 循环次数

循环次数决定 PCR 扩增程度。PCR 循环次数主要取决于模板 DNA 的浓度,一般的循环次数选在 30~40 次之间,循环次数越多,非特异性产物的量亦随之增多。

五、PCR 扩增产物分析

PCR 产物是否为特异性扩增,其结果是否准确可靠,必须对其进行严格的分析与鉴定,才能得出正确的结论。PCR 产物的分析,可依据研究对象和目的不同而采用不同的分析方法。

1. 凝胶电泳分析

PCR 产物电泳,EB 溴乙锭染色紫外仪下观察,初步判断产物的特异性。PCR 产物片段的大小应与预计的一致,特别是多重 PCR,应用多对引物,其产物片段都应符合预计的大小,这是起码条件。

(1)琼脂糖凝胶电泳　通常应用 1%~2% 的琼脂糖凝胶,供检测用。

(2)聚丙烯酰胺凝胶电泳　6%~10% 聚丙烯酰胺凝胶电泳分离效果比琼脂糖好,条带比较集中,可用于科研及检测分析。

2. 酶切分析

根据 PCR 产物中限制性内切酶的位点,用相应的酶切、电泳分离后,获得符合理论的片段,此法既能进行产物的鉴定,又能对靶基因分型,还能进行变异性研究。

3. 分子杂交

分子杂交是检测 PCR 产物特异性的有力证据,也是检测 PCR 产物碱基突变的有效方法。

4. Southern 印迹杂交

在两引物之间另合成一条寡核苷酸链(内部寡核苷酸)标记后做探针,与 PCR 产物杂交。此法既可作特异性鉴定,又可以提高检测 PCR 产物的灵敏度,还可知其分子量及条带形状,主要用于科研。

5. 斑点杂交

将 PCR 产物点在硝酸纤维素膜或尼龙薄膜上,再用内部寡核苷酸探针杂交,观察有无着色斑点,主要用于 PCR 产物特异性鉴定及变异分析。

6. 核酸序列分析

核酸序列分析是检测 PCR 产物特异性的最可靠方法。

六、常用 PCR 技术的种类及其应用

1. 反向 PCR 技术

反向 PCR 是克隆已知序列旁侧序列的一种方法。主要原理是用一种在已知序列中无切点的限制性内切酶消化基因组 DNA 后酶切片段自身环化。以环化的 DNA 作为模板,用一对与已知序列两端特异性结合的引物,扩增夹在中间的未知序列。该扩增产物是线性的 DNA 片段,大小取决于上述限制性内切酶在已知基因侧翼 DNA 序列内部的酶切位点分布情况。用不同的限制性内切酶消化,可以得到大小不同的模板 DNA,再通过反向 PCR 获得未知片段。

2. 反转录 PCR 技术

当扩增模板为 RNA 时,需先通过反转录酶将其反转录为 cDNA 才能进行扩增。RT-PCR 应用非常广泛,无论是分子生物学还是临床检验等都经常采用。

3. 复合 PCR 技术

在同一反应中用多组引物同时扩增几种基因片段,如果基因的某一区段有缺失,则相应的电泳谱上这一区带就会消失。复合 PCR 主要用于同一病原体的分型及同时检测多种病原体、多个点突变的分子病的诊断。

4. 重组 PCR 技术

重组 PCR 技术是在两个 PCR 扩增体系中,两对引物分别由其中之一在其 5′端和 3′端引物上带上一段互补的序列,混合两种 PCR 扩增产物,经变性和复性,两组 PCR 产物互补序列发生粘连,其中一条重组杂合链能在 PCR 条件下发生聚合延伸反应,产生一个包含两个不同基因的杂合基因。

5. 定量 PCR(qPCR)技术

qPCR 技术是用合成的 RNA 作为内标来检测 PCR 扩增目的 mRNA 的量,涉及目的 mRNA 和内标用相同的引物共同扩增,但扩增出不同大小片段的产物,可容易地电泳分离。一种内标可用于定量多种不同目的 mRNA。qPCR 可用于研究基因表达,能提供特定 DNA 基因表达水平的变化,在癌症、代谢紊乱及自身免疫性疾病的诊断和分析中很有价值。

6. 半定量 PCR(sq-PCR)技术

sq-PCR 不同于 c-PCR 的是参照物 ERCC-2 的 PCR 产物与目的 DNA 的 PCR 产物相似,并分别在试管中扩增。sq-PCR 的流程为样品和内参照 RNA 分别经反转录为 cDNA,然后样品 cDNA 和一系列不同量参照 cDNA 分别在不同管进行扩增,PCR 产物在琼脂糖凝胶上电泳拍照,光密度计扫描,做出标准曲线,通过回归公式便可定量表达的基因量。虽然管与管之间的扩增效率难以控制,但由 PCR 扩增的所有样本和参照物在不同的实验中差异很小。这种敏感的技术可用于其他低表达的基因定量。

7. 免疫 PCR 技术

抗原-抗体反应与 PCR 技术的结合产生了免疫 PCR,是目前为止最为敏感的检测方法,理论上可测到一个抗原分子的存在。通过用一个具有对 DNA 和抗体双重结合活性的连接分子,使作为标记物的 DNA 分子特异地结合到 Ag-Ab 复合物上,从而形成 Ag-Ab-DNA 复合物,附着的 DNA 标记物可用适宜的引物进行 PCR 扩增。特异性 PCR 产物的存在证明 DNA 标记物分子特异地附着于 Ag-Ab 复合物上,进而证明有 Ag 存在。吴自荣等将 Ab 通过化学交联剂直接连接到分子上构建成 Ab-DNA 探针,组成免疫 PCR 检测新模式,具有高度灵敏和特异性。免疫 PCR 可对流行性传染病(如肝炎、艾滋病等)进行检测,检测体液中致癌基因和癌基因表达的微量蛋白等。

【案例】

1. 某养猪场的猪突发疾病,病猪在临床外观表现或病理解剖方面有一定程度的猪瘟症状,取扁桃体、淋巴结等组织病变部与健康部交界处组织并且采集血液,送实验室检测。分别采用 RT-PCR 和血清学 2 种诊断方法,结果血清学诊断结果是猪瘟病毒阳性,RT-PCR 法诊断结果是猪瘟病毒阴性,试分析原因。

【测试】

一、选择和填空题

1. 对禽流感的确诊,先用 PCR 技术将标本基因大量扩增,然后利用基因探针,测知待测标本与探针核酸的碱基异同。下图 P 表示禽流感病毒探针基因在凝胶的电泳标记位置,M、N、Q、W 是 4 份送检样品在测定后的电泳标记位置,哪份标本最有可能确诊为禽流感?(　　)
   A. M　　　　　　B. N　　　　　　C. Q　　　　　　D. W

2. PCR 技术扩增 DNA,需要的条件是(　　)。
   ①目的基因　②引物　③4 种脱氧核苷酸　④DNA 聚合酶等　⑤mRNA　⑥核糖体
   A. ①②③④　　　　B. ②③④⑤　　　　C. ①③④⑤　　　　D. ①②③⑥

3. 下列有关 PCR 技术的叙述,不正确的是(　　)。
   A. PCR 技术经过变性、退火、延伸 3 个阶段
   B. PCR 技术可用于基因诊断某些疾病,判断亲缘关系等
   C. PCR 技术需在体内进行
   D. PCR 技术是利用碱基互补配对的原则

4. PCR 是在引物、模板和 4 种脱氧核糖核苷酸存在的条件下依赖于 DNA 聚合酶的酶促合成反应,其特异性决定因素为(　　)。
   A. 模板　　　　　B. 引物　　　　　C. dNTP　　　　　D. 镁离子

5. 在 PCR 反应中,下列哪项可以引起非靶序列的扩增?(　　)
   A. TaqDNA 聚合酶加量过多　　　　　　B. 引物加量过多
   C. A、B 都可　　　　　　　　　　　　D. 缓冲液中镁离子含量过高

6. 资料显示,近十年来,PCR 技术成为分子生物实验的一种常规手段,其原理是利用 DNA 半保留复制的特性,在试管中进行 DNA 的人工复制(如下图),在很短的时间内,将 DNA 扩增几百万倍甚至几十亿倍,使分子生物实验所需的遗传物质不再受限于活的生物体。请据图回答:
   (1)加热至 94℃的目的是使 DNA 样品的 _____ 键断裂,这一过程在生物体细胞内是通过解旋酶的作用来完成的。通过分析得出新合成的 DNA 分子中,A＝T,C＝G,这个事实说明 DNA 分子的合成遵循 _____。
   (2)新合成的 DNA 分子与模板 DNA 分子完全相同的原因是 _____。

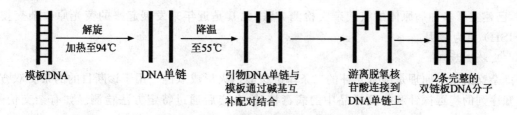

（3）通过 PCR 技术使 DNA 分子大量复制时，若将一个用 ^{15}N 标记的模板 DNA 分子（第一代）放入试管中，以 ^{14}N 标记的脱氧核苷酸为原料，连续复制到第五代时，含 ^{15}N 标记的 DNA 分子单链数占全部 DNA 总单链数的比例为_____。

（4）PCR 技术不仅为遗传病的诊断带来了便利，而且改进了检测细菌和病毒的方法。若要检测一个人是否感染了艾滋病病毒，你认为可以用 PCR 扩增血液中的（　　　）。

A. 白细胞 DNA　　　　B. 病毒蛋白质　　　　C. 血浆抗体　　　　D. 病毒核酸

二、问答题

1. PCR 技术的原理是什么？其对病毒的检测有何意义？

2. PCR 的反应体系有哪些成分构成？反应条件如何控制？

3. 如何通过电泳来鉴定 PCR 检测结果？

三、操作题

1. 使用 PCR 扩增仪，控制反应程序。

2. 运用琼脂糖凝胶电泳鉴定 PCR 检测结果。

任务 7-2　了解核酸杂交技术和生物芯片技术

【目标】

1. 了解核酸杂交技术的原理、种类及其操作方法；

2. 了解生物芯片技术的原理、操作方法和在病原体检测中的应用。

【知识】

一、核酸杂交技术

最初应用于微生物检测的分子生物学技术是基因探针方法，它是用带有同位素标记或非同位素标记的 DNA 或 RNA 片段来检测样本中某一特定微生物核苷酸的方法。核酸杂交有原位杂交、打点杂交、斑点杂交、Sorthern 杂交、Northern 杂交等，核酸分子探针又可根据它们的来源和性质分为 DNA 探针、cDNA 探针、RNA 探针及人工合成的寡聚核苷酸探针等。其原理是通过标记根据病原体核酸片段制备的探针与病原体核酸片段杂交，观察是否产生特异的杂交信号。核酸探针技术具有特异性好、敏感性高、诊断速度快、操作较为简便等特点。目前,已建立了多种病原体的核酸杂交检测方法,尤其是近年来发展起来的荧光原位杂交技术(FISH)更为常用。

1.检测原理

杂交的基本原理是碱基互补的二条单链核酸退火形成双链。用于诊断目的的杂交双方是已知序列的病毒探针和待测样品中的病毒核酸,杂交后通过特定方法检测。如有杂交信号,则说明样品中存在病原体核酸,进而证明病原体感染的存在。

核酸杂交既可以是 DNA 与 DNA 链、RNA 与 RNA 链之间的杂交,又可以是 DNA 与 RNA 链之间的杂交。待检核酸既可以是内源的又可以是外源的,既可以是细胞生物的基因组又可以是质粒和病毒的核酸。探针或是用基因克隆技术分离获得的特异的 DNA 序列,或是特异 DNA 序列在体外转录出的 RNA 序列或 cDNA 序列,或是人工合成的寡核苷酸片段;探针的标记物或是放射性同位素,或是一些非放射性物质如生物素、地高辛和荧光素等。核酸杂交可进行染色体图谱分析,测定特异 DNA 序列的拷贝数(甚至可检测到哺乳动物基因组中的单拷贝基因),鉴定与疾病有关的限制性片段长度多态性标记,进行基因克隆的筛选,检测不同浓度的 DNA,鉴别特异基因的表达部位,进行 RNA 结构的初步分析、特异 RNA 的定量检测,分析基因转录的含量变化,末端标记的寡核苷酸探针可检测点突变、确定有无病毒感染等。

2.核酸探针

核酸探针的应用:①用于检测无法培养,不能用作生化鉴定、不可观察的微生物产物以及缺乏诊断抗原等方面的检测,如肠毒素;②用于检测病毒病,如检测肝炎病毒,流行病学调查研究,区分有毒和无毒菌株;③检测细菌内抗药基因;④分析食品是否会被某些耐药菌株污染,判定食品污染的特性;⑤细菌分型,包括 rRNA 分型。

核酸探针是含有标记物的已知特定序列的核酸片段,因为与待检测核酸片段具有高度同源性而结合,可以对待检测核酸进行定性、定量和定位。根据核酸探针分子性质的不同可分为 DNA 探针和 RNA 探针,根据核酸探针来源的不同又分为基因组 DNA 探针、人工合成的寡核苷酸探针和 cDNA 探针。可以选择不同性质或来源的探针,所应遵循的基本原则是核酸探针与待检测核酸片段间要具有高度同源性。

核酸探针如今已被广泛应用于分子生物学的许多研究领域中。最早使用的放射性同位素标记的核酸探针具有灵敏度高、特异性强等特点,但因放射性同位素半衰期短、具放射性污染、成本高等原因,逐渐被非放射性的探针标记物——生物素、地高辛和荧光素等替代。

总体看来,核酸探针标记的方法有两大类:酶促法和光化学标记法。酶促法是通过酶促反应预先将标记物标记在核苷酸分子上,常用的核酸探针标记的酶促法有缺口平移法、PCR 末端填补法、随机引物标记法和转录标记法等。生物素的光化学标记法较为常用。其原理是利用能被可见光激活的生物素衍生物,这种生物素衍生物也叫做光敏生物素。光敏生物素与核酸探针混合后,在强的可见光照射下,可与核酸共价相连,形成生物素标记的核酸探针。这样,标记有生物素的探针可以被亲和素标记的报道酶或荧光物质所检测。用光化学标记法制备的核酸探针因为平均每 200 个左右核苷酸才带有一个生物素残基,所以不会影响探针与靶核酸的杂交,足以用于在针对哺乳动物基因组中的 Southern 杂交中检测出单拷贝序列。相比之下,光化学标记法的标记效率远低于酶学标记法,另外,光化学标记法较酶学标记法所获得的探针的信号强度要弱许多,所以,在进行探针标记时,人们首选的是酶学标记法。

一般情况下,用于杂交的核酸探针在制备完成后,可直接用于进行杂交实验。但如果探针过长的话（＞25 nt），在制备过程中就会有一些不符合长度要求的核苷酸片段被合成，对于某些探针精度要求较高的实验，需要进行探针纯化。常用的方法有聚丙烯酰胺凝胶电泳、柱层析、阳离子去垢剂沉淀法和乙醇沉淀法。

3. Southern 杂交技术

Southern 杂交技术是将凝胶电泳分离的酶切 DNA 片段通过印记法（imprinting）转移到硝酸纤维素膜上，检测标记过的探针是否与变性后的 DNA 发生杂交，而对靶 DNA 进行定性和定量的一项分子生物学技术，包括 DNA 的印迹转移和 DNA 的杂交两部分内容。

Southern 杂交的一般程序：首先从组织或培养细胞分离基因组 DNA，并以一种或多种限制性核酸内切酶消化基因组 DNA，消化后所得的 DNA 片段以标准琼脂糖凝胶电泳进行大小分离，再对 DNA 进行原位变性，以印记法将 DNA 片段从胶上转移至固相支持物上（如尼龙膜或硝酸纤维素膜），用标记的 DNA 或 RNA 探针在膜上与转印后的 DNA 片段杂交，最后，针对不同的探针标记物选择特定的检测方法如放射自显影法、比色法、荧光检测或化学发光检测来确定与探针互补的靶 DNA 的存在及位置。

4. Northern 杂交技术

人们相对应于研究 DNA 的 Southern 杂交技术而将研究 RNA 的印迹转移和杂交技术称之为 Northern 杂交技术。

Northern 杂交的一般程序：Northern 杂交分析 RNA 的基本步骤是，首先，从组织或细胞中分离总 RNA；接下来根据 RNA 的大小，通过琼脂糖凝胶电泳对 RNA 进行分离；再将 RNA 转移到固相支持物上并通过紫外线交联将其固定在支持物上；再用含有标记物的探针与固定后的 RNA 杂交；之后，除去非特异结合到固相支持物上的探针分子；最后，对特异结合的探针分子的图像进行检测、捕获和分析。

5. 斑点杂交、狭缝杂交技术

Kafatos 等于 1979 报道了将几种未经分离的核酸样品点样于固相支持物上，然后用特定探针与核酸杂交以检查靶核酸的存在的快速检测真核生物基因及其差异表达的 RNA 产物的技术，因所点样品扩散形状的不同，就有了斑点杂交和狭线杂交这两种名称。该技术简便、快速、灵敏，可迅速了解生物体某一基因在不同发育阶段的差异表达情况，以了解该基因在生物发育过程中的作用。但应用该技术对 DNA 或 RNA 的检测结果的稳定性较 Southern 杂交或 Northern 杂交稍差。

杂交的一般程序：获得粗提的或纯化的 DNA 或 RNA（纯化的核酸实验重复效果好），采用真空加样法将核酸以斑点或狭线形式点样于尼龙膜而得到大小、形状、间距一致的样品点，以紫外交联、烘烤或微波照射将核酸固定于膜上，用特异性的探针与核酸杂交并检测靶核酸的存在。

6. 原位杂交技术

将标记的核酸探针与细胞或组织中的核酸进行杂交，称为原位杂交。使用 DNA 或者 RNA 探针来检测与其互补的另一条链在细菌或其他真核细胞中的位置。

RNA 原位核酸杂交又称 RNA 原位杂交组织化学或 RNA 原位杂交。该技术是指运用 cRNA 或寡核苷酸等探针检测细胞和组织内 RNA 表达的一种原位杂交技术。其基本原理是：在细胞或组织结构保持不变的条件下，用标记的已知的 RNA 核苷酸片段，按核酸杂交中碱基配对原则，与待测细胞或组织中相应的基因片段相结合（杂交），所形成的杂交体

(Hybrids)经显色反应后在光学显微镜或电子显微镜下观察其细胞内相应的 mRNA、rRNA 和tRNA 分子。RNA 原位杂交技术经不断改进,其应用的领域已远超出 DNA 原位杂交技术。尤其在基因分析和诊断方面能作定性、定位和定量分析,已成为最有效的分子病理学技术,同时在分析低丰度和罕见的 mRNA 表达方面已展示了分子生物学的一重要方向。

FISH 是原位杂交技术大家族中的一员,因其所用探针被荧光物质标记(间接或直接)而得名,该方法在 20 世纪 80 年代末被发现,现已从实验室逐步进入临床诊断领域。基本原理是荧光标记的核酸探针在变性后与已变性的靶核酸在退火温度下复性;通过荧光显微镜观察荧光信号可在不改变被分析对象(即维持其原位)的前提下对靶核酸进行分析。DNA 荧光标记探针是其中最常用的一类核酸探针。利用此探针可对组织、细胞或染色体中的 DNA 进行染色体及基因水平的分析。荧光标记控针不对环境构成污染,灵敏度能得到保障,可进行多色观察分析,因而可同时使用多个探针,缩短因单个探针分开使用导致的周期过程和技术障碍。

原位杂交的应用:①细胞特异性 mRNA 转录的定位,可用于基因图谱、基因表达和基因组进化的研究;②感染组织中病毒 DNA/RNA 的检测和定位,如 EB 病毒 mRNA、人类乳头状瘤病毒和巨细胞病毒 DNA 的检测;③癌基因、抑癌基因及各种功能基因在转录水平的表达及其变化的检测;④基因在染色体上的定位;⑤检测染色体的变化,如染色体数量异常和染色体易位等;⑥分裂间期细胞遗传学的研究,如遗传病的产前诊断和某些遗传病基因携带者的确定,某些肿瘤的诊断和生物学剂量测定等。

二、生物芯片技术

生物芯片是 20 世纪 90 年代中期发展起来的一项技术,它以玻片、尼龙膜等为载体,在单位面积上高密度有序排列了大量生物活性分子,以达到一次试验同时检测多种疾病或分析多种生物样品的目的。根据芯片上固定生物活性分子的不同分为蛋白芯片和基因芯片,如果是寡核苷酸探针或靶 DNA 则称为基因芯片,又称为 DNA 微阵列(DNA microarray)技术。DNA 芯片因其可快速、准确、高效地显示病原体的遗传信息,已广泛应用于基因序列分析、病原微生物感染的快速诊断、变异及耐药机制的研究,以及基因分型、分子流行病学调查和抗感染药物的研制等。

1.检测原理

生物芯片(biochip)是指采用光导原位合成或微量点样等方法,将大量生物大分子比如核酸片段、多肽分子甚至组织切片、细胞等生物样品有序地固化于支持物(如玻片、硅片、聚丙烯酰胺凝胶、尼龙膜等载体)的表面,组成密集二维分子排列,然后与已标记的待测生物样品中靶分子杂交,通过特定的仪器比如激光共聚焦扫描或电荷偶联摄影像机(CCD)对杂交信号的强度进行快速、并行、高效地检测分析,从而判断样品中靶分子的数量。由于常用玻片/硅片作为固相支持物,且在制备过程模拟计算机芯片的制备技术,所以称之为生物芯片技术。

根据芯片上的固定的探针不同,生物芯片包括基因芯片、蛋白质芯片、细胞芯片、组织芯片,另外根据原理还有元件型微阵列芯片、通道型微阵列芯片、生物传感芯片等新型生物芯片。如果芯片上固定的是肽或蛋白,则称为肽芯片或蛋白芯片;如果芯片上固定的分子是寡核苷酸探针或 DNA,就是 DNA 芯片。由于基因芯片(genechip)这一专有名词已经被业界的领头羊 Affymetrix 公司注册专利,因而其他厂家的同类产品通常称为 DNA 微阵列(DNA microarray)。这类产品是目前最重要的一种,有寡核苷酸芯片、cDNA 芯片和 genomic 芯片之分,包括二种模式:一是将靶 DNA 固定于支持物上,适合于大量不同靶 DNA 的分析;二是将大量探针分子固定于支持物上,适合于对同一靶 DNA 进行不同探针序列的分析。

2. 操作方法

生物芯片技术主要包括 4 个基本要点:芯片方阵的构建、样品的制备、生物分子反应和信号的检测。①芯片制备,先将玻璃片或硅片进行表面处理,然后使 DNA 片段或蛋白质分子按顺序排列在芯片上。②样品制备,生物样品往往是非常复杂的生物分子混合体,除少数特殊样品外,一般不能直接与芯片反应。可将样品进行生物处理,获取其中的蛋白质或 DNA、RNA,并且加以标记,以提高检测的灵敏度。③生物分子反应,芯片上的生物分子之间的反应是芯片检测的关键一步。通过选择合适的反应条件使生物分子间反应处于最佳状况中,减少生物分子之间的错配比率。④芯片信号检测,常用的芯片信号检测方法是将芯片置入芯片扫描仪中,通过扫描以获得有关生物信息。

(1)芯片制备 基因芯片的制备主要有两种基本方法,一是在片合成法,二是点样法。

在片合成法是基于组合化学的合成原理,它通过一组定位模板来决定基片表面上不同化学单体的偶联位点和次序。在片合成法制备 DNA 芯片的关键是高空间分辨率的模板定位技术和固相合成化学技术的精巧结合。目前,已有多种模板技术用于基因芯片的在片合成,如光去保护并行合成法、光刻胶保护合成法、微流体模板固相合成技术、分子印章多次压印原位合成的方法、喷印合成法。在片合成法可以发挥微细加工技术的优势,很适合制作大规模 DNA 探针阵列芯片,实现高密度芯片的标准化和规模化生产。美国 Affymetrix 公司制备的基因芯片产品在 1.28 cm×1.28 cm 表面上可包含 300 000 个 20~25 mer 寡核苷酸探针,每个探针单元的大小为 10 μm ×10 μm。其实验室芯片的阵列数已超过到 1 000 000 个探针。

基因芯片点样法首先按常规方法制备 cDNA(或寡核苷酸)探针库,然后通过特殊的针头和微喷头,分别把不同的探针溶液逐点分配在玻璃、尼龙或者其他固相基底表面上不同位点,并通过物理和化学的结合使探针被固定于芯片的相应位点。这种方式较灵活,探针片段可来自多个途径,除了可使用寡聚核苷酸探针,也可使用较长的基因片段以及核酸类似物探针(如PNA 等)。探针制备方法可以用常规 DNA 探针合成方法或 PCR 扩增的 cDNA、EST 文库等。固定的方式也多种多样。点样法的优越性在于可以充分利用原有的合成寡核苷酸的方法和仪器或 cDNA 探针库,探针的长度可以任意选择,且固定方法也比较成熟,灵活性大,适合于研究单位根据需要自行制备科研型基因芯片,制作点阵规模较小的商品基因芯片。

(2)靶基因样品的制备 与普通分子生物学实验一样,靶基因的制备需要运用常规手段从细胞和组织中提取模板分子,进行模板的扩增和标记。基因芯片包括大量探针分子,因此,靶基因样品的制备方法将根据基因芯片的类型和所研究的对象(如 mRNA 、DNA 等)而决定。对于大多数基因来说,mRNA 的表达水平大致与其蛋白质的水平相对应,因此,对细胞内mRNA 表达水平进行定量检测对于了解细胞的性质与状态十分重要。用基因芯片可以对细胞内大量基因的 mRNA 表达差异进行检测,其靶基因的制备一般采用 RT-PCR 方法以寡聚dT 作引物进行扩增。

待测样品的标记,主要采用荧光分子。常规标记的过程是通过在扩增过程中加入含有荧光标记的 dNTP(至少一种为荧光标记的),荧光标记的单核苷酸分子在转录和复制过程中,被引入新合成的 DNA 片段。后者变性后,即可与基因芯片上的微探针阵列进行分子杂交。也可采用末端标记法,直接在引物上标记荧光。即在引物合成时通过应用荧光标记的 dNTP 制备荧光标记引物，或通过标记生物素，进行荧光标记。

对于阵列密度较小的基因芯片（经常用膜片作为基底）可以用同位素检测法，采用^{32}P标记技术，这样可以运用现在普通使用的同位素显影技术和仪器。但是，在使用同位素靶基因标记法过程中，一些表达量高杂交信号强的点阵，容易在其周围产生光晕，当其周围点阵的杂交信号较弱时，其杂交信号容易受到强杂交信号的掩盖。

（3）靶基因的杂交及其信号的检测　cDNA基因芯片与靶基因的杂交过程与一般常规的分子杂交过程基本相同。在基因芯片的杂交检测中，为了更好地比较不同来源样品的基因表达差异，或者为了提高基因芯片检测的准确性和测量范围，通常使用多色荧光技术。即把不同来源的靶基因用不同激发波长的荧光探针来修饰，并同时使它们与基因芯片杂交。通过比较芯片上不同波长荧光的分布图，可以直接获得不同样品中基因表达的差异。

人们还发展了其他灵敏度高、特异性好的基因芯片杂交检测方法。例如短序列偶联法，该方法首先将非标记的DNA靶序列与基因芯片上探针阵列进行完全杂交，若基因芯片上探针的固定端是5′端时，继续以靶基因为模板，可以在暴露于溶液中的3′—OH上用DNA聚合酶合成新的带有荧光标记的碱基（ddNTPs）。通过检测ddNTP可以分辨出靶序列的基因。

美国Nanogen公司提出了一种通过交变电场加速基因芯片的杂交速度的主动式基因芯片。他们利用核酸分子所带的负电性质，通过快速反转电场的极性，使靶基因与探针间产生快速结合和分离。通过控制电场的大小，使得完全匹配杂交的核酸分子保留在阵列表面，而非特异性结合的DNA在电场的作用下与探针分离。这种芯片的分子杂交速度可缩短至1 min以下甚至数秒，因此有较广阔的应用前景。

（4）芯片信号检测　杂交反应后的芯片上各个反应点的荧光位置、荧光强弱经过芯片扫描仪和相关软件可以分析图像，将荧光转换成数据，即可以获得有关生物信息。基因芯片技术发展的最终目标是将从样品制备、杂交反应到信号检测的整个分析过程集成化以获得微型全分析系统（micro total analytical system）或称缩微芯片实验室（laboratory on a chip）。使用缩微芯片实验室，就可以在一个封闭的系统内以很短的时间完成从原始样品到获取所需分析结果的全套操作。

3. 生物芯片在病原体检测中的应用

病原体是能引起动物疾病的微生物和寄生虫的统称。微生物包括病毒、衣原体、立克次体、支原体、细菌、螺旋体和真菌等；寄生虫主要有原虫、蠕虫和媒介生物等。近年来，生物芯片除了在病原体重要基因（如毒力基因、抗药基因）的筛选检测和基因表达中应用较多以外，在病原体检测以及种类鉴定和分子流行病学等研究中的应用也有不少成功的报道。

（1）细菌　由于生物芯片检测有特异性和敏感性较高的特点，加之在临床上使用可快速获得检测结果，故对抗菌治疗的时机把握有重要意义。将生物芯片与其他技术相结合，可提高检出灵敏度。结合显色法的芯片技术（玻璃芯片转尼龙膜显色法）在种水平上可对分枝杆菌进行鉴定；结合PCR技术可检测葡萄球菌属、链球菌属、肠球菌属、克雷伯菌属、不动杆菌属、大肠埃希菌和白色念珠菌等。

（2）真菌　传统培养方法由于生长周期的原因耗时长，血清学检测很难查到已存在免疫抑制的抗真菌抗体，虽然组织病理学检测相对较快并能诊断侵入性真菌，但较难精确辨别非典型真菌的形态特征，故依据分子特征的生物芯片检测方法越来越受到重视，具有较好的应用前景。

(3)病毒 病毒几乎可以感染地球上所有的生物,许多学者都致力于对致病性病毒快速检测的研究,依据病毒基因组中的保守区域,设计特异性探针制备芯片,进行种类鉴定并区分型、亚型。最早进行该研究的是美国加州大学 De Risi 实验室,设计了可检测 140 种病毒的1 600 余条寡核苷酸探针,制作的芯片不仅可检测序列已知的病毒,并可发现序列未知的病毒。设计制备的寡核苷酸芯片可检测新城鸡瘟病毒。关于芯片检测虫媒病毒研究,曾开展了属水平筛查和种水平的鉴定,包括东方马脑炎病毒、西方马脑炎病毒和委内瑞拉马脑炎病毒等 13 种。以及确认登革热病毒、日本脑炎病毒和西尼罗病毒等,还有鹿流行性出血热病毒、阿卡斑病毒、蓝舌病病毒和水疱性口炎病毒等。

另外,对以下病毒也进行了生物芯片检测,即人乳头状瘤病毒、疱疹病毒、腺病毒、禽流感病毒、麻疹病毒、甲型流感病毒、感染小儿呼吸道的腺病毒和冠状病毒、乙肝和丙肝病毒和口蹄疫病毒等。

病毒检测是生物芯片的主要应用领域之一,虽然检测的敏感性有限,但在未来病毒快速检测中,仍不失为一种有广泛应用前景的工具。

(4)寄生虫 传统的寄生虫病病原检测方法通常为粪检、血检、体外培养和免疫学检测等,但感染度低时,容易漏检,而生物芯片具有灵敏度高的优势,可以弥补前述缺陷。以具种属特异性的 SSrRNA 基因片段为探针,制备的诊断疟原虫感染和分种的基因芯片,检测时需提取疟原虫的核酸,扩增后与芯片杂交,扫描和分析的结果能特异和敏感地对间日疟原虫和恶性疟原虫进行区分。另外,可以使用生物芯片检测和区分弓形虫、旋毛虫和绦虫。日本久保田公司应用芯片检测自来水中的隐孢子虫作为水质质检的常规手段,方法简便、结果准确。

【测试】

1.简述核酸杂交技术的原理和类型。

2.简述生物芯片技术的原理和类型。

参 考 文 献

[1] 陆承平. 兽医微生物学. 4 版. 北京: 中国农业出版社, 2007.

[2] 陈杖榴. 兽医药理学. 2 版. 北京: 中国农业出版社, 2002.

[3] 崔保安. 动物微生物学. 3 版. 北京: 中国农业出版社, 2005.

[4] 李舫. 动物微生物. 北京: 中国农业出版社, 2006.

[5] 王坤, 乐涛. 动物微生物. 北京: 中国农业大学出版社, 2007.

[6] 中国农业科学院哈尔滨兽医研究所. 兽医微生物学. 北京: 中国农业出版社, 1998.

[7] 邢钊, 乐涛. 动物微生物学及免疫技术. 郑州: 河南科学技术出版社, 2008.

[8] 李决. 兽医微生物学及免疫学. 成都: 四川科学技术出版社, 2003.

[9] 姚火春. 兽医微生物学实验指导. 2 版. 北京: 中国农业出版社, 2002.

[10] 中国农业科学院哈尔滨兽医研究所. 动物传染病学. 北京: 中国农业出版社, 1999.

[11] 白文彬, 于康震. 动物传染病诊断学. 北京: 中国农业出版社, 2002.

[12] 朱兴全. 小动物寄生虫病学. 北京: 中国农业科学技术出版社, 2006.

[13] 邢钊, 汪德刚, 包文奇. 兽医生物制品实用技术. 北京: 中国农业大学出版社, 2003.

[14] 甘孟侯. 中国禽病学. 北京: 中国农业出版社, 2000.

[15] 姚占芳, 吴云汉. 微生物学实验技术. 北京: 气象出版社, 1998..

[16] 汪明. 兽医寄生虫学. 3 版. 北京: 中国农业出版社, 2004.

[17] 王秀茹. 预防兽医学微生物学及检验技术. 北京: 人民卫生出版社, 2002.

[18] 张卓然, 黄敏. 医学微生物实验学. 北京: 科学出版社, 2008.

[19] 李祥瑞. 动物寄生虫病彩色图谱. 北京: 中国农业出版社, 2004.

[20] 张宏伟, 杨廷桂. 动物寄生虫病. 北京: 中国农业出版社, 2006.